高职高专规划教材

热工与流体力学基础

主编　黄敏
参编　薛梅　韩国军　陈福祥
主审　李丰桐

机械工业出版社

本书是高职高专制冷与空调专业教材编审委员会组织编写的高职高专制冷与空调专业教材。

全书共分三篇。第一篇工程热力学部分，主要讲述了工质的基本概念、热力学第一定律、热力学第二定律、理想气体的热力过程、气体及蒸汽的热力性质、湿空气的性质等内容：第二篇流体力学部分，主要讲述了流体的基本概念、流体静力学知识、流体动力学知识、流动阻力及管路的水力计算等内容：第三篇传热学部分，主要讲述了稳定导热、对流换热、辐射换热三种基本传热方式及复合换热与传热等内容。

本书可作为高职高专制冷与空调专业及暖通等相关专业的热工与流体力学基础教材，也可作为工程技术人员的参考用书。

图书在版编目（CIP）数据

热工与流体力学基础 / 黄敏主编. —北京: 机械工业出版社，2003.8（2026.1 重印）

高职高专规划教材

ISBN 978-7-111-12296-8

Ⅰ.热…　Ⅱ.黄…　Ⅲ.①热工学 — 高等学校:技术学校 — 教材 ②流体力学 — 高等学校：技术学校 — 教材 Ⅳ.①TK122②035

中国版本图书馆 CIP 数据核字（2003）第 041870 号

机械工业出版社（北京市百万庄大街 22 号　邮政编码 100037）

责任编辑：刘良超　张双国　版式设计：冉晓华

责任校对　李秋荣　责任印制：邓　博

北京中科印刷有限公司印刷

2026 年 1 月第 1 版第 18 次印刷

184mm×260mm · 16.75 印张 · 3 插页 · 391 千字

标准书号：ISBN　978-7-111-12296-8

定价：56.00 元

凡购本书，如有缺页、倒页、脱页，由本社发行部调换

电话服务

服务咨询热线：010-88379833

读者购书热线：010-88379649

网络服务

机 工 官 网：www.cmpbook.com

机 工 官 博：weibo.com/cmp1952

教育服务网：www.cmpedu.com

金 书 网：www.golden-book.com

编写说明

随着科技发展、社会进步和人民生活水平的不断提高，制冷与空调设备的应用几乎遍及生产、生活的各个方面，运行和维护制冷与空调设备需要大批专门技术人才，尤其我国加入 WTO，融入国际竞争的大潮，社会对制冷空调设备的安装、维修、管理专业高级技术人才的需求量也愈来愈大。为了满足和适应社会不断增长的需要，全国已有数十所高职高专院先后开设了“制冷与空调”专业，以加速制冷与空调专业应用型高级技术人才的培养。

为了编写出既有行业特色，又有较宽覆盖面，适应性、实用性强的专业教材，我们组织了全国十几所不同行业高等院校具有丰富教学和工程实践经验的教师编写了这套高职高专制冷与空调专业规划教材。书目见封四。

本套教材在编写过程中，结合我国制冷与空调专业的发展以及行业对高职高专人才的实际要求，在形式和内容上都进行了有益探索。在专业面向上，既涉及家用、商用制冷与空调设备，又涉及工业制冷空调设备，其覆盖范围广；在内容安排上，既介绍传统的制冷空调原理、方法、设备，又补充了大量的新技术、新工艺、新设备，立足专业最前沿；在课程组织上，基本理论力求深入浅出、通俗易懂，实验、实训力求贴近生产，强调实际、实用；特别强调突出能力培养，体现高职特色，既可作为高职高专院校的专用教材，也可作为社会从业人员岗位培训教材。

本套教材编写过程中，得到了有关设计、施工、管理、生产企业和有关专家学者的大力支持，提出了许多宝贵意见，提供了大量技术资料和工程实例，使得教材内容更加丰富、详实，在此表示衷心感谢！

由于受理论水平、专业能力和知识面的限制，加之时间短促，全套教材中难免有疏漏和错误，恳请广大师生和读者批评指正，以便再版时修订、补充、不断完善和提高。

高职高专制冷与空调专业教材编审委员会

前　言

为适应我国高职高专教育发展的需要，我们组织全国高等院校制冷与空调专业的部分骨干教师编写了一套供高职高专使用的制冷与空调专业教材。本套教材结合我国制冷与空调行业的发展和高职高专教育的实际情况，力求反映本行业的新技术、新设备和新工艺，体现高职高专教育的特点，在基本理论的叙述上力求通俗易懂，深入浅出，说理清楚，突出应用性，同时编写了较多的实例，并用相关的实验、实训指导教材配套，加强专业能力的培养。

《热工与流体力学基础》是高职高专制冷与空调专业的主要技术基础课。全书共分三篇，介绍了工程热力学、流体力学及传热学的基础知识。本书编写时以基础知识为主，结合专业实际，加上每章附有的思考题与练习题，使读者能很好地理解并掌握本专业的基础理论知识。

本书教学内容共需120学时，课时分配方案可参考下表：

章次	绪论	一	二	三	四	五	六	七	八	九	十	十一	十二	十三	十四	十五	十六	十七	小计
课时	2	4	10	5	8	6	8	8	4	2	4	10	6	4	4	12	5	9	111
机动课时																			9
总计																			120

本书由江苏经贸职业技术学院黄敏主编，山东商业职业技术学院薛梅、北京联合大学韩国军、陈福祥参编。其中，绪论、第三、五、六、七、八章由黄敏编写，第一、二、四章由薛梅编写，第九、十、十一、十二章由韩国军编写，第十三、十四、十五、十六、十七章由陈福祥编写。

本书由山东商业职业技术学院李丰桐主审。

由于我们水平有限，书中难免有疏漏之处，请读者批评指正，以便再版时修改补充。

作　者

目　录

主要符号表

c 比热容
c_p 比定压热容
c_V 比定容热容
g 重力加速度
H 焓，高度
h 比焓
M 摩尔质量
n 多变指数，物质的量
p 绝对压力
p_0 大气环境压力
p_b 大气压力，背压
p_i 分压力
p_s 饱和压力
p_v 真空度，湿空气中水蒸气分压力
Q 热量
q 单位换热量
q_m 质量流量
q_V 体积流量
R 摩尔气体常数
R_g 气体常数
S 熵
S_g 熵产
S_f （热）熵流
s 比熵
T 热力学温度
t 摄氏温度
t_w 湿球温度
U 热力学能，电位差
V 体积
v 比体积
W 体积变化功（膨胀功）
W_f 流动功
W_s 轴功
W_t 技术功
w 比体积变化功（比膨胀功）
w_f 比流动功
w_s 比轴功
w_t 比技术功
x 干度
x_i 摩尔分数
α_V 体膨胀系数
κ_T 等温压缩率
γ 比热容比（质量热容比）、汽化潜热 l 相变潜热
ε 制冷系数
η_t 循环热效率
κ 等熵指数
μ 动力粘度
ν 运动粘度
ρ 密度
φ 相对湿度

绪　论

《热工与流体力学基础》是制冷与空调专业和暖通专业的主要专业基础课之一，它由工程热力学、流体力学和传热学三门学科组成。工程热力学的研究对象主要是热能转化为机械能的规律、方法及提高转化效率的途径。流体力学的研究对象是流体的平衡和运动规律，以及在工程应用中力求克服流动阻力减少能量损失。传热学主要研究热传递的规律和方法，以及根据工程需要，研究提高传热效果或削弱传热以减小热损失的方法和途径。

工程热力学的主要内容包括：状态参数、热力系统、平衡状态、热力学第一定律、热力学第二定律等基本概念和基本定律；能量转化规律的分析及计算；水蒸气及湿空气等常用工质的性质等。

流体力学的主要内容包括：流体的基本物理性质；流体静压强基本方程及测压管工作原理；流体稳定流动能量方程及应用；管路阻力及能量损失的分析、计算等。

传热学的主要内容包括：稳定导热、对流换热及辐射换热的分析及计算；强化及削弱传热的途径等。

由于制冷与空调等专业中涉及的诸多理论分析及计算方法都离不开本课程的内容，因此要求学习时明确本课程的主要内容，掌握正确的学习方法，重视每章的思考题与练习题作业，掌握分析问题与解决问题的基本方法，为专业课的学习打好理论基础。

第一篇

工 程 热 力 学

1

第一章　工质及气态方程

本章的主要内容将讨论能量转换过程中所涉及的热力系统、工质的状态特性等基本概念；气体作为能量转换过程中的重要工质，介绍其状态方程。

第一节　工质及热力系统

一、工质

在热力工程中，能量的转移和转换必须通过某种媒介物质的状态变化来实现，用以实现热能与机械能相互转换或热能转移的媒介物质，称为工质。如汽轮机中的水蒸气、制冷机中的制冷剂等。工质并不直接参与能量的转换，只在能量转换中起着媒介作用，合理地选用工质可提高能量转换的效率。

二、热力系统

在工程热力学中，通常把研究的对象从周围物体中划分出来，分析它与周围物体之间的能量和物质交换，这种人为划分出来的研究对象称为热力系统，简称系统。将与系统相互作用的周围物体称为外界或环境。系统与外界之间的分界面称为边界。

系统的边界可以是真实存在的，也可以是假想的；可以是固定的，也可以是移动的。图 1-1a 中，如果取气缸中的气体作为研究对象，则缸内气体就是热力系统。气缸内壁和和塞内表面即构成该系统的真实边界，并且一部分边界是随活塞移动的。图 1-1b 是汽轮机工作原理示意图。在研究汽轮机中的热能与机械能转换问题时，可以取汽轮机外壳及进出口截面所包围的部分为系统。则该系统的边界是固定不变的，并且其中部分边界是真实存在的，例如汽轮机的外壳；还有部分边界是假想的，例如汽轮机的进口截面和出口截面。

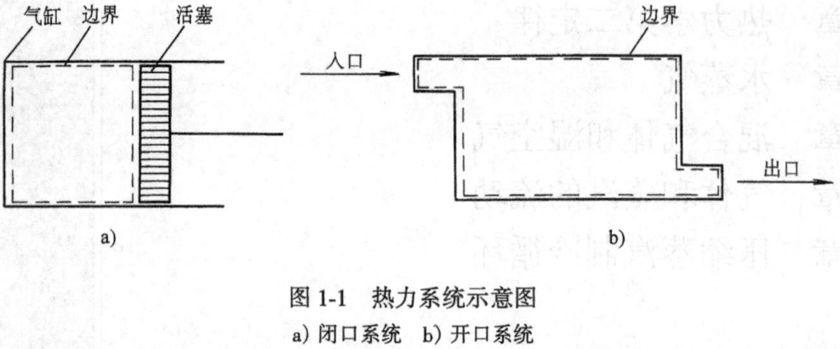

图 1-1　热力系统示意图

a) 闭口系统　b) 开口系统

根据系统与外界的物质或能量交换的特点，可以有不同类型的系统。下面介绍在工程热力学中常用的几种系统。

(1) 闭口系统　系统与外界没有物质交换。如图 1-1a 所示气缸内的气体。由于没有物质通过边界，系统的质量保持不变，故闭口系统又称为控制质量。

(2) 开口系统　系统与外界有物质交换。由于物质通过了开口系统的边界，所以开口系统的质量可以是变化的，也可以是不变的。如图 1-1b 所示正在运行的汽轮机，在进口截面和出口截面处有物质流入流出，故为一开口系统。由于开口系统通常是一个划定的空间范围，所以又称控制体积，或控制体。

(3) 绝热系统　系统与外界无热量交换。一个用完全隔热材料包围起来的系统，就是绝热系统。

(4) 孤立系统　系统与外界既无能量（功、热量）交换又无物质交换。

(5) 热源　热源是一类特殊的系统，若热源的热容量无限大，在吸收或放出有限热量时不改变自身的温度，则称为恒温热源；若热源的热容量不是非常大，则称为变温热源。

在工程热力学中，最常见的热力系统是简单可压缩系统。即系统与外界之间功量的交换只有体积变化功（膨胀功或压缩功）一种形式。

第二节　工质的热力状态及基本状态参数

一、热力状态与状态参数

在热工设备中，工质完成热能与机械能的转换或热能的转移，它的压力、温度、体积等物理量会发生变化，或者说工质本身的状况会发生变化。工质在某一瞬间所呈现的宏观物理状况称为工质的热力状态，简称状态。描述工质热力状态的一些宏观物理量，称为热力状态参数，或简称状态参数。显然状态参数与状态是一一对应关系。工质的状态发生变化，其状态参数也相应变化，且初、终态的参数变化值，仅与初、终态有关，而与状态变化的过程无关。若以 x 表示状态参数，则有

(1) $\int_{1\text{-}2} \mathrm{d}x = x_2 - x_1$

(2) $\oint \mathrm{d}x = 0$　　即系统经历一个循环，其状态参数的数值变化为零。

工程热力学中常用的状态参数有：温度（T）、压力（p）、体积（V）、热力学能（U）、焓（H）、熵（S）等。其中温度、压力、体积是可以直接测量的，称为基本状态参数。而其余的必须由基本状态参数导出，称为导出状态参数。

系统的状态参数按其与物质数量的关系，可分为强度性参数和广延性参数两类。强度性参数的数值与系统的质量无关，反映了系统的内在性质，如温度、压力。它们不具有可加性，系统中各点的强度性参数与整个系统强度性参数相同。在热力过程中，强度性参数起着推动力作用，故又称之为广义力或势。

广延性参数的数值与系统的质量有关，反映了系统的外延性质。如体积、焓、熵等。它们具有可加性，即系统的广延性参数等于其各部分广延性参数之和。在热力过程中广延性参数起着位移作用，又称为广义位移。

广延性参数除以系统的质量，得到单位质量的广延性参数，称为比参数。如：体积除以质量得到比体积，还有比热力学能、比焓等，它们均具有强度性参数的性质。通常，广

延参数用大写字母表示，其比参数用小写字母表示。

二、基本状态参数

1. 温度

温度是用来标志物体冷热程度的物理量。根据分子运动论学说，温度是物质分子热运动激烈程度的标志。对于气体，有

$$\frac{m\bar{c}^2}{2} = BT \tag{1-1}$$

式中，$\frac{m\bar{c}^2}{2}$为分子平移运动的平均动能，其中 m 是一个分子的质量，$\bar{c}$ 是分子平均运动的均方根速度；B 为比例常数；T 为气体的热力学温度。

从上式可见工质的热力学温度与工质内部分子平移运动平均动能成正比。温度越高，分子运动速度越快，温度越低，分子运动速度越慢。

当两个温度不同的物体相互接触时，它们之间将发生热量传递。如果不受外界影响，那么经过足够长的时间后，它们将达到相同的温度，即所谓的热平衡状态。如果两个物体中的每一个都分别与第三个物体处于热平衡，则这两个物体彼此也必处于热平衡，这个基本的实验事实又称为热力学第零定律。温度概念的建立以及温度测量都是以热力学第零定律为依据的，当温度计与被测物体达到热平衡时，温度计所指示的温度就是被测物体的温度。

温度的数值标尺称为温标。国际单位制（SI）中，采用热力学温标作为基本温标。这种温标确定的温度称为热力学温度，以符号 T 表示，单位为 K（开尔文）。热力学温标取纯水的三相点，即冰、水、汽三相平衡共存的状态点为基准点，规定其温度为 273.16K；每 1K 为纯水三相点温度的 1/273.16。

国际单位制中还规定了热力学摄氏温标，它所确定的温度称为摄氏温度，符号为 t，单位为℃（摄氏度）。其定义式为

$$t = T - 273.15$$

由此可见，热力学温标和摄氏温标的分度值相同，仅零点不同。在工程上可近似地用下式计算

$$T = t + 273 \tag{1-2}$$

2. 压力

单位面积上所受到的垂直作用力称为压力（即压强），用符号 p 表示，即

$$p = \frac{F}{A} \tag{1-3}$$

式中，F 为垂直作用于面积 A 上的力。根据分子运动论，气体的压力是大量分子与容器壁面碰撞作用力的统计平均值。压力的大小与分子的动能和分子的浓度有关。

在法定计量单位中，压力的单位为 Pa（帕），1Pa = 1 N/m^2。工程上，由于 Pa 的单位太小，常采用 kPa（千帕）和 MPa（兆帕）作为压力的单位，它们之间的关系为

$$1\ \text{MPa} = 10^3\ \text{kPa} = 10^6\ \text{Pa}$$

现已不使用的压力单位还有 bar（巴）、mH$_2$O、mmHg、atm（标准大气压）、at（工程大气压）等。其换算关系见表 1-1。

表 1-1　压力单位换算表

单位名称	帕〔斯卡〕(Pa)	工程大气压 (at)	标准大气压 (atm)	毫米汞柱 (mmHg)	米水柱 (mH_2O)
帕〔斯卡〕(Pa)	1	$1.019\,72\times10^{-5}$	$0.986\,92\times10^{-5}$	750.062×10^{-5}	$10.197\,4\times10^{-5}$
工程大气压 (at)	$0.980\,665\times10^{5}$	1	0.967 84	735.56	10.000
标准大气压 (atm)	$1.013\,25\times10^{5}$	1.033 23	1	760.00	10.332 3
毫米汞柱 (mmHg)	133.322 4	13.595×10^{-4}	13.158×10^{-4}	1	13.595×10^{-3}
米水柱 (mH_2O)	9806.65	1×10^{-2}	967.81×10^{-4}	73.555 9	1

工程上常用弹簧管式压力表和 U 型管压力表测量气体的压力，如图 1-2、1-3 所示。由于压力表的测量总是在某种环境中进行（通常是大气环境），因此测得的压力值不是气体的实际压力，而是气体的实际压力与当地大气压力之间的差值，是一个相对值。

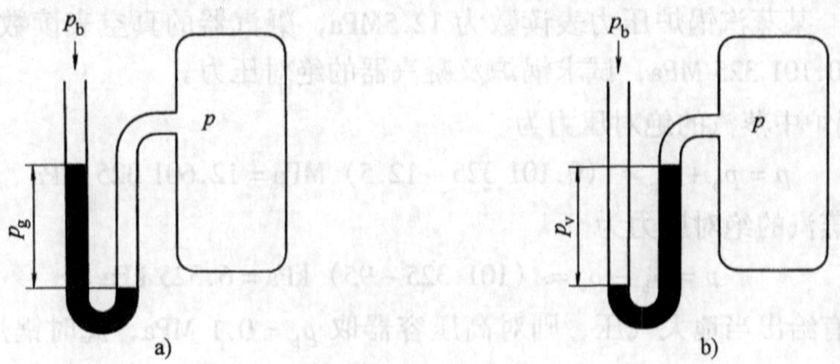

图 1-2　U 型管压力表

气体的实际压力称为绝对压力，用 p 表示。当被测气体的绝对压力高于大气压力 p_b 时，相对压力为正压，压力表指示的数值称为表压力，用 p_g 来表示。当被测气体的绝对压力低于大气压力 p_b 时，相对压力为负压，压力表指示的数值称为真空度，用 p_v 来表示。由图 1-2 中 a、b 可见它们之间的换算关系。

当 $p > p_b$　　$p = p_b + p_g$　　(1-4a)

$p < p_b$　　$p = p_b - p_v$　　(1-4b)

只有绝对压力才是工质的状态参数，表压力和真空度的数值都与当地大气压有关。它们之间的关系可以用图 1-4 表示。大气压的数值可用气压计测量，随测量地点、时间的不同而变化。当被测气体的压力很高时，可以近似地取大气压为 0.1MPa。

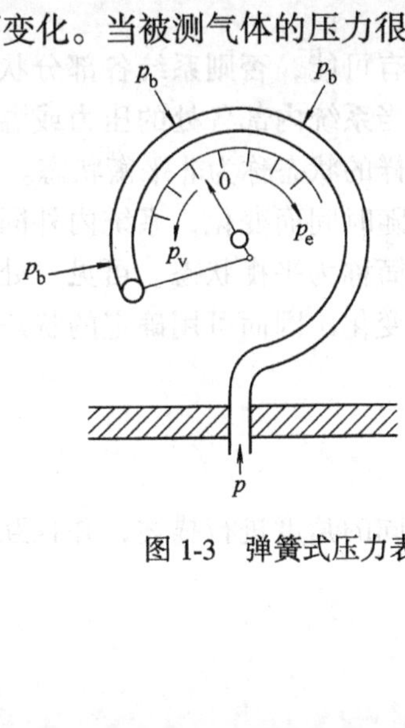

图 1-3　弹簧式压力表

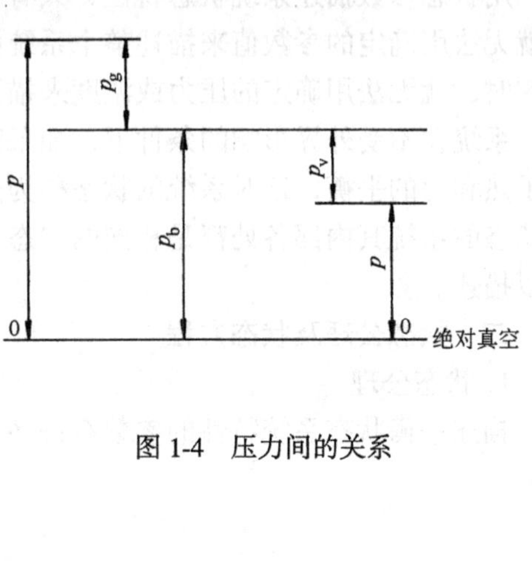

图 1-4　压力间的关系

3. 比体积与密度

单位质量的工质所占有的体积称为比体积。用符号 v 表示，单位为 m^3/kg。例如质量为 m 的工质所占有的体积为 V，则比体积为

$$v = \frac{V}{m} \tag{1-5}$$

单位体积工质占有的质量称为密度。用符号 ρ 表示，单位为 kg/m^3。显然，比体积与密度互为倒数。即

$$\rho v = 1 \tag{1-6}$$

工质的比体积与密度不是互相独立的参数，任一个都可以单独作为状态参数，表明工质在某一状态下气体的疏密程度。

【例 1-1】 某蒸汽锅炉压力表读数为 12.5MPa，凝汽器的真空表读数为 95kPa。若当地大气压 $p_b = 0.101\ 325$ MPa，试求锅炉及凝汽器的绝对压力。

【解】 锅炉中蒸汽的绝对压力为

$$p = p_b + p_g = (0.101\ 325 + 12.5)\ \text{MPa} = 12.601\ 325\ \text{MPa}$$

凝汽器内蒸汽的绝对压力为

$$p = p_b - p_v = (101.325 - 95)\ \text{kPa} = 6.325\ \text{kPa}$$

若题中没有给出当地大气压，则对高压容器取 $p_b = 0.1$ MPa，此时锅炉内的蒸汽绝对压力为

$$p = p_b + p_g = (12.5 + 0.1)\ \text{MPa} = 12.6\text{MPa}$$

计算误差很小，可以忽略。但对凝汽器内的蒸汽，其绝对压力为

$$p = p_b - p_v = (100 - 95)\ \text{kPa} = 5\text{kPa}$$

由此引起的相对误差 $= \dfrac{6.325 - 5}{6.325} = 20.9\%$

可见，对于低压或负压空间，近似取值会引起很大的误差，必须采用真实大气压力。

第三节 平衡状态及状态方程

一、平衡状态

用状态参数描述系统状态特性，只有在平衡状态下才有可能，否则系统各部分状态不同就无法用确定的参数值来描述整个系统的特性。例如，当系统内部各处的压力或温度不均匀时，就无法用确定的压力或温度来描述这一状态，这样的状态称为非平衡状态。

系统在不受外界影响的条件下，如果宏观热力性质不随时间而变化，系统内外同时建立了热和力的平衡，这时系统的状态称为热力平衡状态，简称为平衡状态。可见，处于平衡状态的系统其内部各处都是相同的状态，并且不会发生变化，因而可用确定的状态参数加以描述。

二、状态公理及状态方程

1. 状态公理

描述平衡状态系统特性的参数有许多，它们可以从不同的角度进行描述，并且互有联

系。当某些参数确定后，系统的平衡状态便完全确定，所有其他状态参数也随之有确定的值。那么，确定系统平衡状态的独立参数究竟需要几个呢？实践经验表明，对于纯物质系统，与外界发生任何一种形式的能量传递都会引起系统状态的变化，且各种能量传递形式可单独进行也可同时进行，于是归纳出一条状态公理。即

$$\text{确定纯物质系统平衡状态的独立参数} = n + 1$$

式中 n 表示传递可逆功的形式，而1表示能量传递中的热量传递。例如，对除热量传递外只有膨胀功（体积功）传递的简单可压缩系统，$n=1$，于是确定系统平衡状态的独立参数为 $1+1=2$。所有状态参数都可表示为任意两个独立参数的函数。

2. 状态方程

根据状态公理，对于简单可压缩系统，只需要两个独立的参数便可确定它的平衡状态。例如，在基本状态参数 p、v、T 中，只要其中任意两个确定，另一个也随之确定。三个基本状态参数有如下函数关系

$$p = f(v, T)$$
$$v = f(p, T)$$
$$T = f(p, v)$$

表示为隐函数的形式

$$F(p、v、T) = 0 \tag{1-7}$$

以上表示状态参数之间关系的方程式称为状态方程。

3. 状态参数坐标图

既然处于平衡状态的系统可以用两个独立的状态参数表示，那这两个参数就可以组成平面坐标图。这种由状态参数所组成的坐标图称为热力状态坐标图。常用的坐标图有压容（p-v）图和温熵（T-s）图等。如图1-5所示。图上的每一个点都可以确定一个平衡状态，对应有独立的状态参数 p、v 和 T、s。反之，任一平衡状态也可以在图上找到相应的状态点。而非平衡状态是无法在坐标图上表示的。

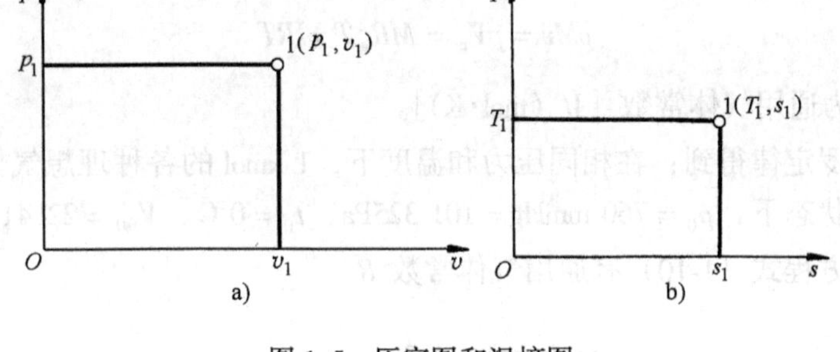

图1-5　压容图和温熵图
a) p-v 图　b) T-s 图

第四节　理想气体状态方程

一、理想气体与实际气体

理想气体是一种经过科学抽象的假想气体模型。它被假设为：气体分子是一些弹性的

质点，分子体积与气体的总体积相比可以忽略不计；分子相互之间没有作用力（引力和斥力）。在这样的假设条件下，讨论气体的运动规律就会大大简化。

严格地讲，实际存在的气体都不可能符合理想气体的假设条件，它的各个参数之间的关系比较复杂，但是当气体压力不太高、温度不太低的时候，实际气体的性质很接近理想气体，可以作为理想气体来处理。或者说，理想气体是实际存在的气体当 $p\to 0$，$\rho\to 0$（或 $v\to\infty$）时的极限气体模型。例如在常温常压下，工程中常用的 O_2、N_2、H_2、CO 以及空调工程中的空气、锅炉烟道中的烟气等可以作为理想气体处理，不会产生太大的误差。

如果气体所处的压力很高、温度很低，或者是刚刚脱离液态，此时它具有很高的密度，以至于分子本身的体积和分子之间的相互作用力均不能忽略。这样的气体称为实际气体。比如：发电厂中使用的水蒸气、制冷系统中使用的氨或氟里昂蒸气等均不能作为理想气体看待。它们的性质比较复杂，我们将在后面的章节专门讨论。

二、理想气体状态方程

通过大量的实验发现，理想气体的三个基本状态参数之间存在一定的函数关系，这个关系可以用克拉贝龙方程表示。克拉贝龙方程又称为理想气体状态方程，其基本方程式为

$$pv = R_g T \tag{1-8}$$

式中，p 为气体的绝对压力（Pa）；v 为气体的比体积（m^3/kg）；T 为气体的热力学温度（K）；R_g 为气体常数（J/（kg·K））。

上式是对于 1kg 气体而言的。对于 $m$kg 气体的系统，其状态方程是

$$pmv = mR_g T$$

或

$$pV = mR_g T \tag{1-9}$$

式中，m 为气体质量（kg）；V 为质量为 m kg 气体所占有的体积（m^3）。

1mol 物质的质量称为摩尔质量，用符号 M 表示，单位是 kg/mol。1kmol 物质的质量，数值上等于物质的相对分子量 M_r。1mol 气体的体积用 V_m 表示，显然，1mol 气体的状态方程为

$$pMv = pV_m = MR_g T = RT \tag{1-10}$$

式中，$R = MR_g$ 为通用气体常数［J/（mol·K）］。

由阿佛伽德罗定律得到：在相同压力和温度下，1 kmol 的各种理想气体占有相同的体积。在物理标准状态下，$p_0 = 760$ mmHg $= 101\,325$Pa、$t_0 = 0$℃、$V_{m0} = 22.4135\times10^{-3}m^3$，利用理想气体状态方程式（1-10）有通用气体常数 R

$$R = \frac{p_0 V_{m0}}{T_0} = 101\,325\times\frac{22.4135\times10^{-3}}{273.15}\text{J/（mol·K）} = 8.314\text{J/(mol·K)}$$

已知通用气体常数 R 及气体的摩尔质量 M 可求得气体常数 R_g

$$R_g = \frac{R}{M} = \frac{8.314}{M}\text{J/（kg·K）} \tag{1-11}$$

对于 $n$mol 气体的系统，其状态方程是

$$pV = nRT \tag{1-12}$$

几种常用气体的 R_g 值如表 1-2 所示。

表 1-2　常用气体常数 R_g

物质名称	化学式	摩尔质量 M/(kg/mol)	气体常数 R_g/[J/(kg·K)]	物质名称	化学式	摩尔质量 M/(kg/mol)	气体常数 R_g/[J/(kg·K)]
氢	H_2	2.016	4 124.0	氮	N_2	28.013	296.8
氦	He	4.003	2 077.0	一氧化碳	CO	28.011	296.8
甲烷	CH_4	16.043	518.2	二氧化碳	CO_2	44.010	188.9
氨	NH_3	17.031	488.2	氧	O_2	32.000	259.8
水蒸气	H_2O	18.015	461.5	空气		28.970	287.0

【例 1-2】　求空气在压力为 0.2 MPa，温度为 120℃时的比体积、密度。

【解】　应用气体状态方程

$$v=\frac{R_g T}{p}=287\times\frac{273+120}{0.2\times10^6}\text{m}^3/\text{kg}=0.564\ \text{m}^3/\text{kg}$$

$$\rho=\frac{1}{v}=\frac{1}{0.564}\text{kg/m}^3=1.773\ \text{kg/m}^3$$

【例 1-3】　有一体积为 3 m³ 的容器盛满气体，其压力表读数为 $p_g=120$ kPa，此时当地大气压 $p_b=0.1$ MPa，温度 $t=25$℃，问标准状态下气体的体积为多少？

【解】　气体的绝对压力 $p=p_b+p_g=(120+100)$ kPa $=220$ kPa

由于气体的质量保持不变，则 $\frac{pV}{T}=\frac{p_0 V_0}{T_0}$

$$V_0=V\frac{pT_0}{p_0 T}=3\times\frac{220\times273}{101.325\times(273+25)}\text{m}^3=5.967\ \text{m}^3$$

【例 1-4】　利用压气机将空气压入体积为 5 m³ 的储气箱中，压气机每分钟吸入温度为 20℃的空气 0.2m³，当地大气压为 $p_b=100$ kPa，充气前箱内压力 $p_1=0.16$ MPa，温度 $t_1=30$℃，问多长时间可将箱内压力提高到 $p_2=0.6$ MPa，温度升至 $t_2=50$℃？

【解】　充气前箱内空气质量 $m_1=\frac{p_1 V}{R_g T_1}$

充气后箱内空气质量 $m_2=\frac{p_2 V}{R_g T_2}$

箱内空气质量的增量 $\Delta m=m_2-m_1$

压气机每分钟吸入空气的质量 $m=\frac{p_b V_b}{R_g T_b}$

$$\text{充气所需时间}\ \tau=\frac{\Delta m}{m}=\frac{\frac{p_2 V}{R_g T_2}-\frac{p_1 V}{R_g T_1}}{\frac{p_b V_b}{R_g T_b}}=\frac{\frac{0.6\times10^6\times5}{287\times(273+50)}-\frac{0.16\times10^6\times5}{287\times(273+30)}}{\frac{100\times10^3\times0.2}{287\times(273+20)}}\text{min}$$

$$=30.9\text{min}$$

思考题与练习题

1. 什么是系统？系统包括哪几类？各有何特点？

2. 热力学温标中变化1 K，摄氏温标变化多少℃？

3. 用来测量系统压力的压力表或真空计的读数不变，能否说明系统的压力保持不变？

4. U型管测压计的管径对压力读数有无影响？

5. 平衡状态需要满足什么条件？

6. 气体常数的数值与状态有无关系？通用气体常数与工质的种类有无关系？

7. 当理想气体的温度和密度不变时，仅增加其数量，问是否会导致其压力的提高？

8. 用气压计测得当地大气压 $p_b = 10^5$ Pa，求

1）绝对压力为1.5 MPa时的表压力。

2）真空表读数为8 kPa时的绝对压力。

3）表压力读数0.2 kPa时的绝对压力。

4）绝对压力为20 kPa时的真空度。

9. 某容器被一刚性壁分为两部分，如图1-6所示，容器上不同部位装有3个压力表，压力表 B 的读数为110 kPa，压力表 C 的读数为175 kPa，若当地大气压为100 kPa，试求压力表 A 的读数。

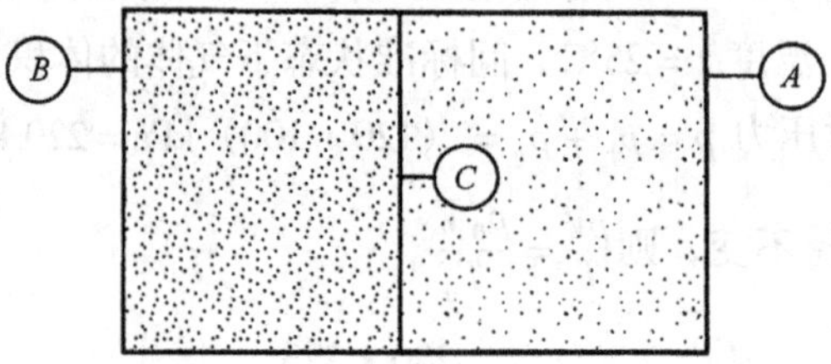

图1-6 习题1-9图

10. 已知氧气的分子量 $M = 32$，求

1）氧气在标准状态下的比体积和密度。

2）$p = 0.2$ MPa，$t = 200$℃时的比体积和密度。

11. 有一容积为0.5 m^3、温度为80℃的容器，盛有质量为2.5 kg的空气，当空气温度降至30℃时，容器内的压力为多少？

12. 鼓风机送风量在标准状态为600 m^3/h，若空气温度升至27℃，压力降至0.1 MPa时，鼓风机送风量不变，问送风质量改变了多少？

13. 体积为3 m^3 的容器内充有压力 $p = 1$ MPa、温度为20℃的空气，抽气后容器的真空度 $p_v = 300$ mmHg，若抽气过程温度保持不变，求抽走空气的质量是多少？

第二章　热力学第一定律

自然界中的一切物质都具有能量，能量既不能创造，也不能消灭，只能从一种形式转化为另一种形式，或从一个系统转移到另一个系统。在转化或转移中，能量的总量保持恒定。这个定律称为能量守恒与转换定律，它是经过实践验证的自然界最普遍最基本的规律之一。该定律宣告了不消耗任何能量而能连续作功的“第一类永动机”是不可能实现的。

能量守恒与转换定律在热力学中的应用即为热力学第一定律。它表明在热能与机械能相互转化的热力过程中，能量守衡。它是进行热力分析的基础。

本章根据热力学第一定律在不同情况下建立能量方程，分析其应用；并介绍理想气体的热量计算。

第一节　准平衡过程与可逆过程

一、准平衡过程

系统能量的转移或转化必须通过其状态的变化来实现。系统由一个状态到达另一个状态所经历的全部状态变化称为热力过程，或简称为过程。

系统状态的改变意味着本身的平衡态被破坏，而实际的热力过程也正是由于各处温度、压力或密度的不平衡引起的。当引起变化的不平衡势差消失后，过程结束，系统又恢复到平衡状态。热力过程所经历的中间状态是不平衡状态，过程进行得愈快，系统就越偏离平衡状态。这样的过程非常复杂，讨论起来很困难。为了简化问题，我们引入准平衡过程的概念。

假设系统在热力过程中所经历的每一个状态都无限接近于平衡状态，这种过程称为准平衡过程，或准静态过程。可见，要使状态发生变化，又要随时接近平衡状态，只有使过程进行得无限缓慢，经历的时间为无限长（相对于弛豫时间）。而实际的热力过程严格地讲，都是不平衡过程。但如果系统的平衡状态被破坏后能不断恢复平衡状态，这一过程所需的时间即弛豫时间相对于整个过程来讲又非常短，也就是说系统只有很短的时间偏离平衡状态，那么，这个过程就可以作为准平衡过程处理。例如：活塞运动的速度（即过程进行的速度）一般为每秒几米；而气体分子运动的速度和压力波传播的速度（即恢复平衡的速度）一般在每秒几百米以上。相对来讲，活塞运动的速度很慢，可以当作准平衡过程处理。

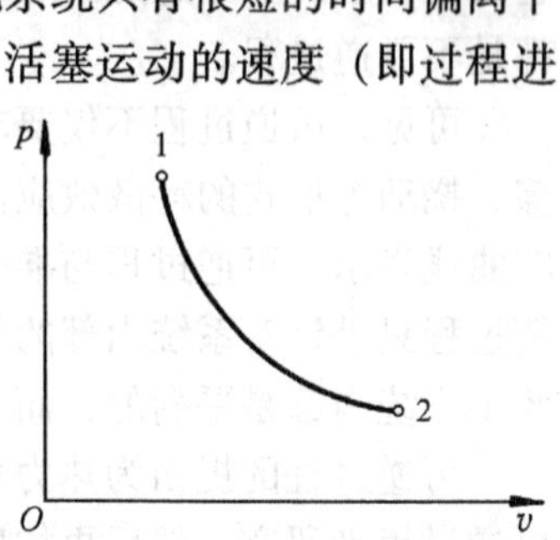

图 2-1　准平衡过程

准平衡过程中，由于系统所经历的每一状态都可视为平衡状态，这样准平衡过程就由一系列平衡状态组成，可以在状态参数坐标图上用一条连续的曲线来表示，图 2-1 中，1-2 就是一准平衡过程，线上的每一点表示一个平衡状态。而非准静态过程是不能在坐标图上表示的。如果非准静态过程的初、终态为平衡状态，那么可用连接初、终态点的虚线来示意之。

二、可逆过程

若系统经历一个过程后，沿原路反向进行回复到原来的状态，外界也回复到原来的状态，而不留下任何变化，该过程称为可逆过程。否则为不可逆过程。

如图 2-2 所示的装置，由工质、机器和热源组成。取气缸中的工质为系统。设工质自热源吸热，同时进行绝热膨胀而对外作功，若该膨胀过程是准平衡过程，在 *p-v* 图上用 *A*-1-2-3-*B* 表示。由于准平衡过程由一系列平衡状态组成，所以在过程中系统将随时保持热平衡和力平衡即系统与外界之间传热温差为 0 或无限小，系统对外界的作用力与外界对系统的反抗力也是相等的或相差无限小。若系统内部没有工质内摩擦、设备各部分也没有机械摩擦损失，系统所作的功将全部用来推动飞轮，以动能的形式储存在飞轮中。如果过程沿原路反向进行，以飞轮储存的动能来推动活塞压缩工质，使系统沿 *B*-3-2-1-*A* 逆行回到初态。这时飞轮所获得的动能正好用来推动活塞回到原来位置，系统向热源所放出的热量也正好等于系统在膨胀过程中从热源所吸收的热量。当系统回到初态时，热源、机器等也全部回到了各自的初态，没有留下任何影响或变化，这就是可逆过程。

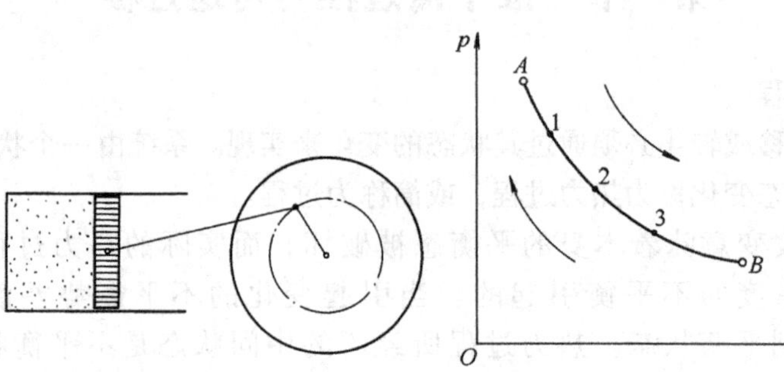

图 2-2 可逆过程

若上述膨胀过程不是准静态过程，或者有摩擦损失存在，当过程反向进行时，飞轮在膨胀过程中所获得的动能就不足以压缩系统，使之回到初态。要使系统回到初态，外界必须消耗一部分附加功。同时系统也无法将热量放给高过自身温度的热源，只能放给另一个温度更低的物体。这样当系统回到初态时，就给外界留下了影响，或者说外界就不能回到它们的初态。显然这是一个不可逆的过程。例如实际过程中的传热、混合、扩散、溶解等都是不可逆过程。

可见，可逆过程不仅要求系统内部与外界处于热和力的平衡，而且过程中不存在摩擦、挠动等形式的耗散效应。可逆过程也是一个理想过程，也可以在坐标图上用一条连续的曲线表示。可逆过程与准平衡过程的联系在于可逆过程首先是一个准平衡过程，但准平衡过程只是针对系统内部的平衡而言，与有无外部的机械摩擦没有关系。可逆过程则不仅要求系统内部是平衡的，而且要求过程进行时不存在任何耗散效应。

可逆过程的提出为热力学分析提供了很大的方便，我们可以把复杂的实际过程简化为可逆过程来研究，然后再加以适当的修正，因此，研究可逆过程意义重大。

第二节　系统总储存能

系统总储存能包括两部分，一是取决于系统本身的热力状态的能量，称为热力学能，又称为内部储存能；二是与系统宏观运动速度有关的宏观动能和系统在重力场中所处位置有关的重力位能，它们又称为外部储存能。

一、热力学能

物质的热力学能是指组成物质的微观粒子所具有的能量。在不涉及化学变化和原子核反应时，热力学能是分子的热运动动能和分子之间由于相互作用力而具有的位能之和。内动能取决于工质的温度，温度愈高，内动能愈大；反之亦然。内位能与分子间距离有关，故取决于工质的比体积。

热力学中，$m$kg 工质的热力学能用 U 表示，单位是 J 或 kJ；单位质量工质的热力学能即比热力学能用 u 表示，单位是 J/kg 或 kJ/kg。由于热力学能取决于工质的温度和比体积，故可以用以下函数式表示

$$u = f(T, v) \tag{2-1}$$

上式表明热力学能是状态参数 T 和 v 的函数，显然热力学能也是状态参数，它具有状态参数的一切数学特征，和其他状态参数一样，热力学能与状态有一一对应的关系。

理想气体由于分子间没有相互作用力，也不存在内位能，仅包括内动能。这样对理想气体来说，热力学能是温度的单值函数，有

$$u = f(T) \tag{2-2}$$

二、外部储存能

包括宏观动能 E_k 和重力位能 E_p。有宏观运动速度的系统，其宏观动能为

$$E_k = \frac{mc^2}{2}$$

有不同高度的系统，其重力位能为

$$E_p = mgz$$

这样系统的总储存能为

$$E = U + E_k + E_p \tag{2-3}$$

对于 1kg 工质的总储存能称为比总储存能

$$e = u + e_k + e_p \tag{2-4}$$

第三节　系统与外界传递的能量

在热力过程中，系统与外界交换的能量包括功量、热量以及工质通过边界时所携带的能量。

一、热量

热量是指系统与外界之间依靠温差传递的能量。用符号 Q 表示，单位为 J 或 kJ。单位质量工质传递的热量用 q 表示，单位为 J/kg 或 kJ/kg。

热量是一个过程量，它是在存在温差的热力过程中系统与外界交换的一种能量，它的数值大小与经历的过程有关，随过程的不同而不同，因此热量不是状态参数。对于系统的某个状态，我们可以说它具有多少能量，而不能说具有多少热量。

工程热力学中规定，系统吸热，热量取正值，即 $Q\ (q)\ >0$；系统放热，热量取负值，即 $Q\ (q)\ <0$。

热力过程中，状态参数 T 是热量传递的推动力。那么，对于微元可逆过程，系统与外界传递的热量可表示如下

$$\delta q = T\mathrm{d}s \tag{2-5}$$

或

$$\delta Q = T\mathrm{d}S \tag{2-6}$$

式中，S 为质量为 m kg 的工质的熵（kJ/K）；s 为比熵［kJ/（kg·K)］。

对于热力过程 1-2 中系统吸收的热量可写为

$$q = \int_1^2 T\mathrm{d}s \tag{2-5a}$$

或

$$Q = \int_1^2 T\mathrm{d}S \tag{2-6a}$$

由式中可见，熵是系统与外界有无热量传递以及热量传递方向的标志。若在可逆热力过程中熵值变化为正，即 $\mathrm{d}s>0$，则系统吸热，$\delta q>0$；反之，$\mathrm{d}s<0$，则 $\delta q<0$；若 $\mathrm{d}s=0$，则 $\delta q=0$，系统与外界没有热量交换，即为绝热过程。

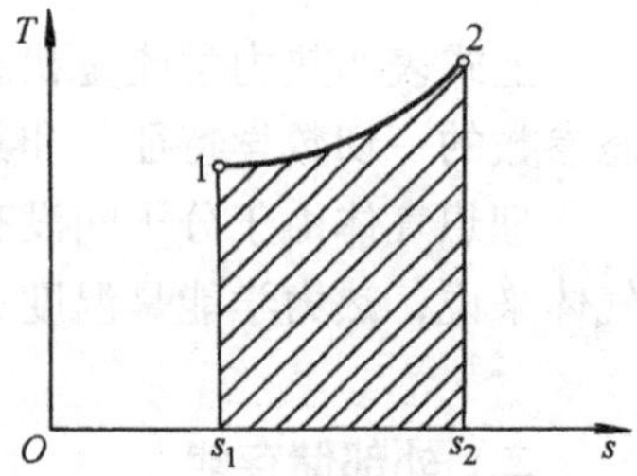

图 2-3 温熵图

以热力学温度 T 为纵坐标、以熵 s 为横坐标的 T-s 图，如图 2-3 所示。图上 1-2 表示一可逆传热过程，系统与外界的热量交换 $q=\int_1^2 T\mathrm{d}s$，在数值上等于图上过程曲线 1-2 下面的面积 $12s_2s_11$，因此 T-s 图又称为示热图。该图对于分析热力过程和热力循环是很有用的。

二、功量

在力差作用下，系统与外界发生的能量交换就是功量。功量也是一个过程量，只有伴随过程的进行才能发生。过程停止，系统与外界的功量传递也相应停止。

力学上定义功为力与沿力的作用方向上位移的乘积，即功 = 力 × 位移。热力过程中，功量与机械能的转换是通过工质的膨胀或压缩实现的，相应地称为膨胀功或压缩功。也统称为体积变化功。用符号 W 表示，单位 J 或 kJ；1kg 质量工质的体积功用 w 表示，单位为 J/kg 或 kJ/kg。

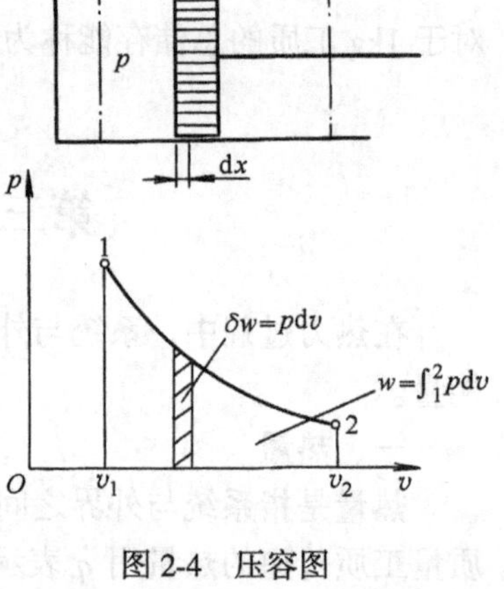

图 2-4 压容图

下面通过图 2-4 所示系统来推导可逆过程体积功的计算式。假设质量为 1kg 的气体工质在汽缸中进行一个可逆膨胀过程。缸内气体压力为 p，活塞的截面积为 A，则工

质作用于活塞上的力为 pA。活塞在某一瞬间移动 dx 的微小位移，则工质对活塞所作微元功可表示为

$$\delta w = pA\mathrm{d}x = p\mathrm{d}v \tag{2-7}$$

对于整个热力过程的功量

$$w = \int_1^2 \delta w = \int_1^2 p\mathrm{d}v \tag{2-8}$$

这一过程可在 p-v 图上用曲线 1-2 表示，如图 2-4 所示。根据式（2-8），功的数值可用曲线下的面积 $12v_2v_1 1$ 表示。因此 p-v 图又称为示功图，不同的过程曲线对应的膨胀功的数值是不同的，所以功量也不是一个状态参数

在热力学中规定：系统膨胀 $dv>0$，对外作功为正值，即 $w>0$；系统被压缩 $dv<0$，外界对系统作功为负值，即 $w<0$；若 $dv=0$，则系统与外界没有功量交换。可见，体积的变化是系统与外界有无体积功转换以及转换方向的标志。

对于气体质量为 m kg 的系统其体积功

$$W = mw = \int_1^2 p\mathrm{d}V \tag{2-9}$$

在国际单位制中，用 J 或 kJ 作为功量单位。在工程上为了比较热机的作功能力，常用单位时间所作的功，这就是功率。功率的单位是 W 或 kW，有 1W = 1J/s。

热力过程中，系统与外界除了通过体积变化来传递体积功外，还可以通过机械轴进行传递，这一类功称为轴功，符号 W_s。工程上许多动力机械，例如汽轮机、风机等都靠机械轴进行传递。

三、随物质流动的能量

开口系统在运行时，存在工质的流入或流出，它们在经过界面时携带有一部分能量同时流过界面，这类能量包括两部分：

（1）流动工质本身的储存能　包括工质的热力学能、宏观动能、重力位能

$$E = U + \frac{mc^2}{2} + mgz$$

或

$$e = u + \frac{c^2}{2} + gz$$

（2）流动功（推动功）　工质在流动过程中必然会对其前面的流体产生一定的推力，从而对其作功。这样工质在通过控制体界面时，系统与外界就会有功量交换，这部分功就称为流动功或推动功。用符号 W_f 表示，1kg 工质所作流动功用 w_f 表示。

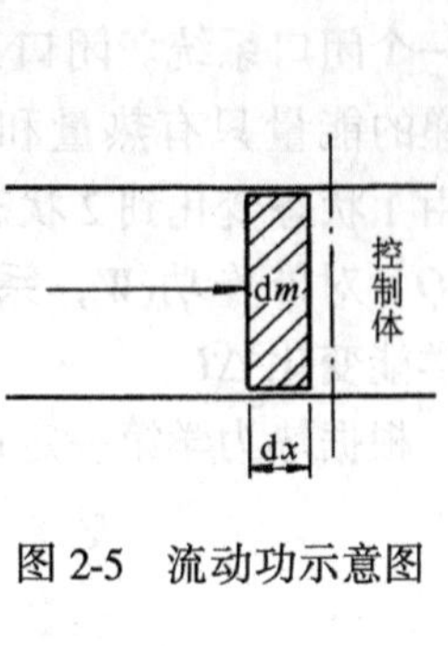

图 2-5　流动功示意图

如图 2-5 所示，假设有微元质量 dm 工质通过界面进入控制体，在界面处的状态参数为压力 p，比体积 v，管道截面积为 A，当流体流过界面，左边的流体对它作流动功，使它进入系统，根据功的定义，流动功 = 力 × 位移，则

$$\delta W_f = pA\mathrm{d}x = p\mathrm{d}V = pv\mathrm{d}m \tag{2-10}$$

对于单位质量工质而言

$$w_f = \frac{\delta W_f}{dm} = pv \tag{2-11}$$

流动功是一种特殊的功，其数值取决于控制体进出口界面工质的热力状态。对单位工质而言等于工质的压力和比体积的乘积。

综上所述，流动工质传递的总能量包括以下几项

$$U + \frac{mc^2}{2} + mgz + pV$$

或

$$u + \frac{c^2}{2} + gz + pv$$

上式中，令 $H = U + pV$ 或 $h = u + pv$，H 称为焓（J），h 称为比焓（J/kg）。由于 u、p、v 都是状态参数，因此焓也是状态参数。焓在热力学中是一非常重要的状态参数。在开口系统中，它表示工质在流动过程中携带的由其热力状态决定的那部分能量；在闭口系统中，它表示由热力学能、压力和比体积组成的一个复合状态参数。

引入状态参数焓后，流动工质传递的能量可表示为

$$H + \frac{mc^2}{2} + mgz$$

或

$$h + \frac{c^2}{2} + gz$$

第四节 热力学第一定律

热力学第一定律的实质就是能量守衡，它适用于一切热力系统和热力过程，不论开口或闭口系统，热力学第一定律均可表达为

进入系统的能量 - 离开系统的能量 = 系统储存能的变化

一、闭口系统热力学第一定律表达式

如图 2-6 所示，取气缸内的工质作为系统，这是一个闭口系统。闭口系统与外界没有物质交换，传递的能量只有热量和功量两种形式。假设工质在由 1 状态变化到 2 状态的过程中，从外界吸收热量 Q，对外作功 W，系统储存能的变化等于其热力学能变化 ΔU。

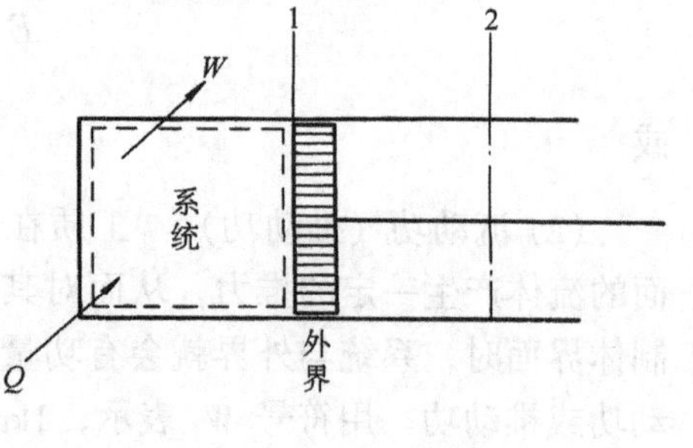

图 2-6 闭口系统的能量转换

根据热力学第一定律建立能量方程

$$Q - W = \Delta U$$

或

$$Q = \Delta U + W \tag{2-12}$$

对于 1kg 工质的能量方程 $q = \Delta u + w$ (2-13)

对于微元过程 $\delta Q = dU + \delta W$ (2-12a)

或 $\delta q = du + \delta w$ (2-13a)

上述各式是闭口系统能量方程的表达式，适用于闭口系统的任何工质进行的一切热力

过程。它表示加给系统的热量一部分用来对外膨胀作功，另一部分用来增加工质的热力学能，储存于工质内部。式（2-12）、（2-13）中各项的取值可正可负。q 与 w 的取值按照前面的规定。对于系统来讲，如果热力学能增加，$\Delta u>0$；系统热力学能减少，$\Delta u<0$；热力学能不变，$\Delta u=0$。

对于可逆过程，由于 $\delta w = p\mathrm{d}v$ 或 $w = \int_1^2 p\mathrm{d}v$，则有

$$\delta q = \mathrm{d}u + p\mathrm{d}v$$

或

$$q = \Delta u + \int_1^2 p\mathrm{d}v \tag{2-14}$$

【例 2-1】 某气体在热力过程中对外膨胀作功 50kJ，同时热力学能减少 70kJ，问该过程是吸热还是放热过程，换热量是多少？

【解】 由式（2-12）可得

$$Q = \Delta U + W = (-70+50)\mathrm{kJ} = -20\mathrm{kJ}$$

因此，该热力过程系统对外放热 20kJ。

【例 2-2】 定量工质经历由三个热力过程组成的循环，如图 2-7 所示。1-2 过程压力不变，对外膨胀作功 80kJ，热力学能增加 40kJ，2-3 过程体积不变，对外放热 100kJ，3-1 为绝热过程，试求该过程的体积功。

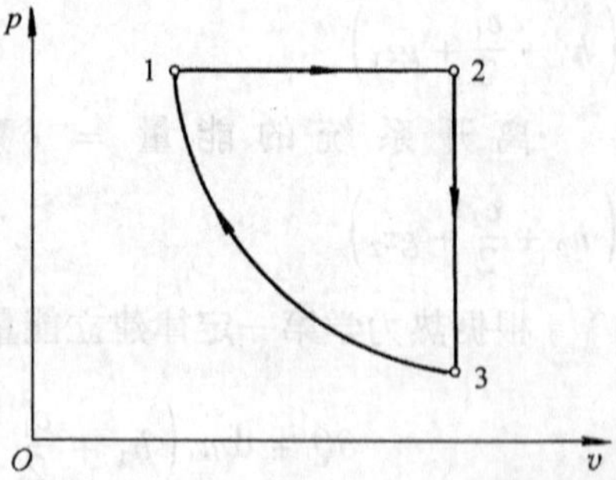

图 2-7 例 2-2 图

【解】 对于每一个热力过程，满足能量方程 $Q=\Delta U+W$，对于一个循环，因为热力学能是状态参数，满足 $\oint \mathrm{d}U = 0$ 或 $\oint \delta W = \oint \delta Q$。则

$$\Delta U_{2-3} = Q_{2-3} - W_{2-3} = (-100-0)\ \mathrm{kJ} = -100\mathrm{kJ}$$

$$\Delta U_{3-1} = -(\Delta U_{1-2} + \Delta U_{2-3})\ \mathrm{kJ} = -(40-100)\ \mathrm{kJ} = 60\mathrm{kJ}$$

$$W_{3-1} = Q_{3-1} - \Delta U_{3-1} = (0-60)\ \mathrm{kJ} = -60\mathrm{kJ}$$

即 3-1 过程为外界对工质作压缩功 60kJ。

二、开口系统的稳定流动能量方程

1. 稳定流动

工程上遇到的许多热工设备，如汽轮机、压缩机、换热器、锅炉等在运行时，都伴有工质的流进、流出。讨论时取控制体作为系统，属于开口系统。

工质流经热工设备时，与外界进行能量交换，本身状态也随之发生变化。工程上常用的热工设备除启动、停止或加减负荷外，大部分时间是在稳定工况下运转，工质以恒定的流量流过系统，系统内各点的状态不随时间发生变化，这种流动称为稳定流动。

稳定流动具有以下特征：

1）同一时间内，各流通截面工质的质量流量均相等。即

$$\mathrm{d}m_1 = \mathrm{d}m_2 = \mathrm{d}m$$

2）控制体储存能，不随时间而变化。即

$$\mathrm{d}E_{\mathrm{sys}} = 0$$

2. 开口系统的稳定流动能量方程

图 2-8 是一个典型的开口系统。在运行中，系统与外界存在热量、质量和轴功的交换。假设在某一瞬间，质量为 dm_1 的工质以流速 c_1 由入口界面 1-1 进入系统，同时质量为 dm_2 的工质以流速 c_2 通过出口界面 2-2 流出系统，系统从外界吸收热量 δQ，对外作轴功 δW_s，此瞬间系统能量交换情况如下：

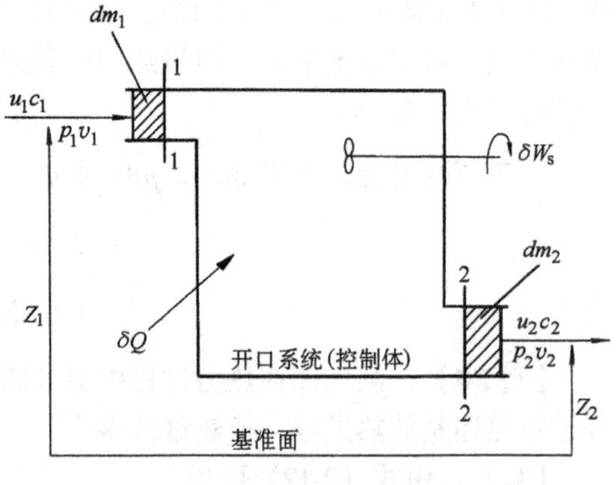

图 2-8 开口系统的能量转换

进入系统的能量 $= \delta Q + dm_1\left(h_1 + \frac{c_1^2}{2} + gz_1\right)$

离开系统的能量 $= \delta W_s + dm_2\left(h_2 + \frac{c_2^2}{2} + gz_2\right)$

根据热力学第一定律建立能量方程

$$\delta Q + dm_1\left(h_1 + \frac{c_1^2}{2} + gz_1\right) - \delta w_s - dm_2\left(h_2 + \frac{c_2^2}{2} + gz_2\right) = dE_{sys} \quad (2\text{-}15)$$

根据稳定流动的特点，上式可写成

$$\delta Q = dm\left[(h_2 - h_1) + \frac{1}{2}(c_2^2 - c_1^2) + g(z_2 - z_1)\right] + \delta W_s$$

或
$$Q = m\left[(h_2 - h_1) + \frac{1}{2}(c_2^2 - c_1^2) + g(z_2 - z_1)\right] + W_s \quad (2\text{-}16)$$

对于单位质量工质可写成

$$q = (h_2 - h_1) + \frac{1}{2}(c_2^2 - c_1^2) + g(z_2 - z_1) + w_s$$

$$= \Delta h + \frac{1}{2}\Delta c^2 + g\Delta z + w_s \quad (2\text{-}17)$$

对于微元过程

$$\delta q = dh + \frac{1}{2}\Delta c^2 + gdz + \delta w_s \quad (2\text{-}17a)$$

上述各式适用于开口系统稳定流动的各种热力过程。

三、技术功

稳定流动能量方程中的动能变化 $\frac{1}{2}\Delta c^2$，位能变化 $g\Delta z$，及轴功 w_s 都是工程技术上可以直接利用的机械能。这三项之和称为技术功，用 w_t 表示，即

$$w_t = \frac{1}{2}\Delta c^2 + g\Delta z + w_s \quad (2\text{-}18)$$

$$W_t = \frac{1}{2}m\Delta c^2 + mg\Delta z + W_s \tag{2-18a}$$

于是式（2-17）、(2-17a）可写成

$$q = \Delta h + w_t \tag{2-19}$$

及

$$\delta q = dh + \delta w_t \tag{2-19a}$$

由式（2-19）可得 $w_t = q - \Delta h = (\Delta u + w) - (\Delta u + p_2 v_2 - p_1 v_1) = w - (p_2 v_2 - p_1 v_1)$

可见：工质稳定流经热力设备时所作的技术功等于膨胀功减去净流动功。当 $p_2 v_2 = p_1 v_1$ 时技术功等于膨胀功，对于可逆过程

$$w_t = \int_1^2 p dv - (p_2 v_2 - p_1 v_1)$$

$$= \int_1^2 p dv - \int_1^2 d(pv)$$

$$= -\int_1^2 v dp \tag{2-20}$$

式中，v 恒为正值，负号表示技术功的正负与 dp 相反，即：过程中压力降低时，技术功为正，对外作功；反之若工质的压力增加，技术功为负，则外界对工质作功。

由式（2-20）看出，可逆过程技术功 w_t 在 p-v 图上可以用过程曲线与纵坐标之间的面积表示，如图 2-9 所示。

将式（2-20）代入式（2-19），可逆过程稳定流动能量方程

$$q = \Delta h - \int_1^2 v dp \tag{2-21}$$

对于微元过程

$$\delta q = dh - v dp \tag{2-21a}$$

四、稳定流动能量方程的应用

稳定流动能量方程用于各种热工设备，其形式常常可以简化。例如，一般热工设备的进出口标高相差极小，工质的流量变化不大，其位能差、动能差和系统与外界交换的能量相比要小得多，在计算精度要求不高的情况下可以忽略，于是稳定流动能量方程可简化为

$$q = \Delta h + w_s$$

但在一些进出口流速较大的特殊管道如喷管、扩压管，动能差就不可以忽略。

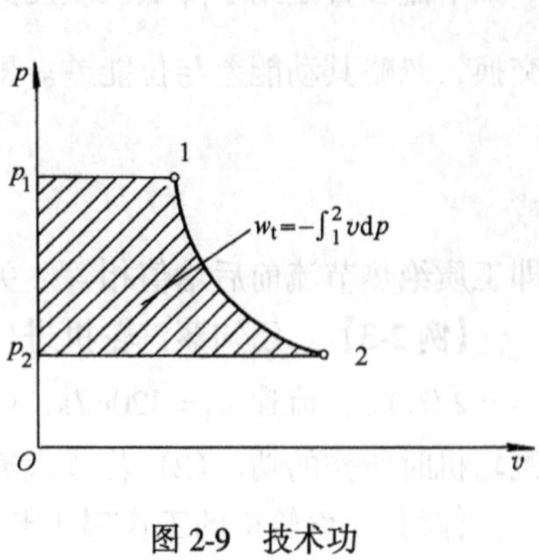

图 2-9 技术功

下面介绍几种常见的热工设备的能量分析。

1. 动力机

动力机是将热能转化为机械能，为生产提供动力的设备，如汽轮机等。当工质流过汽轮机时，流速很快，系统与外界来不及进行热交换，即散热量很小，近似认为 $q \approx 0$，再

忽略其动能与位能的变化，即 $\Delta c^2 \approx 0$，$g\Delta z \approx 0$，由式（2-17）可得

$$w_s = -\Delta h = h_1 - h_2 \tag{2-22}$$

即汽轮机对外输出的轴功等于工质的焓降。若已知工质的质量流量为 q_m kg/s，则其理论功率

$$P = q_m w_s = q_m(h_1 - h_2) \tag{2-23}$$

2. 压气机

压气机是消耗机械功而获得高压气体的设备。压缩过程进行得很快，可以认为 $\Delta q \approx 0$，同样忽略动能和位能的变化，$\Delta c^2 \approx 0$，$g\Delta z \approx 0$，则

$$-w_s = h_2 - h_1 \tag{2-24}$$

即压气机绝热压缩消耗的轴功等于工质焓的增加。

3. 热交换器

热交换器又称换热器，如工程上的各种加热器、散热器、蒸发器和冷凝器等。工质流过这类设备时与外界没有功量交换，忽略动能、位能的变化，可得

$$q = h_2 - h_1 \tag{2-25}$$

即单位质量工质与外界交换的热量等于换热器进、出口工质的焓差。

4. 喷管

喷管是一种使气流增速的管道。工质通过该管道时，流速很快，则 $q \approx 0$，系统与外界没有功量交换，忽略其位能差，则

$$\frac{c_2^2 - c_1^2}{2} = h_1 - h_2 \tag{2-26}$$

即单位质量工质流经喷管获得的动能的增量等于工质的焓降。

5. 节流装置

节流装置是用于降低工质压力的设备。在节流过程中，系统与外界没有热量、功量的交换，忽略其动能差与位能差。即 $q \approx 0$，$w_s \approx 0$，$\frac{\Delta c^2}{2} \approx 0$，$g\Delta z \approx 0$，则

$$\Delta h = 0$$

或

$$h_1 = h_2 \tag{2-27}$$

即工质绝热节流前后焓值相等。关于绝热节流的内容将在第七章详细介绍。

【例 2-3】 已知蒸汽轮机进口处的焓 $h_1 = 3\,200$kJ，流速 $c_1 = 50$m/s，出口处乏汽的焓 $h_2 = 2\,000$kJ，流速 $c_2 = 120$m/s，散热损失及位能变化忽略不计。求：(1) 每千克蒸汽流经汽轮机时所作的功。(2) 若蒸汽流量为 10t/h，汽轮机的功率是多少？

【解】 汽轮机的工作属于开口系统的稳定流动。

(1) 利用其能量方程，$q \approx 0$，$\Delta z \approx 0$，每千克蒸汽对外所作的轴功为

$$w_s = (h_1 - h_2) - \frac{c_2^2 - c_1^2}{2} = (3200 - 2000) - \frac{(120^2 - 50^2) \times 10^3}{2}$$

$$= (1200 - 5.95)\ \text{kJ/kg} = 1\,194.05\text{kJ/kg}$$

(2) 汽轮机的功率

$$P = w_s m = \frac{1194.05 \times 10^4}{3600}\text{kW} = 3316.8\ \text{kW}$$

由计算可知，在进出口速度差为 70 m/s 时，动能变化所占的比例也是非常小的，故一般情况下可忽略不计。

第五节　理想气体比热容及热量计算

一、比热容的定义

单位质量的气体温度升高 1K（或 1°C）所需要的热量，称为气体的比热容，或质量热容。用符号 c 表示。单位为 J/（kg·K）或 kJ/（kg·K），根据定义

$$c = \frac{\delta q}{\mathrm{d}T} \tag{2-28}$$

对应于 1mol 气体物质称为摩尔热容，用符号 C_m 表示，单位为 J/（mol·K）。标准状态下 $1m^3$ 物质的热容称为体积热容，用符号 c'表示，单位为 J/（m^3·K）。三者之间存在以下关系：

$$C_m = Mc = 0.0224c'$$

二、比定压热容和比定容热容

因为热量是与过程有关的量，同一种气体的初、终态相同而过程不同，吸收或放出的热量就不同，工质的比热容也就不同。因此气体的比热容与热力过程有关，不同的热力过程对应不同的比热容。工程上常用的是比定压热容和比定容热容。

1. 比定压热容

单位质量气体在定压过程中温度升高 1K（或 1°C）所需要的热量称为比定压热容，可用以下关系式表示：

$$c_p = \frac{\delta q_p}{\mathrm{d}T} \tag{2-29}$$

根据热力学第一定律，对微元可逆过程，有

$$\delta q = \mathrm{d}h - v\mathrm{d}p$$

因为定压过程 $\mathrm{d}p = 0$，则 $\delta q_p = \mathrm{d}h_p$。

结合式（2-29），则有

$$c_p = \frac{\mathrm{d}h_p}{\mathrm{d}T}$$

或

$$\mathrm{d}h_p = c_p\mathrm{d}T \tag{2-30}$$

对于理想气体而言，焓值只取决于温度，因此，任意热力过程的焓值变化都可以写成

$$\mathrm{d}h = c_p\mathrm{d}T$$

或

$$\Delta h = \int_1^2 c_p\mathrm{d}T \tag{2-31}$$

2. 比定容热容

单位质量气体在定容过程中温度升高 1K（或 1°C）所需要的热量称为比定容热容，可表示为

$$c_V = \frac{\delta q_V}{\mathrm{d}T} \tag{2-32}$$

根据热力学第一定律微元可逆过程

$$\delta q = \mathrm{d}u + p\mathrm{d}v$$

对于定容过程 $\mathrm{d}v=0$，联合式（2-32），可得

$$c_V = \frac{\mathrm{d}u_V}{\mathrm{d}T}$$

或

$$\mathrm{d}u_V = c_V\mathrm{d}T \tag{2-33}$$

理想气体的热力学能是温度的单值函数，只与温度有关，因此，任意热力过程的热力学能变化都可以用下式计算：

$$\mathrm{d}u = c_V\mathrm{d}T$$

或

$$\Delta u = \int_1^2 c_V\mathrm{d}T \tag{2-34}$$

3. 比定压热容与比定容热容间的关系

对于理想气体的比焓

$$h = u + pv = u + R_g T$$

代入式（2-30），则有

$$c_p = \frac{\mathrm{d}(u + R_g T)}{\mathrm{d}T} = \frac{\mathrm{d}u}{\mathrm{d}T} + R_g = c_V + R_g$$

即

$$c_p - c_V = R_g \tag{2-35}$$

将上式两边乘以摩尔质量 M，可得

$$C_{p,m} - C_{V,m} = R \tag{2-36}$$

$C_{p,m}$、$C_{V,m}$分别称为摩尔定压热容和摩尔定容热容。式（2-35）、（2-36）称为迈耶公式，它们表明比定压热容大于比定容热容。这是因为定容过程中气体不对外膨胀作功，所吸收的热量全部用于增加气体的热力学能，使其温度升高；而在定压过程中，气体吸收的热量不仅用于升高气体的温度，还要对外膨胀作功。

4. 比热容比

比定压热容与比定容热容的比值称为比热容比，用符号 γ 表示。

$$\gamma = \frac{c_p}{c_V} \tag{2-37}$$

对于理想气体，由迈耶公式可得

$$\gamma - 1 = \frac{R_g}{c_V}$$

或

$$c_V = \frac{R_g}{\gamma - 1} \tag{2-38}$$

而

$$c_p = \gamma c_V = \frac{\gamma}{\gamma - 1} R_g \tag{2-39}$$

【例 2-4】 某理想气体的比热比为 $\gamma = 1.40$，比定容热容为 $c_V = 0.744\mathrm{kJ/(kg \cdot K)}$，试

求该气体的摩尔量。

【解】 由式（2-38）可得

$$R_g = c_V(\gamma - 1) = 0.744 \times (1.40 - 1)\ \mathrm{J/(kg \cdot K)} = 298\ \mathrm{J/(kg \cdot K)}$$

$$M = \frac{R}{R_g} = \frac{8.314}{298}\mathrm{kg/mol} = 27.9\ \mathrm{g/mol}$$

三、热量计算

1. 真实比热容与平均比热容

对于理想气体来讲，比热容只是温度的单值函数，函数的具体表达形式由实验数据整理可得

$$c_p = a_0 + a_1 T + a_2 T^2 + a_3 T^3 + \cdots$$

式中：a_0、a_1、a_2、a_3、…是指对应于不同气体的实验常数。

这种由多项式定义的比热容能够较真实地反映比热容与温度间的关系，称为真实比热容。工程中一般采用三次多项式进行计算。利用多项式可计算理想气体不同热力过程的热量变化。例如，定压过程吸收热量

$$q_p = \int_1^2 c_p \mathrm{d}T = \int_1^2 (a_0 + a_1 T + a_2 T^2 + a_3 T^3)\mathrm{d}T$$

若以气体的真实比热容 c 为纵坐标，以温度 t 为横坐标建立坐标系，将 $c = f(t)$ 表示在图上。如图 2-10 所示。热力过程 1-2 吸收的热量 $q = \int_{t_1}^{t_2} c\mathrm{d}t$ 可用过程曲线与对应横坐标围成的曲边梯形的面积 $12t_2t_11$ 表示。

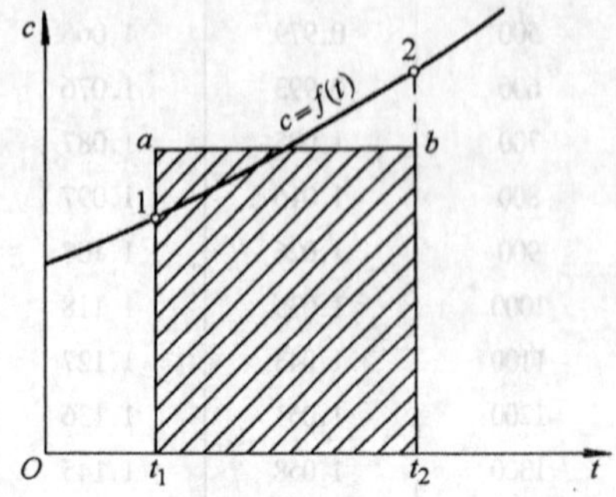

图 2-10 c-t 图

这样的计算非常烦琐，工程上为了计算方便，引入平均比热容的概念：气体从温度 t_1 升至 t_2 所需要的热量与温度变化$(t_2 - t_1)$的比值，称为该温度范围内的平均比热容，用 $c\Big|_{t_1}^{t_2}$ 表示。则

$$c\Big|_{t_1}^{t_2} = \frac{q_{1-2}}{t_2 - t_1} = \frac{\int_{t_1}^{t_2} c\mathrm{d}t}{t_2 - t_1} \tag{2-40}$$

故

$$q_{1-2} = c\Big|_{t_1}^{t_2}(t_2 - t_1) = \int_{t_1}^{t_2} c\mathrm{d}t \tag{2-41}$$

可见，用平均比热容计算所得热量与用真实比热计算结果是一致的。

在 c-t 图上，取一矩形面积 abt_2t_1a，使其等于曲边梯形的面积 $12t_2t_11$，则该矩形面积表示的热量就是真实比热容计算的热量，它可以用矩形的高乘以温差（$t_2 - t_1$）表示。则该矩形的高对应的比热值就是 t_1 至 t_2 温度范围内的平均比热。

由于气体从 t_1 加热至 t_2 所需要的热量 q_{1-2}在数值上等于从 0°C 加热至 t_2 所需要的热量 q_{0-2}与从 0°C 加热至 t_1 所需要热量 q_{0-1}的差，即

$$q_{1-2} = q_{0-2} - q_{0-1} = \int_0^{t_2} c\mathrm{d}t - \int_0^{t_1} c\mathrm{d}t = c\Big|_0^{t_2} t_2 - c\Big|_0^{t_1} t_1 \tag{2-42}$$

因此，只要有了从0℃至 t_1 和 t_2 温度之间的平均比热容，就可以求 t_1 至 t_2 之间的换热量。表2-1中列出了常见气体从0℃至温度 t 之间的平均比定压热容的值。对于平均比定容热容，可由表2-1查出平均比定压热容，再按迈耶公式确定。

2. 定值比热容

在对计算要求不十分精确的情况下或气体温度变化范围不太大时，可将比热容近似看作常数。根据分子运动论，原子数目相同的气体具有相同的摩尔热容。表2-2列出了不同结构气体的定值摩尔热容。

表2-1 常用气体的平均比定压热容 [J/(kg·K)]

t/℃	O_2	N_2	H_2	CO	空气	CO_2	H_2O
0	0.915	1.039	14.195	1.040	1.004	0.815	1.859
100	0.923	1.040	14.353	1.042	1.006	0.866	1.873
200	0.935	1.043	14.421	1.046	1.012	0.910	1.894
300	0.950	1.049	14.146	1.054	1.019	0.949	1.919
400	0.965	1.057	14.477	1.063	1.028	0.983	1.948
500	0.979	1.066	14.509	1.075	1.039	1.013	1.978
600	0.993	1.076	14.542	1.086	1.050	1.040	2.009
700	1.005	1.087	14.587	1.098	1.061	1.064	2.042
800	1.016	1.097	14.641	1.109	1.071	1.085	2.075
900	1.026	1.108	14.706	1.120	1.081	1.104	2.110
1000	1.035	1.118	14.776	1.130	1.091	1.122	2.144
1100	1.043	1.127	14.853	1.140	1.100	1.138	2.177
1200	1.051	1.136	14.934	1.149	1.108	1.153	2.211
1300	1.058	1.145	15.023	1.158	1.117	1.166	2.243
1400	1.065	1.153	15.113	1.166	1.124	1.178	2.274
1500	1.071	1.160	15.202	1.173	1.131	1.189	2.305
1600	1.077	1.167	15.294	1.180	1.138	1.200	2.335
1700	1.083	1.174	15.383	1.187	1.144	1.209	2.363
1800	1.089	1.180	15.472	1.192	1.150	1.218	2.391
1900	1.094	1.186	15.561	1.198	1.156	1.226	2.417
2000	1.099	1.191	15.649	1.203	1.161	1.233	2.442
2100	1.104	1.197	15.736	1.208	1.166	1.241	2.466
2200	1.109	1.201	15.819	1.213	1.171	1.247	2.489
2300	1.114	1.206	15.902	1.218	1.176	1.253	2.512
2400	1.118	1.210	15.983	1.222	1.180	1.259	2.533
2500	1.123	1.214	16.064	1.226	1.182	1.264	2.554

表2-2 理想气体的定值摩尔热容

	单原子气体	双原子气体	多原子气体
$C_{V,m}$	$\frac{3}{2}R$	$\frac{5}{2}R$	$\frac{7}{2}R$
$C_{p,m}$	$\frac{5}{2}R$	$\frac{7}{2}R$	$\frac{9}{2}R$
γ	1.67	1.40	1.29

【例 2-5】　流量为 1800kg/h 的空气在加热器中，由温度 $t_1 = 0°C$ 加热至温度 $t_2 = 150°C$,分别以平均比热容和定值比热容求加热量。

【解】　空气在加热器中的加热过程可看作是定压过程。

(1) 按平均比热容计算

查表 2-1，得　$c_p\Big|_0^0 = 1.004\ \text{kJ/(kg·K)}$

利用插入法求得　$c_p\Big|_0^{150} = 1.009\text{kJ/(kg·K)}$

$$Q = m\int_{t_1}^{t_2} c\mathrm{d}t = m\left(c_p\Big|_0^{t_2} t_2 - c_p\Big|_0^{t_1} t_1\right)$$

$$= \frac{1\,800}{3\,600}\times(1.009\times150 - 1.004\times0)\text{kJ} = 75.68\text{kJ}$$

(2) 按定值比热容计算

空气可视为双原子气体，由表 2-2 可查得

$$C_{p,m} = \frac{7}{2}R,\ \text{则}\ c_p = \frac{C_{p,m}}{M} = \frac{7\times8.314}{2\times28.97}\text{kJ/(kg·K)}$$

$$Q = mc_p(t_2 - t_1) = \frac{1\,800}{3\,600}\times\frac{7\times8.314}{2\times28.97}\times(150-0)\ \text{kJ} = 75.33\text{kJ}$$

第六节　理想气体热力学能、焓和熵的计算

一、理想气体的热力学能和焓

如前所述，理想气体的热力学能和焓都是温度的单值函数，由式（2-31）、(2-34）可得

$$\Delta u = \int_1^2 c_V\mathrm{d}T$$

$$\Delta h = \int_1^2 c_p\mathrm{d}T$$

以上两式适用于理想气体的任何过程，计算时可以选用平均比热容或定值比热容。在一个热力过程中，计算的往往是两个状态之间热力学能或焓的差值，因此，我们可以人为地定义一个基准点，令它的热力学能或焓的值为零。基准点的选择对于 Δu 和 Δh 的计算结果并无影响。

【例 2-6】　试分别用定值比热容和平均比热容计算 1kg 氧气由 300°C 加热到 400°C 时焓的变化。

【解】　(1) 按定值比热容计算，氧气为双原子气体，查表 2-2，得

$$\Delta h = \int_1^2 c_p\mathrm{d}T = c_p(t_2 - t_1) = \frac{7R}{2M}(t_2 - t_1)$$

$$= \frac{7 \times 8.314}{2 \times 32} \times (400 - 300)\text{kJ/kg} = 90.93\text{kJ/kg}$$

（2）按平均比热容计算，查表 2-1，得

$$t_2 = 400^\circ\text{C} \quad c_p\Big|_0^{t_2} = 0.965\text{kJ/(kg}\cdot\text{K)}$$

$$t_1 = 300^\circ\text{C} \quad c_p\Big|_0^{t_1} = 0.950\text{kJ/(kg}\cdot\text{K)}$$

$$\Delta h = \int_1^2 c_p \text{d}T = c_p\Big|_0^{t_2} t_2 - c_p\Big|_0^{t_1} t_1 = (0.965 \times 400 - 0.950 \times 300)\text{kJ/kg} = 101\text{kJ/kg}$$

二、理想气体熵的计算

在工程中，熵的计算与焓和热力学能一样，只涉及熵的变化量。对于可逆过程中的熵变可用下式计算

$$\text{d}s = \frac{\delta q}{T}$$

根据热力学第一定律表达式，可得

$$\text{d}s = \frac{\delta q}{T} = \frac{\text{d}u + p\text{d}v}{T} = \frac{\text{d}u}{T} + \frac{p}{T}\text{d}v$$

$$\text{d}s = \frac{\delta q}{T} = \frac{\text{d}h - v\text{d}p}{T} = \frac{\text{d}h}{T} - \frac{v}{T}\text{d}p$$

对于理想气体，上两式可以写成

$$\text{d}s = c_V \frac{\text{d}T}{T} + R_g \frac{\text{d}v}{v} \tag{2-43}$$

$$\text{d}s = c_p \frac{\text{d}T}{T} - R_g \frac{\text{d}p}{p} \tag{2-44}$$

将理想气体状态方程的微分形式代入上面其中之一，可得

$$\text{d}s = c_V \frac{\text{d}p}{p} + c_p \frac{\text{d}v}{v} \tag{2-45}$$

将式（2-43）、（2-44）、（2-45）两边积分，就得到热力过程熵变的计算公式

$$\Delta s = \int_1^2 c_V \frac{\text{d}T}{T} + R_g \ln \frac{v_2}{v_1} \tag{2-46}$$

$$\Delta s = \int_1^2 c_p \frac{\text{d}T}{T} - R_g \ln \frac{p_2}{p_1} \tag{2-47}$$

$$\Delta s = \int_1^2 c_V \frac{\text{d}p}{p} + \int_1^2 c_p \frac{\text{d}v}{v} \tag{2-48}$$

当比热容取为定值时

$$\Delta s = c_V \ln \frac{T_2}{T_1} + R_g \ln \frac{v_2}{v_1} \tag{2-49}$$

$$\Delta s = c_p \ln \frac{T_2}{T_1} - R_g \ln \frac{p_2}{p_1} \tag{2-50}$$

$$\Delta s = c_V \ln \frac{p_2}{p_1} + c_p \ln \frac{v_2}{v_1} \tag{2-51}$$

由以上公式可以看出，理想气体的熵变完全取决于初、终状态参数，而与过程无关。因此上面的计算式对于理想气体的任意热力过程都适用。

思考题与练习题

1. 准平衡过程与可逆过程有何区别？

2. 热力设备没有体积变化，就不能对外输出功，对吗？

3. 气体吸热后体积一定膨胀，热力学能一定增加，是否正确。

4. 热力学第一定律表达式 $\delta q = \mathrm{d}u + \delta w$ 和 $\delta q = \mathrm{d}u + p\mathrm{d}v$ 分别适用于什么条件？

5. 理想气体的（$c_p - c_V$）以及$\frac{c_p}{c_V}$是否在任何温度下都是常数？

6. 利用平均比热容计算所得热量与真实比热容是否一致？

7. 单位质量气体的系统从初态 $p_1 = 0.1\text{MPa}$，$v_1 = 0.2\text{m}^3$ 压缩至终态 $p_2 = 0.3\text{MPa}$。压缩过程满足 $pv^{1.2}$ = 常数。试求该过程的压缩功。

8. 闭口系统经历一热力过程，从外界吸取热量 60kJ，同时热力学能增加了 100kJ，问此过程是膨胀过程还是压缩过程？

9. 某闭口系统完成由两个热力过程组成的循环。在其中的一个热力过程中吸热 200kJ，对外作功 40kJ，经历另一个热力过程返回原态时，放热 80kJ，问该过程功的变化为多少？

10. 如图 2-11 所示，闭口系统中工质沿 acb 由 a 状态变化到 b 状态时，吸热 80kJ，对外作功 30kJ。则：(1) 工质沿 adb 由 a 到达 b 时，对外作功 20kJ，求该过程的换热量；(2) 工质沿曲线由 b 返回 a 时，外界对系统作功 25kJ，求该过程工质与外界交换的热量；(3) 如果 $U_a = 0\text{kJ}$，$U_d = 40\text{kJ}$，分别求 a—d、d—b 过程系统与外界的换热量。

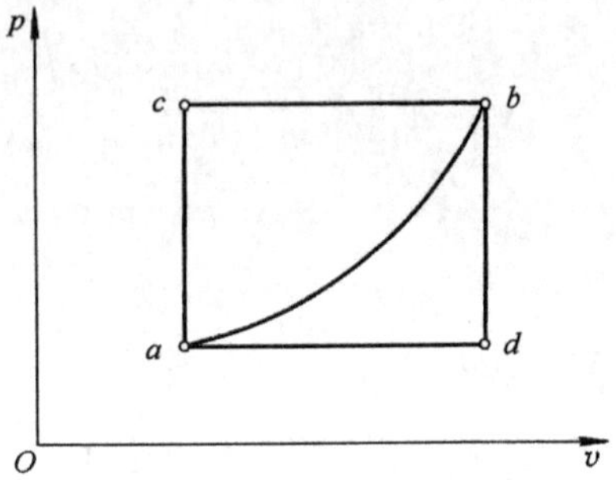

图 2-11 习题 2-10 图

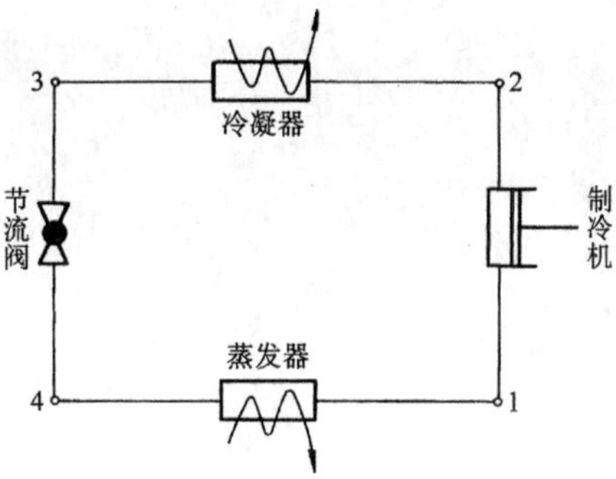

图 2-12 习题 2-13 图

11. 采暖用锅炉的水蒸发量为 0.5kg/s，水进入锅炉时的焓 $h_1 = 60\text{kJ/kg}$，水蒸气的焓 $h_2 = 2700\text{kJ/kg}$，若煤的发热量为 2500kJ/kg，锅炉的热效率 $\eta = 60\%$，求锅炉每小时的耗煤量。

12. 已知稳定流动的系统进口处的气体参数为 $h_1 = 3000\text{kJ}$，$c_1 = 150\text{m/s}$，出口参数为 $h_2 = 1800\text{kJ}$，$c_2 = 60\text{m/s}$。气体的质量流量为 4kg/s，流过系统时对外放热量为 150kJ/kg，忽略进、出口重力位能的变化。

求气体流过系统时对外输出的轴功率。

13. 有一单级蒸汽压缩式制冷循环如图 2-12 所示进行。各个设备进行的热力过程如下，1—2 为绝热压缩过程，2—3 为定压冷却冷凝向外界放热过程，3—4 为等焓节流过程，4—1 为定压汽化从低温空间吸热过程。已知：$h_1 = 345kJ/kg$，$h_2 = 372kJ/kg$，$h_3 = 338kJ/kg$，求：(1) 压缩过程消耗的轴功 w_s；(2) 向外界的放热量 q_1；(3) 从低温空间的吸热量 q_2。

14. 空气流经电加热器加热。温度由 $t_1 = 0°C$ 升至 $t_2 = 30°C$，假如电加热器的功率为 3kW，求空气的流量是多少？(1) 以平均比热容计算。(2) 以定值比热容计算。

15. 标准状态下 $1000m^3$ 的 CO_2 由 $t_1 = 20°C$ 加热至 $t_2 = 300°C$。分别用定值比热容和平均比热容计算其加热量及热力学能和焓的变化。

16. 质量为 50kg、压力为 0.1MPa、温度为 27°C 的空气被定温压缩至 0.25MPa，该过程系统的熵变为多少？

第三章　理想气体的热力过程及气体压缩

在热力设备中，热能与机械能间的相互转换及工质状态参数的变化规律都是通过热力过程来实现的，因此需要对工质的热力过程进行分析计算。

本章重点介绍理想气体在闭口系统中进行的定容、定压、定温和绝热四个基本可逆过程的特性和气体压缩原理。

第一节　理想气体基本热力过程

一、定容过程

工质比体积保持不变的过程称为定容过程。气体在刚性容器内进行的加热（或放热）过程即为定容过程。

1. 过程方程式

根据过程的特点，得出过程方程式为

$$v = 定值$$

2. 初、终状态参数关系式

根据 v = 定值及 $pv = R_gT$ 可得

$$v_2 = v_1, \frac{p_2}{p_1} = \frac{T_2}{T_1} \tag{3-1}$$

可见，定容过程中气体的压力与热力学温度成正比。

3. 过程曲线

如图 3-1 所示。在 p-v 图上定容过程是一条垂直于横坐标轴的直线。定容加热时，气体温度升高，压力增大，过程曲线如 1-2 线所示；反之，定容放热过程曲线如 1-2′线所示。由定容过程的比熵变量 $\Delta s_V = c_V \ln \frac{T_2}{T_1}$ 可知，定值比热容时，在 T-s 图上定容过程是一条对数曲线。该曲线斜率为 $\left(\frac{\mathrm{d}T}{\mathrm{d}s}\right)_V = \frac{T}{c_V}$。定容加热时，气体温度升高，熵增加，过程曲线如图中 1-2 线所示；反之，定容放热曲线如图中 1-2′线所示。

4. Δu、Δh 和 Δs 的计算

理想气体的比热力学能、比焓和比熵的变化量按定值比热容计算时有

$$\Delta u = c_V(T_2 - T_1) \tag{3-2}$$

$$\Delta h = c_p(T_2 - T_1) \tag{3-3}$$

$$\Delta s_V = c_V \ln \frac{p_2}{p_1} = c_V \ln \frac{T_2}{T_1} \tag{3-4}$$

5. 体积变化功与热量

由于 $\mathrm{d}v = 0$，定容过程的体积变化功为零，即

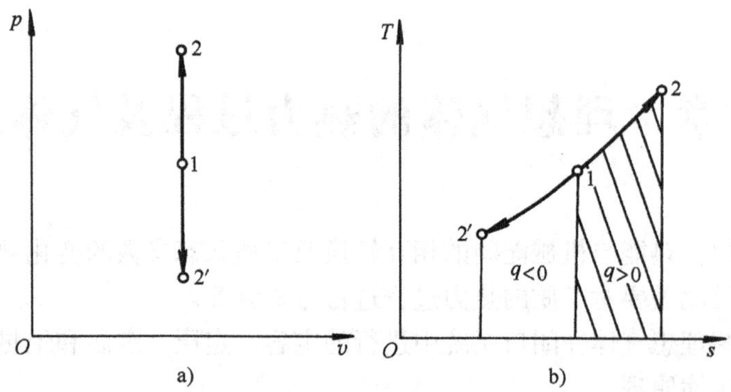

图 3-1 定容过程的 p-v 图及 T-s 图
a) p-v 图 b) T-s 图

$$w = \int_1^2 p\mathrm{d}v = 0 \tag{3-5}$$

根据热力学第一定律解析式可得过程换热量

$$q_V = \Delta u = \int_1^2 c_V \mathrm{d}T \tag{3-6}$$

可见，定容过程中加给气体的热量并未转变为机械能，而是全部用于增加气体的热力学能。

二、定压过程

工质压力保持不变的过程称为定压过程。工程中的蒸发器、冷凝器、锅炉等换热设备都可视为在定压下工作。

1. 过程方程式

定压过程的过程方程式为

$$p = 定值$$

2. 初、终状态参数关系式

根据 p = 定值及 $pv = R_g T$ 可得

$$p_2 = p_1, \frac{v_2}{v_1} = \frac{T_2}{T_1} \tag{3-7}$$

可见，定压过程中气体的比体积与热力学温度成正比。

3. 过程曲线

如图 3-2 所示。在 p-v 图上定压过程线是一条水平线。由 $\Delta s_p = c_p \ln \frac{T_2}{T_1}$ 可知，定值比热容时，在 $T-s$ 图上定压过程也是一条对数曲线。该曲线斜率为 $\left(\frac{\mathrm{d}T}{\mathrm{d}s}\right)_p = \frac{T}{c_p}$，因为 $c_p > c_V$，所以定压线斜率小于定容线斜率，故定压线较定容线平坦。定压加热时，温度升高，比体积增大，比熵增大，是吸热升温膨胀过程，过程曲线如图 1-2 线所示；反之，是放热降温压缩过程，如图 1-2′线所示。

4. Δu、Δh 和 Δs 的计算

以定值比热容计算时有

$$\Delta u = c_V (T_2 - T_1) \tag{3-8}$$

$$\Delta h = c_p(T_2 - T_1) \tag{3-9}$$

$$\Delta s_p = c_p \ln \frac{v_2}{v_1} = c_p \ln \frac{T_2}{T_1} \tag{3-10}$$

5. 体积变化功与热量

由于 p = 定值，定压过程的体积变化功为

$$w_p = \int_1^2 p\mathrm{d}v = p(v_2 - v_1) = R_g(T_2 - T_1) \tag{3-11}$$

或

$$R_g = \frac{w_p}{T_2 - T_1}$$

式（3-11）表明理想气体的气体常数 R_g 在数值上等于 1kg 气体在定压过程中温度升高 1K 所作的膨胀功。

根据热力学第一定律解析式可得换热量为

$$q_p = u_2 - u_1 + p(v_2 - v_1)$$
$$= h_2 - h_1 = \int_1^2 c_p \mathrm{d}T \tag{3-12}$$

式（3-12）说明定压过程中加入（或放出）的热量等于初、终状态的焓差。

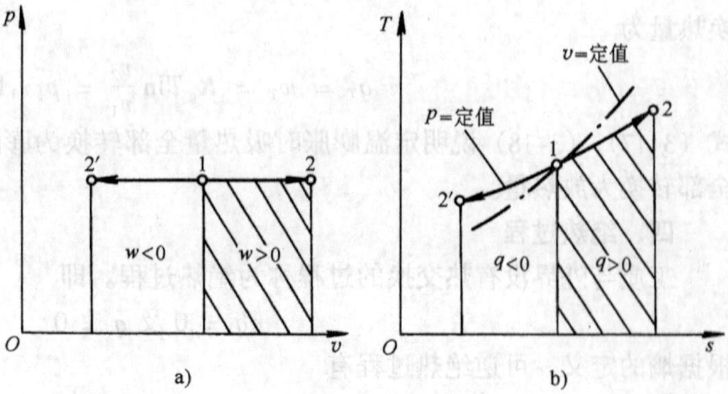

图 3-2　定压过程的 p-v 图及 T-s 图

a）p-v 图　b）T-s 图

三、定温过程

工质温度保持不变的过程称为定温过程

1. 过程方程式

T = 定值　或　pv = 定值

2. 初、终状态参数关系式

根据 pv = 定值可得

$$p_2 v_2 = p_1 v_1 \quad 或 \quad \frac{p_2}{p_1} = \frac{v_1}{v_2} \tag{3-13}$$

可见，定温过程中气体的压力与比体积成反比。

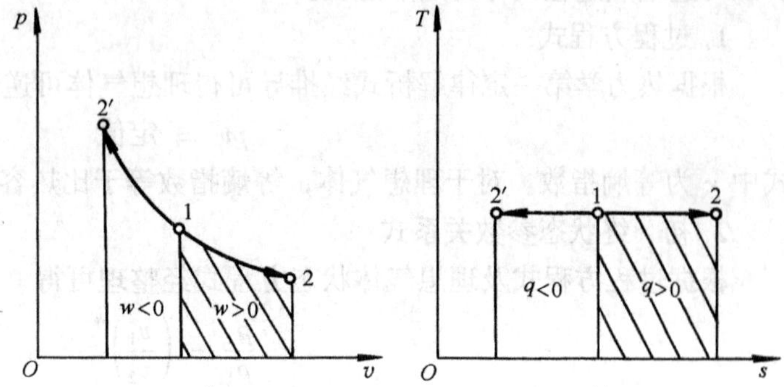

图 3-3　定温过程的 p-v 图及 T-s 图

a）p-v 图　b）T-s 图

3. 过程曲线

如图 3-3 所示。在 p-v 图上定温过程是一条等轴双曲线。由过程方程取微分可得该曲线的斜率为 $\left(\frac{\mathrm{d}p}{\mathrm{d}v}\right)_T = -\frac{p}{v}$。在 T-s 图上定温过程是一条水平直线。定温加热时，比体积增加，压力下降，比熵增加，是吸热膨胀过程，过程曲线如图 1-2 线所示；反之，是放热压缩过程，如图 1-2′线所示。

4. Δu、Δh 和 Δs 的计算

$$\Delta u = c_V(T_2 - T_1) = 0 \tag{3-14}$$

$$\Delta h = c_p(T_2 - T_1) = 0 \tag{3-15}$$

$$\Delta s_T = R_g \ln \frac{p_1}{p_2} = R_g \ln \frac{v_2}{v_1} \tag{3-16}$$

可见，理想气体的定温过程也即定热力学能过程、定焓过程。

5. 体积变化功和热量

体积变化功为

$$w_T = \int_1^2 p\mathrm{d}v = \int_1^2 pv\frac{\mathrm{d}v}{v} = \int_1^2 R_g T\frac{\mathrm{d}v}{v} = R_g T\ln\frac{v_2}{v_1}$$

$$= p_1 v_1 \ln\frac{p_1}{p_2} \tag{3-17}$$

换热量为

$$q_T = w_T = R_g T\ln\frac{v_2}{v_1} = p_1 v_1 \ln\frac{p_1}{p_2} \tag{3-18}$$

式（3-17）、（3-18）说明定温膨胀时吸热量全部转换为膨胀功；定温压缩时消耗的压缩功全部转换为放热量。

四、绝热过程

工质与外界没有热交换的过程称为绝热过程。即

$$\delta q = 0 \text{ 及 } q = 0$$

根据熵的定义，可逆绝热过程有

$$\mathrm{d}s = \frac{\delta q}{T} = 0$$

故

$$s = \text{定值}$$

所以可逆绝热过程又称为定熵过程。

1. 过程方程式

根据热力学第一定律解析式经推导可得理想气体可逆绝热过程方程式为

$$pv^{\kappa} = \text{定值}$$

式中 κ 为等熵指数。对于理想气体，等熵指数等于比热容比 γ，数值见表 2-2。

2. 初、终状态参数关系式

根据过程方程式及理想气体状态方程式经整理可得

$$\frac{p_2}{p_1} = \left(\frac{v_1}{v_2}\right)^{\kappa} \tag{3-19}$$

$$\frac{T_2}{T_1} = \left(\frac{v_1}{v_2}\right)^{\kappa-1} \tag{3-20}$$

$$\frac{T_2}{T_1} = \left(\frac{p_2}{p_1}\right)^{\frac{\kappa-1}{\kappa}} \tag{3-21}$$

可见，绝热过程中气体比体积与压力及热力学温度成反比。

3. 过程曲线

如图 3-4 所示。在 p-v 图上定熵过程是一条高次双曲线。由过程方程式求导可得曲线

斜率为$\left(\frac{\mathrm{d}p}{\mathrm{d}v}\right)_s = -\kappa\frac{p}{v}$。由于$\kappa>1$，所以定熵过程线比定温过程线更陡些。在 T-s 图上定熵过程线是一条垂直线。如图 1-2 线为定熵膨胀降温降压过程，1-2′线为定熵压缩升温增压过程。

4.Δu、Δh 和 Δs 的计算

$$\Delta u = c_V(T_2 - T_1) \tag{3-22}$$

$$\Delta h = c_p(T_2 - T_1) \tag{3-23}$$

$$\Delta s = 0 \tag{3-24}$$

5. 体积变化功和热量

定熵过程体积变化功为

$$w_s = \int_1^2 p\mathrm{d}v = \int_1^2 \frac{p_1 v_1^\kappa}{v^\kappa}\mathrm{d}v = \frac{1}{\kappa-1}(p_1v_1 - p_2v_2) = \frac{R_g}{\kappa-1}(T_1 - T_2) \tag{3-25a}$$

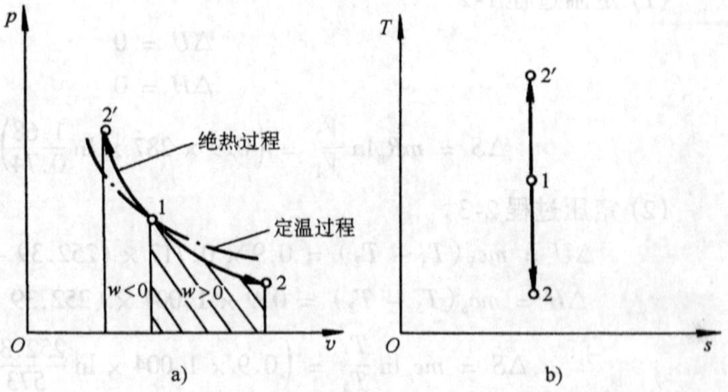

图 3-4 定熵过程的 p-v 图及 T-s 图

a) p-v 图 b) T-s 图

由初、终状态参数关系式经整理又可得

$$w_s = \frac{R_g T_1}{\kappa-1}\left[1-\left(\frac{p_2}{p_1}\right)^{\frac{\kappa-1}{\kappa}}\right] = \frac{R_g T_1}{\kappa-1}\left[1-\left(\frac{v_1}{v_2}\right)^{\kappa-1}\right] \tag{3-25b}$$

还可由热力学第一定律解析式得

$$q = \Delta u + w_s = 0$$

故

$$w_s = -\Delta u = c_V(T_1 - T_2) \tag{3-25c}$$

换热量

$$q = 0 \tag{3-26}$$

式 (3-26) 说明绝热过程中工质与外界无热量交换。绝热膨胀时，膨胀功等于工质热力学能的减量；绝热压缩时，消耗的压缩功等于工质热力学能的增量。

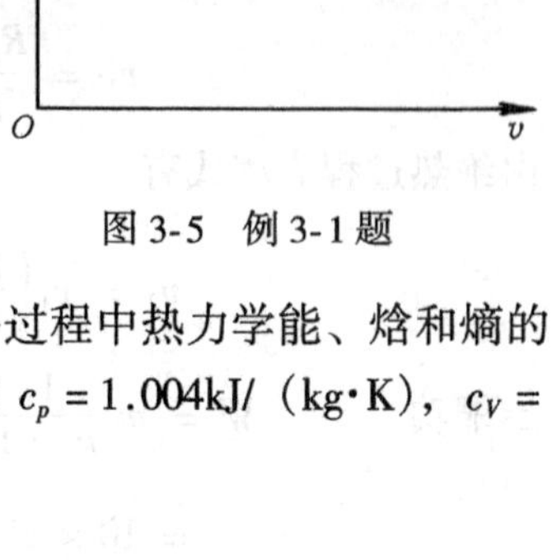

图 3-5 例 3-1 题

【例 3-1】 如图 3-5 所示，0.9kg 空气从初态 $p_1=0.2\text{MPa}$，$t_1=300℃$ 定温膨胀到 $V_2=1.68\text{m}^3$。随后将空气定压压缩，再在定容下加热，使它重新回到初始状态。试求每一过程中热力学能、焓和熵的变化量？定压过程所耗的功？定容过程的加热量？已知空气的 $c_p=1.004\text{kJ/(kg·K)}$，$c_V=0.717\text{kJ/(kg·K)}$，$R_g=287\text{J/(kg·K)}$。

【解】 由理想气体状态方程

$$V_1 = \frac{mR_g T_1}{p_1} = \frac{0.9 \times 287 \times (273 + 300)}{0.2 \times 10^6} \text{m}^3 = 0.74\text{m}^3$$

因为 $$T_1 = T_2, p_1 V_1 = p_2 V_2$$

所以 $$p_2 = \frac{p_1 V_1}{V_2} = \frac{0.2 \times 0.74}{1.68} \text{MPa} = 0.09\text{MPa}$$

因为 $$V_3 = V_1, T_2 = T_1, \frac{T_3}{T_2} = \frac{V_3}{V_2}$$

所以 $$T_3 = \frac{V_3}{V_2} T_2 = \frac{0.74}{1.68} \times (273 + 300)\text{K} = 252.39\text{K}$$

（1）定温过程 1-2

$$\Delta U = 0$$

$$\Delta H = 0$$

$$\Delta S = mR_g \ln \frac{V_2}{V_1} = \left(0.9 \times 287 \times \ln \frac{1.68}{0.74}\right) \text{kJ} = 211.78\text{kJ}$$

（2）定压过程 2-3

$$\Delta U = mc_V(T_3 - T_2) = 0.9 \times 0.717 \times (252.39 - 573)\text{kJ} = -206.89\text{kJ}$$

$$\Delta H = mc_p(T_3 - T_2) = 0.9 \times 1.004 \times (252.39 - 573)\text{kJ} = -289.7\text{kJ}$$

$$\Delta S = mc_p \ln \frac{T_3}{T_2} = \left(0.9 \times 1.004 \times \ln \frac{252.39}{573}\right) \text{kJ} = -0.74\text{kJ}$$

$$W_p = p_3(V_3 - V_2) = 0.09 \times 10^3 \times (0.74 - 1.68)\text{kJ} = -84.6\text{kJ}$$

（3）定容过程 3-1

$$\Delta U = mc_V(T_1 - T_3) = 0.9 \times 0.717 \times (573 - 252.39)\text{kJ} = 206.89\text{kJ}$$

$$\Delta H = mc_p(T_1 - T_3) = 0.9 \times 1.004 \times (573 - 252.39)\text{kJ} = 289.7\text{kJ}$$

$$\Delta S = mc_V \ln \frac{T_1}{T_3} = \left(0.9 \times 0.717 \times \ln \frac{573}{252.39}\right) \text{kJ} = 0.53\text{kJ}$$

$$Q = \Delta U = 206.89\text{kJ}$$

【例 3-2】 压气机将外界空气绝热压缩至 $p_2 = 0.5\text{MPa}$，已知空气温度为 20°C，大气压力为 0.101MPa。试求压缩 10kg 空气所需消耗的功。

【解】 由理想气体状态方程有

$$v_1 = \frac{R_g T_1}{p_1} = \frac{287 \times (273 + 20)}{0.101 \times 10^6} \text{m}^3/\text{kg} = 0.83\text{m}^3/\text{kg}$$

由绝热过程方程式有

$$v_2 = v_1 \left(\frac{p_1}{p_2}\right)^{\frac{1}{\kappa}} = 0.83 \times \left(\frac{0.101}{0.5}\right)^{\frac{1}{1.4}} \text{m}^3/\text{kg} = 0.26\text{m}^3/\text{kg}$$

压缩功 $$W = m \frac{1}{\kappa - 1}(p_1 v_1 - p_2 v_2)$$

$$= 10 \times \frac{1}{1.4 - 1} \times (0.101 \times 10^3 \times 0.83 - 0.5 \times 10^3 \times 0.26)\text{kJ}$$

$$= -1154.25\text{kJ}$$

第二节　多变过程

多变过程比四种基本热力过程更为一般化，是按一定规律变化的热力过程。

一、多变过程方程式

通过实验测定可得多变过程方程式为

$$pv^n = 定值$$

式中 n 是常数，称为多变指数，它可以是 $-\infty$ 到 $+\infty$ 之间的任意数值。对于实际的热力过程往往较为复杂，其多变指数 n 是变化的，若 n 值变化不大，则可用一个不变的平均值近似取代实际变化的 n 值；而当 n 值变化较大时，则可将实际过程分成几段，每一段的 n 值不变。

当 n 取不同的值时，则代表不同的热力过程，如

$n=0$ 时，$p=$定值，即定压过程；

$n=1$ 时，$pv=$定值，即定温过程；

$n=\kappa$ 时，$pv^\kappa=$定值，即定熵过程；

$n=\pm\infty$ 时，$v=$定值，即定容过程（因 $pv^n=$定值可写作 $p^{\frac{1}{n}}v=$定值，故 $v=$定值）。

可见，上述四个基本热力过程是多变过程的特例。

二、初、终状态参数关系式

根据 $pv^n=$定值及 $pv=R_gT$ 可得

$$\frac{p_2}{p_1} = \left(\frac{v_1}{v_2}\right)^n \tag{3-27}$$

$$\frac{T_2}{T_1} = \left(\frac{v_1}{v_2}\right)^{n-1} \tag{3-28}$$

$$\frac{T_2}{T_1} = \left(\frac{p_2}{p_1}\right)^{\frac{n-1}{n}} \tag{3-29}$$

对式（3-27）取对数可得多变指数 n 为

$$n = \frac{\ln(p_2/p_1)}{\ln(v_1/v_2)} \tag{3-30}$$

三、Δu、Δh 和 Δs 的计算

$$\Delta u = c_V(T_2 - T_1) \tag{3-31}$$

$$\Delta h = c_p(T_2 - T_1) \tag{3-32}$$

$$\begin{aligned}\Delta s &= c_p\ln\frac{T_2}{T_1} - R_g\ln\frac{p_2}{p_1}\\ &= c_V\ln\frac{T_2}{T_1} + R_g\ln\frac{v_2}{v_1}\\ &= c_V\ln\frac{p_2}{p_1} + c_p\ln\frac{v_2}{v_1}\end{aligned} \tag{3-33}$$

四、体积变化功和热量

体积变化功为

$$w_n = \int_1^2 p\mathrm{d}v = p_1 v_1^n \int_1^2 \frac{\mathrm{d}v}{v^n}$$

$$= \frac{1}{n-1}(p_1 v_1 - p_2 v_2)$$

$$= \frac{1}{n-1}R_g(T_1 - T_2)$$

$$= \frac{1}{n-1}R_g T_1\left[1 - \left(\frac{p_2}{p_1}\right)^{\frac{n-1}{n}}\right]$$

$$= \frac{\kappa - 1}{n-1}c_V(T_1 - T_2) \tag{3-34}$$

换热量为

$$q_n = \Delta u + w_n = c_V(T_2 - T_1) + \frac{\kappa - 1}{n-1}c_V(T_1 - T_2)$$

$$= \frac{n-\kappa}{n-1}c_V(T_2 - T_1) \tag{3-35}$$

由于热量等于比热容乘以温差，即 $q_n = c_n(T_2 - T_1)$，与上式比较可得多变过程的比热容为

$$c_n = \frac{n-\kappa}{n-1}c_V$$

五、过程曲线及特性分析

1. 过程曲线的分布规律

如图 3-6 所示，从同一状态点 1 出发的四种基本热力过程。显然，过程线在 p-v 图和 T-s 图上是按一定规律分布的，即 n 值由 $-\infty \rightarrow 0 \rightarrow 1 \rightarrow \kappa \rightarrow +\infty$ 按顺时针方向逐渐增大。当 n 值不同时，多变过程的特性则不同，当 $1 < n < \kappa$ 时，即介于定温过程和定熵过程之间的多变过程是热机和制冷机中常遇到的过程。

2. 过程特性的判定

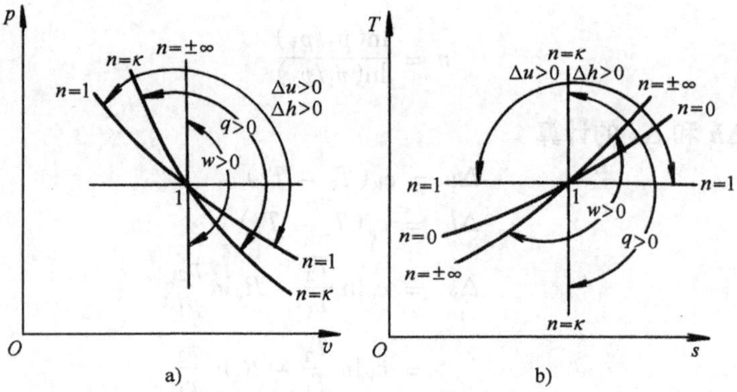

图 3-6 多变过程的 p-v 图及 T-s 图

a) p-v 图 b) T-s 图

多变过程线在坐标图上的位置一经确定后，便可直观地判定状态参数的变化趋势以及过程中能量的转换情况。

容积变化功的正负以定容线为分界线，如图 3-6 所示，位于定容线右侧区域（p-v 图）或右下区域（T-s 图）的各过程，$w>0$ 为膨胀过程；反之则 $w<0$ 为压缩过程。

换热量的正负以定熵线为分界线，位于定熵线右上区域（p-v 图）或右侧区域（T-s 图）的各过程，$\Delta s>0$、$q>0$ 为吸热过程；反之则 $\Delta s<0$、$q<0$ 为放热过程。

热力学能（或焓）的增减以定温线为分界线，位于定温线右上区域（p-v 图）或上侧区域（T-s 图）的各过程，$\Delta u>0$（$\Delta h>0$）为工质热力学能增加的过程；反之则 $\Delta u<0$（$\Delta h<0$）为工质热力学能减少的过程。

理想气体基本热力过程和多变过程的计算公式列于表 3-1。

【例 3-3】　有 1 kg 空气，初始状态为 $p_1=0.5\text{MPa}$，$v_1=0.24\text{m}^3/\text{kg}$。经过一个可逆多变过程后状态变化为 $p_2=0.1\text{MPa}$，$v_2=0.82\text{m}^3/\text{kg}$。试求该过程的多变指数、气体所作的功、所吸收的热量以及热力学能、焓和熵的变化。

【解】　(1) 多变指数

$$n=\frac{\ln(p_2/p_1)}{\ln(v_1/v_2)}=\frac{\ln(0.1/0.5)}{\ln(0.24/0.82)}=1.31$$

(2) 气体所作的膨胀功

$$w=\frac{1}{n-1}(p_1v_1-p_2v_2)$$

$$=\frac{1}{1.31-1}(0.5\times10^3\times0.24-0.1\times10^3\times0.82)\text{kJ/kg}$$

$$=122.58\text{kJ/kg}$$

(3) 初、终状态温度

$$T_1=\frac{p_1v_1}{R_g}=\frac{0.5\times10^6\times0.24}{0.287\times10^3}\text{K}=418\text{K}$$

$$T_2=\frac{p_2v_2}{R_g}=\frac{0.1\times10^6\times0.82}{0.287\times10^3}\text{K}=286\text{K}$$

(4) Δu、Δh、Δs

$$\Delta u=c_V(T_2-T_1)=0.717\times(286-418)\text{kJ/kg}=-94.64\text{kJ/kg}$$

$$\Delta h=c_p(T_2-T_1)=1.004\times(286-418)\text{kJ/kg}=-132.53\text{kJ/kg}$$

$$\Delta s=c_V\ln\frac{p_2}{p_1}+c_p\ln\frac{v_2}{v_1}=(0.717\ln\frac{0.1}{0.5}+1.004\times\ln\frac{0.82}{0.24})\text{kJ/(kg}\cdot\text{K)}=0.08\text{kJ/(kg}\cdot\text{K)}$$

(5) 气体吸收的热量

$$q=w+\Delta u=(122.58-94.64)\text{kJ/kg}=27.94\text{kJ/kg}$$

表 3-1 理想气体可逆过程计算公式

	定容过程	定压过程	定温过程	定熵过程	多变过程
多变指数 n	$\pm\infty$	0	1	κ	n
过程方程式	v = 常数	p = 常数	pv = 常数	pv^{κ} = 常数	pv^{n} = 常数
p、v、T 关系式	$\frac{T_2}{T_1} = \frac{p_2}{p_1}$	$\frac{T_2}{T_1} = \frac{v_2}{v_1}$	$p_1 v_1 = p_2 v_2$	$p_1 v_1^{\kappa} = p_2 v_2^{\kappa}$ $\frac{T_2}{T_1} = \left(\frac{v_1}{v_2}\right)^{\kappa-1}$ $\frac{T_2}{T_1} = \left(\frac{p_2}{p_1}\right)^{\frac{\kappa-1}{\kappa}}$	$p_1 v_1^{n} = p_2 v_2^{n}$ $\frac{T_2}{T_1} = \left(\frac{v_1}{v_2}\right)^{n-1}$ $\frac{T_2}{T_1} = \left(\frac{p_2}{p_1}\right)^{\frac{n-1}{n}}$
Δu、Δh、Δs 计算式	$\Delta u = c_V(T_2 - T_1)$ $\Delta h = c_p(T_2 - T_1)$ $\Delta s = c_V \ln\frac{T_2}{T_1}$	$\Delta u = c_V(T_2 - T_1)$ $\Delta h = c_p(T_2 - T_1)$ $\Delta s = c_p \ln\frac{T_2}{T_1}$	$\Delta u = 0$ $\Delta h = 0$ $\Delta s = R_g \ln\frac{v_2}{v_1}$ $= R_g \ln\frac{p_1}{p_2}$	$\Delta u = c_V(T_2 - T_1)$ $\Delta h = c_p(T_2 - T_1)$ $\Delta s = 0$	$\Delta u = c_V(T_2 - T_1)$ $\Delta h = c_p(T_2 - T_1)$ $\Delta s = c_V \ln\frac{T_2}{T_1} + R_g \ln\frac{v_2}{v_1}$ $= c_p \ln\frac{T_2}{T_1} - R_g \ln\frac{p_2}{p_1}$ $= c_p \ln\frac{v_2}{v_1} + c_V \ln\frac{p_2}{p_1}$
体积变化功 $w = \int_1^2 p\mathrm{d}v$	$w_V = 0$	$w_p = p(v_2 - v_1)$ $= R_g(T_2 - T_1)$	$w_T = R_g T_1 \ln\left(\frac{v_2}{v_1}\right)$ $= R_g T_1 \ln\frac{p_1}{p_2}$	$w_s = -\Delta u$ $= \frac{1}{\kappa-1}(p_1 v_1 - p_2 v_2)$ $= \frac{R_g T_1}{\kappa-1}\left[1-\left(\frac{p_2}{p_1}\right)^{\frac{\kappa-1}{\kappa}}\right]$	$w_n = \frac{1}{n-1}(p_1 v_1 - p_2 v_2)$ $= \frac{p_1 v_1}{n-1}\left[1-\left(\frac{p_2}{p_1}\right)^{\frac{n-1}{n}}\right]$ $(n \neq 1)$
热量 $q = \int_1^2 c\mathrm{d}T$ $= \int_1^2 T\mathrm{d}s$ $= \Delta u + w$	$q_V = \Delta u$ $= c_V(T_2 - T_1)$	$q_p = \Delta h$ $= c_p(T_2 - T_1)$	$q_T = T\Delta s$ $= w$	$\delta q = 0$ $q = 0$	$q_n = c_n(T_2 - T_1)$ $= \frac{n-\kappa}{n-1} c_V(T_2 - T_1)$ $(n \neq 1)$
比热容	c_V	c_p	$\pm\infty$	0	$c_n = \frac{n-\kappa}{n-1} c_V$ $(n \neq 1)$

第三节 单级活塞式压气机的工作原理和理论耗功量

压缩气体在工程上应用很广。例如,制冷工程中对气体或蒸汽的压缩,动力工程中冶金炉鼓风,锅炉通风,医疗上的高压氧舱等等。压气机是生产压缩气体的设备,按其压缩方式可分为活塞式压气机、叶轮式压气机以及引射式压气机。尽管压气机的结构型式不同,但压缩气体的热力学原理并没有本质的区别,都是通过消耗机械能来使气体压缩升高压力的过程。本节以活塞式压气机为例来分析计算压缩气体所耗的功量。

一、单级活塞式压气机的工作原理

图 3-7 为单级活塞式压气机理想工作循环示意图及 p-v 图。其工作循环由三个过程组成。

1. 吸气过程

吸气过程如图 3-7 中 4-1 过程。气体被吸入气缸，其状态不发生变化为 p_1、T_1，只是气体的数量不断增加。

2. 压缩过程

压缩过程如图 3-7 中 1-2 过程。缸内气体被压缩，其状态由 p_1、T_1 变为 p_2、T_2，数量不发生变化。压缩过程所消耗的功可由 p-v 图中面积 1-2-b-a-1 表示。

3. 排气过程

排气过程如图 3-7 中 2-3 过程。气体被排出气缸，其状态不发生变化为 p_2、T_2，只是数量不断减少直至为零。

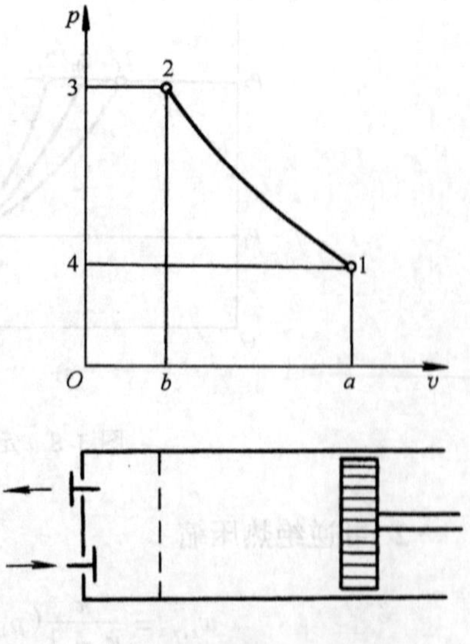

图 3-7　单级活塞式压气机示功图

二、单级活塞式压气机的理论耗功

压气机完成一个循环由吸气、压缩和排气三个过程组成，所以其消耗的理论功应等于吸气过程的流动功、压缩过程的压缩功及排气过程的流动功之代数和。

如图 3-7 所示，压缩 1kg 理想气体的理论耗功为

$$\begin{aligned} w_s &= p_1 v_1 + \int_1^2 p\mathrm{d}v - p_2 v_2 \\ &= \int_1^2 p\mathrm{d}v - (p_2 v_2 - p_1 v_1) \\ &= \int_1^2 p\mathrm{d}v - \int_1^2 \mathrm{d}(pv) \\ &= \int_1^2 p\mathrm{d}v - \int_1^2 p\mathrm{d}v - \int_1^2 v\mathrm{d}p \\ &= -\int_1^2 v\mathrm{d}p \\ &= \text{面积 } 1\text{-}2\text{-}3\text{-}4\text{-}1 \end{aligned} \tag{3-36}$$

压缩过程有两种极限情况，一是过程进行得极快，气体来不及与外界换热，或换热较小可忽略不计，过程可视为绝热压缩过程，如图 3-8 中的 1-2_s；另一种是过程进行得十分缓慢，气缸散热较好，压缩过程中气体的温度始终保持不变，过程可视为定温压缩过程，如图中的 1-2_T。而压气机中进行的实际压缩过程是介于定温与绝热之间的多变过程，如图中 1-2_n 所示。

由式(3-36)积分可得理想气体三种压缩过程的理论耗功。

1. 可逆定温压缩

$$w_{s,T} = -R_g T_1 \ln \frac{v_2}{v_1} = R_g T_1 \ln \frac{p_1}{p_2}$$

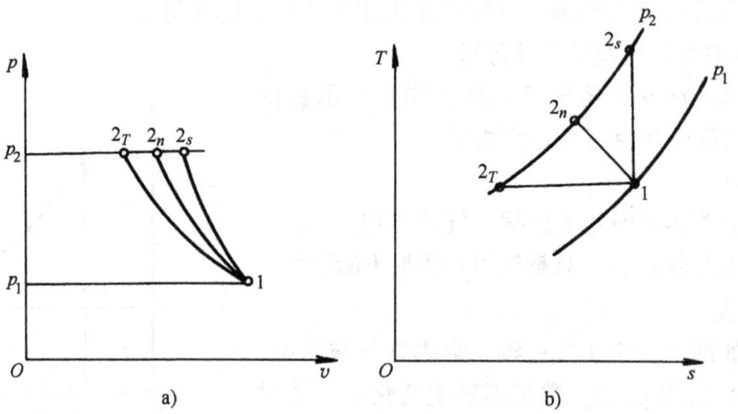

图 3-8 定温、定熵和多变过程的 p-v 图及 T-s 图

a) p-v 图 b) T-s 图

2. 可逆绝热压缩

$$w_{s,s} = \frac{\kappa}{\kappa - 1}(p_1 v_1 - p_2 v_2) = \frac{\kappa}{\kappa - 1} R_g T_1 \left[1 - \left(\frac{p_2}{p_1} \right)^{\frac{\kappa-1}{\kappa}} \right]$$

3. 可逆多变压缩

$$w_{s,n} = \frac{n}{n-1}(p_1 v_1 - p_2 v_2)$$

$$= \frac{n}{n-1} R_g T_1 \left[1 - \left(\frac{p_2}{p_1} \right)^{\frac{n-1}{n}} \right]$$

由图 3-8 可知

$$w_{s,T} < w_{s,n} < w_{s,s}$$

$$T_{2_T} < T_{2_n} < T_{2_s}$$

$$v_{2_T} < v_{2_n} < v_{2_s}$$

可见,绝热压缩所消耗的功最多,压缩后气体的温度最高,比热容最大,这不利于机器的安全运行;定温压缩耗功最小,压缩后终温最低,比热容最小;多变压缩介于两者之间。所以使压缩尽量接近定温过程是有利的。

思考题与练习题

1. 下列两组公式适用于理想气体的什么过程？与过程的可逆与否有无关系？

$$\begin{cases} \Delta u = c_V(T_2 - T_1) \\ \Delta h = c_p(T_2 - T_1) \end{cases} \qquad \begin{cases} q = \Delta u = c_V(T_2 - T_1) \\ q = \Delta h = c_p(T_2 - T_1) \end{cases}$$

2. 在 p-v 图和 T-s 图上如何判断过程中 Δu、Δh、w、q 的正负？

3. 试判断下列说法是否正确：

(1) 定容过程即无体积功的过程；

(2) 绝热过程即定熵过程；

(3) 多变过程即任意过程。

4. 如图 3-9 所示，某理想气体在 p-v 图上有四个过程，试说明每一过程是加热还是放热、是膨胀还是压缩？

5. 如图 3-10 所示，1-2 为可逆定容过程，1-3 为可逆定压过程，2-3 为定熵过程，试确定：

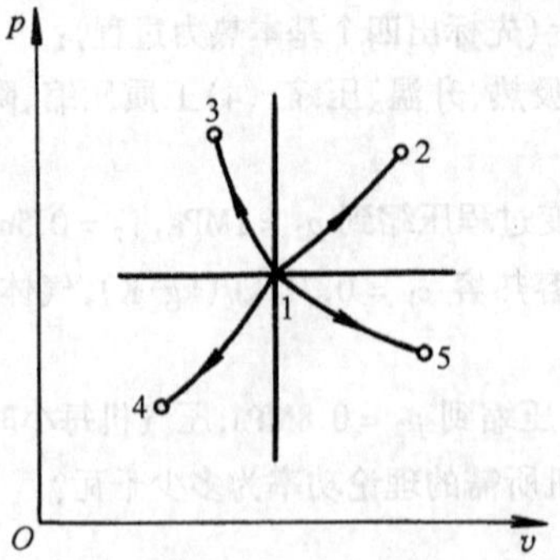

图 3-9　习题 4 图

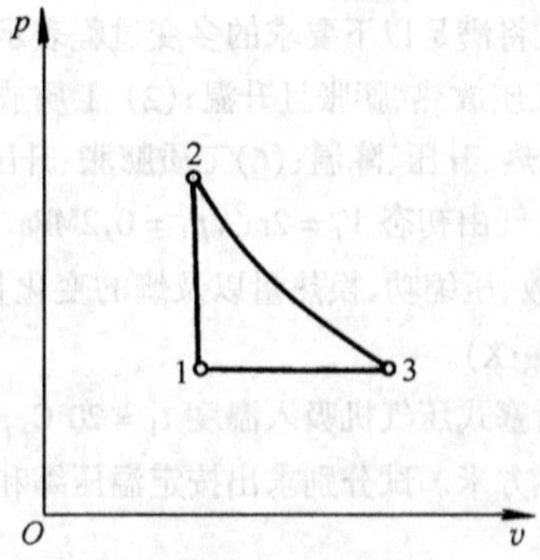

图 3-10　习题 5 图

(1) Δu_{12} 与 Δu_{13} 哪个大；

(2) Δh_{12} 与 Δh_{13} 哪个大；

(3) q_{12} 与 q_{13} 哪个大？

6. 体积为 $0.02m^3$ 的密闭容器中盛有温度为 17°C、压力为 0.3MPa 的氮气，当加入 30kJ 的热量后，求其压力及温度将上升至多少？

7. 氨 NH_3 的初始状态为 $p_1 = 0.48MPa$、$T_1 = 394K$，经可逆定压冷却对外放出热量 69.8kJ/kg，试确定其终温及 1kg NH_3 的热力学能、熵的变化量。设 NH_3 的比热容 $c_p = 2.2kJ/(kg·K)$。

8. 1.5kg 空气，$p_1 = 1MPa$，$T_1 = 900K$，绝热膨胀到 $p_2 = 0.1MPa$。设等熵指数 $\kappa = 1.4$，求终状态参数 T_2 和 v_2；膨胀功和 ΔU、ΔH。

9. 质量为 2kg 的空气由初状态 $p_1 = 0.4MPa$，$t_1 = 20°C$ 膨胀到终压力 $p_2 = 0.1MPa$，试分别计算在定温膨胀和定熵膨胀过程中空气对外作的膨胀功、换热量、终状态参数和空气熵的变化。

10. 有 1kg 空气，初始状态为 $p_1 = 0.5MPa$，$t_1 = 500°C$。(1) 绝热膨胀到 $p_2 = 0.1MPa$；(2) 定温膨胀到 $p_2 = 0.1MPa$；(3) 多变膨胀到 $p_2 = 0.1MPa$，多变指数 $n = 1.2$。试计算各过程的膨胀功及 Δs_{12}。设过程是可逆的，且比定容热容 $c_V = 0.718kJ/(kg·K)$。

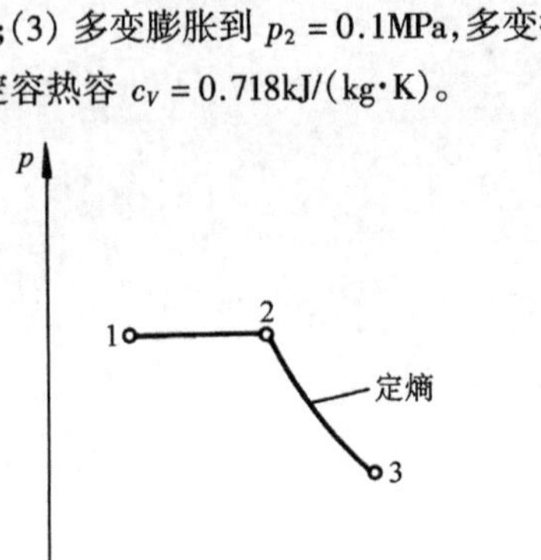

图 3-11　习题 11 图

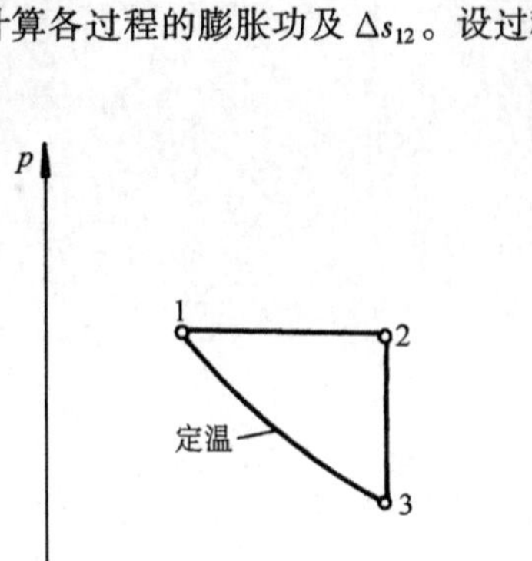

图 3-12　习题 12 图

11. 如图 3-11 所示，1kg 氮气从初态 1 定压膨胀到状态 2，然后定熵膨胀到状态 3。已知以下各参数：$t_1 = 500°C$；$v_2 = 0.25m^3/kg$；$p_3 = 0.1MPa$。求：(1)1、2、3 三点的温度、比热容和压力的值；(2)在定压膨胀和定熵膨胀过程中热力学能的变化和所作的功。

12. 如图 3-12 所示，0.5kg 氧气从初态 $p_1 = 0.1\text{MPa}$，$t_1 = 45°\text{C}$ 定压吸热到 2 点，然后在定容下放热到初温 45°C 即点 3，且 $p_3 = 58.8\text{kPa}$。试求这两个过程中的换热量与热力学能、焓和熵的变化以及所作的功。

13. 试将满足以下要求的多变过程表示在 p-v 图和 T-s 图上(先标出四个基本热力过程)：

(1) 工质放热、膨胀且升温；(2) 工质放热、压缩；(3)工质吸热、升温、压缩；(4)工质压缩、降压、降温；(5)工质放热、升压、降温；(6)工质膨胀、升压。

14. 空气由初态 $V_1 = 2\text{m}^3$，$p_1 = 0.2\text{MPa}$，$t_1 = 40°\text{C}$ 经可逆多变过程压缩到 $p_2 = 1\text{MPa}$，$V_2 = 0.5\text{m}^3$。求过程的多变指数、压缩功、换热量以及熵的变化量。设空气的比定容热容 $c_V = 0.717\text{kJ/(kg·K)}$，气体常数 $R_g = 0.287\text{kJ/(kg·K)}$。

15. 活塞式压气机吸入温度 $t_1 = 20°\text{C}$，$p_1 = 0.1\text{MPa}$ 的空气，压缩到 $p_2 = 0.8\text{MPa}$，压气机每小时吸气量为 500 标准立方米。试分别求出按定温压缩和定熵压缩时，压气机所需的理论功率为多少千瓦？

第四章　热力学第二定律

热力学第一定律表述了在热力过程中各项能量的转换和转移必须遵循能量守恒的规律。它指出了各项能量之间的数量关系，但对于能量转换的方向，热力过程在什么条件下能够进行以及进行到何种程度却没有陈述。热力学第二定律将阐述能量转换和转移时的方向、条件及限度问题。所有的热力过程必须同时符合热力学第一定律和第二定律才能实现。

本章将主要介绍热力学第二定律的内容及实质。

第一节　热力循环

由热力学第一定律可知，通过工质的体积膨胀可以将热能转变为机械能，但是单一的膨胀过程作功有限，要想连续地使热能转变为机械能，必须使膨胀后的工质恢复到原来的状态，重新具有作功能力。工质经过一系列的状态变化，回复到原来状态的全部过程称为热力循环。

根据循环所产生的不同效果，可分为正向循环和逆向循环。

一、正向循环及其热效率

将热能转变为机械能的循环称为正向循环。所有的热力发动机都是按正向循环工作的。所以，正向循环又称为动力循环或热机循环，图 4-1 表示一个正向循环。

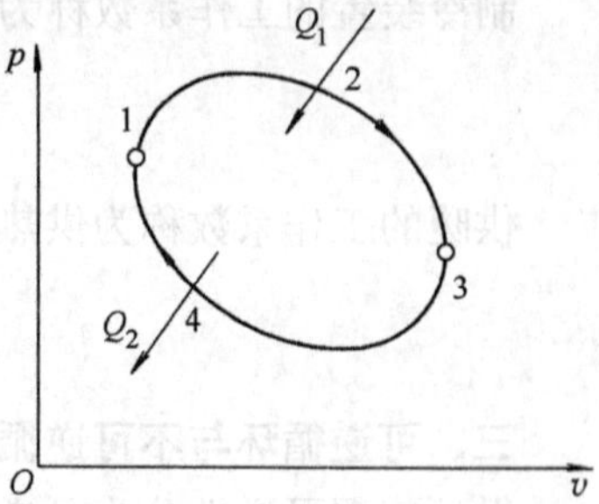

图 4-1　正向循环

在正向循环中，系统经历 1—2—3 的膨胀过程从高温热源 T_1 吸收热量 Q_1，对外作功 W。为实现循环，系统还要经历 3—4—1 的压缩过程，在此过程中，系统向低温热源 T_2 放热 Q_2。由图 4-1 可以看出，膨胀过程 1—2—3 所作的功大于 3—4—1 压缩过程消耗的功，因此，循环净功大于零，可以用循环曲线 12341 围成的面积表示。

系统经历一个循环回到初始状态，热力学能变化为零，即 $\oint \mathrm{d}U = 0$。根据热力学第一定律能量方程

$$\oint \delta Q = \oint \mathrm{d}U + \oint \delta W = \oint \delta W$$

表明循环净功等于循环净热量。

$$Q_1 - Q_2 = W$$

工程上，将循环净功 W 与从高温热源的吸热量 Q_1 之比称为热效率，以 η_t 表示

$$\eta_t = \frac{W}{Q_1} = \frac{Q_1 - Q_2}{Q_1} = 1 - \frac{Q_2}{Q_1} \tag{4-1}$$

可见，热效率 η_t 愈大，在付出相同热量 Q_1 时，得到的循环功 W 愈多，循环的经济性愈好。在工程中，热效率越大越好，但实际的循环，热效率 η_t 总是小于1的。即热能不可能全部转变为机械能。

二、逆向循环和工作系数

逆向循环是消耗机械能（或其他能量），将热量从低温热源传递到高温热源的循环。例如制冷装置及供暖的工作循环。在坐标图上，逆向循环是按逆时针方向进行的，如图4-2所示。1—4—3为膨胀作功过程，工质从低温热源吸收热量 Q_2，3—2—1为消耗功的压缩过程，并向高温热源放出热量 Q_1。循环中消耗净功为 W。

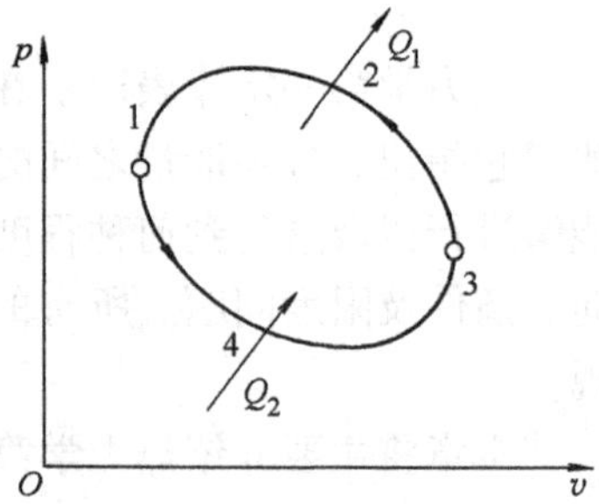

图4-2 逆向循环

由热力学第一定律能量方程

$$\oint \delta Q = \oint \mathrm{d}U + \oint \delta W$$

$$\oint \delta Q = \oint W$$

即

$$Q_1 - Q_2 = W \text{或} Q_1 = Q_2 + W$$

可见，逆向循环中向高温热源放出热量 Q_1，来自于从低温热源的吸热量 Q_2 和消耗的循环净功 W。消耗功是完成逆向循环的必要条件。

逆向循环的经济性通常用工作系数来表示，工作系数是逆向循环的收益与代价的比值，在制冷循环中目的是将热量从低温空间取出，排向温度较高的大气。供暖装置（热泵）是从大气中取热，送至温度较高的屋内，从而达到取暖的目的。

制冷装置的工作系数称为制冷系数，用 ε 表示

$$\varepsilon = \frac{Q_2}{W} = \frac{Q_2}{Q_1 - Q_2} \tag{4-2}$$

供暖的工作系数称为供热系数，用 ε' 表示

$$\varepsilon' = \frac{Q_1}{W} = \frac{Q_1}{Q_1 - Q_2} \tag{4-3}$$

三、可逆循环与不可逆循环

循环依据可逆性分为可逆循环与不可逆循环。全部由可逆过程组成的循环称为可逆循环。系统经历一个可逆循环后，整个系统与外界都恢复到原态，而不留下任何改变。一切可逆循环均为理想循环。

如果循环中有部分过程或者全部过程是不可逆的，就是不可逆循环。不可逆循环中存在一定的内外耗散。实际循环严格地讲均属于不可逆循环。

第二节 热力学第二定律

一、过程的方向性与不可逆性

自然界中的一切热力过程均有方向性和不可逆性。例如机械能可以全部转变为热能，

不需要任何的条件就可以进行。反之，热能却不能无条件地全部转变为机械能。再如，热量传递过程中，热量可以无条件地由高温物体传向低温物体，却不能无条件地从低温物体传向高温物体，必须消耗一定的能量来辅助完成热量的逆向传递。

我们把不需要任何外界作用而可以自动进行的过程称为自发过程。自发过程都具有方向性。例如，水自发地由高处流向低处，热量自发地由高温物体传向低温物体，气体的扩散、混合等现象均属于自发过程。反之，那些不能无条件进行的过程称为非自发过程。它是自发过程的逆过程，它的进行需要一定的条件，付出一定的代价。例如，热量由低温传向高温需要消耗功等。可见，自发过程是不可逆过程。

二、热力学第二定律

热力学第二定律揭示了一切热过程进行的方向、条件和限度。对于不同的热过程，热力学第二定律有不同的表述方法。下面介绍两种经典叙述。

1. 克劳修斯叙述

不可能将热量从低温物体传向高温物体而不引起其他变化。

这是克劳修斯于1850年提出的。它从热量传递的角度来表述热力学第二定律。它指出热量只能自发地从高温物体传向低温物体，但热量并非不能由低温物体传向高温物体，只是要花费一定的代价。例如，制冷装置就是消耗了一定的机械能作为实现热量从低温物体传向高温物体的补偿代价。

2. 开尔文—普郎克表述

不可能从单一热源取热，并使之完全转变为功而不产生其他影响。

这是从热功转换的角度来表述热力学第二定律，开尔文在1851年提出，普郎克在1897年发表了相同内容的表述，通常称为开尔文—普郎克表述。

人们把从单一热源取热并使之完全转变为功的热机成为“第二类永动机”。如果这样的热机存在，就可以无偿地利用大气环境和海洋中的能量转变功而永不停息，这显然是不可能的，它没有违反热力学第一定律，没有创造能量，转变过程符合能量守恒，但它违反了热力学第二定律的开尔文—普郎克表述。为此，热力学第二定律也可以表述为“第二类永动机是不可能存在的”或单热源热机不作功。

热力学第二定律的上述两种说法从不同的角度反映了热过程的方向性，实质上是统一的，如果违反了其中一种表述，也必然违反另一种表述。

第三节 卡诺循环及卡诺定律

热力学第二定律指出，热机的热效率不可能达到100%，那么在确定的工作条件下热机的工作效率可能达到的最大限度是多少？1824年法国工程师卡诺（carnot）提出了一种理想的热机工作循环——卡诺循环。

一、卡诺循环及热效率

卡诺循环是由两个可逆定温过程和两个可逆绝热过程组成的可逆循环，如图4-3所示。图中，1—2为定温吸热过程，系统从高温热源 T_1 吸热 q_1；2—3为绝热膨胀过程，系统对外作功；3—4为定温放热过程，系统向低温热源 T_2 放出热量 q_2；4—1为绝热压缩过程，外界对系统作功。

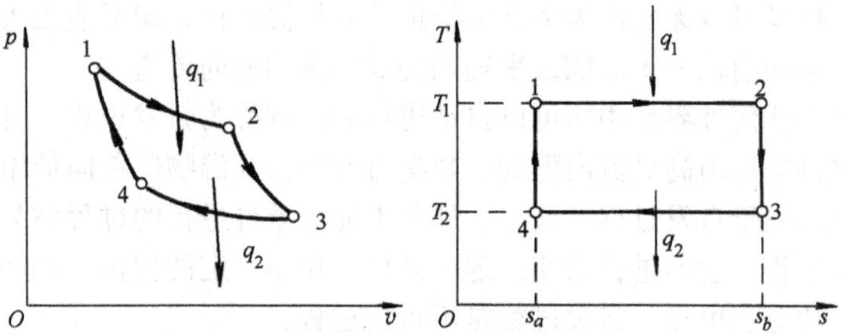

图 4-3 卡诺循环示意图

由 T-s 图得出

$$q_1 = T_1(s_b - s_a)$$

$$q_2 = T_2(s_b - s_a)$$

代入式（4-1），可得卡诺循环的热效率为

$$\eta_{tc} = \frac{w}{q_1} = 1 - \frac{q_2}{q_1} = 1 - \frac{T_2(s_b - s_a)}{T_1(s_b - s_a)} = 1 - \frac{T_2}{T_1} \tag{4-4}$$

由上式可得出如下结论：

1）卡诺循环的热效率只取决于高温热源的温度 T_1 与低温热源的温度 T_2，而与工质的性质无关。提高高温热源的温度 T_1，或降低低温热源的温度 T_2，都可以提高热效率。

2）因为 $T_2 > 0$，所以热效率总小于 1。

3）若 $T_1 = T_2$，则 $\eta_{tc} = 0$，即只有单一热源提供热量进行循环作功是不可能的。

二、逆卡诺循环

沿卡诺循环的反向进行，即为逆卡诺循环，如图 4-4 所示：2—3 为定温吸热过程，系统从低温热源 T_2 吸收热量 q_2，3—4 为定熵压缩过程，4—1 为定温放热过程，系统向高温热源 T_1 放热 q_1，1—2 为定熵膨胀过程。同样可得逆卡诺循环的工作系数。

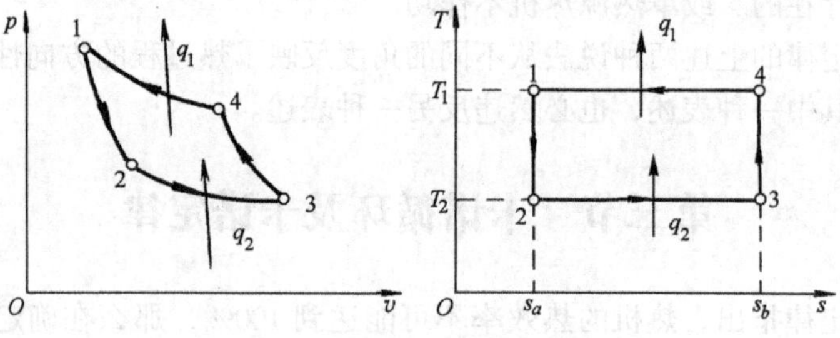

图 4-4 逆卡诺循环示意图

理想制冷循环的制冷系数

$$\varepsilon_c = \frac{q_2}{w} = \frac{q_2}{q_1 - q_2} = \frac{T_2(s_b - s_a)}{T_1(s_b - s_a) - T_2(s_b - s_a)} = \frac{T_2}{T_1 - T_2} \tag{4-5}$$

理想供热循环的供热系数

$$\varepsilon_c' = \frac{q_1}{w} = \frac{q_1}{q_1 - q_2} = \frac{T_1}{T_1 - T_2} \tag{4-6}$$

由以上分析可见：

1) 逆卡诺循环的工作系数与工质性质无关，只取决于高温热源 T_1 和低温热源 T_2 的温度。

2) 制冷系数随低温热源温度 T_2 升高及高温热源温度 T_1 降低而增大。

3) 供热系数总大于 1，并随高温热源温度 T_1 降低及低温热源温度 T_2 升高而增大。

三、卡诺定理

卡诺定理的内容包括：

定理一：在相同的高温热源和低温热源间工作的一切热机以可逆热机的热效率为最高。

下面利用反证法证明。如图 4-5 所示：任意热机 E 与可逆热机 R 工作于同温热源 T_1、T_2 之间，假设 E 的热效率大于可逆机 R，即 $\eta_E > \eta_R$，则在获得相同功量时，E 的吸热量 Q_1 要小于 R 的吸热量 Q_1'，即 $Q_1' > Q_1$。

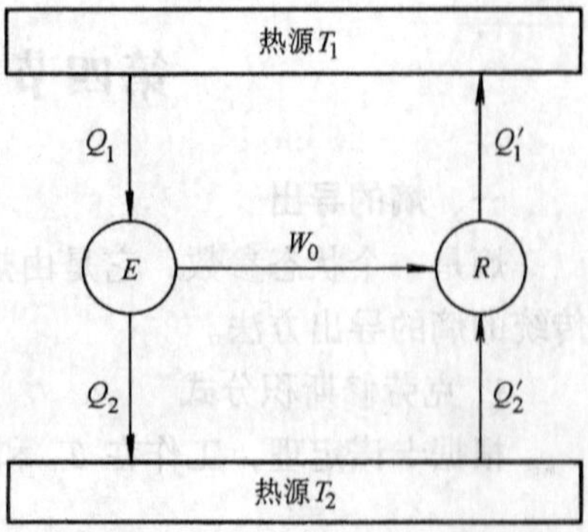

图 4-5　卡诺定理证明

让可逆机 R 按逆循环工作，利用不可逆热机 E 带动 R 工作即可得：

$$w_0 = Q_1 - Q_2 = Q_1' - Q_2'$$

按照假设 $Q_1' > Q_1$，则 $Q_2' - Q_2 > 0$。

可得出结论：不可逆热机 E 与可逆机 R 联合工作的结果，使热量 $Q_2' - Q_2$ 自动从低温热源 T_2 流向高温热源 T_1，然而这违反了热力学第二定律。因此 $\eta_E > \eta_R$ 是不对的，若 $\eta_E = \eta_R$，则 E 与 R 联合工作的结果是使工质、高温热源、低温热源都恢复到初态而不留下任何变化，这与 E 是不可逆机的假设相反。唯一的可能是 $\eta_R > \eta_E$，则定理一得证。

定理二：在相同的高温热源和低温热源间工作的一切可逆热机，其热效率相等。

其证明同样可以采用反证法，思想与定理一相同，不再叙述。

卡诺循环与卡诺定理在热力学的研究中具有重要的意义，它解决了热效率的极限问题，指出了提高热效率的途径。卡诺循环在实际工程中是不能实现的，它的指导意义在于改进实际热机循环的方法是使其尽可能地接近卡诺循环。

【例 4-1】　某热机在高温热源 1000K 和低温热源 300K 之间工作。问能否实现对外作功 1000kJ，向低温热源放热 200kJ。

【解】　计算该热机从高温热源吸热量 $Q_1 = Q_2 + W = 1200\text{kJ}$。

该热机的热效率

$$\eta_t = \frac{W}{Q_1} = \frac{1000}{1200} = 0.833$$

在相同条件下工作的可逆热机的热效率

$$\eta_{tc} = 1 - \frac{T_2}{T_1} = 1 - \frac{300}{100} = 0.7$$

$\eta_t > \eta_{tc}$，显然这一结果违反了卡诺定理，因此是不能实现的。

【例 4-2】 冬季利用热泵为房屋供暖，使室内温度保持 20°C，需向室内供热 3000W，室外环境温度为 -5°C，试求带动该热泵工作需要的最小功耗是多少？

【解】 热泵按逆卡诺循环工作时耗功最小，此时供热系数

$$\varepsilon'_c = \frac{T_1}{T_1 - T_2} = \frac{20 + 273}{(273 + 20) - (273 - 5)} = \frac{295}{25} = 11.8$$

带动热泵的最小耗功

$$W_{\min} = \frac{Q_1}{\varepsilon'_c} = \frac{3000}{11.8}\text{W} = 254.2\text{W}$$

第四节 熵与孤立系统熵增原理

一、熵的导出

熵是一个状态参数，它是由热力学第二定律导出的，推导的方法很多，下面介绍一种传统的熵的导出方法。

1. 克劳修斯积分式

根据卡诺定理，工作在 T_1 和 T_2 之间的所有热力循环应服从以下关系

$$\eta_t = 1 - \frac{q_2}{q_1} \leqslant 1 - \frac{T_2}{T_1} \tag{4-7}$$

式中：等号适用于一切可逆循环，不等号适用于一切不可逆循环。将上式中的热量取代数值（吸热量取正，放热量取负），则可写成

$$\frac{q_1}{T_1} + \frac{q_2}{T_2} \leqslant 0 \text{或} \sum \frac{q}{T} = 0 \tag{4-8}$$

上述结论，适用于任意循环。例如，对变温热源下的循环，可以用一组等熵线分割成无限多个微元循环，每一微元循环由两条等熵线及其间隔组成，由于间隔极小，可以看作等温过程，则每一个微元循环就是一个微元卡诺循环，满足

$$\frac{\delta q_1}{T_1} + \frac{\delta q_2}{T_2} \leqslant 0$$

对于整个循环

$$\sum_{i=1}^{n} \frac{\delta q_i}{T_i} \leqslant 0$$

或表示成

$$\oint \frac{\delta q}{T} \leqslant 0 \tag{4-9}$$

上式即为克劳修斯积分式。式中温度 T 指的是热源温度，但对可逆循环来说，T 也是工质的温度。

2. 熵的导出

对任意可逆循环 1-A-2-B-1，如图 4-6 所示。应用克劳修斯积分式为

$$\oint \left(\frac{\delta q}{T}\right)_{rev} = 0$$

或
$$\int_{1\text{-}A\text{-}2}\left(\frac{\delta q}{T}\right)_{rev}+\int_{2\text{-}B\text{-}1}\left(\frac{\delta q}{T}\right)_{rev}=0$$

移项整理得
$$\int_{1\text{-}A\text{-}2}\left(\frac{\delta q}{T}\right)_{rev}=\int_{1\text{-}B\text{-}2}\left(\frac{\delta q}{T}\right)_{rev} \tag{4-10}$$

从（4-10）可知，对于任意可逆过程 1-A-2 与 1-B-2，克劳修斯积分值 $\int_1^2\left(\frac{\delta q}{T}\right)_{rev}$ 都相同，与经历的过程无关，只与初、终态值有关。由此推断，工质有一个状态参数存在，我们把这个状态参数称为熵，用符号 S 表示，单位为 J/K。对于 1kg 工质的熵用小写的 s 表示，单位是 J/（kg·K）。熵的变化等于

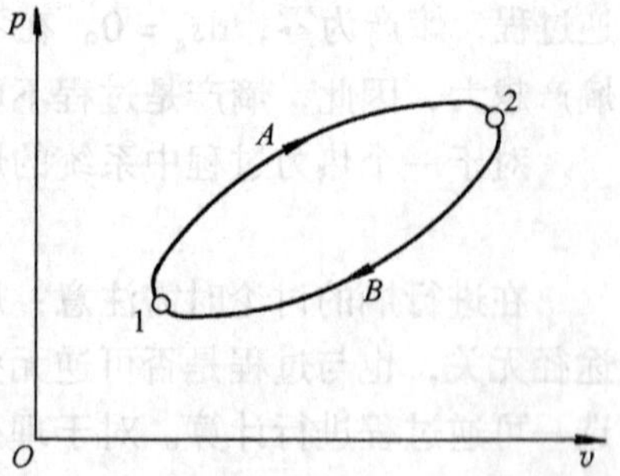

图 4-6 熵的推导

$$\Delta s=s_2-s_1=\int_1^2\left(\frac{\delta q}{T}\right)_{rev} \tag{4-11}$$

对于微元过程的熵变化
$$\mathrm{d}s=\left(\frac{\delta q}{T}\right)_{rev} \tag{4-12}$$

假如图 4-6 所示循环为不可逆循环，其中 1-A-2 为不可逆过程，2-B-1 为可逆过程，则克劳修斯积分式为
$$\oint\left(\frac{\delta q}{T}\right)<0$$

或写成
$$\int_{1\text{-}A\text{-}2}\frac{\delta q}{T}+\int_{2\text{-}B\text{-}1}\frac{\delta q}{T}<0$$

由于 2-B-1 为可逆过程，根据式（4-11）
$$\int_{2\text{-}B\text{-}1}\frac{\delta q}{T}=s_1-s_2$$

联合以上两式，得
$$\int_{1\text{-}A\text{-}2}\frac{\delta q}{T}+(s_1-s_2)<0$$

即得
$$s_2-s_1>\int_{1\text{-}A\text{-}2}\frac{\delta q}{T} \tag{4-13}$$

综合式(4-11)、式(4-13) 可得
$$\Delta s=s_2-s_1\geqslant\int_1^2\frac{\delta q}{T} \tag{4-14}$$

对于微元过程，则
$$\mathrm{d}s\geqslant\frac{\delta q}{T} \tag{4-15}$$

式中等号适用于可逆过程，不等号适用于不可逆过程。

二、不可逆过程的熵

由式（4-15）可知，如果工质经历了微元不可逆过程，则 $\mathrm{d}s>\frac{\delta q}{T}$。二者差距越大，偏离可逆过程越远，不可逆性也越大。这时，$\frac{\delta q}{T}$ 仅是熵变的一部分，它完全是由工质与热源

之间的热量交换引起的熵变，称之为熵流，用 ds_f 表示。如果系统吸热，熵流为正，$ds_f>0$；如果系统放热，熵流为负，$ds_f<0$；如果系统绝热，熵流为零，$ds_f=0$。而熵变的剩余部分，即 $\left(ds-\frac{\delta q}{T}\right)$，是由于不可逆因素的存在而产生的，称为熵产，用 ds_g 表示。对于可逆过程，熵产为零，$ds_g=0$。在不可逆过程中，熵产恒大于零，$ds_g>0$。不可逆性越大，熵产越大，因此，熵产是过程不可逆性大小的度量。

对于一个热力过程中系统的熵变可用下面的等式表示

$$ds = ds_f + ds_g \tag{4-16}$$

在进行熵的讨论时需注意：熵是一个状态参数，初、终状态之间的熵变与过程经历的途径无关，也与过程是否可逆无关。因此，不可逆过程的熵变可在给定的初、终状态之间选一可逆过程进行计算。对于理想气体的熵变可按第二章中式（2-50）、（2-51）、（2-52）进行计算。

工质在完成一个循环后熵值不变，即熵变为零，$\oint ds = 0$。

三、孤立系统的熵增原理

对于孤立系统，它与外界不再有任何联系，因此，它与外界的换热量为零，即 $\delta Q=0$，则熵流 $ds_f=0$。孤立系统的熵变就可以表示为

$$dS_{iso} = dS_g \geqslant 0 \tag{4-17}$$

式（4-17）就是用熵参数表示的热力学第二定律的数学表达式。式中等号用于可逆过程，不等号用于不可逆过程。上式说明，孤立系统的熵可以增加或保持不变，但决不会减小。孤立系统的一切实际过程总是朝着熵增的方向进行，任何使孤立系统熵减少的过程都是不可能发生的。这就是孤立系统的熵增原理。

【例 4-3】 有一工作机在高温热源 1000K 和低温热源 300K 之间工作。已知它与高温热源的换热量为 2000kJ，与外界交换的功量为 1200kJ，用孤立系统熵增原理判断该工作机是热机还是制冷机?

【解】 将热源和工作机取为一个系统，则该系统与外界没有能量和质量的交换，是一孤立系统。

假设工作机为热机，系统的熵变可表示为

$$\Delta S_{iso} = \Delta S_{T_1} + \Delta S_{T_2} + \Delta S$$

其中，ΔS 为工质的熵变，工质经历一个循环后，熵变为零。ΔS_{T_1} 与 ΔS_{T_2} 分别表示高温热源和低温热源的熵变。则

$$\Delta S_{T_1} = \frac{Q_1}{T} = \frac{-2000}{1000}\text{kJ/K} = -2\text{kJ/K}$$

$$\Delta S_{T_2} = \frac{Q_2}{T} = \frac{Q_1 - W}{T} = \frac{800}{300}\text{kJ/K} = 2.66\text{kJ/K}$$

孤立系统的熵变为

$$\Delta S_{iso} = \Delta S_{T_1} + \Delta S_{T_2} + \Delta S = (-2+2.66)\text{kJ/K} = 0.66\text{kJ/K} > 0$$

满足孤立系统熵增原理，因此，该工作机是一不可逆热机。

若假设此工作机为制冷机，则系统的熵变为

$$\Delta S_{iso} = \Delta S_{T_1} + \Delta S_{T_2} + \Delta S = \left(\frac{2000}{1000} + \frac{-800}{300}\right)\text{kJ/K} = -0.66\text{kJ/K} < 0$$

结果违背了孤立系统的熵增原理，假设为制冷机是错误的。

思考题与练习题

1. 循环输出净功越多，热机的热效率越高，这种说法是否正确？

2. 不可逆热机的热效率一定小于可逆热机的热效率，对吗？

3. 热力学第二定律能否表述为热量不能由低温物体传向高温物体？

4. 下列关于熵的说法是否正确：

(1) 系统经历不可逆过程，熵值一定增大；

(2) 系统熵值减小的过程无法实现；

(3) 系统吸热，熵值增大；系统放热，熵值减小；

(4) 系统经历可逆循环，熵变为零；系统经历不可逆循环，熵值增大。

5. 有一热机在高温热源 1000K 和低温热源 300K 之间工作，试求该热机的最高热效率。如果热机从高温热源吸热 1200kJ，最多可输出多少循环净功？

6. 某制冷机从温度为 -73°C 的低温热源吸热 80kJ，并将 200kJ 的热量传给 27°C 的高温热源，问此循环能否实现？

7. 冬季室外空气温度为 -10°C，为保持室内温度 20°C，需要提供的热量为 10^4 kJ/h。问当采用电炉取暖时，需要多大功率的电炉？若改用电动机带动可逆热泵取暖，消耗的功率是多少？

8. 有一逆卡诺工作机冬季用于供暖，夏季用于制冷。室内温度要求保持在 20°C，当室内外温差 1°C 时，通过墙壁等围护结构的热损失为 1200kJ/h，求：(1) 冬季室外温度为 0°C 时，驱动热泵的最小功率；(2) 夏季用该工作机制冷时，室外最高允许温度为多少？

9. 某一热机带动热泵工作，热机和热泵排出的热量用于加热某建筑物采暖用循环水，热机热效率为 30%，热泵的供热系数为 5。如热机每小时从热源吸收热量 5000kJ，建筑物将得到多少热量？

第五章 水 蒸 气

在热力工程中，水蒸气的应用非常广泛。例如，热力发动机中最早应用的工质是水蒸气；空调工程中用水蒸气对空气进行加热加湿处理；制冷工程中采用蒸汽喷射的方法制取冷冻水；供热通风工程中利用水蒸气来提高室内空气温度。由于工程中作为工质的水蒸气离液态较近，且常有集态的改变，故不宜作为理想气体处理，因此在工程计算中常借助于水蒸气图表来分析，也可通过计算机作高精度的计算。此外，通过水蒸气热力性质的学习，还有助于了解各种不同物质蒸气（如制冷剂蒸气）的性质。

本章主要介绍水蒸气的特性、水蒸气图表的结构和应用以及水蒸气基本热力过程中热和功的计算。

第一节 汽化与凝结

一、汽化

水由液态转变为气态的过程称为汽化。汽化有两种形式：蒸发和沸腾。

1. 蒸发

在任何温度下，通过水表面进行的汽化过程称为蒸发。液态水的温度愈高，蒸发表面积愈大，水面上蒸汽的密度愈小，则蒸发速度愈快。

2. 沸腾

在相应的沸点下，通过水表面和内部同时进行的强烈汽化过程称为沸腾。在一定的压力（即液面上所承受的压力）下，水的温度升高到一定的数值时，开始沸腾，这时的温度称为沸点。压力愈高，沸点愈高；反之，沸点愈低。所以沸腾不仅可以通过加热的方法实现，也可以通过减压的方法实现。需要说明的是，对于不同的液体，在一定的压力下，沸点也不同。例如在压力为 0.1MPa 时，水的沸点为 99.634°C，氨的沸点为 – 32°C，酒精的沸点为 78°C，制冷技术上就是利用氨液低温沸腾的原理来达到制冷的目的。

从微观理论来说，不论是蒸发还是沸腾汽化，都是动能较大的液体分子克服表面张力的作用飞入上面的汽相空间的过程。由于这一过程要消耗能量，所以汽化过程是吸热过程。

二、凝结

水由气相转变为液相的过程称为凝结，它是汽化的反过程。在一定的压力下，水蒸气温度要降到相应压力的沸点温度时，开始凝结。

从微观理论来说，凝结是气相空间的蒸汽分子碰撞回到液面凝成液体的过程。凝结是放热过程。凝结速度的快慢与气相空间蒸汽分子的密度大小相关，即与蒸汽的压力有关，蒸汽压力愈大，则凝结速度愈快。

三、饱和状态

水在敞口容器中汽化时，由于水面上空蒸汽分子密度小，蒸汽压力低，因而汽化速度总是大于凝结速度，宏观上呈现汽化现象。若水在密闭容器中汽化时，由于开始时气相空间中蒸汽分子密度小，水的汽化速度大于凝结速度。随着汽化过程的进行，气相空间中蒸汽的密度不断增大，撞回到水中的蒸汽分子也不断增多，因而凝结速度也不断提高，当汽化与凝结速度相等时，这两种方向相反的过程就会达到动态平衡，这时，两种过程仍在进行，但宏观的状态不再改变，这种液态水和蒸汽处于动态平衡的状态称为饱和状态。饱和状态下的液态水称为饱和水，蒸汽称为饱和蒸汽，汽、液具有相同的温度，称为饱和温度（即沸点）用 T_s 表示；相应的蒸汽压力称为饱和压力；用 p_s 表示。改变饱和温度，饱和压力也随之改变，T_s 愈高，p_s 也愈高，两者间存在单值性关系：

$$T_s = f(p_s)$$

当气相空间有多种气体时，p_s 是水的饱和蒸汽分压力。

第二节 水的定压加热汽化过程

一、水的定压加热汽化过程的三个阶段和五种状态

工程上所用的水蒸气通常是将水在各种形式的锅炉中定压加热产生的。为了说明方便，假设水（1kg、0.01℃）是在气缸内进行定压加热，气缸活塞上加载不同的重物，可使水处在各种不同的压力下，其原理如图 5-1 所示。

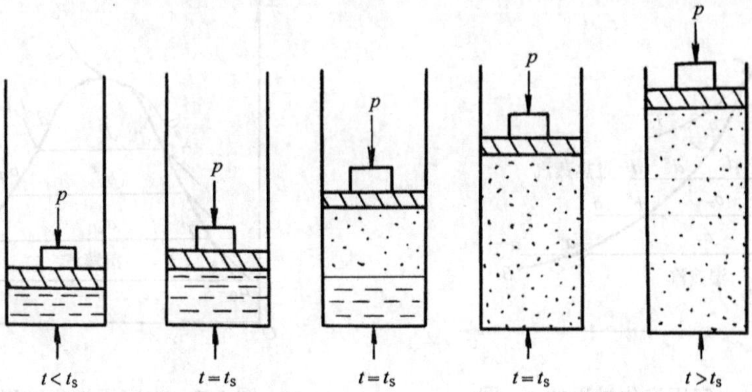

图 5-1 水的定压汽化过程

a）未饱和水 b）饱和水 c）湿饱和蒸汽 d）干饱和蒸汽 e）过热蒸汽

a）～b）预热阶段 b）～d）汽化阶段 d）～e）过热阶段

1. 水的预热阶段

如图 5-1a 所示。开始加热时，气缸内的水温低于压力 p 对应的饱和温度 t_s，这种状态的水称为过冷水或未饱和水。饱和温度 t_s 与过冷水温度 t 之差称为过冷度。对未饱和水加热，水温逐渐升高，比体积略有增大，继续加热到水温达到压力 p 对应的饱和温度 t_s 时，水开始沸腾，这时的水称为饱和水，如图 5-1b 所示。水在预热阶段加入的热量称为液体

热。

2. 饱和水的汽化阶段

对饱和水继续加热，水就开始沸腾汽化，形成水和蒸汽的混合物称为湿饱和蒸汽（简称湿蒸汽），如图 5-1c 所示。随着加热的进行，水逐渐减少，蒸汽逐渐增多，比体积也增加很多，直至水全部汽化为蒸汽，这时的蒸汽称为干饱和蒸汽（简称饱和蒸汽），如图 5-1d 所示。在饱和水的汽化阶段中，汽、液温度始终不变，所加入的热量一部分用于增加蒸汽分子的内位能，一部分用于增加蒸汽的比体积而对外作出膨胀功。这一热量称为汽化潜热，用 γ 表示，即 1kg 饱和水汽化为同温度下的干饱和蒸汽所吸收的热量。同样 1kg 饱和蒸汽定压冷凝放出的冷凝潜热等于同温度下的汽化潜热。

为了说明湿蒸汽中饱和水与饱和蒸汽的比例关系，通常用一个独立参数干度 x 来表示，即 1kg 湿蒸汽中所含饱和蒸汽的质量。

3. 干饱和蒸汽的过热阶段

对干饱和蒸汽继续定压加热，蒸汽的温度就会升高，比体积增大，这种蒸汽称为过热蒸汽，如图 5-1e 所示。过热蒸汽的温度 t 与饱和温度 t_s 的差值称为过热度。过热阶段所加入的热量称为过热量。

二、水的定压加热过程在 *p-v* 图与 *T-s* 图中的表示

将上述过冷水定压加热为过热蒸汽的过程表示在 p-v 和 T-s 图上可用 $a_0 \rightarrow a' \rightarrow a'' \rightarrow a$ 表示，如图 5-2 和图 5-3 所示。

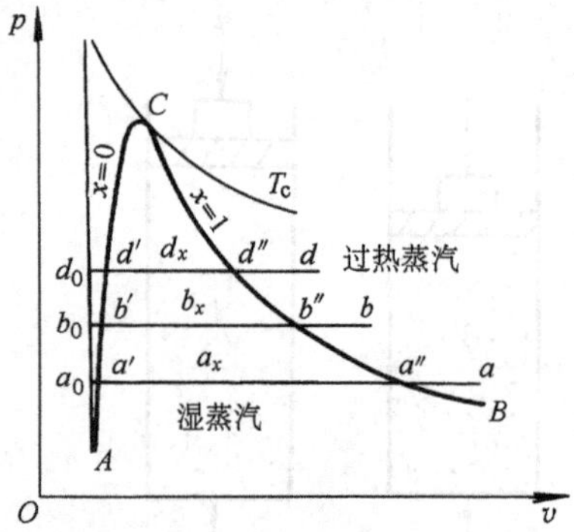

图 5-2 水定压汽化过程的 p-v 图

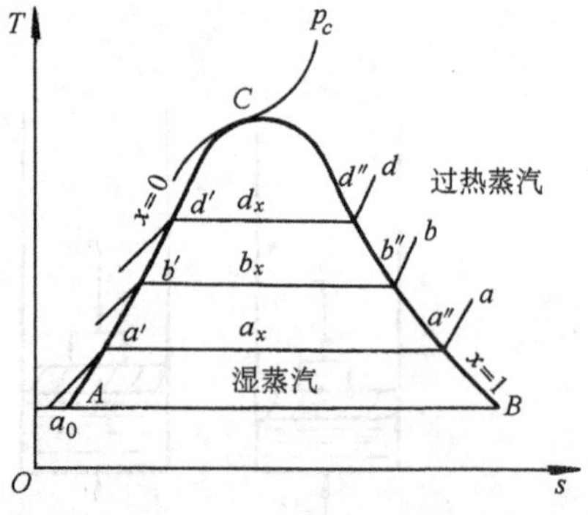

图 5-3 水定压汽化过程的 T-s 图

图中 a_0 是过冷水状态点，a' 是饱和水状态点，a_x 是湿蒸汽状态点，a'' 是干饱和蒸汽状态点，a 是过热蒸汽状态点。从 $a_0 \rightarrow a'$ 是水的预热阶段，$a' \rightarrow a''$ 是饱和水的汽化阶段，$a'' \rightarrow a$ 是干饱和蒸汽的过热阶段，即 $a_0 \rightarrow a$ 是水的定压加热过程，在 p-v 图上是一条水平线。在 T-s 图上 $a_0 \rightarrow a'$ 和 $a'' \rightarrow a$ 近似为对数曲线，$a' \rightarrow a''$ 是一水平线，$a_0 \rightarrow a$ 为压力 p 下的定压线。

如果改变压力值，可得到类似上述的定压汽化过程线 $b_0 \rightarrow b' \rightarrow b_x \rightarrow b'' \rightarrow b$、$d_0 \rightarrow d' \rightarrow d_x \rightarrow d'' \rightarrow d$ 等。连接不同压力下的饱和水状态点 a'、b'、d'、……，得到一条曲线 AC，称为饱和水线，或称下界限线（$x=0$）；连接干饱和蒸汽状态点 a''、b''、d''、……，得到另一条曲线 BC，称为饱和蒸汽线，或称上界限线（$x=1$）。随着压力的升高，两曲线相交

于临界点 C，此时，汽化在一瞬间完成。水的临界压力为 $p_c = 22.064\text{MPa}$，临界温度为 $t_c = 373.99℃$，临界比体积为 $v_c = 0.003106\text{m}^3/\text{kg}$。在临界温度以上是不能用压缩的方法使蒸汽液化的。临界点 C、下界限线及上界限线将 p-v 图分成三个区域：下界限线左侧为过冷水区（或未饱和水区），上界限线右侧为过热蒸汽区，两界限线之间为湿蒸汽区。水的定压加热过程经历了三个阶段：水的预热阶段、饱和水的汽化阶段和干饱和蒸汽的过热阶段及五种状态变化：过冷水、饱和水、湿蒸汽、干饱和蒸汽和过热蒸汽。

第三节 水蒸气表和图

工程中水和水蒸气的状态参数值是根据建立在实验基础上编制成的水蒸气表和图查得。现在还可利用计算机完成水蒸气热力性质的分析计算。本书仅介绍前一种方法。

一、零点的规定

在编制水及水蒸气图表时，对 h、s、u 等状态参数需规定其计算起点，即零点。由于工程计算中，只需求其变化量，而不必求其绝对值，故可任选一起点。根据国际水蒸气会议的规定，选定水的三相点（即 273.16K 的液相水）作为基准点，规定在该点的液相水的 u、s 值为零，该基准点的参数为

$$t_0 = 0.01℃$$

$$p_0 = 611.659\text{Pa}$$

$$v_0' = 0.00100021\text{m}^3/\text{kg}$$

$$u_0' = 0\text{kJ/kg}$$

$$s_0' = 0\text{kJ/kg}$$

$$h_0' = u_0' + p_0 v_0' = (0 + 611.659 \times 0.00100021)\text{J/kg} = 0.6117\text{J/kg} \approx 0\text{kJ/kg}$$

二、水蒸气表

水蒸气表有三种：(1) 按温度排列的饱和水与干饱和蒸汽表，如附录 A-1 所示。已知饱和温度就可在表中依次查出 p_s、v'、v''、h'、h''、γ、s'、s''。(2) 按压力排列的饱和水与干饱和蒸汽表，如附录 A-2 所示。已知饱和压力便可查出 t_s、v'、v''、h'、h''、γ、s'、s''。(3) 未饱和水与过热蒸汽表，如附录 A-3 所示。已知压力和温度这两个独立参数，可从表中查出 v、h、s。黑线上方是未饱和水的参数值，黑线下方是过热蒸汽的参数值。

表中参数角标为“′”表示饱和水的参数，角标为“″”表示干饱和蒸汽的参数。

表中未列出热力学能参数，可通过 $u = h - pv$ 计算求得。

在水蒸气表中未列出湿蒸汽区内的参数，可通过下列公式计算

$$v_x = (1 - x)v' + xv'' = v' + x(v'' - v')$$

$$h_x = (1 - x)h' + xh'' = h' + x(h'' - h') = h' + x\gamma$$

$$s_x = (1 - x)s' + xs'' = s' + x(s'' - s') = s' + x\frac{\gamma}{T_s}$$

$$u_x = h_x - pv_x$$

【例 5-1】 试判断下列情况下水处于什么状态，并确定其 h、s 的值。

(1) $p=0.04\text{MPa}$，$t=20℃$；

(2) $p=0.2\text{MPa}$，$v=0.01\text{m}^3/\text{kg}$；

(3) $p=2\text{MPa}$，$t=220℃$；

(4) $p=3\text{MPa}$，$v=0.0012163\text{m}^3/\text{kg}$；

(5) $t=100℃$，$v=1.6738\text{m}^3/\text{kg}$；

(6) $p=4\text{MPa}$，$t=250.33℃$。

【解】 (1) 由 $p=0.04\text{MPa}$ 查附录 A-2 得 $t_s=75.89℃$，而 $t<t_s$，故此状态为未饱和水。查附录 A-3 得 $h=83.9\text{kJ/kg}$，$s=0.2963\text{kJ/(kg·K)}$；

(2) 查附录 A-2，$p=0.2\text{MPa}$ 时，$v'=0.0010608\text{m}^3/\text{kg}$，$v''=0.88592\text{m}^3/\text{kg}$，而 $v'<v<v''$，故为湿蒸汽。由表中查得：

$$t_s = 120.23℃$$

$$h' = 504.7\text{kJ/kg}, s' = 1.5301\text{kJ/(kg·K)}$$

$$\gamma = 2202.2\text{kJ/kg}$$

由式 $v_x=v'+x(v''-v')$ 得干度

$$x = \frac{v_x - v'}{v'' - v'} = \frac{0.01-0.0010608}{0.88592-0.0010608} = 0.01$$

故

$$h_x = h' + x\gamma = 504.7 + 0.01\times 2202.2 = 526.7\text{kJ/kg}$$

$$s_x = s' + x\frac{\gamma}{T_s} = 1.5301 + 0.01\times\frac{2202.2}{(273+120.23)} = 1.5861\text{kJ/(kg·K)}$$

(3) 因 $p=2\text{MPa}$ 时，$t_s=212.37℃$，而 $t>t_s$，故此状态为过热蒸汽。查附录 A-3 得 $h=2820.4\text{kJ/kg}$，$s=6.3842\text{kJ/(kg·K)}$；

(4) 查附录 A-2，$v'=0.0012163\text{m}^3/\text{kg}$，因 $v=v'$，故为饱和水。其 $h'=1008.4\text{kJ/kg}$，$s'=2.6455\text{kJ/(kg·K)}$；

(5) 查附录 A-1，$t=100℃$ 时，$v''=1.6738\text{m}^3/\text{kg}$，而 $v=v''$，故为干饱和蒸汽。其 $h''=2676.3\text{kJ/kg}$，$s''=7.3564\text{kJ/(kg·K)}$；

(6) 查附录 A-2，$p=4\text{MPa}$ 时，$t_s=250.33℃$，$t=t_s$，故此状态是饱和状态，但不能确定是干饱和蒸汽、湿蒸汽还是饱和水，故 h、s 也无法确定。

三、水蒸气的焓-熵图

水蒸气的 h-s 图如图 5-4 所示，以 h 为纵坐标，s 为横坐标。图中 C 为临界点，粗线为界限曲线，其下方为湿蒸汽区，其右上方为过热蒸汽区。在 h-s 图中绘有以下各种线簇：

1. 定压线簇

在湿蒸汽区内，定压线是一组倾斜的直线。由于饱和温度与压力是对应关系，所以定压线也是定温线。在过热蒸汽区内，定压线为一组倾斜向上的曲线，其斜率随温度的升高而增大。

2. 定温线簇

在湿蒸汽区内，定温线即定压线。在过热蒸汽区内，定温线是一组比较平坦地自左向右延伸的曲线，且愈往右愈平坦，接近水平线。

3. 定干度线簇

定干度线只在湿蒸汽区内才有，是一组自临界点 C 起向右下方发散的曲线。

4. 定容线族

定容线的延伸方向与定压线一致，只是比定压线稍陡的倾斜线。为了便于识别，常用红线标出。

5. 定焓线簇

定焓线是一组水平线。图中未画出。

6. 定熵线簇

定熵线是一组垂直线。图中未画出。

在工程上所应用的水蒸气多为干度较高的湿蒸汽及过热蒸汽，因此实用的 h-s 图只绘出图 5-4 中方框内的部分。

应用水蒸气的 h-s 图，可根据已知的两个独立的状态参数确定状态点在图上的位置，然后查出其余的状态参数，并进行水蒸气热力过程的分析计算。

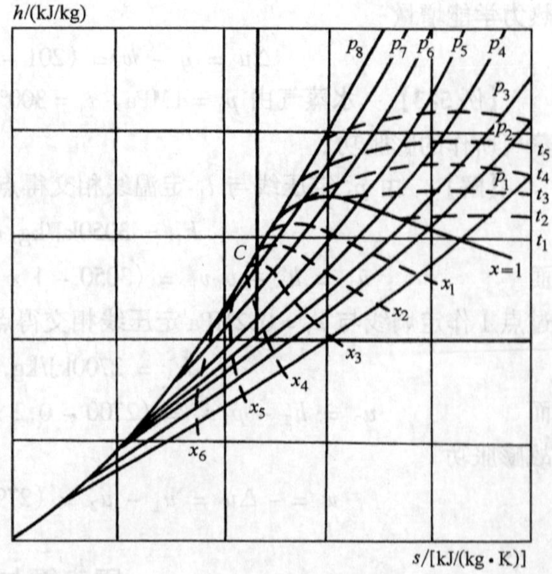

图 5-4 水蒸气的 h-s 图

【例 5-2】 水蒸气在 0.2MPa 压力下从 150℃ 定压加热到 250℃，试求 1kg 水蒸气的吸热量、所作的膨胀功及热力学能增量。

【解】 在 h-s 图上，由 $p = 0.2\text{MPa}$ 的定压线与 $t_1 = 150℃$ 的定温线相交得初状态点 1，与 $t_2 = 250℃$ 的定温线相交得终状态点 2，如图 5-5 所示。查得

$$h_1 = 2772\text{kJ/kg}, v_1 = 1\text{m}^3/\text{kg}$$

$$h_2 = 2973\text{kJ/kg}, v_2 = 1.22\text{m}^3/\text{kg}$$

吸热量

$$q = h_2 - h_1 = (2973 - 2772)\text{kJ/kg} = 201\text{kJ/kg}$$

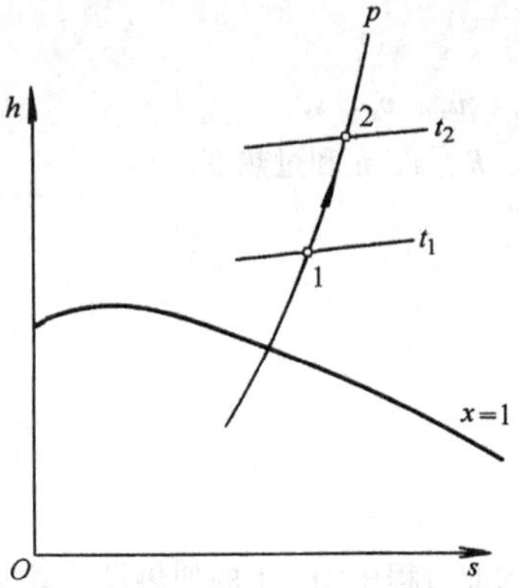

图 5-5 例 5-2 图

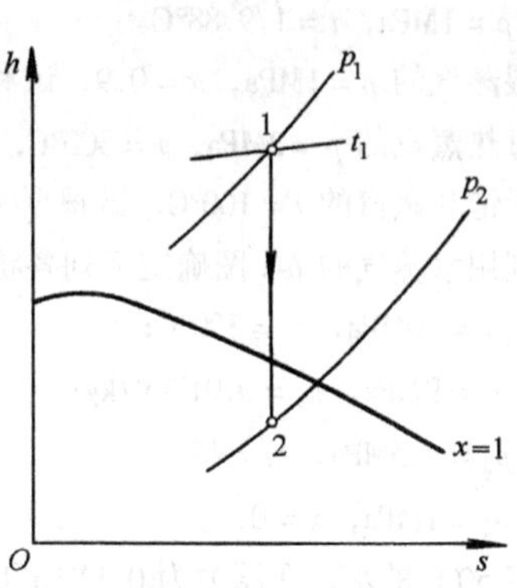

图 5-6 例 5-3 图

膨胀功 $w = p(v_2 - v_1) = 0.2 \times 10^3 \times (1.22 - 1)\text{kJ/kg} = 44\text{kJ/kg}$

热力学能增量

$$\Delta u = q - w = (201 - 44)\text{kJ/kg} = 157\text{kJ/kg}$$

【例 5-3】 水蒸气由 $p_1 = 1\text{MPa}$，$t_1 = 300°\text{C}$ 可逆绝热膨胀到 $p_2 = 0.2\text{MPa}$，试求 1kg 水蒸气所作的膨胀功。

【解】 由 p_1 定压线与 t_1 定温线相交得点 1，如图 5-6 所示，查 h-s 图得

$$h_1 = 3050\text{kJ/kg}, v_1 = 0.26\text{m}^3/\text{kg}$$

而 $u_1 = h_1 - p_1 v_1 = (3050 - 1 \times 10^3 \times 0.26)\text{kJ/kg} = 2790\text{kJ/kg}$

过点 1 作定熵线与 $p_1 = 0.2\text{MPa}$ 定压线相交得点 2，查出

$$h_2 = 2700\text{kJ/kg}, v_2 = 0.9\text{m}^3/\text{kg}$$

而 $u_2 = h_2 - p_2 v_2 = (2700 - 0.2 \times 10^3 \times 0.9)\text{kJ/kg} = 2250\text{kJ/kg}$

故膨胀功

$$w = -\Delta u = u_1 - u_2 = (2790 - 2250)\text{kJ/kg} = 540\text{kJ/kg}$$

思考题与练习题

1. 有没有 400°C 的水？

2. 将未饱和水定压加热到饱和水时，加入的热量会使水温升高，而将饱和水定压加热到干饱和蒸汽时，加入的热量并不使温度升高，为什么？

3. 在 h-s 图上，能否确定下列水和蒸汽的状态点？

（1）焓为 h_1 的未饱和水；

（2）焓为 h_1 的饱和水；

（3）参数的 p_1、t_1 的湿蒸汽；

（4）压力为 p_1 的干饱和蒸汽及过热蒸汽。

4. 试判断下列三种情况下水处于什么状态：

（1）$p = 0.8\text{MPa}$，$v = 0.22\text{m}^3/\text{kg}$；

（2）$p = 0.6\text{MPa}$，$t = 190°\text{C}$；

（3）$p = 1\text{MPa}$，$t = 179.88°\text{C}$。

5. 湿蒸汽的 $p = 1\text{MPa}$，$x = 0.9$，试利用水蒸气表求 t_s、h_x、u_x、v_x、s_x。

6. 过热蒸汽的 $p = 2\text{MPa}$，$t = 300°\text{C}$，试根据水蒸气表求 v、h、s、u 和过热度。

7. 干饱和蒸汽的 $t = 100°\text{C}$，试根据水蒸气表查 p_s、h''、s''、v''。

8. 利用水蒸气的 h-s 图确定下列各状态点的 h、s 或 x 值：

（1）$p_1 = 20\text{MPa}$，$t_1 = 300°\text{C}$；

（2）$p_2 = 9\text{MPa}$，$v_2 = 0.017\text{m}^3/\text{kg}$；

（3）$p_3 = 4.5\text{MPa}$，$t_3 = 45°\text{C}$；

（4）$p_4 = 1\text{MPa}$，$x = 0.9$。

9. 将 50°C 的水，在压力为 0.1MPa 下定压加热至 300°C，求此过程中 1kg 水的加热量、膨胀功及热力学能增量。

10. 1kg$p_1 = 1.5\text{MPa}$，$t_1 = 300°\text{C}$ 的水蒸气定熵膨胀到 $p_2 = 0.3\text{MPa}$，试求水蒸气所作的膨胀功。

第六章　混合气体和湿空气

本章主要介绍混合气体和湿空气的基本性质以及湿空气焓—湿图的结构和工程应用。

第一节　混合气体的性质

一、混合气体

热力工程中常用到由几种气体组成的混合物，即混合气体。例如，内燃机中的燃气，主要是由 N_2、CO_2、H_2O 和 O_2 等组成的混合气体。空气也是常见的混合气体，由 N_2、O_2、惰性气体及少量水蒸气等气体组成。这些混合气体成分稳定，不发生化学反应且远离液态，因此可视为理想气体。

二、混合气体的分压力和分容积

如图 6-1a 所示，体积为 V 的容器中盛有压力为 p、温度为 T 的混合气体，若将每一种组成气体分离出来后，且具有与混合气体相同的温度和体积时，给予容器壁的压力称为组成气体的分压力，用 p_i 表示，如图 6-1b，c 所示。

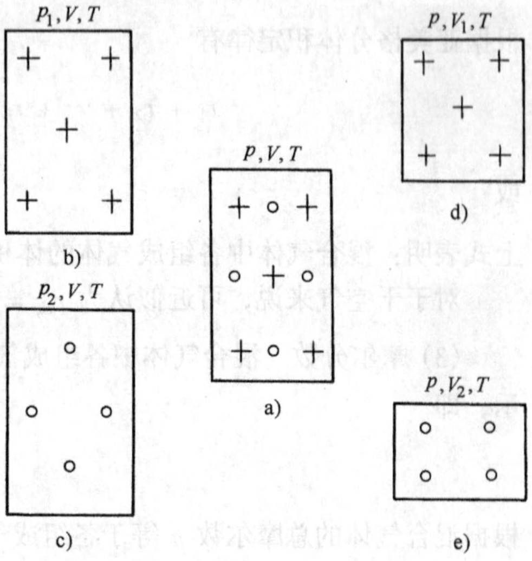

图 6-1　混合气体的分压力和分容积

根据道尔顿分压定律，混合气体的总压力 p 应等于每一组成气体分压力 p_i 之和，即

$$p = p_1 + p_2 + \cdots + p_n = \sum_{i=1}^{n} p_i \quad (6\text{-}1)$$

若将混合气体中每一组成气体分离出来后，并且具有与混合气体相同的温度和压力时，所占据的体积称为组成气体的分体积，用 V_i 表示，如图 6-1d、e 所示。

根据亚美格分体积定律，混合气体的总体积应等于每一组成气体的分体积 V_i 之和，即

$$V = V_1 + V_2 + \cdots + V_n = \sum_{i=1}^{n} V_i \quad (6\text{-}2)$$

三、混合气体的成分及其换算关系

1. 混合气体的成分

混合气体的成分是指各组成气体的含量占混合气体总量的百分数。按物理量单位的不同通常有三种表示方法：质量分数、体积分数和摩尔分数。

(1) 质量分数　混合气体中各组成气体的质量与混合气体总质量的比值，用 g_i 表示，

即

$$g_i = \frac{m_i}{m} \tag{6-3}$$

根据质量守恒定律有

$$m = m_1 + m_2 + \cdots + m_n$$

故
$$g_1 + g_2 + \cdots + g_n = \frac{m_1 + m_2 + \cdots + m_n}{m} = 1$$

或
$$\sum_{i=1}^{n} g_i = 1$$

上式表明：混合气体中各组成气体的质量分数之和等于1。

以干空气为例，若忽略其中的稀有气体，可近似认为由 N_2 和 O_2 组成，即 $g_{N_2} = 76.8\%$，$g_{O_2} = 23.2\%$。

(2) 体积分数　混合气体中各组成气体的分体积与混合气体总体积的比值，用 r_i 表示，即

$$r_i = \frac{V_i}{V} \tag{6-4}$$

根据亚美格分体积定律有

$$r_1 + r_2 + \cdots + r_n = \frac{V_1 + V_2 + \cdots + V_n}{V} = 1$$

或
$$\sum_{i=1}^{n} r_i = 1$$

上式表明：混合气体中各组成气体的体积分数之和等于1。

对于干空气来说，可近似认为 $r_{N_2} = 79\%$，$r_{O_2} = 21\%$。

(3) 摩尔分数　混合气体中各组成气体的摩尔数与混合气体总摩尔数的比值，用 x_i 表示，即

$$x_i = \frac{n_i}{n} \tag{6-5}$$

根据混合气体的总摩尔数 n 等于各组成气体的摩尔数 n_i 之和，有

$$n = n_1 + n_2 + \cdots + n_n$$

故
$$x_1 + x_2 + \cdots + x_n = \frac{n_1 + n_2 + \cdots + n_n}{n} = 1$$

或
$$\sum_{i=1}^{n} x_i = 1$$

上式表明：混合气体中各组成气体的摩尔分数之和等于1。

2. g_i、r_i、x_i 的换算关系

1) r_i 与 x_i 的换算关系

由图6-1a中可写出混合气体状态方程

$$pV = nRT \tag{a}$$

由图 6-1d、e 中可写出第 i 种组成气体状态方程

$$pV_i = n_iRT \tag{b}$$

式（b）与式（a）相比可得

$$\frac{V_i}{V} = \frac{n_i}{n}$$

即

$$r_i = x_i$$

可见，混合气体的体积分数与摩尔分数相等。

2）x_i 与 g_i 的换算关系

$$x_i = \frac{n_i}{n} = \frac{m_i/M_i}{m/M} = \frac{M}{M_i}g_i$$

由 $M_iR_{g,i} = MR_g$

故
$$x_i = \frac{M}{M_i}g_i = \frac{R_{g,i}}{R_g}g_i$$

或
$$g_i = \frac{M_i}{M}r_i = \frac{R_g}{R_{g,i}}r_i \tag{6-6}$$

式中，M_i 为组成气体的摩尔质量（kg/mol）；M 为混合气体的折合摩尔质量（kg/mol）；$R_{g,i}$ 为组成气体的气体常数［J/(kg·K)］；R_g 为混合气体的平均气体常数［J/(kg·K)］。

四、混合气体的折合摩尔质量与折合气体常数

由于混合气体不是单一气体，因而无法用一个分子式来表示其化学组成，可以假设某种单一气体，某分子数和总质量恰好与混合气体的相等，这种假设单一气体的摩尔质量和气体常数即为混合气体的折合摩尔质量 M 和折合气体常数 R_g。

1. 已知 r_i 或 x_i 计算 M 和 R_g

$$M = \frac{m}{n} = \frac{\sum_{i=1}^{n} n_iM_i}{n} = \sum_{i=1}^{n} x_iM_i = \sum_{i=1}^{n} r_iM_i \tag{6-7}$$

$$R_g = \frac{R}{M} = \frac{8.314}{M}$$

式中：R_g 单位为 J/(mol · K)。

2. 已知 g_i 计算 R_g 和 M

$$R_g = \frac{R}{M} = \frac{nR}{m} = \frac{\sum_{i=1}^{n} n_iR}{m} = \frac{\sum_{i=1}^{n} m_i\frac{R}{M_i}}{m} = \sum_{i=1}^{n} g_iR_{g,i} \tag{6-8}$$

$$M = \frac{R}{R_g} = \frac{8.314}{R_g}$$

五、分压力的确定

1. 由 r_i 或 x_i 确定 p_i

由图 6-1b、d 可写出

$$p_iV = pV_i$$

故
$$p_i = \frac{V_i}{V}p = r_ip = x_ip \tag{6-9}$$

2. 由 g_i 确定 p_i

由式（6-6）可得 $r_i = g_i\frac{R_{g,i}}{R_g}$，代入（6-9）式有

$$p_i = g_i\frac{R_{g,i}}{R_g}p \tag{6-10}$$

六、混合气体的比热容

1kg 混合气体温度升高（或降低）1K 所吸收（或放出）的热量称为混合气体的比热容。

当混合气体由温度 T_1 升高到 T_2 时，所吸收的热量应等于各组成气体升高相同温度所吸收的热量之和，即

$$mc(T_2 - T_1) = m_1c_1(T_2 - T_1) + m_2c_2(T_2 - T_1) + \cdots + m_nc_n(T_2 - T_1)$$

故
$$\begin{aligned} c &= \frac{m_1}{m}c_1 + \frac{m_2}{m}c_2 + \cdots + \frac{m_n}{m}c_n \\ &= g_1c_1 + g_2c_2 + \cdots + g_nc_n \\ &= \sum_{i=1}^{n} g_ic_i \end{aligned} \tag{6-11}$$

同理可得混合气体的摩尔热容和体积热容分别为

$$C_m = \sum_{i=1}^{n} x_iC_{m,i} \tag{6-11a}$$

$$c' = \sum_{i=1}^{n} r_ic'_i \tag{6-11b}$$

【例 6-1】 已知混合气体的体积分数为：$r_{N_2} = 65\%$，$r_{CO} = 21\%$，$r_{O_2} = 14\%$，混合气体的总压力 $p = 98.066\text{kPa}$。求混合气体的折合摩尔质量、折合气体常数及各组成气体的分压力。

【解】 (1) 由公式（6-7）可得混合气体的平均分子量

$$\begin{aligned} M &= \sum_{i=1}^{n} r_iM_i \\ &= (0.65 \times 28 \times 10^{-3} + 0.21 \times 28 \times 10^{-3} + 0.14 \times 32 \times 10^{-3})\text{kg/mol} = 28.56\text{g/mol} \end{aligned}$$

(2) 混合气体的折合气体常数

$$R_g = \frac{8.314}{M} = \frac{8.314}{28.56 \times 10^{-3}}\text{J/(kg·K)} = 291.11\text{J/(kg·K)}$$

(3) 由式（6-9）得分压力为

$$p_{N_2} = r_{N_2}p = 0.65 \times 98.066\text{kPa} = 63.74\text{kPa}$$

$$p_{CO} = r_{CO}p = 0.21 \times 98.066\text{kPa} = 20.59\text{kPa}$$

$$p_{O_2} = r_{O_2}p = 0.14 \times 98.066\text{kPa} = 13.73\text{kPa}$$

【例 6-2】 若将空气中的稀有气体忽略，则其质量分数为 $g_{O_2}=23.2\%$，$g_{N_2}=76.8\%$。试求空气的折合摩尔质量、体积分数和标准状态下的密度。

【解】 (1) 由式 (6-8)，空气的折合气体常数为

$$R_g=\sum_{i=1}^{n} g_i R_i$$

$$=(0.232\times259.8+0.768\times296.8)\text{J/(kg·K)}=288.2\text{J/(kg·K)}$$

故 $$M=\frac{8.314}{R_g}=\frac{8.314}{288.2\times10^{-3}}\text{kg/mol}=28.85\text{g/mol}$$

(2) 由式 (6-6)，体积分数为

$$r_i=\frac{R_{g,i}}{R_g}g_i$$

$$r_{O_2}=\frac{259.8}{288.2}\times0.232=0.21=21\%$$

$$r_{N_2}=1-\gamma_{O_2}=1-0.21=0.79=79\%$$

(3) 空气在标准状态下的密度为

$$\rho_0=\frac{M}{22.4}=\frac{28.85\times10^{-3}}{22.4\times10^{-3}}\text{kg/m}^3=1.29\text{kg/m}^3$$

第二节 湿空气的性质

自然界中的空气是一种混合气体，它是由干空气和水蒸气所组成，也称为湿空气。其中干空气主要是由 N_2、O_2、CO_2 和微量的稀有气体所组成，通常作为一个不变的整体；而水蒸气主要来自江河湖海的水分蒸发。在常温常压下，大气中的水蒸气分压力很低，且远离液态，可以视为理想气体，所以湿空气可以作为理想气体看待。

一、湿空气的总压力和分压力

根据道尔顿分压定律，湿空气的总压力 p 等于干空气分压力 p_a 与水蒸气分压力 p_v 之和，即

$$p=p_a+p_v$$

在采暖与空调等工程中处理的湿空气通常都是环境大气，其压力即为当地的大气压力 p_b，这时

$$p_b=p_a+p_v \qquad (6\text{-}12)$$

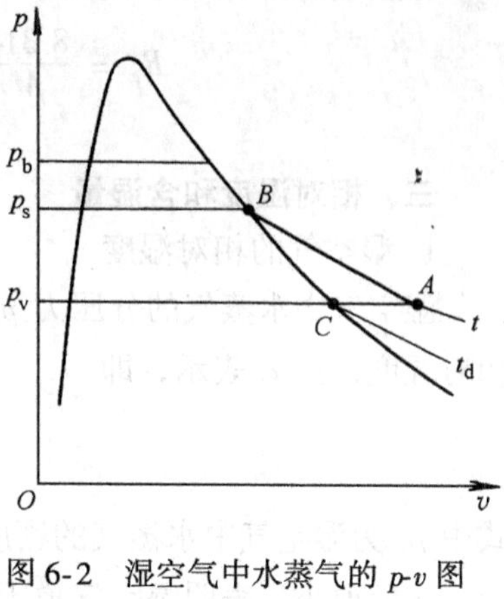

图 6-2 湿空气中水蒸气的 p-v 图

根据湿空气中水蒸气所处的状态 (p_v，t) 可以把湿空气分为未饱和空气和饱和空气。下面通过 p-v 图 (图 6-2) 来说明。若湿空气的温度为 t，所含水蒸气的分压力为 p_v，当 p_v 低于 t 所对应的水蒸气饱和分压力 p_s 时，水蒸气处于过热状态，如图 6-2 中 A 点所示。这种由干空气和过热水蒸气组成的湿空气称为未饱和空气。

如果湿空气的温度 t 保持不变，增加水蒸气的含量，则水蒸气的分压力就会相应增大，其状态点将由 A 点沿等温线向左上方移动，当到达 B 点时，水蒸气的分压力也增加到最大值 $p_s(t)$，这时水蒸气达到饱和状态。这种由干空气和饱和水蒸气组成的湿空气称为饱和空气。若继续向饱和空气中加入水蒸气，则水蒸气将凝结为水滴从湿空气中析出，这说明当空气达到饱和状态时，其吸收水蒸气的能力也达到了极限状态。

如果不改变未饱和空气中水蒸气的含量，即 p_v 不变，对其冷却，使未饱和空气的温度 t 逐渐降低，其状态点将由 A 点沿定压冷却线 AC 左移，到达 C 点时也达到饱和状态，若继续冷却，水蒸气也将以水滴的状态析出，称为结露。此时 C 点的温度即对应 p_v 下的饱和温度称为露点温度，简称露点，用 t_d 表示。露点可用露点仪或湿度计测得，且确定了 t_d 则 p_v 也就确定了。

综上所述，湿空气中可容纳水蒸气的数量是有限度的，在一定的温度下，水蒸气分压力愈大，则湿空气中水蒸气数量愈多，湿空气愈潮湿，所以，湿空气中水蒸气分压力的大小直接反映了湿空气的干湿程度。

二、湿空气的折合摩尔质量和折合气体常数

由理想气体状态方程及混合气体性质可得

湿空气的折合摩尔质量为

$$M = 28.97 \times 10^{-3} - 10.95 \times 10^{-3}\frac{p_v}{p_b} \tag{6-13}$$

干空气的折合气体常数为

$$R_a = \frac{8.314}{28.97 \times 10^{-3}}\text{J/(mol·K)} = 287\text{J/(mol·K)}$$

水蒸气的气体常数为

$$R_v = \frac{8.314}{18.02 \times 10^{-3}}\text{J/(mol·K)} = 461\text{J/(mol·K)}$$

湿空气的折合气体常数为

$$R_g = \frac{8\,314}{M} = \frac{8\,314}{28.97 - 10.95\dfrac{p_v}{p_b}} = \frac{287}{1 - 0.378\dfrac{p_v}{p_b}} \tag{6-14}$$

三、相对湿度和含湿量

1. 湿空气的相对湿度

湿空气中水蒸气的分压力 p_v 与同温度下饱和湿空气中水蒸气分压力 p_s 的比值，称为相对湿度，用 φ 表示，即

$$\varphi = \frac{p_v}{p_s} = \frac{\rho_v}{\rho''} \tag{6-15}$$

式中 ρ_v 为湿空气中水蒸气的密度；ρ''为饱和湿空气中水蒸气的密度。

φ 值愈小，表明湿空气愈干燥，吸收水蒸气的能力愈强；φ 值愈大，表明湿空气愈潮湿，吸收水蒸气的能力愈弱。当 $\varphi = 0$ 时，即为干空气；当 $\varphi = 1$ 时，即为饱和湿空气；介于 0～1 之间的湿空气都是未饱和湿空气。

2. 湿空气的含湿量

在湿空气的处理过程中，往往干空气的质量是不发生变化的，变化的是水蒸气的质量，因此为了方便计算，常以 1kg 干空气为计算基准。

湿空气中 1kg 干空气所带的水蒸气的质量（以 g 计）称为含湿量，用 d 表示，即

$$d = 1\,000 \frac{m_v}{m_a} \tag{6-16}$$

式中，d 的单位为 g/kg（干），表示每千克干空气中含有水蒸气的克数；m_v 为水蒸气的质量（kg）；m_a 为干空气的质量（kg）。

由理想气体状态方程可得 $m_v = \frac{p_v V}{R_v T}$ 及 $m_a = \frac{p_a V}{R_a T}$，代入上式则

$$d = 1\,000 \frac{R_a}{R_v} \frac{p_v}{p_a} = 1\,000 \times \frac{287}{461} \times \frac{p_v}{p_a}$$

$$= 622 \frac{p_v}{p_a} = 622 \frac{p_v}{p_b - p_v} \tag{6-17}$$

若以 $p_v = \varphi p_s$ 代入则

$$d = 622 \frac{\varphi p_s}{p_b - \varphi p_s} \tag{6-18}$$

四、湿空气的密度

1m³ 湿空气所具有的干空气和水蒸气的质量称为湿空气的密度，即

$$\rho = \frac{m_a + m_v}{V} = \rho_a + \rho_v$$

$$= \frac{p_a}{R_a T} + \frac{p_v}{R_v T} = \frac{p_b - p_v}{R_a T} + \frac{p_v}{R_v T}$$

$$= \frac{p_b}{R_a T} - \left(\frac{1}{R_a} - \frac{1}{R_v}\right) \frac{p_v}{T}$$

$$= \frac{p_b}{287 T} - \left(\frac{1}{287} - \frac{1}{461}\right) \frac{p_v}{T}$$

$$= \frac{p_b}{287} - 0.001\,315 \frac{p_v}{T}$$

$$= \frac{p_b}{287} - 0.001\,315 \frac{\varphi p_s}{T} \tag{6-19}$$

可见，φ 增大时，ρ 则减小。在 p_b 和 T 相同时，湿空气的密度永远小于干空气的密度，即湿空气比干空气轻。

五、湿空气的焓

湿空气的比焓是指含有 1kg 干空气的湿空气的焓值，即

$$h = \frac{m_a h_a + m_v h_v}{m_a} = h_a + 0.001 d h_v \tag{6-20}$$

式中，h 的单位为 kJ/kg(干)；h_a 为 kJ/kg(干)；h_v 为 kJ/kg。湿空气的焓值以0℃时的干空气和饱和水为 基准点，以定值比热容计算时，干空气的比焓为

$$h_a = c_p t = 1.005t$$

水蒸气的比焓由经验公式为

$$h_v = 2\,501 + 1.86t$$

式中，2 501 为 0℃ 时饱和水的汽化潜热（kJ/kg）；1.86 为常温下水蒸气的平均比定压热容［kJ/(kg·K)］。将上述两式代入式(6-20)公式得

$$h = 1.005t + 0.001d(2\,501 + 1.86t) \tag{6-21}$$

六、干球温度与湿球温度

如图 6-3 所示为干湿球温度计。其中未包纱布的温度计是干球温度计，它所测出的是湿空气的干球温度 t。另一支感温球上包有浸于水中的湿纱布的温度计称为湿球温度计，它所指示的温度称为湿球温度 t_w。

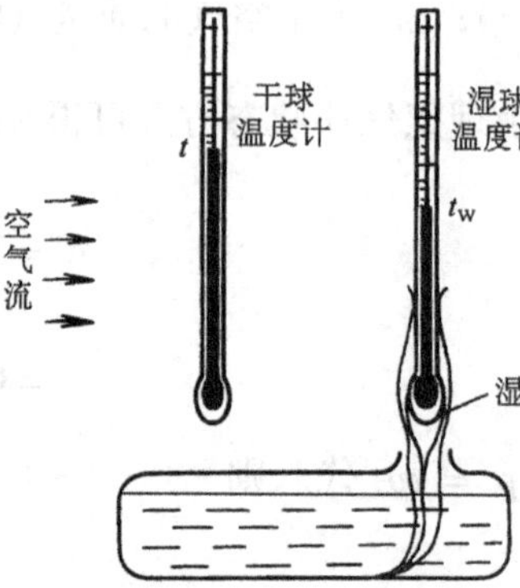

图 6-3 干湿球温度计

如果湿空气是未饱和的，湿纱布中的水分将向空气中蒸发而吸收水的热量使水温降低，形成空气与水之间的传热温差，热量将由空气传给湿纱布中的水，若水分蒸发所需的热量大于空气向水传递的热量时，则水温继续下降，直到湿纱布表面水分蒸发所需的热量正好等于空气向水传递的热量时，湿纱布中的水温则不再下降，达到平衡，这个稳定的温度称为湿球温度。整个蒸发和传热过程可近似看做是定焓过程。

若干湿球温度差愈大，说明空气愈干燥。若空气达到饱和状态，则湿球温度等于干球温度。

为保证测量的准确性，空气的流速应不低于 5m/s。

【例 6-3】 已知室内空气相对湿度为 50%，温度为 20℃，大气压力为 0.101 3MPa，求湿空气的露点温度、含湿量、密度、比焓和平均气体常数。

【解】 (1) 由 $t = 20℃$，查附表 1 得

$$p_s = 2\,336.8\ \text{Pa}$$

故 $p_v = \varphi p_s = 0.5 \times 2\,336.8\text{Pa} = 1\,168.4\text{Pa}$

而湿空气的露点温度就是 p_v 所对应的饱和温度，查附录 A-2 得

$$t_d = 8.76℃$$

(2) 含湿量

$$d = 622\frac{p_v}{p_b - p_v} = 622 \times \frac{1\,168.4}{101\,300 - 1\,168.4}\text{g/kg(干)} = 7.26\text{g/kg(干)}$$

(3) 密度

$$\begin{aligned}\rho &= \frac{p_b}{287T} - 0.001\,315\frac{p_v}{T}\\ &= \left(\frac{101\,300}{287 \times (273 + 20)} - 0.001\,315 \times \frac{1\,168.4}{273 + 20}\right)\text{kg/m}^3\\ &= 1.2\text{kg/m}^3\end{aligned}$$

(4) 比焓

$$h = 1.01t + 0.001d(2\,501 + 1.85t)$$
$$= [1.01 \times 20 + 0.001 \times 7.26 \times (2\,501 + 1.85 \times 20)]\text{kJ/kg(干)}$$
$$= 38.63\text{kJ/kg(干)}$$

(5) 折合气体常数

由

$$M = 28.97 \times 10^{-3} - 10.95 \times 10^{-3}\frac{p_v}{p_b}$$
$$= \left(28.97 \times 10^{-3} - 10.95 \times 10^{-3}\frac{1\,168.4}{101\,300}\right)\text{kg/mol} = 28.84\text{g/mol}$$

故

$$R = \frac{8.314}{M} = \frac{8.314}{28.84 \times 10^{-3}}\text{J/(kg·K)} = 288.28\text{J/(kg·K)}$$

第三节 湿空气的焓湿图

湿空气的 h-d 图是以 1kg 干空气量的湿空气为基准，在 0.1MPa 的大气压力下，以焓（h）为纵坐标，含湿量（d）为横坐标绘制而成的。利用 h-d 图不仅可以确定湿空气的状态，查出其状态参数，还可以用来分析湿空气的热力过程。

一、湿空气 h-d 图的构成

如图 6-4 所示，为使图面展开，采用了两坐标夹角为 135°的坐标系，图中共有下列五种线簇：

1. 定焓线

定 h 线是一组与纵坐标轴成 135°角的平行直线。湿空气的湿球温度 t_w 是定焓冷却至饱和湿空气（$\varphi = 100\%$）时的温度。因此，不同状态的湿空气只要其 h 相同，则具有相同的湿球温度。

2. 定含湿量线

定 d 线是一组与纵坐标轴平行的直线。

露点 t_d 是湿空气定湿冷却至饱和湿空气（$\varphi = 100\%$）时的温度。因此不同状态的湿空气，只要其含湿量 d 相同，则具有相同的露点。

3. 定温线

定温线是一组互不平行的直线，随着 t 的增高，定温线的斜率增大。

4. 定相对湿度线

定 φ 线是一组曲线。$\varphi = 0$ 线就是干空气线，此时，$d = 0$，即与纵坐标轴重合。$\varphi = 100\%$线是饱和空气线，它将图面分成两部分。左上部是未饱和空气，$\varphi < 1$，其中水蒸气为过热状态；右下部无实用意义，湿空气中多余的水蒸气会以水滴的形式析出，湿空气本身仍保持饱和状态（$\varphi = 100\%$）。

5. 水蒸气分压力线

由公式（6-17）可知，给出一个 d 值就可得到相应的 p_v 值，所以可绘出 d 与 p_v 的变

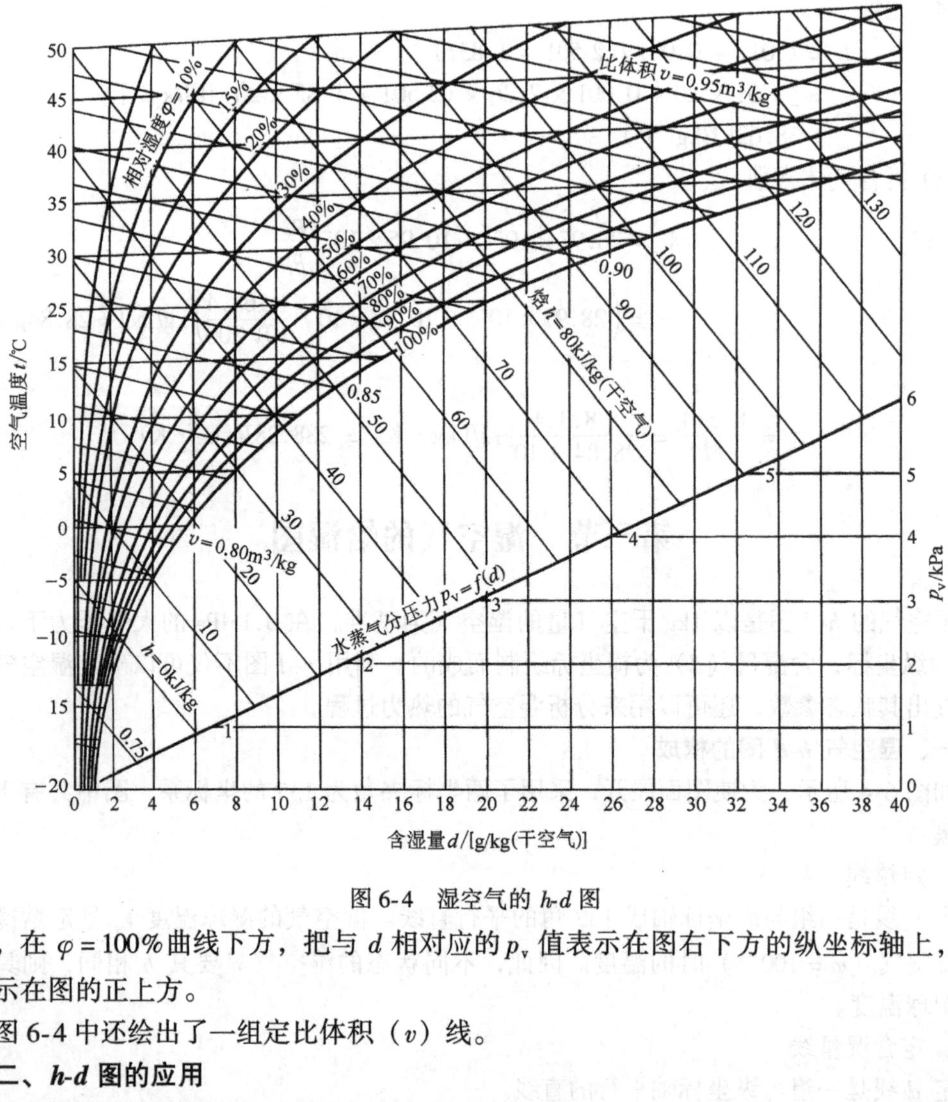

图 6-4　湿空气的 h-d 图

换线，在 $\varphi=100\%$ 曲线下方，把与 d 相对应的 p_v 值表示在图右下方的纵坐标轴上，也有的表示在图的正上方。

图 6-4 中还绘出了一组定比体积（v）线。

二、*h-d* 图的应用

当大气压力 p_b 确定时，只要已知 t、φ、h（或 t_w）、d（或 p_v、t_d）中任意两个独立参数，就可在 h-d 图上确定湿空气的状态点，查出其余参数。

【例 6-4】　已知湿空气的温度 $t=30°C$，相对湿度 $\varphi=60\%$，大气压力 $p_b=0.1MPa$，试利用 h-d 图确定空气的状态点并查出其余参数。

【解】　如图 6-5 所示。根据 $t=30°C$ 的定温线和 $\varphi=60\%$ 的定相对湿度线的交点确定状态点 1，查得

$$h = 71.2kJ/kg$$

$$d = 16.2g/kg(干)$$

过 1 点作定 d 线与 $\varphi=100\%$ 线相交于 2 点，查出 $t_d=21.2°C$；再向下与水蒸气分压力线相交于 3 点，查出 $p_v=2.4kPa$。过 1 点作定 h 线与 $\varphi=100\%$ 线相交得 4 点，查出 $t_w=23.8°C$。

【例 6-5】　已知干湿球温度计的读数为 $t = 30°C$，$t_w = 15°C$，大气压力 $p_b = 0.1MPa$，试在 h-d 图上确定湿空气的状态点。

【解】　如图 6-6 所示，由 $t_w = 15°C$ 的定温线与 $\varphi = 100\%$ 线相交得 1 点，过 1 点作定 h 线与 $t = 30°C$ 的定温线相交得 2 点，2 点即为湿空气的状态点。

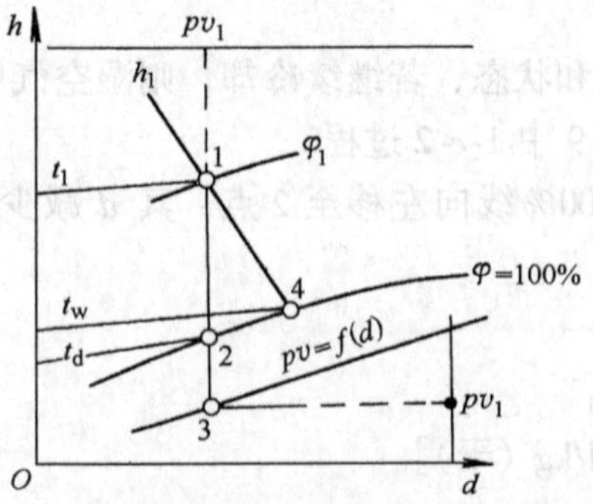

图 6-5　例 6-4 图

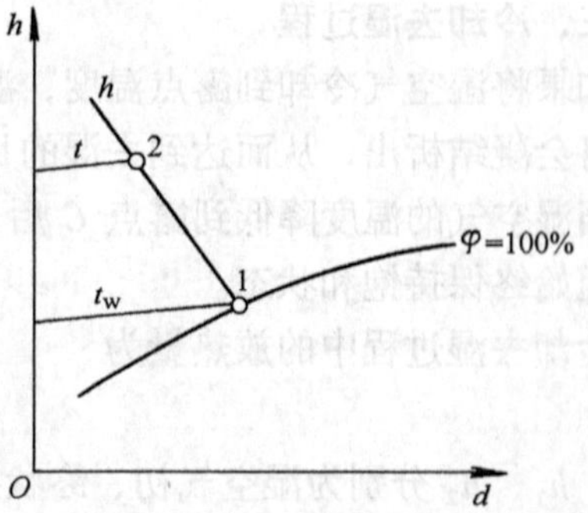

图 6-6　例 6-5 图

第四节　湿空气的基本热力过程

一、加热（或冷却）过程

在加热（或冷却）过程中，湿空气的含湿量保持不变，过程沿定 d 线变化。加热时，湿空气的温度升高，焓值增大，但相对湿度减少了，如图 6-7 中 1-2 过程。加热过程可用于空气的干燥处理。冷却过程则相反，为 1-2′过程。

加热（或冷却）过程中吸热量（或放热量）为

$$q = h_2 - h_1$$

式中，h_1、h_2 分别为初、终态湿空气的比焓值［kJ/kg（干）］。

二、绝热加湿过程

在绝热条件下，向湿空气中加入水分以增加其含湿量称为绝热加湿过程。一般是在喷淋室中通过喷入循环水来完成的。在此过程中，湿空气的 h 值基本不变，可视为定焓过程。如图 6-8 中 1-2 过程。绝热加湿后，湿空气的 d 增加，φ 提高，而 t 降低了，这是由

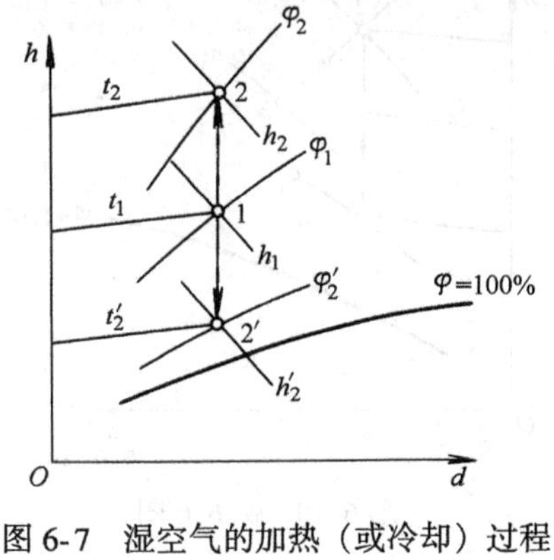

图 6-7　湿空气的加热（或冷却）过程

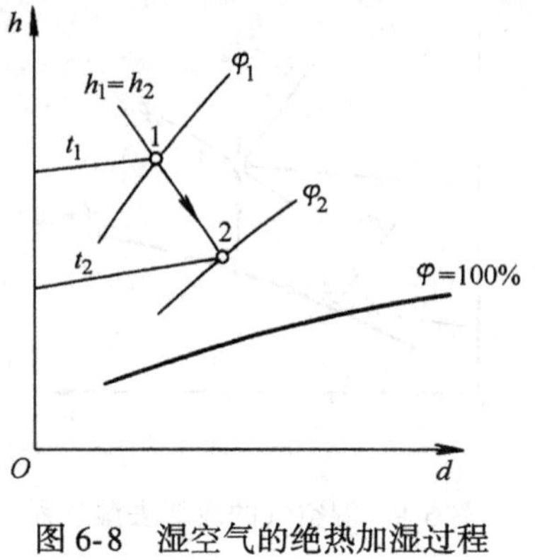

图 6-8　湿空气的绝热加湿过程

于绝热过程水分蒸发所吸收的汽化潜热取自空气本身的原因。

绝热加湿过程中的喷水量为

$$\Delta d = d_2 - d_1$$

式中，d_1、d_2 分别为湿空气初、终态的含湿量［g/kg（干）］。

三、冷却去湿过程

如果将湿空气冷却到露点温度，湿空气达到饱和状态，若继续冷却，则湿空气中的水蒸气将会凝结析出，从而达到去湿的目的，如图 6-9 中 1-*c*-2 过程。

当湿空气的温度降低到露点 *C* 后，将沿 $\varphi = 100\%$ 线向左移至 2 点，其 d 减少，t 降低，但始终保持饱和状态。

冷却去湿过程中的放热量为

$$q = h_2 - h_1$$

式中，h_1、h_2 分别为湿空气初、终状态的比焓［kJ/kg（干）］。

冷却去湿过程中的去湿量为

$$\Delta d = d_2 - d_1$$

式中，d_1、d_2 分别为湿空气初、终态的含湿量［g/kg（干）］。

【例 6-6】 烘干用的湿空气状态为 $t_1 = 25°C$，$\varphi_1 = 60\%$，在加热器中加热到 $t_2 = 50°C$，然后送入烘箱用以烘干物体。湿空气从烘箱出来时温度 $t_3 = 40°C$。设当地大气压力 $p_b = 0.1MPa$，求烘箱中每吸收 1kg 水分所需供入多少湿空气及加热器中应加入的热量为多少？

【解】 如图 6-10 所示，由 $t_1 = 25°C$，$\varphi_1 = 60\%$ 确定状态点 1，查得 $h_1 = 56kJ/kg$（干），$d_1 = 12g/kg$（干）。过 1 点作定 d 线与 $t_2 = 50°C$ 定温线相交得 2 点，查出 $h_2 = 82kJ/kg$（干），$d_2 = d_1 = 12g/kg$（干）。过 2 点沿定 h 线交 $t_3 = 40°C$ 定温线得 3 点，查出 $d_3 = 16g/kg$（干），$h_3 = h_2 = 82kJ/kg$（干）。

故 1kg 干空气吸收的水分为

$$\Delta d = d_3 - d_2 = (16 - 12)g/kg(干) = 4g/kg(干)$$

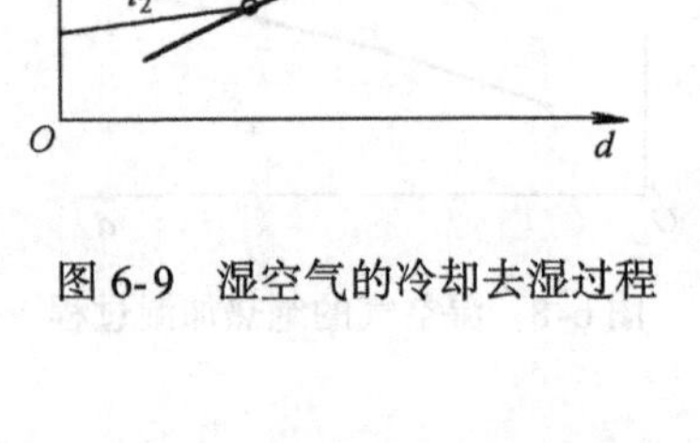

图 6-9 湿空气的冷却去湿过程

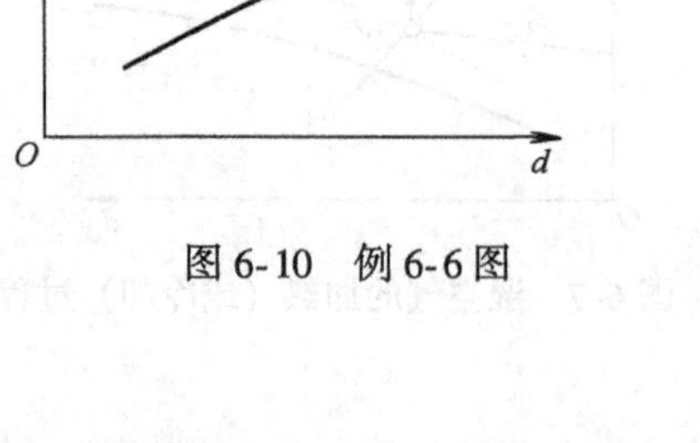

图 6-10 例 6-6 图

每吸收 1kg 水分所需的干空气量为

$$m_a = \frac{1}{\Delta d} = \frac{1}{4}\text{kg(干)} = 250\text{kg(干)}$$

加热器中应加入的热量为

$$Q = m_a(h_2 - h_1) = 250 \times (82 - 56)\text{kJ} = 6\ 500\text{kJ}$$

思考题与练习题

1. 什么是混合气体？其分压力与总压力之间是何种关系？

2. 什么叫未饱和湿空气和饱和湿空气？

3. 什么是湿空气的露点温度？为何会出现降雾、结露或结霜的自然现象，并说明它们发生的条件。

4. 为什么晴天晒衣服容易干，而阴雨天晒衣服则不易干？

5. 对于未饱和湿空气，湿球温度、干球温度及露点温度三者哪个大？对于饱和湿空气，它们的大小又将如何？

6. 在冬季采暖季节，为什么房间外墙内表面温度必须高于空气露点温度？

7. 湿空气的含湿量愈大相对湿度愈大，这种说法对吗？若湿空气的含湿量不变，湿空气温度愈高就愈干燥吗？

8. 混合气体的体积分数为 $r_{CO_2} = 12\%$，$r_{H_2O} = 9\%$，$r_{N_2} = 79\%$，试求各组成气体的质量分数和分压力。混合气体的总压力为 75kPa。

9. 若忽略干空气中的稀有气体，已知其质量分数为 $g_{O_2} = 23.2\%$，$g_{N_2} = 76.8\%$，求干空气的折合摩尔质量、折合气体常数、体积分数及干空气在标准状态下的密度。

10. 某混合气体是由 1.3m³ 的空气和 1m³ 的发生炉煤气所组成，在物理标准状态下发生炉煤气的密度为 1.2kg/m³，求此可燃混合气体的折合气体常数及折合摩尔质量。

11. 已知湿空气的温度 $t = 25°C$，相对湿度 $\varphi = 70\%$，大气压力 $p_b = 0.1\text{MPa}$，试确定湿空气的 p_v、t_d、d、h、ρ。

12. 已知大气压 $p_b = 0.1\text{MPa}$，试利用 h-d 图分别确定湿空气下列各点的其余参数：

（1）$t = 25°C$，$\varphi = 50\%$；

（2）$t = 30°C$，$t_w = 25°C$；

（3）$t = 35°C$，$t_d = 25°C$；

（4）$t = 20°C$，$d = 10\text{g/kg}$（干）；

（5）$\varphi = 70\%$，$d = 20\text{g/kg}$（干）；

（6）$h = 56\text{kJ/kg}$，$d = 10\text{g/kg}$（干）。

13. 已知大气压 $p_b = 0.1\text{MPa}$，湿空气的温度 $t = 20°C$，露点温度 $t_d = 10°C$，试求湿空气的含湿量和相对湿度。如将上述湿空气定湿加热到 40°C 时，其相对湿度有何变化？

14. 黄昏时的气温为 10°C，相对湿度为 80%，若夜间气温降低至 5°C，问能否出现露水？

15. 表面温度为 17°C 的冷表面，在温度为 20°C、相对湿度为 $\varphi = 90\%$ 的空气中，还是在温度为 20°C、相对湿度为 $\varphi = 70\%$ 的空气中会出现结露现象？

16. 大气压为 $p_b = 0.1\text{MPa}$，状态为 $t_1 = 10°C$，$\varphi_1 = 60\%$ 的湿空气进入加热器加热到 30°C，求加热量。

第七章　气体和蒸汽的流动

本章主要讨论气体和蒸汽在喷管和扩压管中的流动问题，同时介绍气体和蒸汽的绝热节流现象。

第一节　稳定流动基本方程

工程中气体和蒸汽在管道中的流动基本上是稳定的流动。本章所讨论的气体和蒸汽的流动就属于一维稳定流动情况。即假设气体和蒸汽在管道内流动时，任一截面上的流体参数（状态参数 p、v、T 和流速等）都均匀一致，流体参数只沿流动方向发生变化，并且每一点的参数不随时间发生变化。

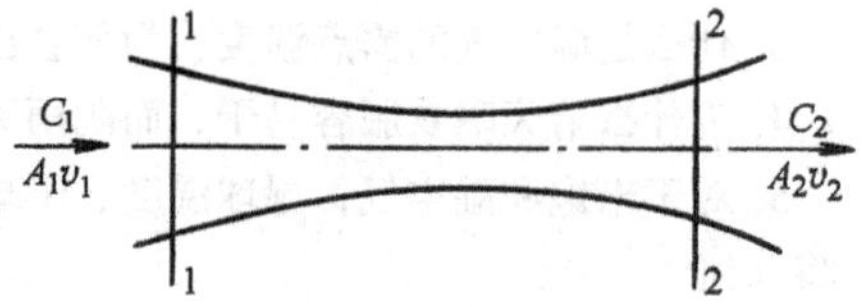

图 7-1　一维稳定流动

气体和蒸汽在管道中的一维稳定流动可通过以下三个基本方程来描述。

一、连续性方程

根据质量守恒定律，在稳定流动中，流体流经任一截面的质量流量都相等。如图 7-1 所示，在流道中任取截面 1-1 和 2-2 得：

$$q_{m_1} = q_{m_2} = q_m = \frac{A_1 c_1}{v_1} = \frac{A_2 c_2}{v_2} = \cdots = \frac{Ac}{v} = \text{常数} \tag{7-1}$$

式中，q_{m_1}、q_{m_2}、q_m 表示各截面处的质量流量（kg/s）；A_1、A_2、A 表示各截面处的截面积（m^2）；c_1、c_2、c 表示各截面处的气体流速（m/s）；v_1、v_2、v 表示各截面处的气体比体积（m^3/kg）。

对于微元稳定流动过程，对上式微分可得

$$\frac{dc}{c} + \frac{dA}{A} - \frac{dv}{v} = 0 \tag{7-2}$$

式（7-1）、（7-2）为稳定流动连续性方程。它适用于任何性质的气体和蒸汽的可逆或不可逆稳定流动过程。

二、绝热稳定流动能量方程

在管道内作稳定流动的气体或蒸汽应服从第二章所学的稳定流动能量方程，即

$$q = (h_2 - h_1) + \frac{c_2^2 - c_1^2}{2} + g(z_2 - z_1) + w_s$$

气体和蒸汽在管道中流动时，一般情况下，$z_1 \approx z_2$，$w_s = 0$，绝热流动时，$q = 0$，因此上式可简化为

$$\frac{c_2^2 - c_1^2}{2} = h_1 - h_2 \tag{7-3}$$

对于微元过程，可写成

$$\frac{\mathrm{d}c^2}{2} = -\mathrm{d}h \tag{7-4}$$

式（7-3）、（7-4）为绝热稳定流动能量方程。说明气体或蒸汽在绝热稳定流动时，其动能的增加等于气流焓值的减少。它适用于任何性质的气体或蒸汽，过程可逆与否不限。

三、可逆绝热过程方程

由理想气体可逆绝热过程方程有

$$pv^{\kappa} = 常数 \tag{7-5}$$

对于微元过程有

$$\frac{\mathrm{d}p}{p} + \kappa\frac{\mathrm{d}v}{v} = 0 \tag{7-6}$$

式（7-5）、（7-6）只适用于比热容为定值（即 κ 为定值）的理想气体的可逆绝热流动过程。对于水蒸气等实际气体，可借助水蒸气 $h-s$ 图或水蒸气表查得相应的状态参数。

四、声速与马赫数

声速是微小扰动产生的压力波在连续介质中的传播速度。压力波在气体或蒸汽中的传播过程可视为定熵过程，因此气体或蒸汽的声速计算公式为

$$a = \sqrt{\left(\frac{\partial p}{\partial \rho}\right)_s} = \sqrt{-v^2\left(\frac{\partial p}{\partial v}\right)_s}$$

对于理想气体定熵过程有

$$a = \sqrt{\kappa pv} = \sqrt{\kappa R_g T} \tag{7-7}$$

可见，声速不是一个常数，它取决于气体的性质及所处的状态。所以声速通常是指某一状态（即某一截面）下的声速，称为当地声速。例如，在 0.1MPa 下，0℃ 的空气中的声速为 331m/s；20℃ 的空气中的声速为 343m/s。

在研究气体和蒸汽的流动时，常引用一个重要的参数马赫数，即气体的流速与当地声速的比值，以 Ma 表示，有

$$Ma = \frac{c}{a} \tag{7-8}$$

按马赫数的大小，将气体和蒸汽的流速分为：$Ma<1$，即 $c<a$ 时，称为亚声速；$Ma=1$，即 $c=a$，称为声速；$Ma>1$，即 $c>a$ 时，称为超声速。

第二节　气体和蒸汽在喷管和扩压管中的定熵流动

一、流速变化与压力变化的关系

对于定熵流动过程，热力学第一定律的解析式，如

$$\mathrm{d}h = v\mathrm{d}p$$

代入式（7-4）可得

$$c\mathrm{d}c = -v\mathrm{d}p \tag{7-9}$$

可见，在定熵流动中，欲使气体的流速增大（$\mathrm{d}c>0$），则气体的压力必降低（$\mathrm{d}p<0$）；欲

提高气体的压力（$dp>0$），则气体的流速必减小（$dc<0$）。喷管的目的是使气体和蒸汽降压增速；而扩压管的目的是增压减速。为了更好地实现这一目的，还需要有管道截面的变化来配合。

二、管道截面的变化规律

由上述稳定流动的三个基本方程及声速与马赫数的关系式经整理可得

$$\frac{dA}{A}=(Ma^2-1)\frac{dc}{c} \tag{7-10}$$

可见，气流截面的变化，不仅与气流的流速是亚声速还是超声速（即 Ma）有关，还与流速是增大还是减小（即是喷管还是扩压管）有关。

对于喷管，气流速度是增大（$dc>0$）的，当 $Ma<1$，进入喷管的气体是亚声速流动时，$dA<0$，喷管的截面应收缩，称为渐缩喷管。当 $Ma>1$，超声速流动时，$dA>0$，喷管的截面应扩张，称为渐扩喷管。若要使进入喷管的气体由亚声速连续增至超声速流动时，喷管的截面要做成渐缩渐扩式，称为渐缩渐扩喷管（缩放喷管），或称拉伐尔喷管。渐缩渐扩喷管的最小截面处称为喉部，$Ma=1$，$dA=0$。它是气流从亚声速转换为超声速的截面，所以也称为临界截面，临界截面上的参数均称临界参数，相应参数下角标加 c 表示。临界流速为

$$c_c=a_c=\sqrt{\kappa R_g T_c} \tag{7-11}$$

对于扩压管，气流速度是减小的（$dc<0$），当 $Ma>1$，即超声速流动时，$dA<0$，扩压管的截面应收缩，称为渐缩扩压管。当 $Ma<1$，即亚声速流动时，截面应是渐扩形，称为渐扩扩压管。如果气流由超声速连续降至亚声速时，则截面要先缩小再扩大，称为渐缩渐扩扩压管。喷管和扩压管的种类见表 7-1。

表 7-1 喷管和扩压管的种类

流动状态 / 管道形状 / 管道种类	$Ma<1$	$Ma>1$	渐缩渐扩喷管 $Ma<1$ 转 $Ma>1$ 渐缩渐扩扩压管 $Ma>1$ 转 $Ma<1$
喷管（$dc>0$，$dp<0$）	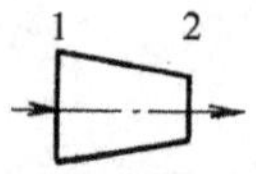 $p_2<p_1$ $dA<0$	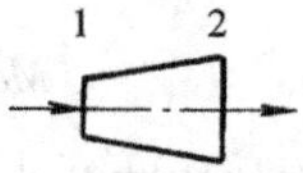 $p_2<p_1$ $dA>0$	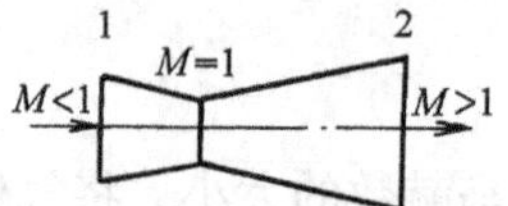 $p_2<p_1$
扩压管（$dc<0$，$dp>0$）	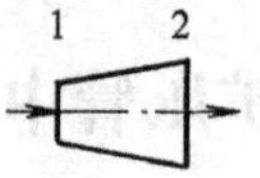 $p_2>p_1$ $dA>0$	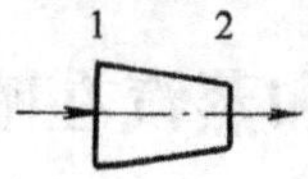 $p_2>p_1$ $dA<0$	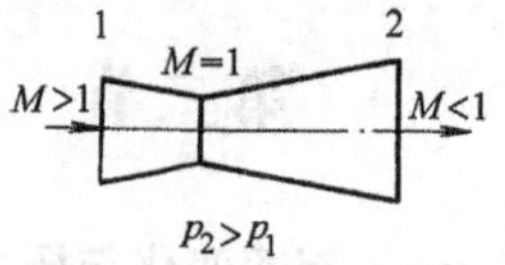 $p_2>p_1$

第三节 喷管中流速及流量的计算

一、喷管出口流速的计算

由式（7-3）可求出喷管出口截面处气体的流速为

$$c_2=\sqrt{2\ (h_1-h_2)\ +c_1^2} \tag{7-12}$$

式中，c_1 为喷管进口截面上的气流速度（m/s）；h_1、h_2 分别为喷管进、出口截面上气流的比焓值（J/kg）。当入口速度 c_1 较小时，$c_1^2\approx 0$，于是出口流速为

$$c_2=\sqrt{2\ (h_1-h_2)} \tag{7-13}$$

式（7-12）、(7-13）适用于任何气体进行的可逆或不可逆过程的流速计算。

若是水蒸气流过喷管，可利用水蒸气的 $h-s$ 图或水蒸气表求出 h_1、h_2，代入式（7-13）便可求出出口流速。如果是理想气体，取定比热容时，出口流速为

$$\begin{aligned}c_2&=\sqrt{2\ (h_1-h_2)}=2\sqrt{c_p\ (T_1-T_2)}\\&=\sqrt{2\frac{\kappa}{\kappa-1}R_g\ (T_1-T_2)}\\&=\sqrt{2\frac{\kappa}{\kappa-1}R_gT_1\left(1-\frac{T_2}{T_1}\right)}\\&=\sqrt{2\frac{\kappa}{\kappa-1}R_gT_1\left[1-\left(\frac{p_2}{p_1}\right)^{\frac{\kappa-1}{\kappa}}\right]}\\&=\sqrt{2\frac{\kappa}{\kappa-1}p_1v_1\left[1-\left(\frac{p_2}{p_1}\right)^{\frac{\kappa-1}{\kappa}}\right]}\end{aligned} \tag{7-14}$$

可见，喷管出口气流速度 c_2 与喷管出口截面积 A_2 大小无关，A_2 的大小仅决定质量流量。

【例 7-1】 压力为 $p_1=0.5\text{MPa}$ 的干饱和蒸汽在喷管中绝热膨胀至 $p_2=0.4\text{MPa}$，水蒸气的质量流量为 $q_m=0.56\text{kg/s}$，试求出口速度及出口截面积。

【解】 根据水蒸气的 $h-s$ 图可确定进、出口截面上的参数为

$$h_1=2745\text{kJ/kg},\quad h_2=2705\text{kJ/kg},\quad v_2=0.45\text{m}^3/\text{kg}$$

由式（7-13）可得出口速度为

$$c_2=\sqrt{2\ (h_1-h_2)}=\sqrt{2\times10^3\times\ (2745-2705)}\text{m/s}=283\text{m/s}$$

由连续性方程可得出口截面积为

$$A_2=\frac{q_mv_2}{c_2}=\frac{0.56\times0.45}{283}\text{m}^2=8.83\times10^{-4}\text{m}^2=8.83\text{cm}^2$$

二、临界压力比与临界流速

渐缩渐扩喷管喉部的压力为临界压力 p_c，临界压力比是指临界压力 p_c 与喷管进口压力 p_1 的比值，以 β 表示，即

$$\beta=\frac{p_c}{p_1}$$

将 $\beta=\dfrac{p_c}{p_1}$ 代入式（7-14）可得临界截面上的流速为

$$c_c=\sqrt{2\frac{\kappa}{\kappa-1}p_1v_1\left[1-\left(\frac{p_c}{p_1}\right)^{\frac{\kappa-1}{\kappa}}\right]} \tag{a}$$

由于喉部流速等于当地声速，即

$$c_c = a_c = \sqrt{\kappa p_c v_c} \tag{b}$$

故（a）、（b）两式相等

$$2\frac{\kappa}{\kappa-1}p_1 v_1\left[1-\left(\frac{p_c}{p_1}\right)^{\frac{\kappa-1}{\kappa}}\right] = \kappa p_c v_c \tag{c}$$

由定熵过程方程 $v_c = v_1\left(\frac{p_1}{p_c}\right)^{\frac{1}{\kappa}}$ 代入（c）式，经整理可得

$$\beta = \frac{p_c}{p_1} = \left(\frac{2}{\kappa+1}\right)^{\frac{\kappa}{\kappa-1}} \tag{7-15}$$

可见，理想气体临界压力比 β 仅取决于气体的性质。

将式（7-15）代入（a）式可得理想气体临界流速计算式

$$c_c = \sqrt{2\frac{\kappa}{\kappa+1}p_1 v_1} = \sqrt{2\frac{\kappa}{\kappa+1}R_g T_1} \tag{7-16}$$

对于理想气体，如比热容取定值，则单原子气体，$\kappa = 1.67$；双原子气体 $\kappa = 1.4$；多原子气体 $\kappa = 1.3$。对于干饱和水蒸气 $\kappa = 1.135$；过热水蒸气 $\kappa = 1.3$。

临界流速也可用下式求出

$$c_c = \sqrt{2(h_1 - h_c)} \tag{7-17}$$

三、喷管流量的计算

在稳定流动过程中，气体流经喷管任何截面的质量流量都是相同的。由于流量的大小受最小截面的控制，所以常取最小截面来计算质量流量。

1. 渐缩喷管质量流量的计算

渐缩喷管的质量流量按出口截面计算为

$$q_m = \frac{A_2 c_2}{v_2}$$

对水蒸气等实际气体质量流量可按焓差计算，即

$$q_m = \frac{A_2 c_2}{v_2} = \frac{A_2}{v_2}\sqrt{2(h_1 - h_2)} \tag{7-18}$$

式中：q_m 的单位为 kg/s；h_1、h_2 分别为进、出口截面上的比焓值（J/kg）；v_2 为出口截面上的比体积（m^3/kg）；c_2 为出口截面上的流速（m/s）；A_2 为出口截面积（m^2）。

对于理想气体定熵流动过程，质量流量为

$$q_m = \frac{A_2 c_2}{v_2} = \frac{A_2}{v_2}\sqrt{2\frac{\kappa}{\kappa-1}p_1 v_1\left[1-\left(\frac{p_2}{p_1}\right)^{\frac{\kappa-1}{\kappa}}\right]}$$

$$= A_2\sqrt{2\frac{\kappa}{\kappa-1}\frac{p_1}{v_1}\left[\left(\frac{p_2}{p_1}\right)^{\frac{2}{\kappa}} - \left(\frac{p_2}{p_1}\right)^{\frac{\kappa+1}{\kappa}}\right]} \tag{7-19}$$

可见，当喷管的进口截面参数（p_1、v_1）和出口截面积 A_2 保持不变时，流量仅随压力比 $\frac{p_2}{p_1}$ 而变，如图 7-2 所示。

对于渐缩喷管，只有当外界背压（喷管出口截面外压力）大于临界压力 p_c 时，出口

截面上的压力 p_2 才等于背压 p_b；当背压 $p_b \leqslant p_c$ 时，则 p_2 不再随 p_b 降低而维持等于 p_c 不变。所以质量流量 q_m 随压力比$\frac{p_b}{p_1}$的变化如图中 a-b-c 所示。

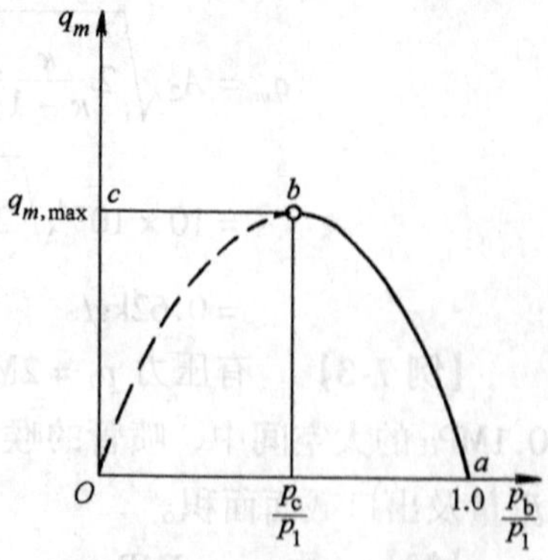

图 7-2　流量随压力比的变化

当 $p_b > p_c$ 时，则 $p_2 = p_b$。若 $p_2 = p_1$，在 $c_1 = 0$ 时，$q_m = 0$，说明当喷管进、出口压力相等时，气体不会流动，对应图中 a 点。随着 p_b 的降低，p_2 也相应降低且 $p_2 = p_b$，直至 $p_b = p_c$，此时 $p_2 = p_c$，q_m 达到最大值，$\frac{p_2}{p_1} = \frac{p_c}{p_1} = \beta$，如图中 b 点。若 p_b 继续降低（$p_b < p_c$），则 p_2 不再下降，永远保持 $p_2 = p_c$，质量流量也永远保持为最大值 $q_{m,\max}$，如图中 b-c 所示。

将式（7-15）代入式（7-19）可得最大流量的计算式为

$$q_{m,\max} = A_2\sqrt{2\frac{\kappa}{\kappa+1}\left(\frac{2}{\kappa+1}\right)^{\frac{2}{\kappa-1}}\frac{p_1}{v_1}} \tag{7-20}$$

也可用连续性方程计算最大流量，即

$$q_{m,\max} = \frac{A_2 c_c}{v_2} \tag{7-21}$$

2. 渐缩渐扩喷管质量流量的计算

对于渐缩渐扩喷管，其喉部的压力即为临界压力 p_c，所以无论出口截面的压力比 p_c 低多少，出口截面积多大，只要进口参数不变，喉部的临界参数不变，则质量流量就不会改变，总等于最大流量。

渐缩渐扩喷管的质量流量按喉部截面计算为

$$q_{m,\max} = A_c\sqrt{2\frac{\kappa}{\kappa+1}\left(\frac{2}{\kappa+1}\right)^{\frac{2}{\kappa-1}}\frac{p_1}{v_1}} \tag{7-22}$$

也可以

$$q_{m,\max} = \frac{A_{\min} c_c}{v_c} \tag{7-23}$$

对于水蒸气可按下式计算

$$q_{m,\max} = \frac{A_{\min} c_c}{v_c} = \frac{A_c}{v_c}\sqrt{2\ (h_1 - h_2)} \tag{7-24}$$

【例 7-2】　压缩空气进入喷管时的压力 $p_1 = 0.3\text{MPa}$、$t_1 = 50°\text{C}$，渐缩喷管的出口截面积 $A_2 = 10\text{cm}^2$，若喷管的出口压力 $p_2 = 0.1\text{MPa}$，求流经喷管的质量流量是多少？

【解】　空气可视为双原子气体，$\kappa = 1.4$，喷管进口截面比体积为

$$v_1 = \frac{RT_1}{p_1} = \frac{287\times\ (273+50)}{0.3\times10^6}\text{m}^3/\text{kg} = 0.31\text{m}^3/\text{kg}$$

由式（7-19）可求出空气流经喷管的质量流量为

$$q_m = A_2\sqrt{2\frac{\kappa}{\kappa-1}\frac{p_1}{v_1}\left[\left(\frac{p_2}{p_1}\right)^{\frac{2}{\kappa}}-\left(\frac{p_2}{p_1}\right)^{\frac{\kappa+1}{\kappa}}\right]}$$

$$= 10\times10^{-4}\sqrt{2\times\frac{1.4}{1.4-1}\times\frac{0.3\times10^6}{0.31}\left[\left(\frac{0.1}{0.3}\right)^{\frac{2}{1.4}}-\left(\frac{0.1}{0.3}\right)^{\frac{1.4+1}{1.4}}\right]}\text{kg/s}$$

$$= 0.62\text{kg/s}$$

【例 7-3】 有压力 $p_1 = 2\text{MPa}$、温度 $t_1 = 300°\text{C}$ 的水蒸气经一渐缩渐扩喷管流入压力为 0.1MPa 的大空间中，喷管的喉部截面面积 $A_{\min} = 25\text{cm}^2$。试求临界速度、出口速度、质量流量及出口截面面积。

【解】 由 $p_1 = 2\text{MPa}$、$t_1 = 300°\text{C}$ 在水蒸气的 h-s 图上可确定其初态为过热蒸汽，查得 $h_1 = 3024\text{kJ/kg}$。由过热蒸汽 $\kappa = 1.3$，得临界压力比 $\beta = \frac{p_c}{p_1} = \left(\frac{2}{\kappa+1}\right)^{\frac{\kappa}{\kappa-1}} = \left(\frac{2}{1.3+1}\right)^{\frac{1.3}{1.3-1}} =$ 0.546。因此 $p_c = \beta p_1 = 0.546\times2\text{MPa} = 1.092\text{MPa}$。由定压线 p_c 与过初态点 1 的垂线相交得临界状态点，如图 7-3 所示。查得 $h_c = 2864\text{kJ/kg}$，$v_c = 0.22\text{m}^3/\text{kg}$。由 $p_2 = p_b = 0.1\text{MPa}$ 同理可确定出口状态点 2，查得 $h_2 = 2419\text{kJ/kg}$，$v_2 = 1.54\text{m}^3/\text{kg}$。

故临界速度为

$$c_c = \sqrt{2\ (h_1 - h_2)}$$
$$= \sqrt{2\times\ (3024-2864)\ \times10^3}\text{m/s}$$
$$= 565.69\text{m/s}$$

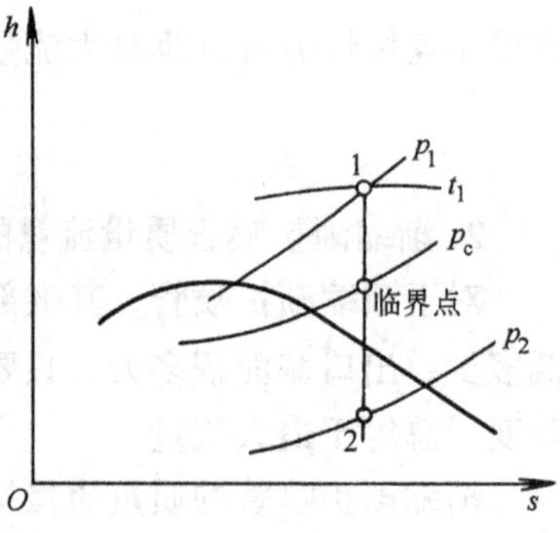

图 7-3 例 7-3 图

出口速度为

$$c_2 = \sqrt{2\ (h_1 - h_2)} = \sqrt{2\ (3024-2419)\ \times10^3}\text{m/s} = 1100\text{m/s}$$

质量流量为

$$q_m = \frac{A_{\min}c_c}{v_c} = \frac{25\times10^{-4}\times565.69}{0.22}\text{kg/s} = 6.43\text{kg/s}$$

出口截面面积

$$A_2 = \frac{q_m v_2}{c_2} = \frac{6.43\times1.54}{1100}\text{m}^2 = 9.0\times10^{-3}\text{m}^2 = 90\text{cm}^2$$

第四节 绝 热 节 流

流体在管道内流动时，如果遇到阀门、孔板等设备，因局部阻力的作用，使流体压力降低，这种现象称为节流。如节流过程中流体与外界没有热交换，则称为绝热节流，或简称节流。

绝热节流是典型的不可逆过程。因为流体在缩孔处产生了强烈的摩擦和扰动，造成流体压力的降低，使其作功能力减少了。但在距缩孔一定距离的地方，如图 7-4 中截面 1-1 和 2-2，流体仍处于平衡状态，应用稳定流动能量方程可得

$$q = \ (h_2 - h_1)\ + \frac{1}{2}\ (c_2^2 - c_1^2)\ + g\ (z_2 - z_1)\ + w_s$$

由于绝热节流过程中，$q=0$，$w_s=0$，$z_2-z_1=0$，$c_1\approx c_2$，

故
$$h_1 = h_2$$

说明，流体在绝热节流前后的焓值保持不变。但由于节流过程（1-2 过程）是不可逆过程，不能确定各截面的焓值，所以不能把节流过程看成是定焓过程，也就无法在坐标图上绘出过程曲线，只能形象地用虚线连接初、终两个状态点。

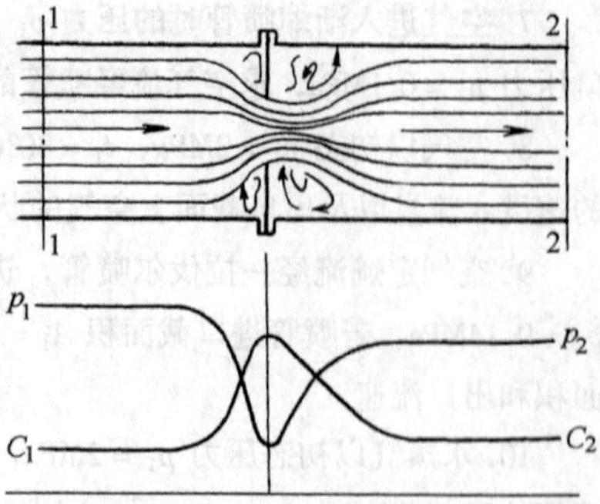

图 7-4 绝热节流

对于理想气体，节流后状态参数的变化为：由 $h=f(T)$，$h_1=h_2$，所以节流后温度不变，即 $T_2=T_1$；压力降低，$p_2<p_1$；比体积增大，$v_2>v_1$；比熵增大，$s_2>s_1$。

对于实际气体，节流后，焓值不变，$h_2=h_1$；压力下降，$p_2<p_1$；比体积增大，$v_2>v_1$；比熵增大，$s_2>s_1$；但其温度是可以变化的。若节流后温度升高，$T_2>T_1$，称为热效应。若节流后的温度不变，$T_2=T_1$，则称为零效应。若节流后温度降低，$T_2<T_1$，则称为冷效应。大多数气体节流后温度是降低的，因此利用这一特性可使气体通过节流获得低温和使气体液化。

在工程中，可利用节流的冷效应进行制冷，还可用于测量流体的流量等。

【例 7-4】 过热水蒸气由 $p_1=2\text{MPa}$、$t_1=250°\text{C}$ 绝热节流至 $p_2=0.2\text{MPa}$，求水蒸气节流后的温度。

【解】 由题意查水蒸气的 h-s 图可得

$$t_2 = 220°\text{C}$$

说明节流产生冷效应。

思考题与练习题

1. 气体和蒸汽在管道内流动时，可通过哪三个基本方程来描述。
2. 喷管和扩压管有何区别？
3. 渐缩喷管中气流的速度最大可达多少？
4. 当气流速度分别为亚音速和超音速时，下列形状的管道宜于作喷管还是扩压管。

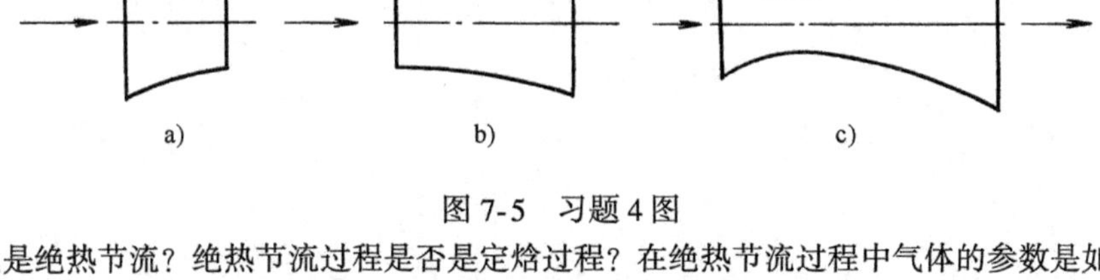

图 7-5 习题 4 图

5. 什么是绝热节流？绝热节流过程是否是定焓过程？在绝热节流过程中气体的参数是如何变化的？
6. 初态为 $p_1=3.5\text{MPa}$、$t_1=350°\text{C}$ 的水蒸气，在喷管中绝热膨胀到 $p_2=0.1\text{MPa}$。已知流经喷管的质量流量 $q_m=10\text{kg/min}$，试求渐缩喷管出口处水蒸气流速及出口截面积。

7. 空气进入渐缩喷管时的压力 $p_1=0.2\mathrm{MPa}$、温度 $t_1=300°\mathrm{C}$，渐缩喷管的出口直径 $d_2=10\mathrm{mm}$，若出口压力 $p_2=0.1\mathrm{MPa}$，求空气流经喷管的质量流量是多少？

8. 空气以初态 $p_1=2\mathrm{MPa}$、$t_1=30°\mathrm{C}$ 进入渐缩喷管，若出口截面积 $A_2=10\mathrm{cm}^2$，求空气经喷管射出时的速度、流量以及出口截面上空气的状态参数 v_2、t_2。设喷管背压为 1.5MPa。

9. 空气定熵流经一拉伐尔喷管，进口截面上的参数为 $p_1=0.6\mathrm{MPa}$、$t_1=167°\mathrm{C}$，出口截面上的压力 $p_2=0.14\mathrm{MPa}$。若喷管进口截面积 $A_1=26\mathrm{cm}^2$，空气的质量流量 $q_m=1.5\mathrm{kg/s}$，求喷管喉部截面积、出口截面积和出口流速。

10. 水蒸气以初态压力 $p_1=2\mathrm{MPa}$，温度 $t_1=300°\mathrm{C}$，经过拉伐尔喷管流入压力为 0.1MPa 的空间中，喷管的喉部截面积 $A_{\min}=20\mathrm{cm}^2$。试求临界流速、质量流量及出口截面积。

11. 过热蒸汽从 $p_1=1\mathrm{MPa}$、$t_1=300°\mathrm{C}$ 绝热节流至 $p_2=0.5\mathrm{MPa}$，求过热蒸汽节流后的温度。

第八章　压缩蒸汽制冷循环

本章重点介绍压缩蒸汽制冷循环及制冷剂的压焓图（lg*p*-*h* 图）。

制冷循环是通过制冷剂从低温物体不断地取走热量，以维持其低温（低于环境温度），并将热量转移到高温物体（环境介质）中去的一种逆向循环。根据热力学第二定律可知，热量由低温物体传向高温物体必须以消耗机械能或热能作为代价。压缩蒸汽制冷循环是目前世界上应用最广泛的一种制冷循环。下面以单级压缩蒸汽制冷循环来说明其工作原理。

1. 单级压缩蒸汽制冷理论循环

单级压缩蒸汽制冷装置主要由压缩机、冷凝器、节流阀和蒸发器组成，其装置原理图如图 8-1a 所示。

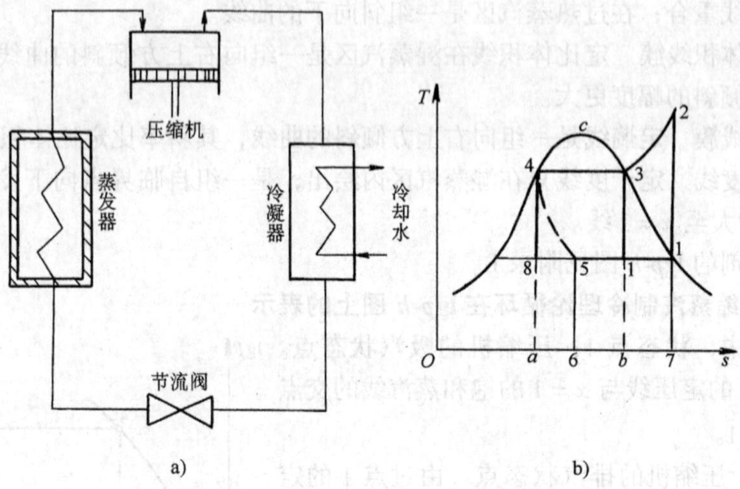

图 8-1　单级压缩蒸汽制冷装置原理图

理论循环如图 8-1b 中 1-2-3-4-5-1 所示。压缩机将蒸发器出来的低温低压的干饱和蒸汽吸入，经定熵压缩（过程 1-2）后成为高温高压的过热蒸汽，送入冷凝器后，在定压下将热量放给高温物体（环境介质）从而冷却凝结成饱和液体（过程 2-3-4），饱和液体通过节流阀绝热节流后成为低温低压的湿蒸汽（过程 4-5），绝热节流前后焓值不变，湿蒸汽进入蒸发器在定压定温下吸收低温物体放出的热量汽化成为干饱和蒸汽（过程 5-1），干饱和蒸汽被压缩机吸入完成一个理论循环。

2. 制冷剂的热力性质表和压焓图（lg*p*-*h* 图）

目前压缩蒸汽制冷装置中所采用的制冷剂多数为氨和氟里昂等。在进行制冷循环的热力计算时，通常借助于制冷剂的热力性质表和 lg*p*-*h* 图来确定其状态参数值。

制冷剂热力性质表的编制方法和水蒸气表的编制相似，有三种形式：按温度排列的饱和液体和蒸汽的热力性质表；按压力排列的饱和液体和蒸汽的热力性质表；按压力和温度排列的过热蒸汽热力性质表。详见本书附录 A-4、5、6、7、8。

制冷剂的压焓图（lg$p$-h 图）如图 8-2 所示。以制冷剂的焓为横坐标，以压力为纵坐标，为了缩小图面，压力采用对数刻度（但图上读取的仍是压力值，而不是压力的对数值）。

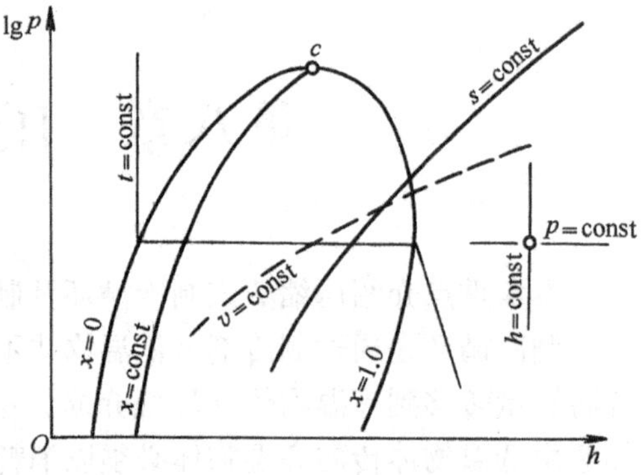

图 8-2 制冷剂的 lg$p$-h 图

在 lg$p$-h 图中，饱和液体线（$x=0$）与干饱和蒸汽线（$x=1$）相交于临界点 C。整个图面分成三个区，下界线（$x=0$）左侧为过冷液体（或未饱和液体）区；下界线与上界线（$x=1$）之间是湿蒸汽区；上界线右侧是过热蒸汽区。图中共绘有六组等状态参数线簇，介绍如下：

（1）定压线簇　定压线是一组水平线。

（2）定焓线簇　定焓线是一组垂直线。

（3）定温线簇　定温线在过冷液体区是一组近似垂直线；在湿蒸汽区是一组水平线，与相应的定压线重合；在过热蒸汽区是一组斜向下的曲线。

（4）定比体积线簇　定比体积线在湿蒸汽区是一组向右上方倾斜的曲线；在过热蒸汽区，向右上方倾斜的幅度更大。

（5）定熵线簇　定熵线是一组向右上方倾斜的曲线，其斜率比定比体积线的斜率大。

（6）定干度线　定干度线只在湿蒸汽区内绘出，是一组自临界点向下发散的曲线，由 $x=0$ 线逐渐增大至 $x=1$ 线。

常用制冷剂的 lg$p$-h 图见附录 B。

3. 单级压缩蒸汽制冷理论循环在 lg*p*-*h* 图上的表示

在图 8-3 中，状态点 1：压缩机的吸汽状态点。由蒸发压力 p_0 的定压线与 $x=1$ 的饱和蒸汽线的交点可确定状态点 1。

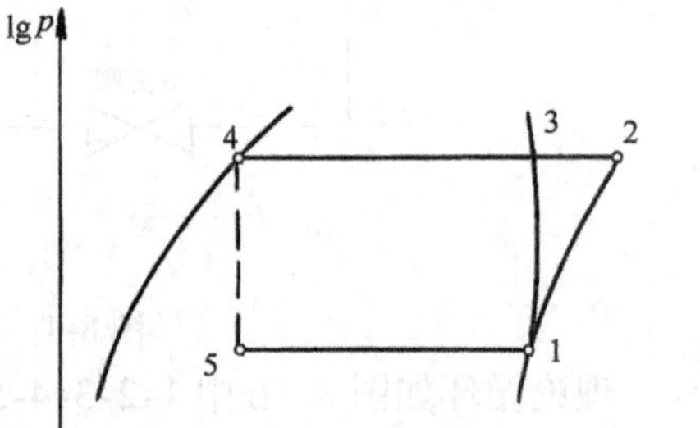

图 8-3 制冷循环 lg$p$-h 图

状态点 2：压缩机的排汽状态点。由过点 1 的定熵线与冷凝压力 p_k 的定压线的交点可确定状态点 2。

1-2 过程：表示制冷剂蒸汽在压缩机中进行的绝热压缩过程。

状态点 4：冷凝器的出口状态点。由定压线 p_k 与 $x=0$ 的饱和液体线的交点可确定点 4。

2-3-4 过程：表示制冷剂在冷凝器中的定压冷却（2-3 过程）凝结（3-4 过程）过程。

状态点 5：蒸发器进口状态点。由过点 4 的垂直线与 p_0 定压线的交点可确定点 5。

4-5 过程：表示制冷剂在节流阀中的绝热节流过程。

5-1 过程：表示制冷剂在蒸发器内进行的定压蒸发吸热过程。

4. 单级压缩蒸汽制冷理论循环性能分析

（1）制冷剂在蒸发器内吸收低温物体的热量为

$$q_0 = h_1 - h_5$$

（2）制冷剂在冷凝器内向外界排出的热量为

$$q_k = h_2 - h_4$$

（3）循环净功为

$$w_0 = h_2 - h_1$$

（4）制冷系数为

$$\varepsilon_0 = \frac{q_0}{w_0} = \frac{h_1 - h_5}{h_2 - h_1}$$

【例 8-1】　以 R134a 为制冷剂的单级压缩制冷理论循环，蒸发温度为 -20℃，冷凝温度为 40℃，求理论循环的制冷系数。

【解】　根据题意，查 134a 热力性能表及 lg*p*-*h* 图可得：

$$p_0 = 133\text{kPa},\quad h_1 = 235.8\text{kJ/kg}$$

$$p_k = 1017\text{kPa},\quad h_2 = 280.3\text{kJ/kg}$$

$$h_4 = h_5 = 105.7\text{kJ/kg}$$

故　（1）$q_0 = h_1 - h_5 = (235.8 - 105.7)\text{kJ/kg} = 130.1\text{kJ/kg}$

（2）$w_0 = h_2 - h_1 = (280.3 - 235.8)\text{kJ/kg} = 44.5\text{kJ/kg}$

（3）$\varepsilon_0 = \dfrac{q_0}{w_0} = \dfrac{130.1}{44.5} = 2.92$

思考题与练习题

1. 已知氨压缩机的吸汽状态为温度 $t = -20℃$，压力 $p = 0.14\text{MPa}$，试利用氨的 lg*p*-*h* 图确定制冷剂处于什么状态，它的焓值和比体积是多少？

2. 已知进入冷凝器时氨的状态参数 $p = 1.6\text{MPa}$，$s = 5.525\text{kJ/(kg·K)}$，试确定此氨蒸汽是干蒸汽、湿蒸汽还是过热蒸汽？它的焓值等于多少？若经过冷凝器后变为饱和液体，试确定 1kg 氨蒸汽在冷凝过程中放出的热量？

3. 已知进入蒸发器时制冷剂氨的温度 $t = -10℃$，焓 $h = 400\text{kJ/kg}$，试问氨处于什么状态？其压力是多少？

4. 制冷机在 -10℃ 和 30℃ 的热源间工作，若其吸热为 10kW，循环制冷系数是同温热源间逆向卡诺循环的 70%，试求：（1）向高温热源的放热量；（2）循环净耗功量。

5. 某单级压缩蒸汽制冷理论循环，工作于高温热源为 30℃，低温热源为 -15℃之间，分别采用制冷剂 R717 及 R134a，试比较其理论循环制冷系数。

第二篇

流体力学

2

第九章　基 本 概 念

本章的中心内容是阐述流体的概念、作用于流体上的力和流体的主要物理性质。目的是为后面进一步学习流体静力学、流体动力学知识打下基础。

第一节　流体的基本概念

一、流体及其基本特征

液体和气体同固体比较，分子间引力大，间距小，分子排列疏松。这使得液体和气体与固体间存在着一个很大的不同，即：不能保持一定的形状，具有很大的流动性。因此，液体和气体统称为流体，流体不同于固体的基本特征就是具有流动性。

流体的流动性是由它的力学特性决定的。固体具有一定的抵抗压力、拉力和切力的能力。因而，在外力作用下，通常发生很小的变形，而且变形发展到一定的程度会自然停止。流体则不同，它只能抵抗压力，不能抵抗拉力和切力。当流体受到拉力和切力作用时，无论这个拉力和切力多么地小，都会使流体发生连续不断的变形。流体的这一性质，称为流动性。它是流体便于在管道中输送，适宜作为供热、空气调节等工程中的工作介质的主要原因。

液体和气体除有前述的共同特征外，还有一些不同特征：气体分子间距较大，分子引力较小，因此易于压缩，无固定的体积；液体的分子间距较小，分子引力较大，因此难于压缩，有相对固定的体积能形成自由表面。

二、连续介质的概念

由于流体同其他物质一样，也是由大量不断运动着的分子组成的，且分子间具有一定的间隙。因此，流体实质上是一个不连续的物体。但是，由于流体力学所研究的不是个别分子的微观行为，而是大量分子组成的宏观流体的整体特性和运动规律，而反应宏观流体特征及运动规律的物理量（如：压强、速度和密度等），又都是大量分子行为和作用的平均效果，几乎与个别分子的行为无关。因此，为了研究上的方便，常把流体看成为由无数流体质点所组成的无任何间隙的连续介质。

由上述知，连续介质是对真实流体的一种假设。这个假设不仅使我们在研究流体的运动规律时可以不考虑复杂的微观分子运动的影响，而且为我们运用数学分析中的连续函数工具研究流体物理量之间的关系提供了可能。鉴于这个假设在一般情况下是合理的，因此本书后面所分析的内容都将流体视为连续介质。

第二节　作用于流体上的力

作用于流体上的力按其作用方式的不同可以分为两类：质量力和表面力。

一、质量力

质量力是作用于流体每一个质点上的非接触力。质量力的大小与其作用的流体的质量成正比。由于质量与体积密切相关，所以质量力也称体积力。常见的质量力有重力和惯性力。

单位质量流体受到的质量力称为单位质量力。

在对流体进行受力分析时，质量力常用单位质量力在三个垂直方向上的分力来表示，而且在惯性直角坐标系中，常用 X、Y、Z 表示这三个分力。

二、表面力

表面力是作用于流体的某个表面（内表面或外表面）上的接触力。表面力的大小与其作用表面的面积成正比。

受力均匀的流体在单位面积上受到的表面力叫单位表面力。

表面力的表示方式与质量力不同，一般是用单位表面力在作用面切向和法向上的分力来表示。切向分力又称切应力，一般用 τ 表示；法向分力又称压应力或压强，一般用 p 表示。τ 和 p 的单位均为 N/m^2。

第三节 流体的主要物理性质

流体的主要物理性质有：惯性、重力特性、压缩性与热胀性、粘滞性、表面张力特性等。

一、惯性

流体保持原有运动状态不变的性质，称为流体的惯性。流体惯性的大小可用其密度来表征。对于均质流体，密度等于单位体积的质量，其数学表达式为

$$\rho = \frac{m}{V} \tag{9-1}$$

式中，ρ 是流体的密度（kg/m^3）；m 是流体的质量（kg）；V 是流体的体积（m^3）。

二、重力特性

流体受地心引力作用而具有重量的特性，称为流体的重力特性。流体的重力特性常用其重度来表征。对于均质流体，重度等于单位体积的重量，其数学表达式为

$$\gamma = \frac{G}{V} \tag{9-2}$$

式中，γ 是流体的重度（N/m^3）；G 是流体的重量（N）；V 是流体的体积（m^3）。

由重量 G 等于质量 m 与加速度 g 的乘积，可得重度与密度之间的关系

$$\gamma = \rho g \tag{9-3}$$

式中，g 为重力加速度，一般取 $g = 9.81m/s^2$。

常用流体的密度和重度为

水：$\rho = 1000kg/m^3$，$\gamma = 9807N/m^3$

水银：$\rho = 13600kg/m^3$，$\gamma = 133375N/m^3$

干空气（一个大气压，20℃时）：$\rho = 1.2kg/m^3$，$\gamma = 11.7N/m^3$

【例 9-1】 酒精的密度为 780kg/m³，求其重度。若一个 2 升的容器中盛满酒精，问酒精的重量和质量为多少?

【解】 根据式 (9-3)，可得酒精的重度为

$$\gamma = \rho g = 780 \times 9.81 \text{N/m}^3 = 7651.8 \text{N/m}^3$$

由 $m = \rho V$ 和 $G = \gamma V$，有

酒精的质量：$m = 780 \times 0.002 \text{kg} = 1.56 \text{kg}$

酒精的重量：$G = 7651.8 \times 0.002 \text{N} = 15.3 \text{N}$

三、压缩性与热胀性

在一定温度下，流体的体积随压力的增加而减小的特性，称为流体的压缩性；在一定压力下，流体的体积随温度的升高而增大的特性，称为流体的热胀性。

1. 液体的压缩性和热胀性

液体的压缩性和热胀性很小，常用等温压缩率和体膨胀系数来表示。

等温压缩率 κ_T：表示压强每变化一个单位时液体体积或密度的相对变化量，其数学表达式为

$$\kappa_T = -\frac{1}{V}\frac{\Delta V}{\Delta p} \quad 或 \quad \kappa_T = \frac{1}{\rho}\frac{\Delta \rho}{\Delta p} \tag{9-4}$$

式中，κ_T 是等温压缩率（m^2/N）；V 是液体原体积（m^3）；ΔV 是液体的体积变化量（m^3）；Δp 是作用在液体上的压强变化量（N/m^2）；ρ 是液体的原密度（kg/m^3）；$\Delta\rho$ 是液体的密度变化量（kg/m^3）。“—”表示 ΔV 与 Δp 的变化方向相反。

表 9-1 列出了水在 0℃时，不同压强下的压缩系数。

表 9-1 水在 0℃时，不同压强下的等温压缩率

压强/大气压	5	10	20	40	80
$\kappa_T/10^{-9}m^2/N$	0.538	0.536	0.531	0.528	0.515

体膨胀系数 α_V：表示温度每变化一个单位时液体体积或密度的相对变化量，其数学表达式为

$$\alpha_V = \frac{1}{V}\frac{\Delta V}{\Delta T} \quad 或 \quad \alpha_V = -\frac{1}{\rho}\frac{\Delta \rho}{\Delta T} \tag{9-5}$$

式中，α_V 是体膨胀系数（1/K）；ΔT 是温度变化量（K）；其他同上。

表 9-2 列出了水在一个大气压下，不同温度时的密度和重度。

表 9-2 水在一个大气压下，不同温度时的密度和重度

温度 ℃	密度 kg/m³	重度 kN/m³	温度 ℃	密度 kg/m³	重度 kN/m³	温度 ℃	密度 kg/m³	重度 kN/m³
0	999.9	9.806	15	999.1	9.799	60	983.2	9.645
1	999.9	9.806	20	998.2	9.790	65	980.6	9.617
2	1000.0	9.807	25	997.1	9.778	70	977.8	9.590
3	1000.0	9.807	30	995.7	9.755	75	974.9	9.561
4	1000.0	9.807	35	994.1	9.749	80	971.8	9.529
5	1000.0	9.807	40	992.2	9.731	85	968.7	9.500
6	1000.0	9.807	45	990.2	9.710	90	965.3	9.467
8	999.9	9.806	50	988.1	9.690	95	961.9	9.433
10	999.7	9.805	55	985.7	9.657	100	958.4	9.399

2. 气体的压缩性与热胀性

气体的压缩性与热胀性非常显著，也即温度和压强的变化对气体体积和密度影响很大。

对于温度不过低、压强不过高的气体，常用理想气体状态方程反映密度随压强和温度的变化关系，即

$$p = \rho R_g T \tag{9-6}$$

式中，R_g 是气体常数，单位为 J/（kg·K）。

由上式很容易得到：对于同种气体，当 T 一定时，有 $p_1/\rho_1 = p_2/\rho_2$，即：密度与压强成正比；当 p 一定时，有 $\rho_1 T_1 = \rho_2 T_2$，即：温度与密度成反比。

表 9-3 列出了在标准大气压下，不同温度时空气的密度和重度。

表 9-3 标准大气压下，空气的密度和重度

温度 °C	密度 kg/m³	重度 N/m³	温度 °C	密度 kg/m³	重度 N/m³	温度 °C	密度 kg/m³	重度 N/m³
0	1.293	12.70	25	1.185	11.62	60	1.060	10.40
5	1.270	12.47	30	1.165	11.43	70	1.029	10.10
10	1.248	12.24	35	1.146	11.23	80	1.000	9.81
15	1.226	12.02	40	1.128	11.05	90	0.973	9.55
20	1.205	11.80	50	1.093	10.72	100	0.947	9.30

3. 不可压缩流体的概念

实际流体都具有压缩性和热胀性。但由于液体的压缩性和热胀性很小，一般情况下可以忽略不计，所以工程上常把液体看成是不可压缩流体。气体的压缩性和热胀性虽然较大，但当压力和温度变化较小时，其密度仍可看做常数，这时的气体也可以看做不可压缩流体。因此，不可压缩流体就是被忽略了压缩性的流体，这种流体在自然界中并不存在，它只是实际流体在某种条件下的简化模型。

【例 9-2】 一重力循环室内采暖系统，如图 9-1 所示。膨胀水箱用于容纳由于温度升高而膨胀出的多余水。若系统内水的总体积 $V = 10\text{m}^3$，水的温度最大升高 55°C，水的膨胀系数 $\alpha_V = 0.0005$ 1/K。求膨胀水箱的最小容积。

【解】 由式（9-5）有

$$\Delta V = \alpha_V V \Delta T = 0.0005 \times 10 \times 55\text{m}^3 = 0.275\text{m}^3$$

所以膨胀水箱的最小容积为 0.275m^3。

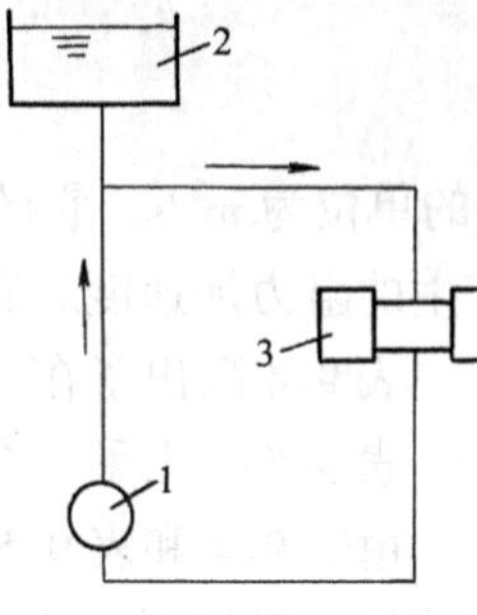

图 9-1 例 9-2 图
1—锅炉 2—膨胀水箱
3—散热器

【例 9-3】 一个大气压下，温度为零摄氏度时，某气体的密度为 0.9kg/m³，求 500°C 时该气体的重度。

【解】 当压力一定时，温度与密度成反比，即：$\rho_1 T_1 = \rho_2 T_2$

所以 $$\rho_2 = \frac{\rho_1 T_1}{T_2} = \frac{0.9 \times (0 + 273)}{500 + 273}\text{kg/m}^3 = 0.318\text{kg/m}^3$$

该气体在 500°C 时的重度为

$$\gamma_2 = \rho_2 g = 0.318 \times 9.81\text{N/m}^3 = 3.12\text{N/m}^3$$

四、粘滞性

1. 粘滞性的概念

为了说明粘滞性的概念，让我们观察一个现象：

设有两块平行的平板，其间充满静止流体，如图 9-2 所示。若将下板固定，使上板以速度 v_0 匀速水平运动。由于流体的粘附作用，顶层流体的流速将与上板的运动速度相同；底层流体的流速将为零；而中间层流体的流速将介于零和 v_0 之间，并随高度而递增呈直线分布。这一现象说明，流体在流动时，不同的流层之间存在着一个力的作用。由于这个力产生于流体内部，且障碍流体的相对运动，因此称为内摩擦力或粘性力。而流体的这一特性，即：流体内部质点间或流层间因相对运动而产生内摩擦力以反抗相对运动的性质，称为流体的粘滞性。

2. 牛顿内摩擦定律

为了确定内摩擦力的大小，牛顿作了大量的实验研究。实验结果表明：对于一般的流体，当流速不很大时，内摩擦力的大小可以通过下式得到

$$F = \mu A \frac{dv}{dy} \quad 或 \quad \tau = \mu \frac{dv}{dy} \tag{9-7}$$

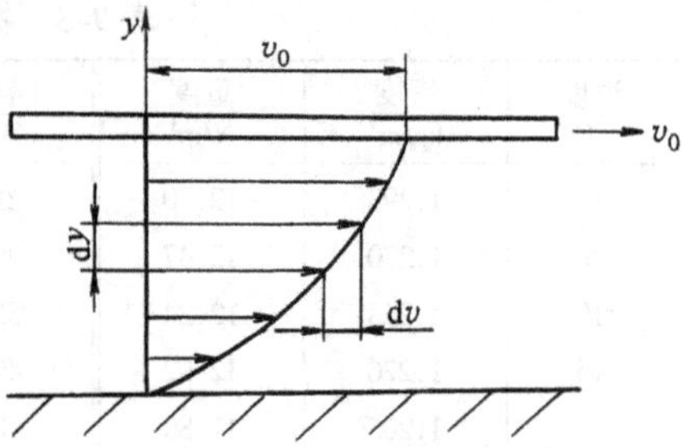

图 9-2 流体粘性分析图

上式又称牛顿内摩擦定律。式中，F 是内摩擦力（N）；μ 是流体的粘性系数（Pa·s）；A 是两个流层间的接触面积（m^2）；v 是流层的速度（m/s）；y 是流层间的垂直距离（m）；dv/dy 是速度梯度（s^{-1}）；τ 是单位面积上的内摩擦力，也称切应力（N/m^2）。

3. 粘性系数

不同的流体，其粘性系数值不同。粘性系数越大的流体，其粘性越大。

由式（9-7）知，粘性系数 μ 即为速度梯度等于 1 时的切应力。它是从力的方面反应流体的粘性，故又称为流体的动力粘性系数。

在流体力学的分析和计算中，常出现动力粘性系数 μ 与密度 ρ 的比值，为简单起见，以 ν 表示之，即：

$$\nu = \frac{\mu}{\rho} \tag{9-8}$$

ν 的单位为 m^2/s，它的物理意义是：速度梯度为 1 时的切应力对单位体积质量的流体作用产生的阻力加速度。它是从速度角度反映流体的粘性，因此称为流体的运动粘性系数。

表 9-4 列出了在不同温度下水的粘性系数。

表 9-5 列出了一个大气压下，不同温度时空气的粘性系数。

由表 9-4 和表 9-5 中的数字可知，温度对流体的粘性系数有影响，且这种影响对气体和液体是截然不同的。液体的粘性系数随温度的升高而减小，气体的粘性系数随温度的升高而增大。这是因为气体和液体产生粘性的主要因素不同。气体的粘性主要是由分子不规则热运动的动量交换形成的。当温度升高时，分子热运动加快，动量交换频率增多，因此气体的粘性增大。液体的粘性主要是由分子间的吸引力形成的。当温度升高时，分子间距

表 9-4 水的粘性系数

$\frac{t}{°C}$	$\frac{\mu}{10^{-3}Pa \cdot s}$	$\frac{\nu}{10^{-6}m^2/s}$	$\frac{t}{°C}$	$\frac{\mu}{10^{-3}Pa \cdot s}$	$\frac{\nu}{10^{-6}m^2/s}$
0	1.792	1.792	40	0.656	0.661
5	1.519	1.519	45	0.599	0.605
10	1.308	1.308	50	0.549	0.556
15	1.140	1.140	60	0.469	0.477
20	1.005	1.007	70	0.406	0.415
25	0.894	0.897	80	0.357	0.367
30	0.801	0.804	90	0.317	0.328
35	0.723	0.727	100	0.284	0.296

表 9-5 一个大气压下空气的粘性系数

$\frac{t}{°C}$	$\frac{\mu}{10^{-3}Pa \cdot s}$	$\frac{\nu}{10^{-6}m^2/s}$	$\frac{t}{°C}$	$\frac{\mu}{10^{-3}Pa \cdot s}$	$\frac{\nu}{10^{-6}m^2/s}$
0	0.0172	13.7	60	0.0201	19.6
10	0.0178	14.7	70	0.0204	20.5
20	0.0183	15.7	80	0.0210	21.7
30	0.0187	16.6	90	0.0216	22.9
40	0.0192	17.6	100	0.0218	23.6
50	0.0196	18.6	200	0.0259	35.8

离增大，分子间的吸引作用减弱，因此，液体的粘性减小。

压力对流体粘性系数也有影响，但影响很小，一般不需考虑。

4. 理想流体的概念

实际流体都有粘性，因此在流动过程中都会产生内摩擦力。由于内摩擦力的存在增加了对流体运动规律研究的复杂性，因此为了研究上的方便，在流体力学中引入了理想流体的概念。

理想流体就是可以不考虑粘性的流体。这一概念的引入具有重要意义。一方面，对于粘性不起作用或不起主要作用的问题，我们可以忽略流体的粘性，把流体直接当成理想流体来处理，这样减小了问题的复杂性；另一方面，对于粘性影响较大的问题，我们也可先按理想流体来研究，得出一些理论结果。然后，再考虑实际流体的粘性作用，对理论结果进行实验修正，使之与实际相符，从而简化了研究过程。

【例 9-4】 如图 9-3 所示，汽缸内壁的直径为 $D = 10$cm，活塞的直径为 $d = 9.96$cm，活塞的长度 $L = 10$cm，活塞与汽缸之间充满了 $\mu = 0.1$Pa·s 的润滑油，若活塞以 $v = 1$m/s 的速度往复运动，求活塞受到的粘滞力。

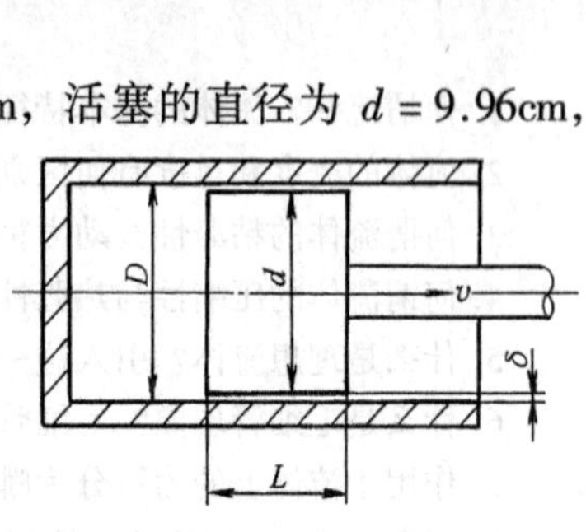

图 9-3 例 9-4 图

【解】 因为间隙 δ 值很小，因此其间油层的速度分布可视为直线分布，故

$$\frac{dv}{dy} = \frac{v-0}{\delta} = \frac{1}{0.5 \times (10-9.96) \times 10^{-2}} 1/s = 5 \times 10^3 1/s$$

又因为接触面积 $A = \pi \cdot d \cdot L = \pi \times 0.0996 \times 10 \times 10^{-2} m^2 = 0.03m^2$

所以活塞受的粘滞力为

$$T=\mu \cdot A \cdot \frac{\mathrm{d}v}{\mathrm{d}y}=0.1\times 0.03\times 5\times 10^{3}\mathrm{N}=15\mathrm{N}$$

五、表面张力特性

液体表面相邻两部分之间相互牵引的力为表面张力。液体在自由表面上能承受微小张力，这一特性称为表面张力特性。由于气体不能形成固定的自由表面，因此表面张力特性是液体特有的性质。

液体与固体壁面接触时，若液体间的牵引力大于液体与固体壁面间的附着力，就会产生液体能润湿固体壁面的现象，如图 9-4a 所示；反之，则不能湿润固体壁面，如图 9-4b 所示。

表面张力在曲面上会产生一个附加压力，这个附加压力将参与液体的受力平衡，使液体的平衡状态发生变化。例如，当我们将一根两端敞口的细玻璃管竖立在液体中时，液面为曲面（玻璃管很细），表面张力在垂直方向产生一个附加压力，在该压力下，液体便会在细管内上升或下降一定的高度，如图 9-5 所示。这种现象又称毛细管现象。

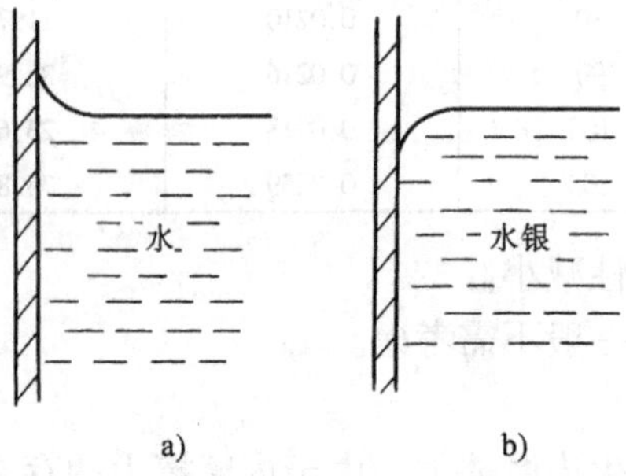

图 9-4 液体湿润固体现象

a）水 b）水银

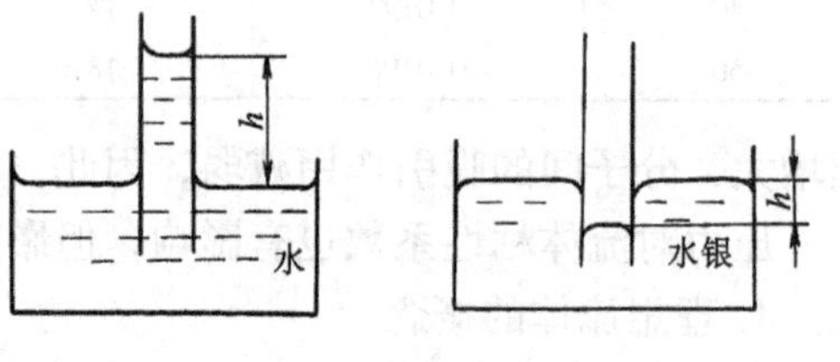

图 9-5 毛细管现象

自然界中存在着许多表面张力作用的现象。一般情况下，其影响可不予考虑。但在液滴、气泡的形成等问题中，表面张力起着重要作用，因此不可忽略。

思考题与练习题

1. 何谓流体？流体的基本特征是什么？气体和液体有何区别？
2. 流体的密度和重度有何区别与联系？重度和比重是否是同一概念？
3. 何谓流体的粘滞性？动力粘性系数和运动粘性系数之间有何关系？
4. 何谓流体的压缩性与热胀性？它们对流体的重度和密度有何影响？
5. 什么是理想流体？引入这一概念有何意义？
6. 什么是毛细管现象？毛细管现象是如何产生的？
7. 作用于流体上的力可分为哪两类？一般如何表示？
8. 有密度为 $\rho=850\mathrm{kg/m^3}$ 的润滑油 20L，求其重量和质量。
9. 烟气在一个大气压、零摄氏度时的密度为 $1\mathrm{kg/m^3}$，求 900℃ 时烟气的重度。
10. 已知海水在 20℃ 时的重度为 $10100\mathrm{N/m^3}$，试求其密度。

11. 水的重度 $\gamma = 9.71\text{kN/m}^3$，$\mu = 0.599\times10^{-3}\text{Pa·s}$，求其运动粘性系数 ν。

12. 空气的重度 $\gamma = 11.5\text{N/m}^3$，$\nu = 0.157\text{cm}^2/\text{s}$，求其动力粘性系数 μ。

13. 用一个 30L 的敞口容器将水从 15°C 加热到 85°C，水的体膨胀系数 $\alpha_V = 0.0004$，求水不溢出的最大允许加水量。

14. 如图 9-6 所示，一块 $50\times50\text{cm}^2$ 的薄板，在温度为 15°C 的水面上，以 $v = 1\text{m/s}$ 的速度水平运动，已知水面厚度 $\delta = 12\text{mm}$，求薄板所受的摩擦阻力。

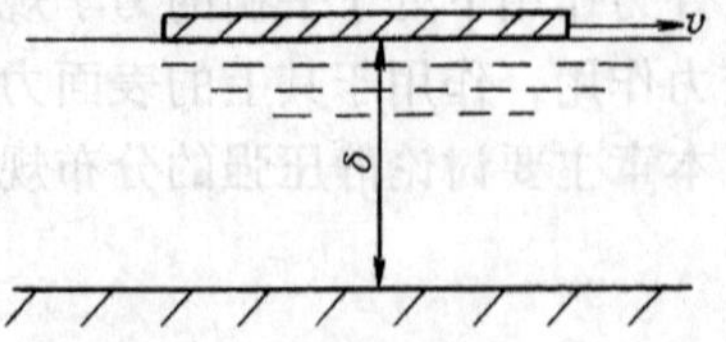

图 9-6　习题 14 图

第十章　流体静力学基础

流体静力学是研究流体在外力作用下处于平衡的力学规律及其在工程上的应用。流体在静止状态下，不能承受切应力作用，作用于其上的表面力只有压力。因而，平衡中的力学规律实质是压力分布规律。本章主要讨论静压强的分布规律及其在液柱式测压计中的应用。

第一节　流体静压强及其特性

一、静压强的定义

从静止的均质流体中取一分离体，如图 10-1 所示。假设用一个 AB 平面将该流体分成Ⅰ和Ⅱ两部分，并将Ⅰ部分移去。这时要使Ⅱ部分保持原来的静止状态，必须用一个等效力代替原Ⅰ部分对Ⅱ部分的作用，这个力称为流体静压力。又在切面上取一微小面积 ΔA，设 ΔP 为作用在 ΔA 上的静压力，则 ΔP 与 ΔA 的比值称为 ΔA 面上的平均静压强，以 $\bar{p}$ 表示之，则有

$$\bar{p}=\frac{\Delta P}{\Delta A} \qquad (10\text{-}1)$$

若 m 点为 ΔA 的中心，则当 ΔA 无限缩小至 m 点时，$\Delta P/\Delta A$ 的极限值称为 m 点的静压强，以 p_m 表示之，则有

$$p_m=\lim_{\Delta A\to 0}\frac{\Delta P}{\Delta A} \qquad (10\text{-}2)$$

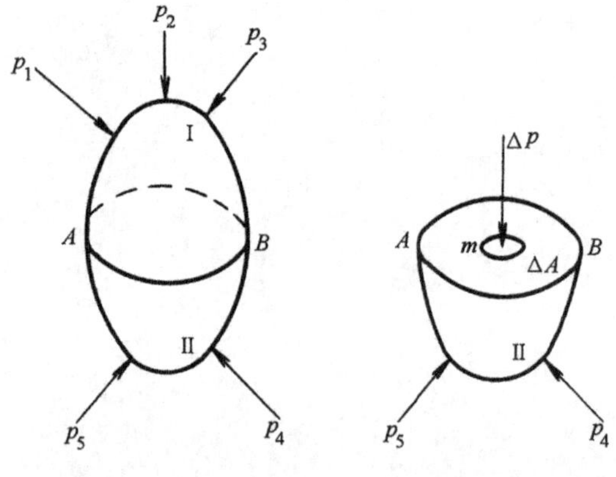

图 10-1　静止流体间的相互作用

由上可以看出，流体静压强即为静止流体在单位面积或在某一点上所受到的静压力(单位为 N/m^2 或 Pa)，它是流体静压力的另一种度量方式。在工程上有时习惯将静压强称为静压力，而将静压力称为总压力。

二、静压强的特性

流体静压强有如下两个重要特性：

1. 流体静压强的方向总是沿着作用面的内法线方向

静压强的这一特性可以直接从流体的力学特性得到证明。由于流体在静止状态下，只能承受压力作用，而压力总是沿作用面的内法线方向作用于作用面。因此，流体静压强的方向也只能沿着作用画的内法线方向。

2. 在静止流体中，任意一点压强值的大小与作用面的方向无关，只与该点的位置有关

如图 10-2 中，过 M 点画出的任意方向上的压强，它们的值均相等。

下面证明这一特性。我们从静止的流体中取一个微小四面体 $OABC$，如图 10-3 所示。

设直角坐标原点与 O 重合，正交的三个边边长分别为 dx、dy、dz，并分别与 x、y、z 轴重合；ρ 为流体的密度；p_x、p_y、p_z、p_n 分别为$\triangle OAC$、$\triangle OAB$、$\triangle OBC$ 和$\triangle ABC$ 面上的静压强；X、Y、Z 分别为单位质量力在 x、y、z 方向上的分量。现对四面体进行受力分析：

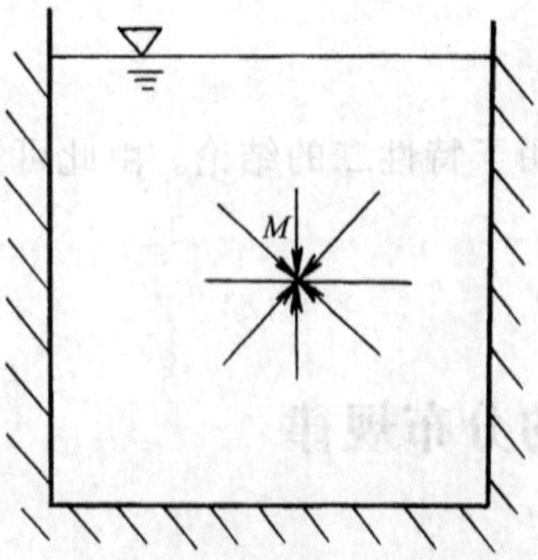

图 10-2 流体内某点的静压强

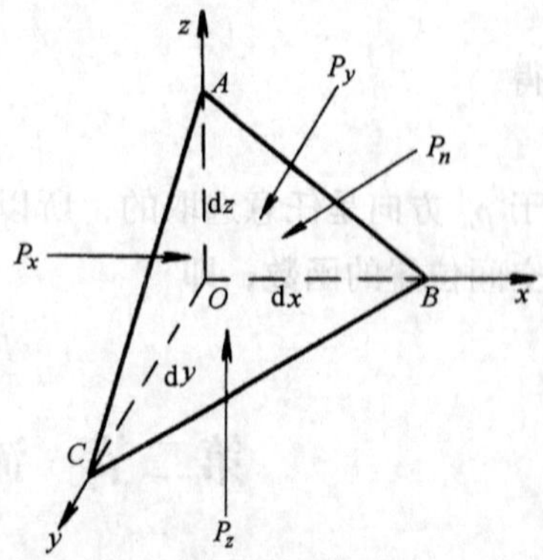

图 10-3 微小四面体的受力分析

由于四面体处于静止状态，所以四面体所受的表面力只有静压力。用 P_x、P_y、P_z、P_n 分别表示$\triangle OAC$、$\triangle OAB$、$\triangle OBC$ 和$\triangle ABC$ 面上所受到的静压力，则有

$$P_x = p_x \cdot \frac{1}{2}dydz$$

$$P_y = p_y \cdot \frac{1}{2}dxdz$$

$$P_z = p_z \cdot \frac{1}{2}dxdy$$

$$P_n = p_n \cdot dA \text{ （}dA\text{ 为}\triangle ABC\text{ 的面积）}$$

作用于四面体上的力还有质量力。用 F_x、F_y、F_z 分别表示质量力在 x、y、z 轴上的分量，dV 表示微元四面体的体积，则有

$$F_x = \rho \cdot dV \cdot X = \rho \cdot \frac{1}{6}dxdydz \cdot X$$

$$F_y = \rho \cdot dV \cdot Y = \rho \cdot \frac{1}{6}dxdydz \cdot Y$$

$$F_z = \rho \cdot dV \cdot Z = \rho \cdot \frac{1}{6}dxdydz \cdot Z$$

微元四面体在上述两种力的作用下处于平衡状态，其在各方向上所受的合外力应为零。以 X 方向为例，则有

$$P_x - P_n\cos\theta_x + F_x = 0$$

$$p_x \cdot \frac{1}{2}dydz - p_n dA\cos\theta_x + \rho \cdot \frac{1}{6}dxdydz \cdot X = 0$$

上式中，θ_x 为倾斜面 ABC 的外法线方向与 x 轴方向的夹角。

由几何关系知：$dA\cos\theta_x=\frac{1}{2}dydz$，将其代入上式，并略去无穷小量，则有

$$p_x=p_n$$

同理有

$$p_y=p_n$$

$$p_z=p_n$$

由此可得

$$p_x=p_y=p_z=p_n \tag{10-3}$$

由于 p_n 方向是任意选取的，所以式（10-3）证明了特性二的结论。由此可知，静压强只是空间位置的函数，即

$$p=f(x,\ y,\ z)$$

第二节 流体静压强的分布规律

一、液体静压强的基本方程式

在重度为 γ 的液体中，任意取一截面微小的铅直液柱，如图 10-4 所示。设液柱的截面积为 dA，两端面位于液面下的深度分别为 h_1 和 h_2。两端面上的压强分别为 p_1 和 p_2。

液柱在垂直方向上受的力有：

下端面受的静压力：$P_2=p_2dA$

上端面受的静压力：$P_1=p_1dA$

重力：　　$G=\gamma dA(h_2-h_1)$

由于液体处于静止状态，根据力的平衡条件，有

$$p_2dA-p_1dA=\gamma dA(h_2-h_1)$$

上式除以 dA 后，得

$$p_2-p_1=\gamma(h_2-h_1) \tag{10-4}$$

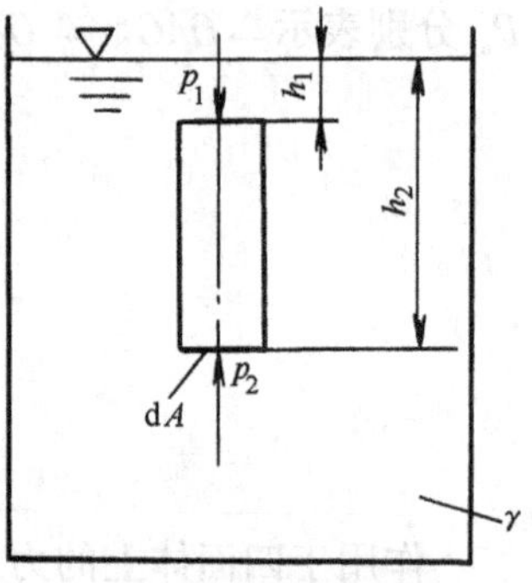

图 10-4 静止液体内部微小液柱的受力分析

如果将上端面取在液面上，并设液面上压强为 p_0，则液面下某点（深为 h）的压强为

$$p=p_0+\gamma h \tag{10-5}$$

式中，h 是某点在液面下的深度（m）；p_0 是液面上气体的压强（Pa）；γ 是液体的重度（N/m^3）；p 是液体内深度为 h 点的压强（Pa）。

式（10-4）和式（10-5）为液体静压强的基本方程式，也称流体静力学基本方程式。由该方程式可得如下结论：

1）在静止液体内部，压强随深度直线变化，且越深的地方压强值越大。

2）静止液体中任意一点的压强等于液面压强 p_0 和该点深度 h 与液体重度 γ 的乘积之和。当 p_0、γ 和 h 不变时，该点的压强值就不变。也即：静压强的大小与容器形状无关。

3）当液面上的压强 p_0 发生变化时，必将引起液体内部各点的压强发生同样大小的变化，这就是著名的帕斯卡原理。该原理在水压机、液压传动等水利机械中得到广泛应用。

4）当液面上的压强 p_0 一定时，静止液体内部任一点的压强值只与液体的重度和该点的深度有关。因此，在静止的、连续的、同种液体内部，同一水平面上各点的压强值相等。

5）若将压强相等的点组成的面称为等压面，则等压面为水平面。

6）静止液体内部任意两点的压强差等于该两点在液面下的深度差与液体重度的乘积。

利用等压面进行静压强的分析计算非常方便。但应注意并非所有的水平面都是等压面，只有位于静止的、连续的、同种液体内的点构成的水平面才是等压面。

【例 10-1】　如图 10-5 所示，问 A、B、C、D 四点的压强值是否相等？为什么？

【解】　A 和 B 是位于静止的、连续的、同种液体内部的、同一水平面上的两点，所以 A-B 为等压面，A、B 两点的压强值相等。

B、C 两点位于同一水平面上，但 B、C 两点并不连续，所以 B—C 不是等压面，B、C 两点的压强值不相等。

C、D 两点位于同一水平面上，但 C、D 两点不是同种液体内部的两点，所以 C—D 不是等压面，C、D 两点的压强值不相等。

B、D 两点位于同一水平面上，但 B、D 两点既不连续，也不位于同种液体内部，因此 B—D 不是等压面，B、D 两点的压强值不相等。

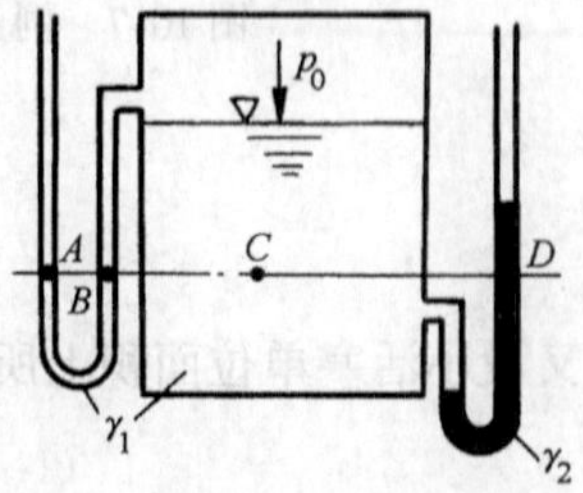

图 10-5　例 10-1 图

【例 10-2】　利用静压强分布规律证明互不混合的两种液体的分界面一定是水平面。

【证明】　用反证法。如图 10-6 所示，假定分界面为倾斜面，在分界面上任取 1、2 两点，设两点的深度差为 Δh（$\Delta h \neq 0$）。在 γ_1 的液体内由静压强分布规律方程式有

$$p_2 - p_1 = \gamma_1 \Delta h$$

在 γ_2 的液体内由静压强分布规律方程式有

$$p_2 - p_1 = \gamma_2 \Delta h$$

联立上两式有

$$\gamma_1 \Delta h = \gamma_2 \Delta h$$

因 $\gamma_1 \neq \gamma_2$，$\Delta h \neq 0$，所以上式不可能成立。故分界面只能为水平面。

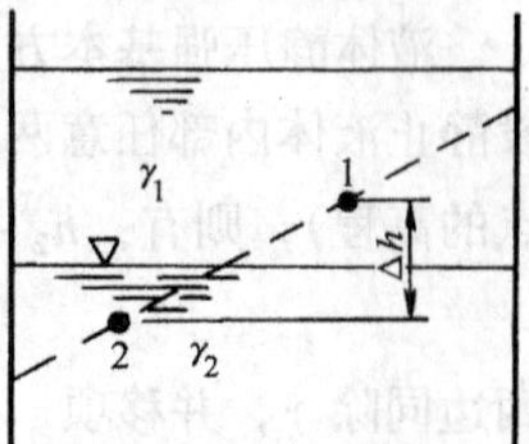

图 10-6　例 10-2 图

【例 10-3】　如图 10-7 所示，求水作用于容器 A 面上的静压强的大小和方向。已知 $h = 1\text{m}$，$p_0 = 150\text{kPa}$。

【解】　$p = p_0 + \gamma h =$（$150 + 9.807 \times 1$）$\text{kPa} = 159.8\text{kPa}$，压强的方向垂直向上，如图中所示。

【例 10-4】　如图 10-8 所示，水压机的小活塞面积 $A_1 = 5\text{cm}^2$，大活塞的面积 $A_2 = 1\text{m}^2$，杠杆壁长 $a = 50\text{cm}$，$b = 5\text{cm}$，高差 $h = 1\text{m}$，求：施力 $F = 98\text{N}$ 时，大活塞所受的水静压力 G。

【解】　设小活塞所受的压力为 P_1，由杠杆原理，有

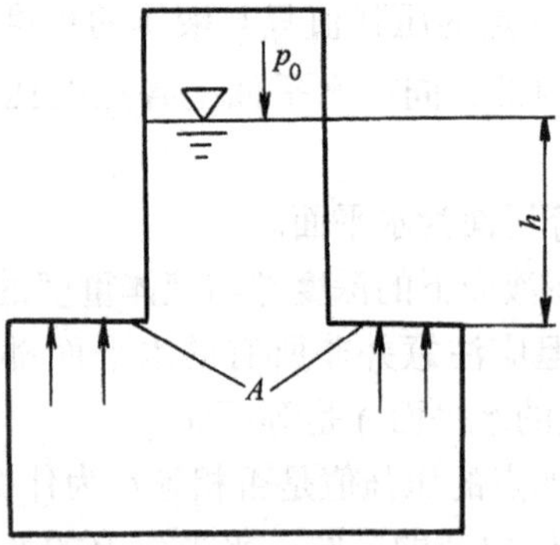

图 10-7 例 10-3 图

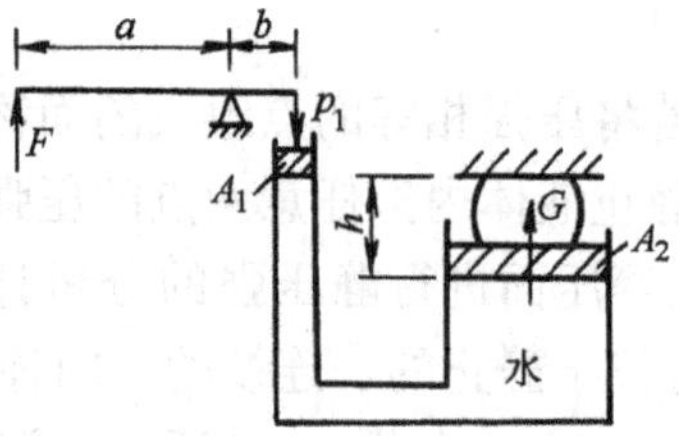

图 10-8 例 10-4 图水压机工作原理

$$P_1 b = Fa$$

$$P_1 = \frac{a}{b}F = \frac{50}{5} \times 98\text{N} = 980\text{N}$$

又设小活塞单位面积上所受的压力为 p_1，则

$$p_1 = \frac{P_1}{A_1} = \frac{980}{5 \times 10^{-4}}\text{kN/m}^2 = 1960\text{kN/m}^2$$

由静压强分布规律，大活塞所受水静压强为

$$p_2 = p_1 + h\gamma = (1960 + 9.807 \times 1)\ \text{kN/m}^2 = 1970\text{kN/m}^2$$

因此，大活塞所受水静压力 $G = p_2 \times A_2 = 1970 \times 1\text{kN} = 1970\text{kN}$

液体静压强基本方程式还有另一种表示形式。在图 10-9 中任意取一个基准面 0—0，设静止液体内部任意两点 1、2 相对于基准面的高度分别为 Z_1、Z_2（Z_1、Z_2 又称 1、2 两点的高程），则有：$h_2 - h_1 = Z_1 - Z_2$，将其代入式（10-4）有

$$p_2 - p_1 = \gamma\ (Z_1 - Z_2)$$

两边同除 γ，并移项

$$Z_1 + \frac{p_1}{\gamma} = Z_2 + \frac{p_2}{\gamma} \tag{10-6}$$

因为 1、2 两点是任意选的，因此可得

$$Z + \frac{p}{\gamma} = C\ (\text{常数}) \tag{10-7}$$

式（10-6）和式（10-7）就是液体静压强基本方程式的另一种表示形式。它表示静止液体内部各点的 $Z + \frac{p}{\gamma}$ 相等。其中，Z 是该点的位置相对于基准面的高度（简称高程），称位置水头。$\frac{p}{\gamma}$ 是该点在压强 p 作用下沿敞口玻璃管（测压管）上升的高度，称压强水头。$Z + \frac{p}{\gamma}$ 是该点测压管液面相对于基准面的高度，称测压管水头。因此，静压强基本方程式表明：在同种静止的液体内部，各点的测压管水头值相等，如图 10-10 所示。

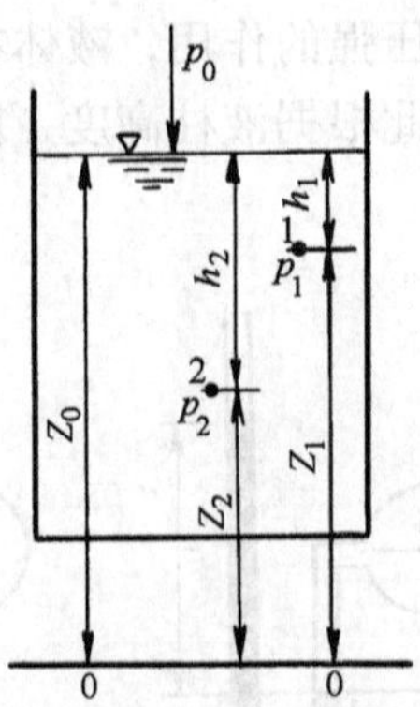

图 10-9　液体静压强基本方程式的推证

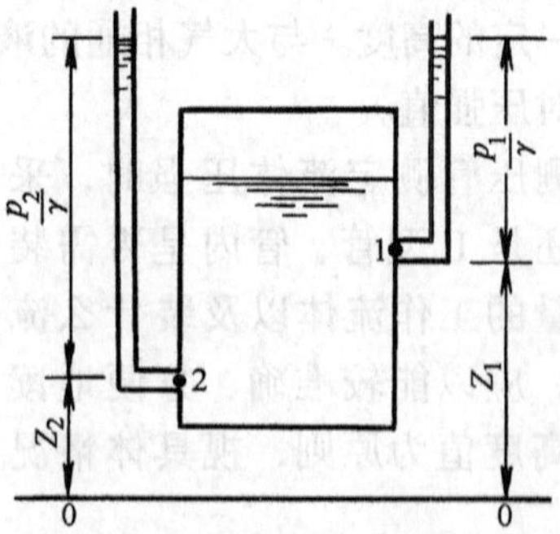

图 10-10　静压强基本方程式的意义

二、气体压强的计算

上述规律虽然是在液体内推导出来的，但对于不可压缩气体同样适用。

由于气体的重度很小，当高度差不很大时，气柱产生的压强值很小，可以忽略。因而，压强分布规律可以简化为

$$p_1 = p_2$$

这一结论在工程上被广泛采用。如：锅炉上部的蒸汽空间，我们就认为其各点的压强值是相等的；在很多问题中我们都将大气压作为一个常数，不考虑其在高度上的变化。

【例 10-5】　求图 10-11 所示的容器中，1、2、3、4 点的相对压强。已知：$Z_1 = 1.5\text{m}$，$Z_2 = 1.0\text{m}$，$Z_3 = 0.5\text{m}$，$Z_4 = 1.2\text{m}$，容器中的液体为水。

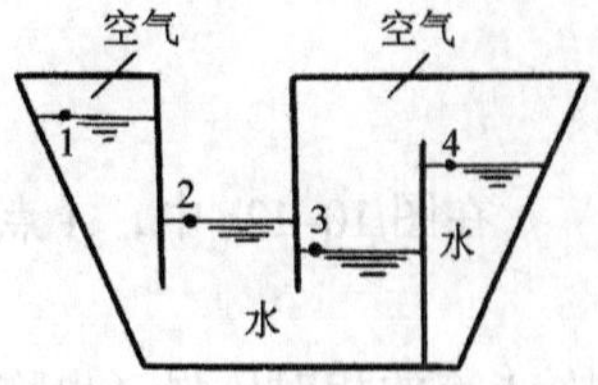

图 10-11　例 10-5 图

【解】　因为 2 点与外界大气相通，所以

$$p_2 = 0$$

根据静压强基本方程式：$p_2 - p_1 = \gamma(Z_1 - Z_2)$，有

$$p_1 = p_2 - \gamma(Z_1 - Z_2) = [0 - 9.807 \times (1.5 - 1.0)]\text{kPa} = -4.9\text{kPa}$$

同理有

$$p_3 = p_2 - \gamma(Z_3 - Z_2) = [0 - 9.807 \times (0.5 - 1.0)]\text{kPa} = 4.9\text{kPa}$$

又因为 3、4 两点位于同一气体空间内，因此

$$p_4 = p_3 = 4.9\text{kPa}$$

三、静压强基本方程式的应用——液柱式测压计

用于测量压强的装置称为测压计。测压计的种类很多，如：金属式、电测式、液柱式等。液柱式测压计结构简单，使用方便，因而在工程上得到了广泛应用。下面介绍几种常用的液柱式测压计。

1. 测压管

测压管是一根内径不小于 5mm（避免毛细现象发生）的细长玻璃直管或 U 型玻璃管，其一端和大气相通，另一端通入被测点，如图 10-12 所示。

测压管用于测量流体内某点的相对压强值。由于相对压强的作用，液体在管中会上升或下降一定的高度。与大气相通的液面相对压强为零，因此根据液柱高度，就可得到被测点的相对压强值。

用测压管测定流体压强时，采用直管还是U型管、管内是否需装入一定量的工作流体以及装什么流体合适，应以能较准确、方便地读取液柱高度值为原则，视具体情况而定。

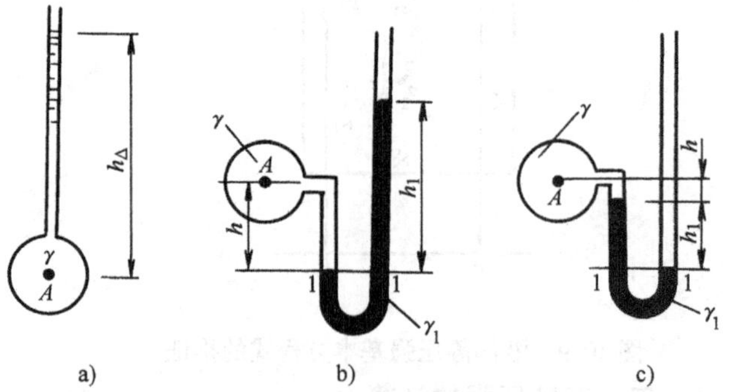

图10-12 测压管

a) 直管 b) U型管 c) U型管

当被测介质为液体，且压强值不很大时，一般采用直管，如图10-12a所示。这时被测点 A 的相对压强值即为液柱高度产生的压强，即

$$p_A = \gamma h_A$$

当测量气体压强或较大液体压强时，宜采用U型管测压计，且U型管内需装入一定量的工作流体 γ_1，如图10-12b和图10-12c所示。常用的工作流体有水和水银。一般测量较小压强时用水，测量较大压强时用水银。

在图10-12b中，A 点压强大于大气压。取1-1为等压面，则：

$$p_A + \gamma h = \gamma_1 h_1$$

故 A 点的相对压强（也称表压力）为

$$p_A = \gamma_1 h_1 - \gamma h \quad （\gamma \text{ 为液体}）$$

$$p_A = \gamma_1 h_1 \quad （\gamma \text{ 为气体}）$$

在图10-12c中，A 点压强低于大气压。仍取1-1为等压面，则

$$p_A + \gamma h + \gamma_1 h_1 = 0$$

故 A 点的相对压强（也称真空度）为

$$p_A = -\gamma h - \gamma_1 h_1 \quad （\gamma \text{ 为液体}）$$

$$p_A = -\gamma_1 h_1 \quad （\gamma \text{ 为气体}）$$

2. 压差计

压差计用于测定两点之间的压强差，常用U型管制成，所以又称U型压差计。U型压差计与U型测压管不同的是，其两端分别与两个被测点相通，如图10-13所示。

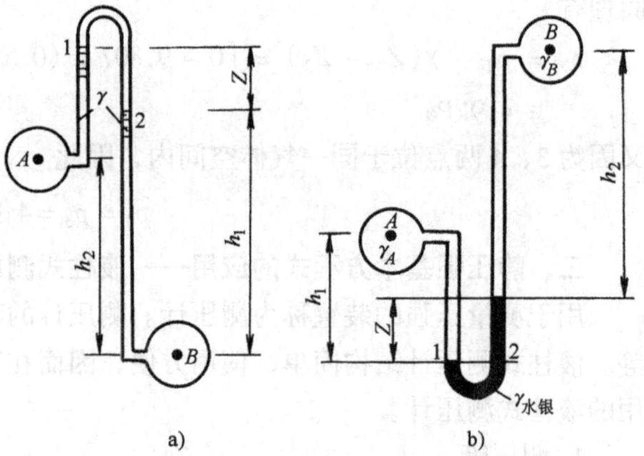

图10-13 压差计

a) 空气压差计 b) 水银压差计

U型压差计中需装有一定的工作流体。当被测介质为气体时，工作流体为液体；当被测介质为液体时，工作流体可为液体也可为气体，但工作

流体与被测流体不能相同或相混合。在使用时，仍然是根据等压面的规律进行压差计算。

图 10-13a 为测定 A、B 两点压强差的空气压差计。由于气柱高度不大，可认为 1、2 两液面为等压面，故得

$$p_A-(Z+h_1-h_2)\gamma=p_B-\gamma h_1$$

故

$$p_A-p_B=(Z-h_2)\gamma$$

图 10-13b 为测量较大压差时采用的水银压差计。由于 1、2 两点为等压面，故有

$$p_A+h_1\gamma_A=p_B+h_2\gamma_B+Z\gamma_{水银}$$

$$p_A-p_B=Z\gamma_{水银}+h_2\gamma_B-h_1\gamma_A$$

若 A、B 两处为同种液体，即 $\gamma_A=\gamma_B=\gamma$，则

$$p_A-p_B=Z\gamma_{水银}+(h_2-h_1)\gamma$$

如果 A、B 两处为同种气体，上式还可简化出

$$p_A-p_B=Z\gamma_{水银}$$

3. 倾斜管微压（差）计

当被测压强（压差）值较小（如只有几毫米水柱）时，为了得到较准确的读数，常采用倾斜管微压（差）计（也称便携式微压计），其结构如图 10-14 所示。

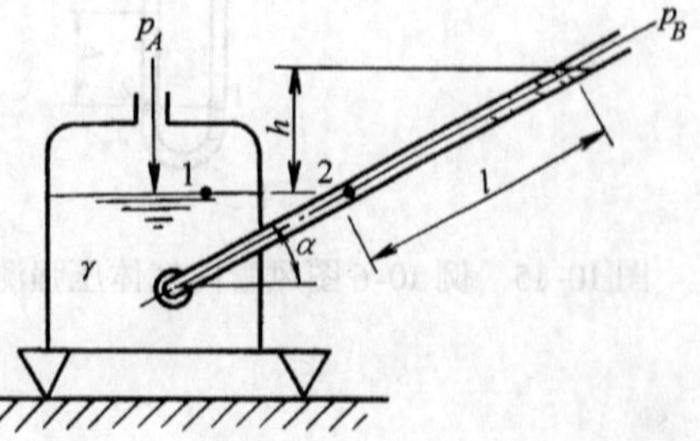

图 10-14　倾斜管微压（差）计

微压（差）计一般用于测量气体压强（压差）。由于测压杯的截面远大于测压管的截面，因而，可忽略测压杯内液面的下降值。

当测量两点压差时，测压杯接入压强较大点，测压管接入压强较小点。这时，根据 1、2 两点为等压面，有

$$p_A=p_B+\gamma l\sin\alpha$$

$$p_A-p_B=\gamma l\sin\alpha$$

当测量某点压强时，测压杯与被测点相通，测压管敞口端与大气相通，这时被测点 A 的相对压强为

$$p_A=\gamma l\sin\alpha$$

【例 10-6】　图 10-15 为测量风管内气体压强的装置。已知：U 型管显示的水柱高度 $h=120\text{mm}$，求风管内壁气体的压强值。

【解】　取 1、2 等压面，忽略测压管内气柱高度产生的压强，则有

$$p=\gamma_{水}h=9.807\times0.12\text{kPa}=1.18\text{kPa}$$

即：风管内壁气体的相对压强为 1.18kPa。

【例 10-7】　如图 10-16，压差计中水银高差 $h=200\text{mm}$，A、B 两容器中为水，其位置高差为 1m，试求 A、B 两容器中心处的压强差。

【解】　1、2 两点为等压面，所以

$$p_1=p_2=p_5+\gamma h_{水银}$$

1、3 两点为等压面，所以

$$p_A = p_1 + \gamma_{水} h_1 = p_5 + h\gamma_{水银} + h_1 \gamma_{水}$$

由 5、6 两点为等压面，有

$$p_B = p_5 + (h + h_1 + 1)\gamma_{水}$$

联立上两式，可得

$$p_A - p_B = h\gamma_{水银} - (h+1)\gamma_{水} = [0.2\times133.375 - (0.2+1)\times9.807]\ \text{kPa} = 14.9\text{kPa}$$

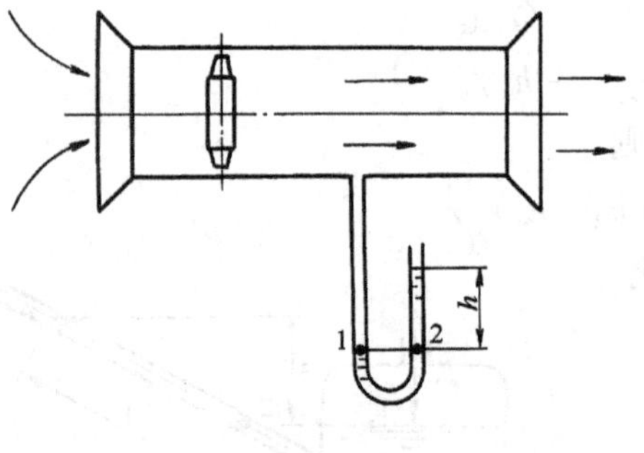

图 10-15 例 10-6 图风管内气体压强测量装置

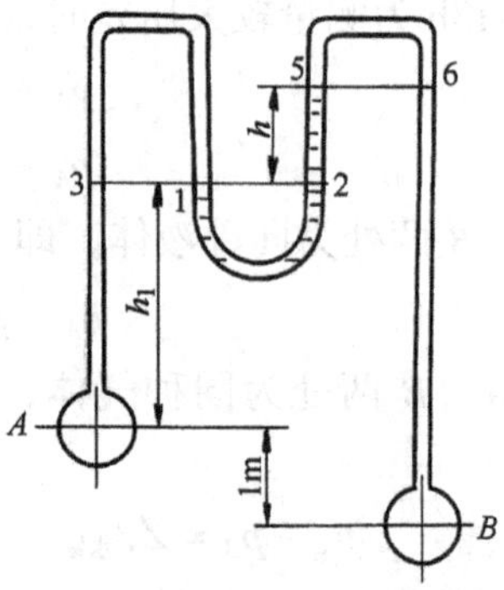

图 10-16 例 10-7 图水银压差计

思考题与练习题

1. 静压强是如何定义的？它有哪些重要特征？

2. 什么是等压面？为什么液体的自由表面都是水平面？

3. 流体静压强分布方程式有何意义？

4. 图示 10-17 测压管的液面是否同高？与容器的液面是否同高？为什么？

5. 图示 10-18 三根测压管的液面是否同高？为什么？测压管的液面与左、右两个容器的液面有什么关系（$p_a > p_b$）？

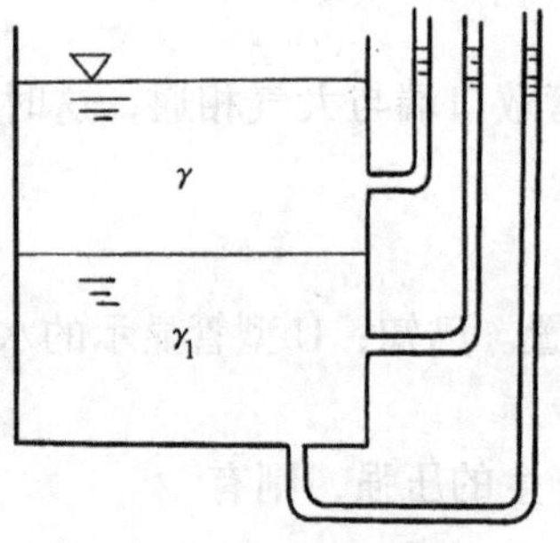

图 10-17 习题 4 图

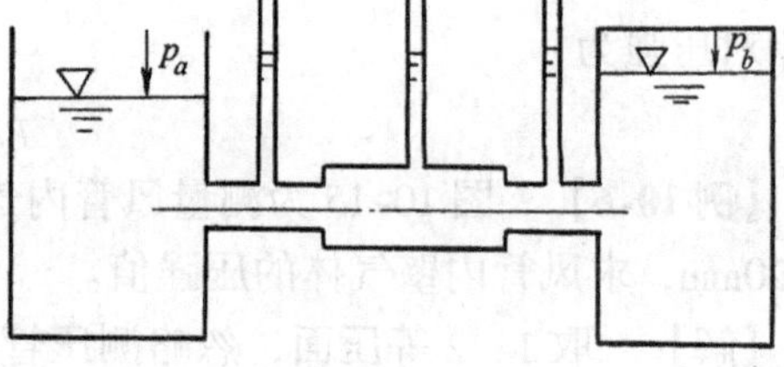

图 10-18 习题 5 图

6. 海水重度为 $\gamma = 9996\text{N/m}^3$，海平面压强为 1 个大气压。若某潜水艇在海水面下 200 米处，试求潜水艇受到海水作用的相对压强和绝对压强。

7. 盛水容器如图 10-19 所示。已知其中 A、B、C 三点的高程分别为：$\nabla A = 6\text{m}$，$\nabla B = 4\text{m}$，$\nabla C = 1\text{m}$，试求 A、B、C 三点的相对压强值。

8. 如图 10-20 所示，盛水容器液面上的压力表读数 $M = 29.4\text{kPa}$，求测压管中水银液面的高度值 h。

9. 如图 10-21 所示，封闭容器水面下 $H = 2.5\text{m}$ 处的压力表读数 $M = 35\text{kPa}$，求测压管中水银柱的值 h。

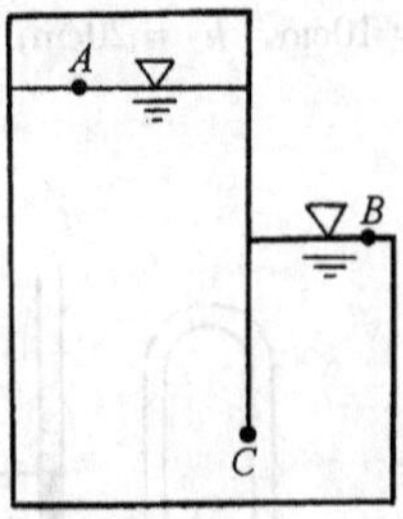

图 10-19　习题 7 图

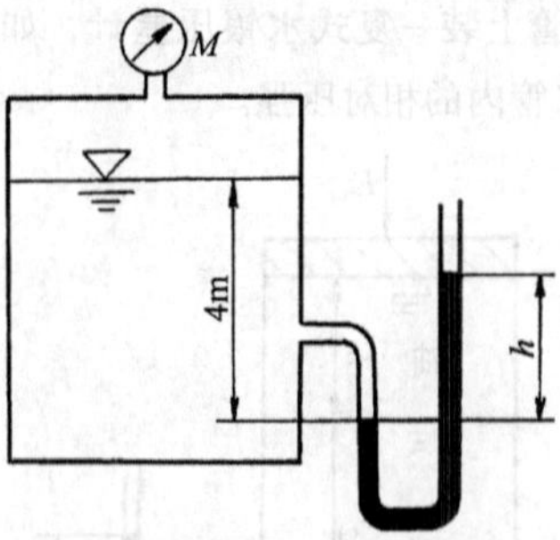

图 10-20　习题 8 图

10. 为排除煤气中的少量水，采用如图 10-22 所示的水封装置。水由煤气管上的垂直支管排至水槽中。已知煤气的压力为 102kPa（绝压），求支管应插入水面下的深度 h。

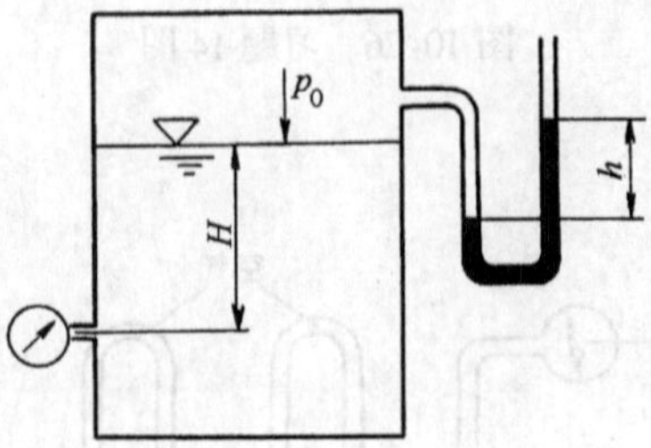

图 10-21　习题 9 图

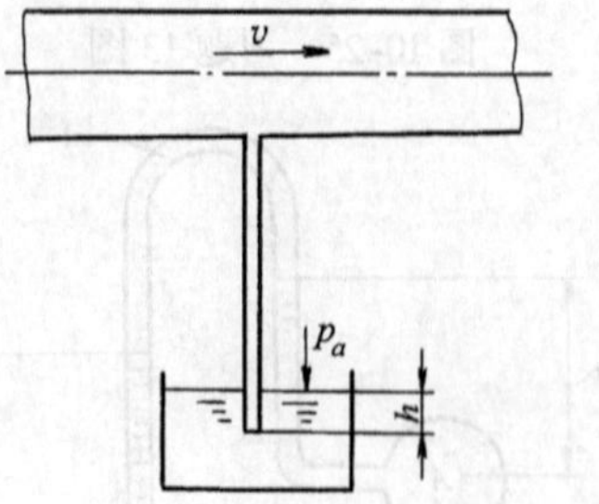

图 10-22　习题 10 图

11. 利用图示 10-23 开口连通器可求得某种液体的重度。已知 $\gamma_{水} = 9807\text{N/m}^3$，$h_1 = 120\text{cm}$，$h_2 = 145\text{cm}$，求 γ 为多少？

12. 如图 10-24 所示，用测压管测 A 点的压强。已知：$h = 20\text{mm}$，$Z = 10\text{mm}$，求：（1）γ 为空气；（2）γ 为水时，A 点的相对压强值。

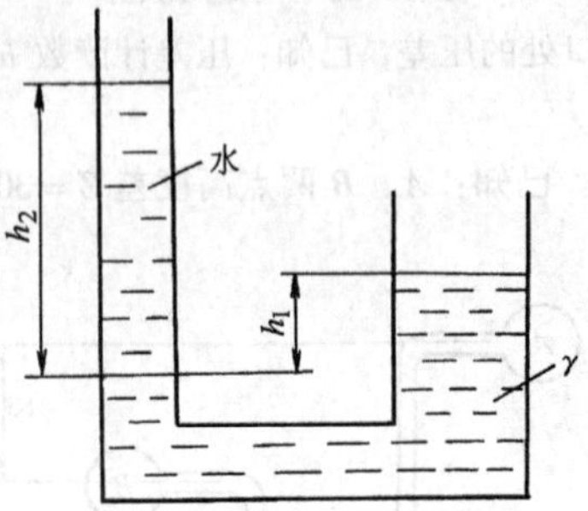

图 10-23　习题 11 图

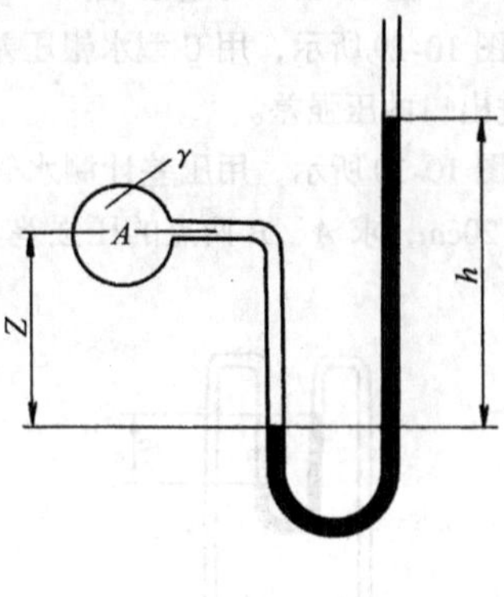

图 10-24　习题 12 图

13. 如图 10-25，一直径为 0.4m 的圆柱形容器，水层高度 $h_2 = 30\text{cm}$，油层高度 $h_1 = 20\text{cm}$，盖上施力为 $F = 4500\text{N}$，油的重度为 $\gamma = 7800\text{N/m}^3$，求测压管中水银柱高度 H。

14. 如图 10-26 所示，测压管与封闭容器相通。已知：$h_1 = 20\text{cm}$，$h_2 = 30\text{cm}$，求容器液面上的相对压强。

15. 如图 10-27 所示，$h = 1\text{m}$，$Z = 0.4\text{m}$，求 A 点的相对压强值。

16. 水管上装一复式水银压差计，如图 10-28 所示。已知：h_1 = 10cm，h_2 = 20cm，h_3 = 15cm，h = 40cm，求水管内的相对压强。

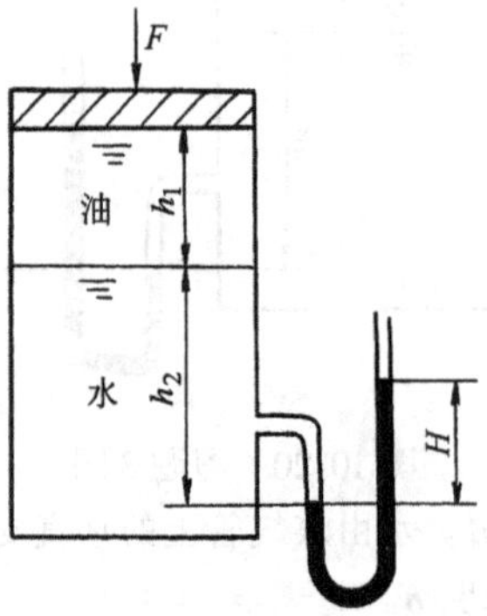

图 10-25 习题 13 图

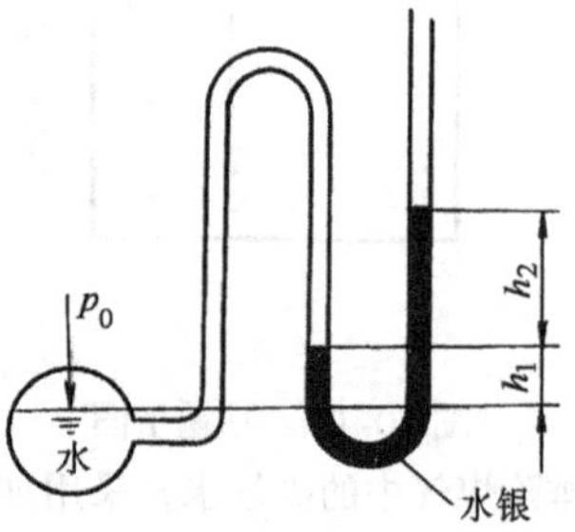

图 10-26 习题 14 图

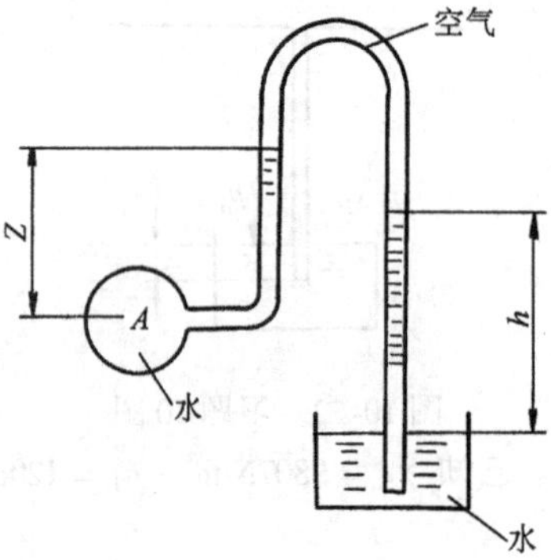

图 10-27 习题 15 图

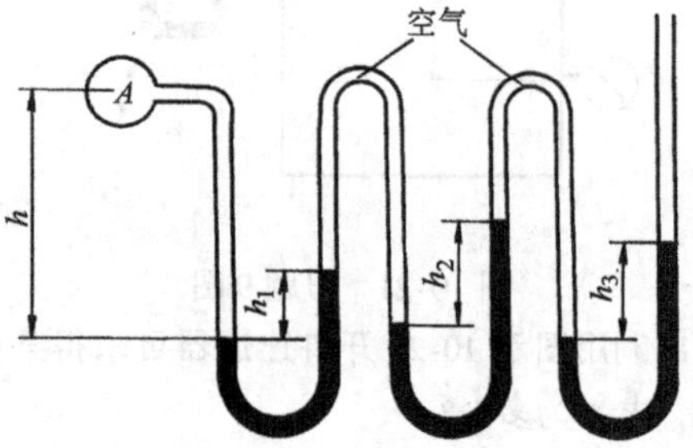

图 10-28 习题 16 图

17. 如图 10-29 所示，用 U 型水银压差计测量水在泵进出口处的压差，已知：压差计读数 h = 120mm，求水在泵进出口的压强差。

18. 如图 10-30 所示，用压差计测水管上 A、B 两点压差。已知：A、B 两点高度差 Z = 30cm，水银柱高度 h = 20cm，求 A、B 两点的压强差。

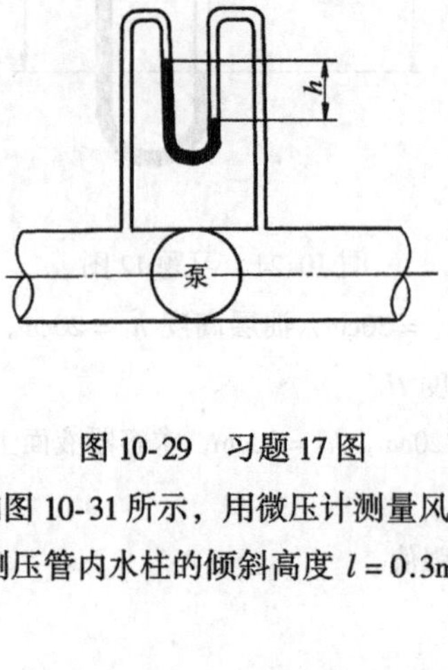

图 10-29 习题 17 图

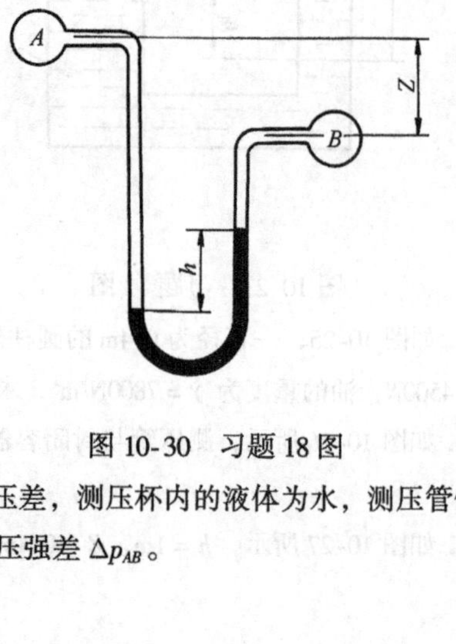

图 10-30 习题 18 图

19. 如图 10-31 所示，用微压计测量风道内 A、B 两点的压差，测压杯内的液体为水，测压管倾角为 $\alpha = 30°$，测压管内水柱的倾斜高度 $l = 0.3$m，求 A、B 两点的压强差 Δp_{AB}。

20. 热水自然循环系统，如图 10-32 所示。水在锅炉内加热至 130°C，流经散热器后降温至 40°C 再流回锅炉。已知：$h = 1\text{m}$，$H = 7\text{m}$，求自然循环所能利用的压强差（$t = 130°\text{C}$ 时，$\gamma_{水} = 9.16\text{kN/m}^3$；$t = 40°\text{C}$ 时，$\gamma_{水} = 9.74\text{kN/m}^3$）。

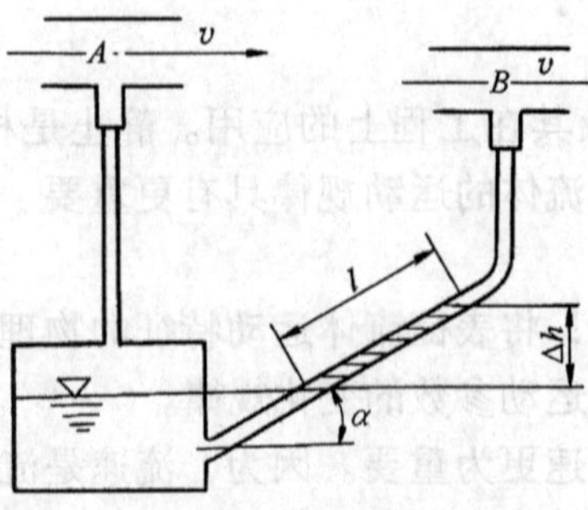

图 10-31　习题 19 图

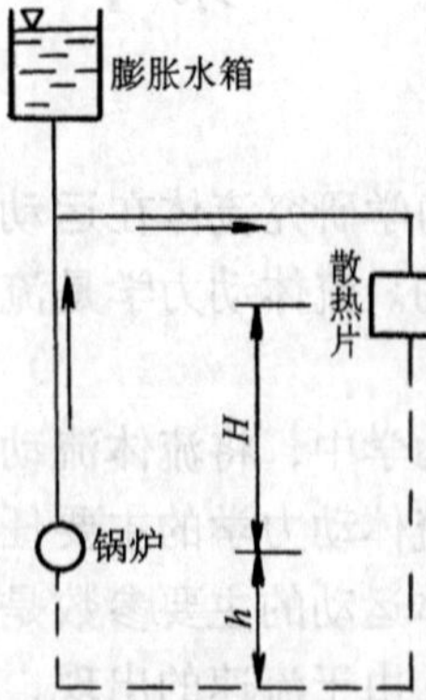

图 10-32　习题 20 图

第十一章　流体动力学基础

流体动力学研究流体在运动状态下的力学规律及其在工程上的应用。静止是相对的，运动是绝对的。流体动力学是流体力学的核心，研究流体的运动规律具有更重要、更普遍的意义。

在流体力学中，将流体流动占据的空间称为流场；将表征流体运动特征的物理量称为运动参数。流体动力学的主要任务就是研究流场中各运动参数的变化规律。

描述流体运动的主要参数是流速和压强，其中流速更为重要。因为，流速是流体运动的数学描述，由于流速的出现，在流体内部产生了粘性力和惯性力，破坏了质量力和压力的平衡，使流体的力学规律发生了根本的改变。

粘性力的存在，改变了压强的静力特性，使流体内某点的压强不仅与该点的位置有关，还与作用面的方向有关。但大量的研究结果证明，流体在流动时，其内任一点在任意三个垂直方向上的压强平均值是一个常数。流体力学中将该平均值作为这一点的动压强。这样，动压强也只与点的位置有关，与静压强在特性上不再有区别。因此，在叫法上也不再区分，一律称为“压强”。

研究流体运动规律有两种方法。一种是以流场中的流体质点为研究对象，通过追踪每个质点的运动，来确定整个流场内的运动规律；另一种是以流场中的空间位置点作为研究对象。通过分析流场内每个位置点上的运动，来确定整个流场内的运动规律。前者叫拉格朗日法，后者叫欧拉法。由于流体质点的运动极其复杂，加之工程上的许多问题不需要知道每个质点的运动过程，而只需知道流场内某一特定位置或空间上的流动情况，如：在管道输送问题中，我们最关心的是流量，要得到流量，只需知道过流截面上的流速分布即可，而不需分析每个流体质点的来龙去脉。因此，在工程上普遍采用欧拉法。本书后面的分析均采用欧拉法。

流体动力学的内容非常丰富。鉴于本专业涉及的主要是流体在管道中的流动问题，因此本章主要讲述反映流体管道流动规律的基本方程——连续性方程、能量方程和动量方程。

第一节　流体动力学基本概念

一、恒定流与非恒定流

根据流场中运动参数是否随时间发生变化，可将流场中的流动分为恒定流和非恒定流。

流场中的运动参数随时间发生变化的流动称为非恒定流（非稳定流）。如：开启或关闭阀门时，管道内的流速将发生变化，这时的流动就是非恒定流。

流场中的运动参数不随时间发生变化的流动称为恒定流（稳定流）。

严格地讲，恒定流在自然界是不存在的。但工程上的许多流动，其流动参数随时间变化很小，以至可以忽略不计，这些流动可以视为恒定流。如：水从液面恒定的水箱经接管流出，水在接管内的流动就可视为恒定流。可见恒定流是对真实流动的简化，且这种简化是有实际意义的。本书后面的内容主要针对恒定流。

二、迹线与流线

1. 迹线

迹线是流体质点运动的轨迹线。它是拉格朗日法对流体运动的描述。在此不作详细讲述。

2. 流线

为了直观而形象的描述流场中的流动情况，流体力学中引入了流线这一概念。如图 11-1 所示，设 t 时刻流场中点 M_1 处的流体质点的速度为 $\vec{v}_1$，沿 $\vec{v}_1$ 方向取与 M_1 点相邻近的 M_2 点，点 M_2 处的流体质点的速度为 $\vec{v}_2$，沿 $\vec{v}_2$ 方向再取与 M_2 点相邻近的 M_3 点，点 M_3 处的流体质点的速度为 $\vec{v}_3$，如此继续下去，我们可以得到一条空间折线 $M_1-M_2-M_3$……，若将折线上折点间的距离趋于零，该折线将变为一条光滑曲线，这条曲线就是 t 时刻通过 M_1 点的流线。可见，流线就是流场中无数连续流体质点在同一时刻的运动方向线。用同样的方法，还可得 t 时刻通过流场中其他位置点的许多流线，从而使整个流场成为被无数流线所充满的空间，如图 11-2 所示。这样整个流场在 t 时刻的流动情况就形象地表示出来了。

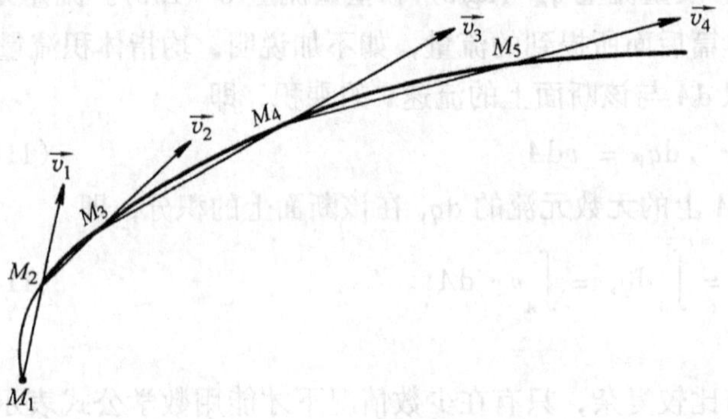

图 11-1 流线的绘制

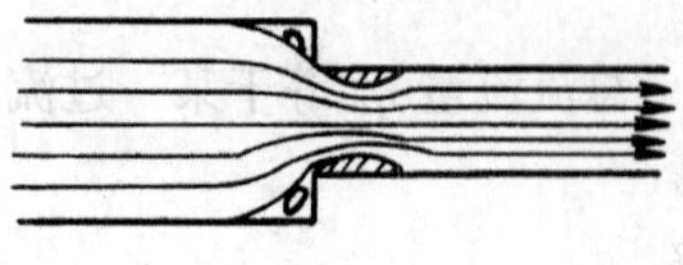

图 11-2 流线示意图

由流线的定义可知，流线具有如下特性：

1）流线上任意一点的切线方向就是该点流体质点的运动方向。

2）流线不能相交，也不能是折线，只能是光滑的曲线或直线。因为在某一时刻，每个流体质点只能有一个运动方向，流线相交或有折点都会导致流线在交点或折点处有两个切线方向，也即交点和折点处的流体质点有两个运动方向，这是不可能的。

3）在非恒定流中，质点的流速随时间变化，所以流线的形状和方位也随时间发生变化；在恒定流中，质点的流速不随时间变化，所以流线的形状保持不变，且与迹线重合。因此，在恒定流中，可以用迹线代替流线。

三、流管与流束、元流与总流

1. 流管与流束

如图 11-3 所示，在流场中任意画一封闭的曲线（不与流线重合），经过曲线上的所有点作流线，由这些流线组成的管状流面称为流管。流管内部流动的整体称为流束。

2. 元流与总流

垂直于流束的断面为过流断面。沿流束方向可作无数过流断面。过流断面为无限小（dA）的流束为元流；具有一定的过流断面（A），也即无数元流的总和为总流。工程上的管道流动均属总流。

过流断面无限小时，流来趋于一条流线。由此可得：

1) 在某一瞬间，元流形状不变，外部流体不能流入，内部流体也不能流出；

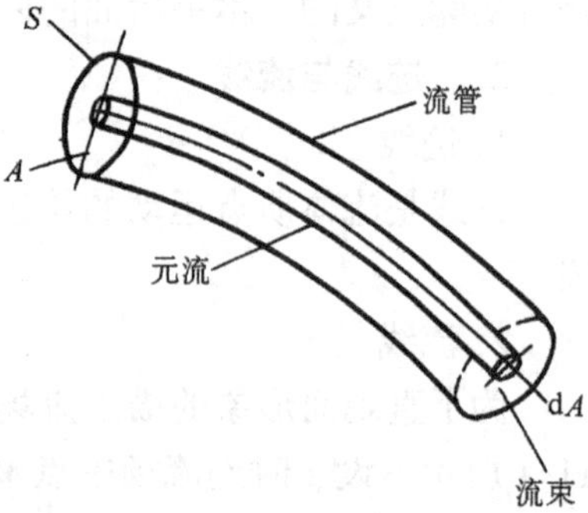

图 11-3 流束与流管、元流与总流

2) 元流过流断面上的流动参数可认为是均匀分布，因而流速和压强只沿流动方向而变化，即 $v=f(s)$（s 是沿流动方向取的坐标）。这种流动参数只随一个坐标变量变化的流动又称一元流动。

四、流量和平均流速

1. 流量

单位时间内通过某一过流断面的流体的数量，称为流量。根据衡量流体数量单位的不同，流量又分为体积流量 q_V（m^3/s）、质量流量 q_m（kg/s）和重量流量 G（N/s）。流体力学中用的最多的是体积流量。因此，本篇后面所提到的流量，如不加说明，均指体积流量。

元流流量 dq_V 等于过流断面面积 dA 与该断面上的流速 v 的乘积，即

$$dq_V = v dA \tag{11-1}$$

总流流量 q_V 等于某一过流断面 A 上的无数元流的 dq_V 在该断面上的积分，即

$$q_V = \int_A dq_V = \int_A v \cdot dA \tag{11-2}$$

2. 断面平均流速

由于总流过流断面上的速度分布比较复杂，只有在少数情况下才能用数学公式表示出来，因此通过式（11-2）计算总流流量很不方便。为此，从计算流量的目的出发，定义断面平均流速

$$\bar{v} = \frac{\int_A v \cdot dA}{A} = \frac{q_V}{A}$$

从而

$$q_V = \bar{v} A \tag{11-3}$$

用过流断面平均流速代替断面实际流速后，由于平均流速只在流动方向上发生变化，因此工程上的管道流动可以被看成为一元流动，从而使研究过程得到简化。

五、湿周与水力半径

1. 湿周

在过流断面上，流体与固体壁面相接触的长度称为湿周，一般用 x 表示，其单位为 m。

湿周与周长是两个不同的概念，只有在满流情况下湿周才等于周长，如图 11-4 所示。

2. 水力半径

总流过流断面的面积与湿周的比值称为水力半径，即

$$R = \frac{A}{x} \tag{11-4}$$

式中，R 是水力半径（m）；A 是过流断面面积（m^2）；x 是湿周（m）。

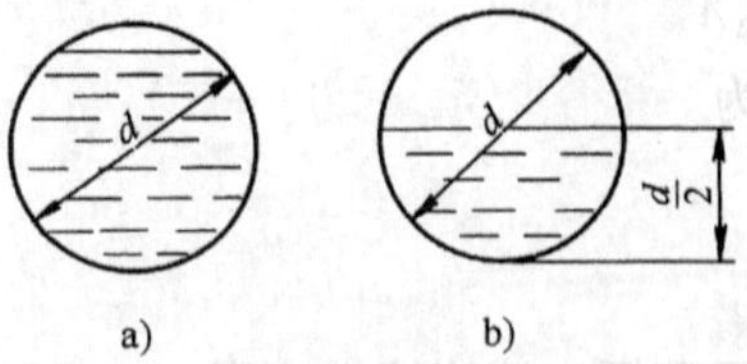

图 11-4　湿周

a) $x=\pi\cdot d$　b) $x=0.5\pi\cdot d$

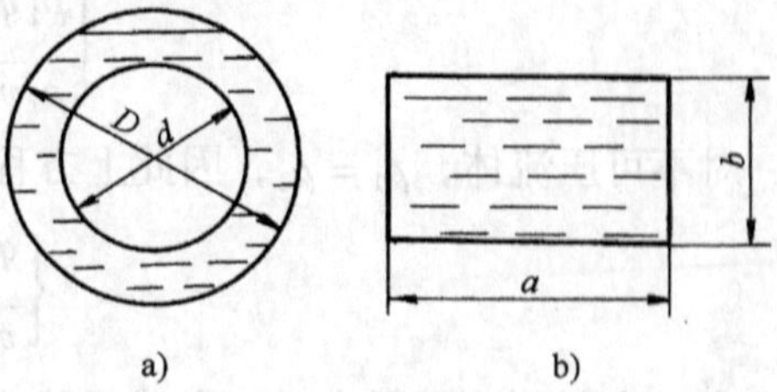

图 11-5　例 11-1 图

a) 环形通道　b) 矩形风道

【例 11-1】　求图 11-5 所示的两种情况下的湿周和水力半径。

【解】　(a)

$$x = \pi\cdot D + \pi\cdot d = \pi\cdot(D+d)$$

$$A = \frac{1}{4}\pi\cdot D^2 - \frac{1}{4}\pi\cdot d^2 = \frac{1}{4}\pi\cdot(D^2-d^2)$$

$$R = \frac{A}{x} = \frac{\frac{1}{4}\pi(D^2-d^2)}{\pi(D+d)} = \frac{1}{4}(D-d)$$

(b)

$$x = 2(a+b)$$

$$A = ab$$

$$R = \frac{ab}{2(a+b)}$$

第二节　恒定流连续性方程

自然界一切物质的运动都遵循质量守恒原理，流体运动也不例外。连续性方程就是质量守恒原理在流体力学中的具体表现形式，它反映了流体的流动速度沿流向的变化规律。下面就从质量守恒原理出发，建立恒定流的连续性方程。

一、恒定流连续性方程的基本形式

在总流上取过流断面 A_1 和 A_2，设 A_1、A_2 面上的平均流速为 $\bar{v}_1$、$\bar{v}_2$，密度为 ρ_1、ρ_2，如图 11-6 所示。

图 11-6　恒定流连续性方程的分析

由流量计算公式知，在 dt 时间内通过 A_1 流入的流体质量为 $m_1=\rho_1\bar{v}_1A_1dt=\rho_1q_{V1}dt$，通过

A_2 断面流出的流体的质量为 $m_2=\rho_2\overline{v}_2A_2dt=\rho_2q_{V2}dt$。在恒定流时，各断面上的平均流速和密度等参数不随时间变化，因此两断面间的流体质量不变，又流动是连续的，根据质量守恒原理，流入断面 A_1 的流体的质量必等于流出断面 A_2 的流体的质量，即

$$\rho_1q_{V1}dt=\rho_2q_{V2}dt$$

将上式两边消去 dt，便得总流恒定流连续性方程式

$$\begin{cases}\rho_1q_{V1}=\rho_2q_{V2}\\ \rho_1\overline{v}_1A_1=\rho_2\overline{v}_2A_2\end{cases}\tag{11-5}$$

对不可压流体，$\rho_1=\rho_2$，因此上方程式可简化为

$$\begin{cases}q_{V1}=q_{V2}\\ \overline{v}_1A_1=\overline{v}_2A_2\end{cases}\tag{11-6}$$

当过流断面面积很小时，上式仍然成立。故得元流恒定流连续性方程

$$\begin{cases}\rho_1\mathrm{d}q_{V1}=\rho_2\mathrm{d}q_{V2}\\ \rho_1\overline{v}_1\mathrm{d}A_1=\rho_2\overline{v}_2\mathrm{d}A_2\end{cases}\tag{11-7}$$

对不可压流体

$$\begin{cases}\mathrm{d}q_{V1}=\mathrm{d}q_{V2}\\ v_1dA_1=v_2dA_2\end{cases}\tag{11-8}$$

上述不可压流体的连续性方程式表明：不可压流体在管道中流动时，流速与断面面积成反比。根据这一结论可判断不同断面上的流速之间的关系，且当已知某一断面上的流速后，可求出其他各断面上的流速。

二、有分流和合流时的连续性方程

以上给出的是流体在只有一个出口和一个入口的管道上流动时的连续性方程。当有多个入口和多个出口时，流体的流动仍遵循质量守恒原理。不难证明，对于有 n 个入口和 m 个出口的流动，不可压流体连续性方程为：

$$\sum_{i=1}^{n}q_{V_i}=\sum_{j=1}^{m}q_{V_j}\tag{11-9}$$

工程上常遇到的分流和合流情况是流体通过三通和四通时的流动。对于图 11-7 所示的分流和合流三通中的流动，若流体可看成是不可压缩的，其连续性方程为，a：$q_{V1}=q_{V2}+q_{V3}$ 和 b：$q_{V3}=q_{V2}+q_{V1}$。

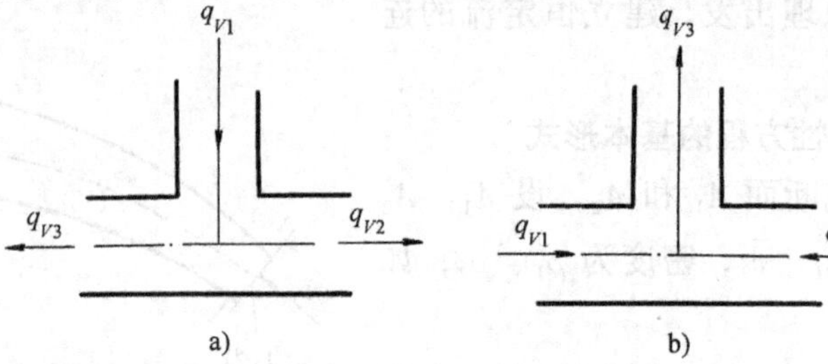

图 11-7
a）分流三通 b）合流三通

【例 11-2】　断面为 $500\times400\text{mm}^2$ 的矩形送风道，通过 a、b、c、d 四个 $300\text{mm}\times300\text{mm}$ 的送风口向室内输送冷空气，如图 11-8 所示。若送风口的平均流速均为 5m/s，求通过 $B—B$、$C—C$、$D—D$ 断面上的风量和风速。

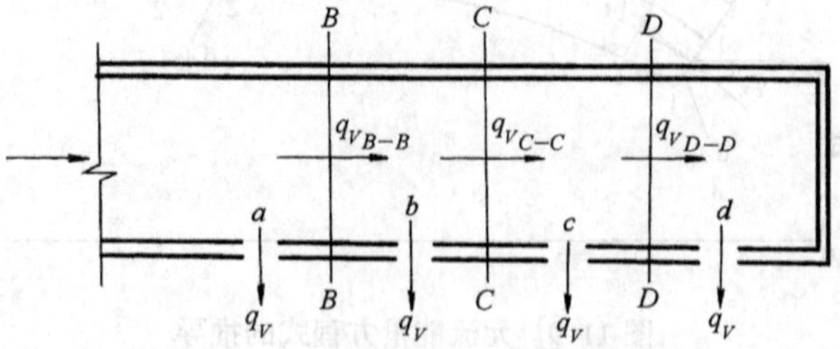

图 11-8　例 11-2 图　风道送风

【解】　每一送风口的送风量为

$$q_V = 0.3\times0.3\times5\text{m}^3/\text{s} = 0.45\text{m}^3/\text{s}$$

根据分流连续性方程，有

$$q_{V_{D\text{-}D}} = q_V = 0.45\text{m}^3/\text{s}$$

$$q_{V_{C\text{-}C}} = 2q_V = 2\times0.45\text{m}^3/\text{s} = 0.9\text{m}^3/\text{s}$$

$$q_{V_{B\text{-}B}} = 3q_V = 3\times0.45\text{m}^3/\text{s} = 1.35\text{m}^3/\text{s}$$

根据流速与流量间的关系，有

$$\bar{v}_{D\text{-}D} = \frac{q_V}{A} = \frac{0.45}{0.4\times0.5}\text{m/s} = 2.25\text{m/s}$$

$$\bar{v}_{C\text{-}C} = \frac{2q_V}{A} = \frac{0.9}{0.4\times0.5}\text{m/s} = 4.5\text{m/s}$$

$$\bar{v}_{B\text{-}B} = \frac{3q_V}{A} = \frac{1.35}{0.4\times0.5}\text{m/s} = 6.75\text{m/s}$$

第三节　恒定流能量方程

能量方程又称伯努利方程，它是能量转换和守恒定律在流体力学中的具体表现形式。不可压一元恒定流能量方程反映了流体在管道中流动时流速、压强和高程之间的变化关系，在工程上有广泛的实用价值。

下面就从功能原理出发，建立不可压流体一元恒定流能量方程。

一、恒定元流能量方程

1. 理想流体恒定元流能量方程

取如图 11-9 所示的一段元流（流动方向为从 1 断面流向 2 断面）为研究对象。设两断面上的高程和面积分别为 Z_1、Z_2 和 dA_1、dA_2，两断面上的压强和流速分别为 p_1、p_2 和 v_1、v_2。

现在分析 dt 时间内该段元流机械能的变化和外力对其所作的功：

(1) 外力对该段元流所作的功　理想流体不考虑粘性力作用，外力作功情况为：1-1

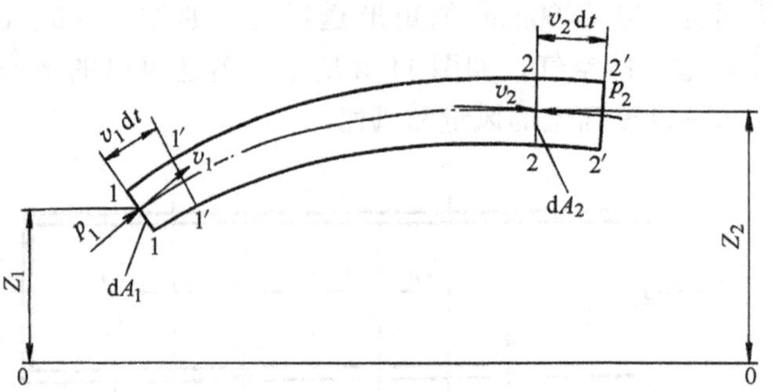

图 11-9 元流能量方程式的推导

断面上的压力为 $p_1 \mathrm{d}A_1$，其在 dt 时间内所作的功为 $p_1 \mathrm{d}A_1 \cdot u_1 \mathrm{d}t$；2-2 断面上的压力为 $p_2 \mathrm{d}A_2$，其在 dt 时间内所作的功为 $p_2 \mathrm{d}A_2 \cdot u_2 \mathrm{d}t$；元流在侧面上所受的压力与流动方向垂直，因而不作功。取流动方向为正方向，则外力作的功为

$$W = p_1 \mathrm{d}A_1 \cdot u_1 \mathrm{d}t - p_2 \mathrm{d}A_2 \cdot u_2 \mathrm{d}t = (p_1 - p_2)\mathrm{d}q_V \mathrm{d}t$$

(2) 该元流机械能的增量 元流在 dt 时间内从 1-2 位置移到 1′-2′位置，机械能增量应等于 1′-2′段内的机械能与 1-2 段内的机械能之差。由于为恒定流，1′-2 段内的机械能在 dt 时间前后不变。因此，机械能增量应等于 2-2′段与 1-1′段的机械能之差。

由于流体不可压缩，因此 1-1′段和 2-2′段内的流体质量可表示为

$$m = \rho \cdot \mathrm{d}q_V \cdot \mathrm{d}t = \frac{\gamma \mathrm{d}q_V \mathrm{d}t}{g}$$

根据动能的定义：动能等于$\frac{1}{2}mv^2$，得动能增量

$$\frac{\gamma \mathrm{d}q_V \mathrm{d}t}{g}\left(\frac{v_2^2}{2} - \frac{v_1^2}{2}\right) = \gamma \mathrm{d}q_V \mathrm{d}t\left(\frac{v_2^2}{2g} - \frac{v_1^2}{2g}\right)$$

根据位能的定义：位能等于 mgZ，得位能的增量

$$\gamma \mathrm{d}q_V \mathrm{d}t(Z_2 - Z_1)$$

由功能原理：外力做功等于机械能的增量，有

$$(p_1 - p_2)\mathrm{d}q_V \mathrm{d}t = \gamma \mathrm{d}q_V \mathrm{d}t\left(\frac{v_2^2}{2g} - \frac{v_1^2}{2g}\right) + \gamma \mathrm{d}q_V \mathrm{d}t(Z_2 - Z_1)$$

将上式两边同除 dt，并整理后得：

$$\left(\frac{p_1}{\gamma} + Z_1 + \frac{v_1^2}{2g}\right)\gamma \mathrm{d}q_V = \left(\frac{p_2}{\gamma} + Z_2 + \frac{v_2^2}{2g}\right)\gamma \mathrm{d}q_V \tag{11-10}$$

上式为表示元流全部流量的能量平衡方程，又称元流总能量方程。

将上式除以 $\gamma \mathrm{d}q_V$，得单位重量的能量平衡方程

$$\frac{p_1}{\gamma} + Z_1 + \frac{v_1^2}{2g} = \frac{p_2}{\gamma} + Z_2 + \frac{v_2^2}{2g} \tag{11-11}$$

上式即是理想流体恒定元流能量方程，也称伯努利方程。

上式中 1、2 两个断面是任意取的，所以可得

$$\frac{p}{\gamma} + Z + \frac{v^2}{2g} = C(\text{常数}) \tag{11-12}$$

2. 实际流体元流能量方程

实际流体在流动时，其内部会产生内摩擦力。内摩擦力阻碍流体的流动，作负功，因而使流体的能量沿流向不断减少。设单位重量的流体从 1 断面流到 2 断面的能量损失为 h_l'，则得实际流体元流能量方程式

$$\frac{p_1}{\gamma}+Z_1+\frac{v_1^2}{2g}=\frac{p_2}{\gamma}+Z_2+\frac{v_2^2}{2g}+h_l' \tag{11-13}$$

二、均匀流过流断面上的压强分布

上面我们已经推出了元流能量方程式，将元流能量方程式中各项在断面上积分，便可得到总流能量方程式。为此，我们有必要先了解一个均匀流的概念及其过流断面上的压强分布。

流速大小和方向沿流向不发生变化的流动称为均匀流，反之为非均匀流。均匀流的流线是相互平行的直线，因而它的过流断面是平面。可以证明，均匀流过流断面上的压强分布规律与静压强的分布规律相同，即：在同一过流断面上，各点的测压管水头值 $Z+\frac{p}{\gamma}$ 相等。

严格地讲，工程上所遇到的流动都是非均匀流。非均匀流中，流速大小或方向沿流向变化显著的流动又称急变流，而变化缓慢的流动又称渐变流。如图 11-10 所示，流体在变径管或弯管内的流动为急变流，在直管段内的流动为渐变流。

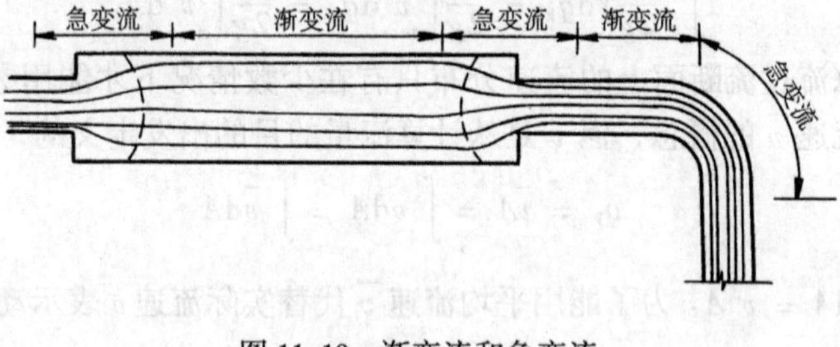

图 11-10　渐变流和急变流

渐变流的流线近乎为平行的直线，断面可视为平面。因此，在工程上可将其作为均匀流处理，也即：渐变流过流断面上的压强分布可认为服从静压强的分布规律。

三、恒定总流能量方程

1. 实际流体总流能量方程

下面将实际流体元流能量方程式推广到总流上去。

在图 11-11 所示的总流中，取渐变流断面 1-1 和 2-2。设 1-1 断面的面积为 A_1；2-2 断面的面积为 A_2。根据总流和元流之间的关系：实际总流的能量应是实际元流的能量在过流断面上的积分，可得总流总能量的平衡方程式：

$$\int_{A_1}\left(\frac{p_1}{\gamma}+Z_1+\frac{v_1^2}{2g}\right)\gamma \mathrm{d}q_V=\int_{A_2}\left(\frac{p_2}{\gamma}+Z_2+\frac{v_2^2}{2g}\right)\gamma \mathrm{d}q_V+\int_{q_V}h_l'\gamma \mathrm{d}q_V \tag{11-14}$$

下面讨论上式中的各项积分。

(1) $\int_A\left(Z+\frac{p}{\gamma}\right)\gamma \mathrm{d}q_V$

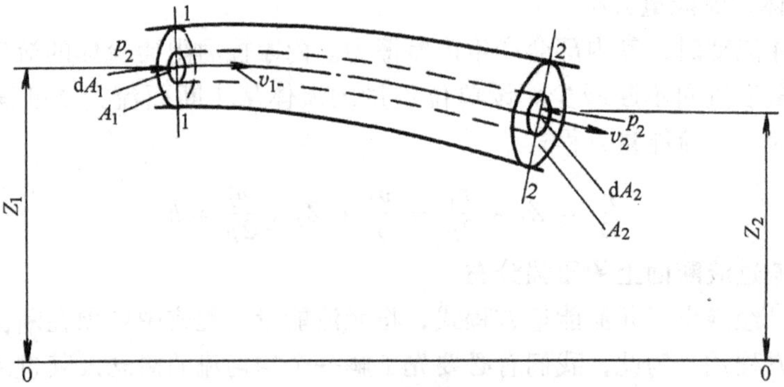

图 11-11 恒定总流能量方程的推导

由前述知，渐变流时，同一过流断面上不同点的测压管水头值相等，因此：

$$\int_{A_1}\left(Z_1+\frac{p_1}{\gamma}\right)\gamma \mathrm{d}q_V=\left(Z_1+\frac{p_1}{\gamma}\right)\gamma q_V$$

$$\int_{A_2}\left(Z_2+\frac{p_2}{\gamma}\right)\gamma \mathrm{d}q_V=\left(Z_2+\frac{p_2}{\gamma}\right)\gamma q_V$$

(2) $\int_A \frac{v^2}{2g}\gamma \mathrm{d}q_V$

$$\int_A \frac{v^2}{2g}\gamma \mathrm{d}q_V=\frac{\gamma}{2g}\int_A v^2 \mathrm{d}q_V=\frac{\gamma}{2g}\int_A v^3 \mathrm{d}A$$

如前所述，总流过流断面上的流速分布只有在少数情况下才能用数学公式表示出来，为此引入了平均流速 $\bar{v}$ 的概念，但 $\bar{v}$ 是从计算流量的目的出发定义的，即

$$q_V=\bar{v}A=\int_A v\mathrm{d}A=\int_A \bar{v}\mathrm{d}A$$

而 $\int_A v^3\mathrm{d}A \neq \int_A \bar{v}^3\mathrm{d}A=\bar{v}^3A$。为了能用平均流速 $\bar{v}$ 代替实际流速 v 表示动能项，引入动能修正系数 α，并定义

$$\alpha=\frac{\int_A v^3\mathrm{d}A}{\int_A \bar{v}^3\mathrm{d}A}=\frac{\int_A v^3\mathrm{d}A}{\bar{v}^3A}$$

这样便有

$$\frac{\gamma}{2g}\int_A v^3\mathrm{d}A=\frac{\gamma}{2g}\alpha\bar{v}^3A=\frac{\alpha\bar{v}^2}{2g}\gamma q_V$$

因此

$$\int_{A_1}\frac{v_1^2}{2g}\gamma \mathrm{d}q_V=\frac{\gamma}{2g}\int_{A_1}v_1^3\mathrm{d}A=\frac{\alpha_1\bar{v}_1^2}{2g}\gamma q_V$$

$$\int_{A_2}\frac{v_2^2}{2g}\gamma \mathrm{d}q_V=\frac{\gamma}{2g}\int_{A_2}v_2^3\mathrm{d}A=\frac{\alpha_2\bar{v}_2^2}{2g}\gamma q_V$$

由 α 的定义可知，α 值的大小实际上反映了流速在断面上分布的不均匀程度。流速均匀分布时，$\alpha=1.0$，流速分布越不均匀，α 值越大。对于一般的管道流动，$\alpha=1.05\sim$

1.10。工程上计算时，常取 α 等于 1.0。

(3) $\int_{q_V} h_l'\gamma \mathrm{d}q_V$

此项积分表示在单位时间内，总流从 1 断面流到 2 断面克服流动阻力产生的能量损失。由于各元流从 1 断面流到 2 断面时产生的能量损失不一定相同，为了计算方便，设各元流的平均能量损失为 h_l，则：

$$\int_Q h_l'\gamma \mathrm{d}q_V = h_l\gamma q_V$$

将以上各项积分代回到（11-14）式，便得积分后的恒定总流总能量方程式

$$\left(Z_1+\frac{p_1}{\gamma}\right)\gamma q_V+\frac{\alpha_1\overline{v}_1^2}{2g}\gamma q_V=\left(Z_2+\frac{p_2}{\gamma}\right)\gamma q_V+\frac{\alpha_2\overline{v}_2^2}{2g}\gamma q_V+h_l\gamma q_V \tag{11-15}$$

上式两边同除 γq_V，便得恒定总流能量方程，或恒定总流伯努利方程

$$Z_1+\frac{p_1}{\gamma}+\frac{\alpha_1\overline{v}_1^2}{2g}=Z_2+\frac{p_2}{\gamma}+\frac{\alpha_2\overline{v}_2^2}{2g}+h_l \tag{11-16}$$

式中，Z_1、Z_2 分别为选定的 1、2 两断面上任意一点的高程（m）；p_1、p_2 为与 Z_1、Z_2 相对应的点的绝对压强（对于液体也可同时为相对压强）（Pa）；$\overline{v}_1$、$\overline{v}_2$ 分别为 1、2 两断面的平均流速（m/s）；α_1、α_2 分别为 1、2 两断面的动能修正系数；h_l 为单位重量流体从 1 断面流到 2 断面产生的能量损失（m）。

2. 实际流体总流能量方程式的意义

实际流体总流能量方程式的意义可从物理学、水力学和几何学三个方面来解释：

(1) 物理意义　从物理学知识可知，方程式中各项的物理含义为：

Z：表示单位重量流体相对于基准面所具有的位置势能，简称位能；

$\frac{p}{\gamma}$：表示单位重量流体所具有的压力势能，简称压能；

$Z+\frac{p}{\gamma}$：表示单位重量流体所具有的总势能，简称势能，常用 H_p 表示；

$\frac{\alpha v^2}{2g}$：表示单位重量流体所具有的动能平均值，简称动能；

$Z+\frac{p}{\gamma}+\frac{\alpha v^2}{2g}$：表示单位重量流体所具有的总能，简称总能，常用 H 表示；

h_l：表示单位重量流体从 1 断面流动到 2 断面产生的能量损失，简称能量损失。

由上述各项的含义知，实际流体总流能量方程式的物理意义为：流体在管道中流动时，不同断面上的位能、压能和动能可以互相转换，但后一个断面上的总能与前一个断面上的总能之差总是等于该两断面上的能量损失，也即：无论断面上的能量组成如何改变，流体总是从能量高的断面流向能量低的断面。

(2) 水力意义　水力学中，习惯将单位重量的流体所具有的能量称为“水头”。按照这种习惯，方程式中各项的水力学名称为：

Z 为位置水头；$\frac{p}{\gamma}$为压强水头；$H_p=Z+\frac{p}{\gamma}$为测压管水头；$\frac{\alpha\overline{v}^2}{2g}$为总流过流断面上的

平均速度水头，简称速度水头；$H=Z+\frac{p}{\gamma}+\frac{\alpha\bar{v}^2}{2g}$为总水头；$h_l$ 为水头损失。

因此，方程式的水力学意义为：流体在管道中流动时，不同断面上的位置水头、压强水头和速度水头可以互相转换，但后一个断面上的总水头与前一个断面上的总水头之差总是等于该两断面上的水头损失，也即：无论断面上的水头组成如何改变，流体总是从总水头高的断面流向总水头低的断面。

(3) 几何意义　能量方程式中各项的单位为 m，各项实际表示的是某种高度，因此各项之间的关系可以通过几何高度来表示，如图 11-12 所示。

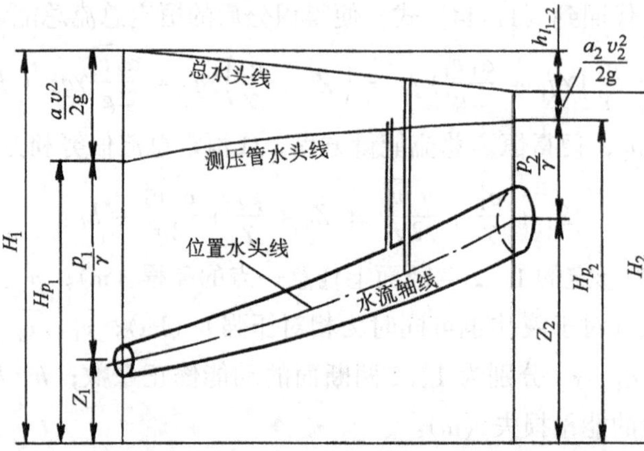

图 11-12　能量方程的几何图示

Z 是断面上某点相对于基准面的高度；

$\frac{p}{\gamma}$是选定点压强作用使流体沿测压管上升的高度，简称测压管高度；

$H_p=Z+\frac{p}{\gamma}$表示测压管液面相对于基准面的高度；

$\frac{\alpha\bar{v}^2}{2g}$表示以 v 为初速度，铅直向上射流所能达到的理论高度平均值；

$H=Z+\frac{p}{\gamma}+\frac{\alpha\bar{v}^2}{2g}$表示测速管液面相对基准面的高度。所谓测速管就是下端开口正对来流方向的 90°细弯管，如图 11-13 所示；

h_l 表示两断面上测速管的液面高差。

由上知，实际流体总流能量方程式的几何意义为：流体在管道中流动时，不同断面上的位置高度、测压管高度和测速管高度可以互相转换，但后一个断面的三种高度和与前一个断面的三种高度和之差总是等于该两断面上测速管的液面高差。

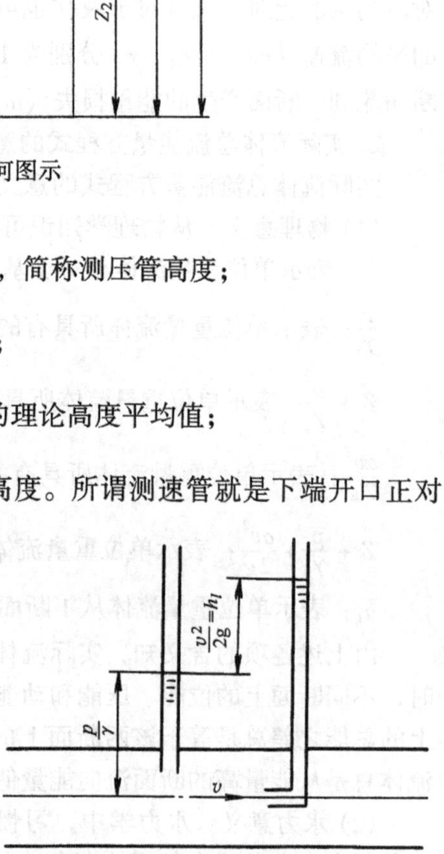

图 11-13　测速管装置

四、能量方程的应用

1. 应用能量方程时应注意的问题

恒定总流能量方程在解决工程实际问题中有极其重要的作用，但由于是在一定条件下推导出来的，因此它的应用也有一定的条件限制。在使用时应注意下列几点：

1）流体必须是不可压流体。

2）流体运动必须是恒定流。

3）所取断面必须符合渐变流条件。

4）流体在所取两断面间流动时，流量沿程不变。当流量有变化，即有合流和分流时，如图 11-14 所示。因为能量方程式中各项表示的是单位重量流体所具有的某种能量，因此流体从 1→2 和 1→3 的能量方程式应为

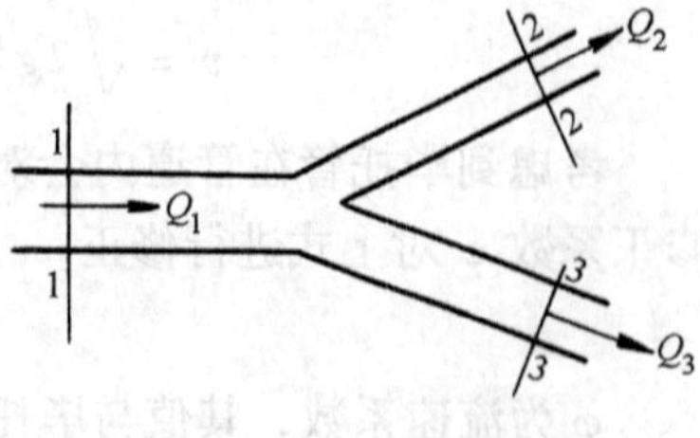

图 11-14 分支流

$$Z_1 + \frac{p_1}{\gamma} + \frac{\alpha_1 \overline{v}_1^2}{2g} = Z_2 + \frac{p_2}{\gamma} + \frac{\alpha_2 \overline{v}_2^2}{2g} + h_{l_{1-2}} \tag{11-17}$$

$$Z_1 + \frac{p_1}{\gamma} + \frac{\alpha_1 \overline{v}_1^2}{2g} = Z_3 + \frac{p_3}{\gamma} + \frac{\alpha_3 \overline{v}_3^2}{2g} + h_{l_{1-3}} \tag{11-18}$$

5）流体在所取两断面间流动时，没有能量的输入和输出。当有能量输入和输出时，根据能量守恒与转换定律，能量方程式应为

有能量输入时

$$Z_1 + \frac{p_1}{\gamma} + \frac{\alpha_1 \overline{v}_1^2}{2g} + H_i = Z_2 + \frac{p_2}{\gamma} + \frac{\alpha_2 \overline{v}_2^2}{2g} + h_l \tag{11-19}$$

有能量输出时

$$Z_1 + \frac{p_1}{\gamma} + \frac{\alpha_1 \overline{v}_1^2}{2g} = Z_2 + \frac{p_2}{\gamma} + \frac{\alpha_2 \overline{v}_2^2}{2g} + H_0 + h_l \tag{11-20}$$

式中，H_i 为外界输入给单位重量流体的能量（m）；H_0 为单位重量流体输出给外界的能量（m）。

2. 能量方程的应用实例

（1）毕托管——元流能量方程的应用　毕托管是用于测量流体某点流速的一种装置，如图 11-15 所示，管前端小孔 A 与 A' 管相通，管侧面有多个小孔 B 与 B' 管相通。使用时，A 孔正对来流流体。

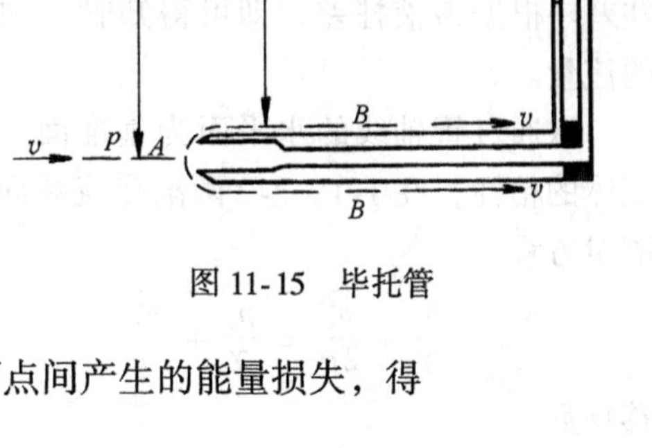

图 11-15 毕托管

当测液流速度时，A'、B' 两管的液面差即反映了 A、B 两处的压差。液体流到 A 点后，最先是从 A 点进入，沿管上升。当其动能全部转化为势能（$v_A = 0$，$p_A = h_A\gamma$）后，便从 A 点绕流。当流经 B 点时，流体恢复到原有的流动状态（$v_B = v$，$p_B = h_B\gamma$），沿 AB 流线列元流能量方程，忽略 A、B 两点的高差和流体在 A、B 两点间产生的能量损失，得

$$\frac{p_A}{\gamma}+0=\frac{p_B}{\gamma}+\frac{v^2}{2g}$$

$$v=\sqrt{2g\frac{p_A-p_B}{\gamma}}=\sqrt{2g(h_A-h_B)}=\sqrt{2g\Delta h}$$

考虑到毕托管在管道内会对流体产生一定的扰动，该扰动会影响流体的流速，用一个修正系数 φ 对上式进行修正

$$v=\varphi\sqrt{2g\Delta h} \tag{11-21}$$

φ 为流速系数，其值与毕托管的构造和加工情况有关，一般为 0.90 ~ 1.03，计算时常取 1.0。

实际工程上用毕托管测量流速时，常将 A'、B' 端分别与压差计两端相接，用压差计内的液柱差反映 A、B 两点的压差。因此，计算流速之前，应先将 A、B 两点的压差折合成被测流体的液柱高度，再按公式（11-21）进行计算。

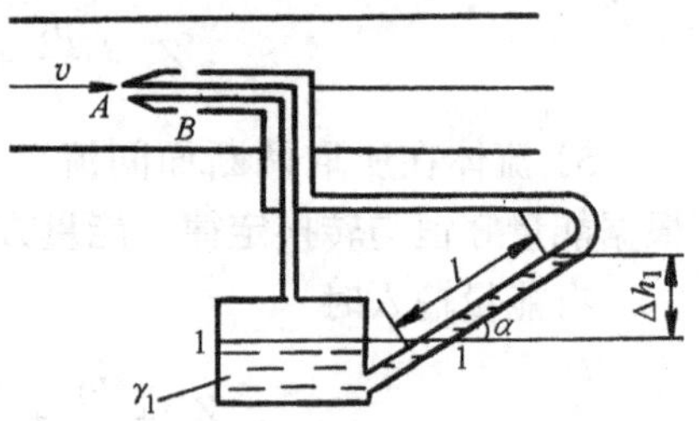

图 11-16 毕托管测风速装置

【例 11-3】 用毕托管测量风道内流速，如图 11-16 所示，微压计中酒精的重度 $\gamma_1=7.848\text{kN/m}^3$，微压计倾斜管的倾角 $\alpha=30°$，读数 $l=60\text{mm}$，试求管内断面中心处的流速 v。

【解】 1-1 为等压面，$p_A-p_B=(\gamma_1-\gamma)\Delta h_1$，忽略气柱产生的压差 $\gamma\Delta h_1$，则

$$p_A-p_B=\gamma_1\Delta h_1$$

将 A、B 两点压差折合成空气柱高度

$$\Delta h=\frac{p_A}{\gamma}-\frac{p_B}{\gamma}=\frac{\gamma_1}{\gamma}\Delta h_1=\frac{7.848\times10^3}{11.7}\times0.06\times\sin30°\text{m}=20\text{m}$$

将其代入公式（11-21），得

$$v=\sqrt{2g\Delta h}=\sqrt{2\times9.81\times20}\text{m/s}=19.8\text{m/s}$$

(2) 文丘里流量计——总流能量方程的应用 文丘里流量计由一段渐缩管、一段喉管和一段渐扩管组成，如图 11-17 所示。将其装在管道上，当流体通过流量计时，由于喉管的断面较小，流速较大，压强较低，因此 1-1 断面和 2-2 断面处的测压管呈现一个液柱差。根据该液柱差，即可得知管道内流体的流量。

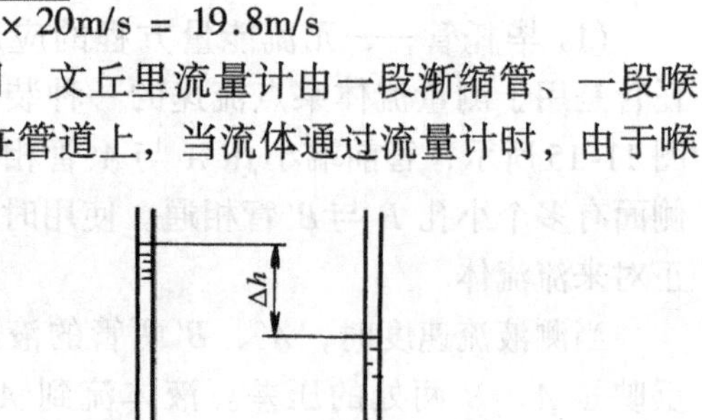

图 11-17 文丘里流量计

取通过管轴线的水平面为基准面，忽略流体的粘性，在 1-1、2-2 两渐变流断面上列能量方程

$$\frac{p_1}{\gamma}+\frac{\overline{v}_1^2}{2g}=\frac{p_2}{\gamma}+\frac{\overline{v}_2^2}{2g}$$

移项后

$$\frac{\overline{v}_2^2}{2g}-\frac{\overline{v}_1^2}{2g}=\frac{p_1}{\gamma}-\frac{p_2}{\gamma}=\Delta h$$

由连续性方程$\frac{\overline{v}_1}{\overline{v}_2}=\frac{A_2}{A_1}=\frac{d_2^2}{d_1^2}$，$\overline{v}_2^2=\overline{v}_1^2\left(\frac{d_1}{d_2}\right)^4$，将其代入上式，得：

$$\Delta h=\frac{\overline{v}_1^2}{2g}\left[\left(\frac{d_1}{d_2}\right)^4-1\right]$$

$$\overline{v}_1=\sqrt{\frac{2g\Delta h}{\left(\frac{d_1}{d_2}\right)^4-1}}$$

因此
$$q_V=\overline{v}_1A_1=\frac{\pi d_1^2}{4}\sqrt{\frac{2g\Delta h}{\left(\frac{d_1}{d_2}\right)^4-1}}$$

对于一个既定的流量计，$\frac{\pi d_1^2}{4}\sqrt{\frac{2g}{\left(\frac{d_1}{d_2}\right)^4-1}}$是一个常数，为简单起见，以 K 表示之，则：

$$q_V=K\sqrt{\Delta h}$$

由于在推导过程中，没有考虑流体的粘性，因此通过上式计算出的流量较实际流量要大。为此，用一个修正系数 μ 修正

$$q_V=\mu K\sqrt{\Delta h}\tag{11-22}$$

式中，q_V 为实际流量（m^3/s）；K 为流量计常数（$m^{2.5}/s$）；μ 为流量系数，该值通过实验确定，一般在 0.95 ~ 0.98 之间；Δh 是 1-1 和 2-2 两断面的液柱差，m。

文丘里流量计中的测压管也可根据需要换成 U 形压差计，如图 11-18 所示。这时，应先将 1、2 断面间的压差折合成被测流体的液柱高度，再按上式计算流量。

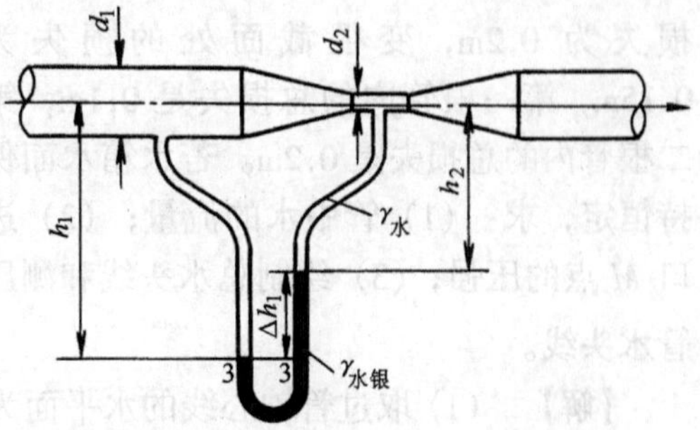

图 11-18　例 11-4 图文丘里流量计测流量装置

【例 11-4】　如图 11-18 所示，d_1 = 150mm，d_2 = 75mm，水银 U 形压差计读数 Δh = 0.25m，该流量计的流量修正系数 μ = 0.98，求管内水的流量。

【解】　3-3 为等压面，$p_1+\gamma h_1=p_2+\gamma h_2+\gamma_{Hg}\Delta h_1$

$$p_1-p_2=\gamma_{Hg}\Delta h_1-\gamma(h_1-h_2)=(\gamma_{Hg}-\gamma)\Delta h_1$$

将 1、2 两断面压强差折合成水柱高度

$$\Delta h=\frac{p_1}{\gamma}-\frac{p_2}{\gamma}=\left(\frac{\gamma_{Hg}}{\gamma}-1\right)\Delta h_1=\left(\frac{133\ 375}{9\ 807}-1\right)\times 0.25\text{m}=3.15\text{m}$$

又 $$K=\frac{\pi d_1^2}{4}\sqrt{\frac{2g}{\left(\frac{d_1}{d_2}\right)^4-1}}=\frac{\pi}{4}\times0.15^2\times\sqrt{\frac{2\times9.81}{\left(\frac{0.15}{0.075}\right)^4-1}}\mathrm{m^{2.5}/s}=0.02\mathrm{m^{2.5}/s}$$

所以 $$q_V=\mu K\sqrt{\Delta h}=0.98\times0.02\times\sqrt{3.15}\mathrm{m^3/s}=0.035\mathrm{m^3/s}$$

3. 应用能量方程解题的步骤

能量方程和连续性方程联立，可以全面解决管道流动断面流速和压强的计算问题。求解问题的一般步骤是：

1) 分析流动。明确流动总体，要把需要研究的局部流动和总体流动联系起来一起考虑。

2) 划分断面。在满足渐变流条件前提下，断面应尽量划分在已知条件较多的断面上，且应使所求的未知量出现在方程式中。

这里需注意：敞口容器自由液面上的压强为大气压；管道出口断面上的压强为大气压；流体在水箱、水槽等截面较大的容器中的流速可认为是零。

3) 选择基准面。原则上基准面可任意选取，但为了方便，应使基准面通过较低断面的形心。

4) 列出方程，代入已知条件。

5) 求解流速和压强。

【例 11-5】 如图 11-19 所示，水从水箱先后经直径为 $d_1=20\mathrm{mm}$、$d_2=15\mathrm{mm}$ 的两根管子流入大气，已知 $H=5\mathrm{m}$，入口损失为 0.2m，变径截面处的损失为 0.15m，第一根管内的总损失是 0.1m，第二根管内的总损失是 0.2m。若水箱水面保持恒定，求：(1) 管中水的流量；(2) 进口 M 点的压强；(3) 绘制总水头线和测压管水头线。

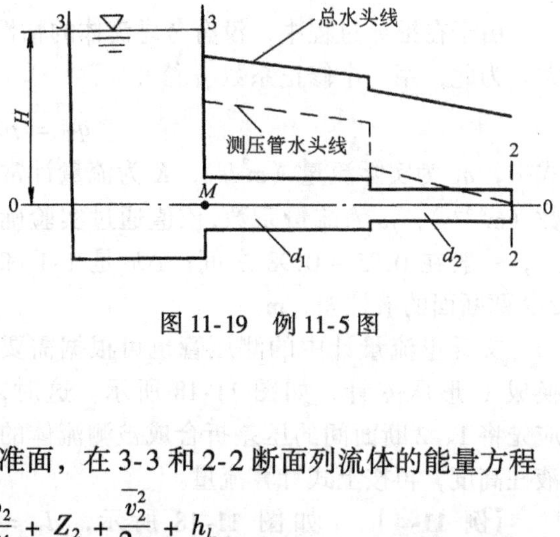

图 11-19 例 11-5 图

【解】 (1) 取过管轴心线的水平面为基准面，在 3-3 和 2-2 断面列流体的能量方程

$$\frac{p_3}{\gamma}+Z_3+\frac{\overline{v}_3^2}{2g}=\frac{p_2}{\gamma}+Z_2+\frac{\overline{v}_2^2}{2g}+h_{l_{3\text{-}2}}$$

将 $Z_2=0$，$Z_3=H$，$p_2=p_3=0$，$v_3=0$，$h_{l_{3\text{-}2}}=(0.2+0.15+0.1+0.2)\mathrm{m}=0.65\mathrm{m}$ 代入上式，则

$$H-h_{l_{3\text{-}2}}=\frac{\overline{v}_2^2}{2g}$$

$$\overline{v}_2=\sqrt{2g(H-h_{l_{3\text{-}2}})}=\sqrt{2\times9.81\times(5-0.65)}\mathrm{m/s}=9.24\mathrm{m/s}$$

$$q_V=v_2A_2=9.24\times\frac{\pi}{4}\times0.015^2\mathrm{m^3/s}=1.63\times10^{-3}\mathrm{m^3/s}$$

(2) 由连续性方程 $v_2A_2=v_1A_1$，有

$$\bar{v}_1 = \frac{d_2^2}{d_1^2} v_2 = 9.24 \times \left(\frac{15}{20}\right)^2 \text{m/s} = 5.2\text{m/s}$$

$$\frac{v_1^2}{2g} = \frac{5.2^2}{2 \times 9.81} \text{m} = 1.38\text{m}$$

在 3-3 断面和 *M-M* 断面列能量方程

$$\frac{p_3}{\gamma} + Z_3 + \frac{\bar{v}_3^2}{2g} = \frac{p_M}{\gamma} + Z_M + \frac{\bar{v}_M^2}{2g} + h_{l_{3\text{-}M}}$$

将 $Z_3 = H$，$v_3 = 0$，$p_3 = 0$，$Z_M = 0$，$\bar{v}_M = 5.2\text{m/s}$，$h_{l_{3\text{-}M}} = 0.2\text{m}$ 代入上式，得

$$H = \frac{p_M}{\gamma} + \frac{\bar{v}_M^2}{2g} + h_{l_{3\text{-}M}}$$

$$p_M = \gamma\left(H - h_{l_{3\text{-}M}} - \frac{\bar{v}_M^2}{2g}\right) = 9.807 \times (5 - 0.2 - 1.38)\text{kPa} = 33.54\text{kPa}$$

（3）将按各断面总水头值所描绘的点连线得总水头线，将按各断面测压管水头值所描绘的点连线得测压管水头线，见图 11-19。

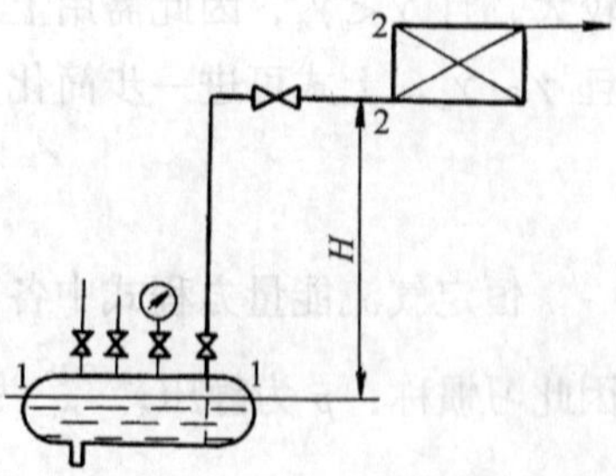

图 11-20　例 11-6 图制冷装置

【例 11-6】　某制冷装置如图 11-20 所示，高压储液罐内的氨液制冷剂经节流降压后直接送到 145kPa（表压）的低压系统。已知储液罐内液面压强为 $p_0 = 685\text{kPa}$（表压），供液管内径 $d = 50\text{mm}$，管内限定流量为 $q_V = 0.002\text{m}^3/\text{s}$，供液管的能量损失 $h_l = 2.5\text{m}$（氨柱），氨液密度为 636kg/m^3。试确定氨液被压送的最大高度 H。

【解】　如图所示，以储液罐液面为基准面，在 1-1 和 2-2 断面列能量方程

$$Z_1 + \frac{p_1}{\gamma} + \frac{\bar{v}_1^2}{2g} = Z_2 + \frac{p_2}{\gamma} + \frac{\bar{v}_2^2}{2g} + h_l$$

移项

$$Z_2 - Z_1 = \frac{p_1 - p_2}{\gamma} + \frac{\bar{v}_1^2 - \bar{v}_2^2}{2g} - h_l$$

因

$$\bar{v}_2 = \frac{4q_V}{\pi d^2} = \frac{4 \times 0.002}{3.14 \times 0.05^2} \text{m/s} = 1.02\text{m/s}$$

将 $Z_1 = 0$，$Z_2 = H$，$\bar{v}_1 = 0$，$\bar{v}_2 = 1.02\text{m/s}$，$p_1 = 685 \times 10^3\text{Pa}$，$p_2 = 145 \times 10^3\text{Pa}$，$h_l = 2.5\text{m}$ 代入上式

$$H = \frac{p_1 - p_2}{\gamma} - \frac{\bar{v}_2^2}{2g} - h_l = \left[\frac{(685 - 145) \times 10^3}{636 \times 9.81} - \frac{1.02^2}{2 \times 9.81} - 2.5\right] \text{m} = 84\text{m}$$

五、恒定气流能量方程

上述的恒定总流能量方程式，对不可压缩气体同样适用。但对于气流常将方程式写成如下形式（取 $\alpha_{01} = \alpha_{02} = 1.0$）：

$$Z_1\gamma + p_1' + \frac{\rho\bar{v}_1^2}{2} = Z_2\gamma + p_2' + \frac{\rho\bar{v}_2^2}{2} + p_l \tag{11-23}$$

式中，p_1'、p_2'表示 1、2 断面的绝对压强；p_l 表示单位体积气体从 1 断面到 2 断面产生的能量损失，$p_l = \gamma h_l$。

工程上经常用的是相对压强，为此将上式改写成用相对压强表示的形式。

根据相对压强与绝对压强的关系：

$$p_1' = p_1 + p_{1b}, p_2' = p_2 + p_{2b}$$

上式中，p_1、p_2 分别表示 1、2 两断面的相对压强；p_{1b}、p_{2b} 分别表示 1、2 两断面所在高度上的大气压。

又

$$p_{1a} = p_{2b} + \gamma_a (Z_2 - Z_1)$$

所以

$$p_1 + (\gamma_a - \gamma)(Z_1 - Z_2) + \frac{\rho \bar{v}_1^2}{2} = p_2 + \frac{\rho \bar{v}_2^2}{2} + p_l \tag{11-24}$$

上式即为常用的恒定气流能量方程式。其中 γ_a 为管道外空气的重度；γ 为管道内气体的重度；ρ 为管道内气体的密度。

空调专业中常碰到的是风道和烟道内的气流。对于烟道内的气流，由于 Z_1 与 Z_2 相差较大，且 $\gamma < \gamma_a$，因此需用上式进行计算。对于风道内的气流，一般 Z_1 与 Z_2 相差不大，且 $\gamma \approx \gamma_a$，上式可进一步简化为

$$p_1 + \frac{\rho \bar{v}_1^2}{2} = p_2 + \frac{\rho \bar{v}_2^2}{2} + p_l \tag{11-25}$$

恒定气流能量方程式中各项表示单位体积气体的某种能量，其单位为压强单位（Pa），因此习惯称：p 为静压；$\frac{\rho \bar{v}^2}{2}$ 为动压；$(\gamma_a - \gamma)(Z_1 - Z_2)$ 为位压；$p + \frac{\rho \bar{v}^2}{2}$ 为全压；$(\gamma_a - \gamma)(Z_1 - Z_2) + p$ 为势压；$p + (\gamma_a - \gamma)(Z_1 - Z_2) + \frac{\rho \bar{v}^2}{2}$ 为总压；p_l 为压强损失。

为反映气流过程中能量的变化，可画出总压线、全压线，其画法与总水头线和测压管水头线画法相同。

【例 11-7】 水平风管如图 11-21 所示，空气自 1-1 断面流向 2-2 断面。已知：1-1 断面压强 $p_1 = 150\text{mm}$（水柱），$\bar{v}_1 = 15\text{m/s}$，2-2 断面压强 $p_2 = 140\text{mm}$（水柱），$\bar{v}_2 = 10\text{m/s}$，求两断面间的压强损失。假设损失沿程均匀作用，画出其静压线和总压线。

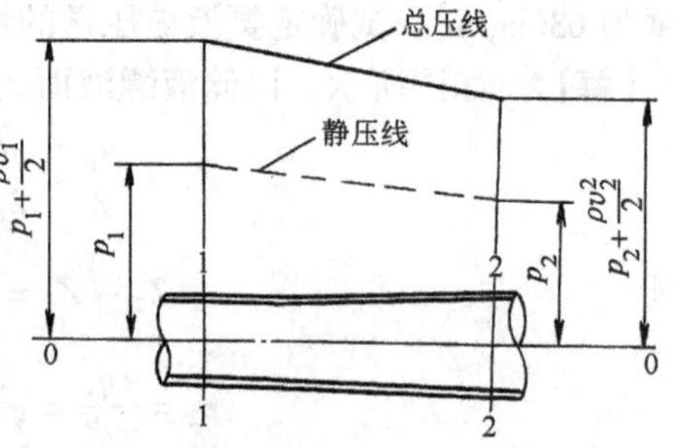

图 11-21 例 11-7 图

【解】 在 1-1 和 2-2 断面列能量方程

$$p_1 + \frac{\rho \bar{v}_1^2}{2} = p_2 + \frac{\rho \bar{v}_2^2}{2} + p_l$$

则

$$p_l = p_1 - p_2 + \frac{\rho \bar{v}_1^2}{2} - \frac{\rho \bar{v}_2^2}{2}$$

$$p_l = (0.15 - 0.14) \times 9\,807 + \frac{1.2 \times (15^2 - 10^2)}{2}\text{Pa} = 173\text{Pa}$$

静压线和总压线如图 11-21 所示。

第四节 恒定流动量方程

应用能量方程和连续方程，可求解各断面的流速、流量和压强，但不能求解流体与其流动的管道壁面之间的作用力。动量方程提供了流体运动参数与固体壁面作用力之间的关系。

一、恒定流动量方程式

物理学中定义：物体的质量 m 与其运动速度 v 的乘积为物体的动量；作用于物体上的合外力 $\sum \boldsymbol{F}$ 与作用时间 $\mathrm{d}t$ 的乘积为物体的冲量。由动量定理知：作用于物体的冲量等于物体动量的变化量，其数学表示式为

$$\sum \boldsymbol{F}\mathrm{d}t = d(m\boldsymbol{v}) \tag{11-26}$$

将上式应用于不可压流体的恒定流，如图 11-22 所示。以 1-1 和 2-2 断面间的流体为研究对象。设 1-1 和 2-2 断面为渐变流断面，两断面上的参数如图 11-22 所示。$\mathrm{d}t$ 时间后流体从 1-1 位置流至 1′-2′位置。因为 $\mathrm{d}t$ 为无限小，所以可认为 1′断面上的参数与 1 断面上的参数相同，2′断面上的参数与 2 断面上的参数相同。由于是恒定流，1′-2 空间内的流体动量将保持不变，因此，$\mathrm{d}t$ 时间前后的流体动量变化量应等于流体在 2-2′空间内的动量与流体在 1-1′空间内的动量之差，即

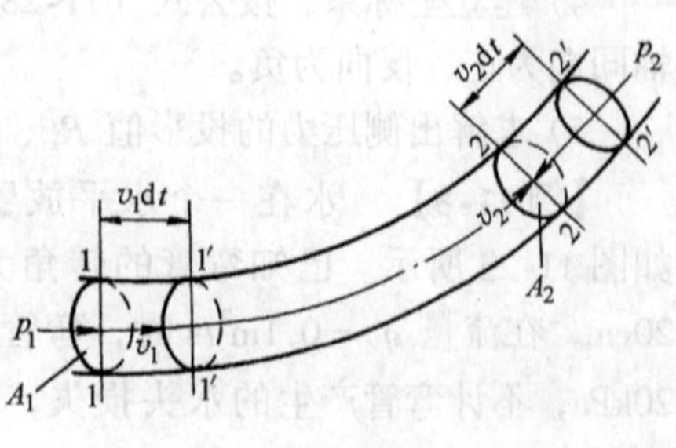

图 11-22 动量方程的推证

$$\mathrm{d}(m\bar{\boldsymbol{v}}) = m_2\bar{\boldsymbol{v}}_2 - m_1\bar{\boldsymbol{v}}_1 = \rho q_V \mathrm{d}t\bar{\boldsymbol{v}}_2 - \rho q_V \mathrm{d}t\bar{\boldsymbol{v}}_1$$

将其代入式（11-26）得

$$\sum \boldsymbol{F}\mathrm{d}t = \rho q_V \mathrm{d}t\,\bar{\boldsymbol{v}}_2 - \rho q_V \mathrm{d}t\,\bar{\boldsymbol{v}}_1$$

两边同除 $\mathrm{d}t$，得

$$\sum \boldsymbol{F} = \rho q_V\bar{\boldsymbol{v}}_2 - \rho q_V\bar{\boldsymbol{v}}_1$$

上式中，流体的动量是用平均流速计算的，实际断面上的流速分布并不均匀，因此用平均流速计算出的动量与实际动量间肯定有一定的误差，为此引入动量修正系数 α_0 对其进行修正，即

$$\sum \boldsymbol{F} = \alpha_{02}\rho q_V\bar{\boldsymbol{v}}_2 - \alpha_{01}\rho q_V\bar{\boldsymbol{v}}_1 \tag{11-27}$$

式（11-27）即为不可压流体的恒定流动量方程式。该方程式表明：作用于流段上的全部外力的向量和等于单位时间内流出与流入该流段的动量的向量差。为计算方便，常将其写成三个正交方向上的投影式，即

$$\begin{cases}\sum F_x = \alpha_{02}\rho q_V v_{2x} - \alpha_{01}\rho q_V v_{1x}\\ \sum F_y = \alpha_{02}\rho q_V v_{2y} - \alpha_{01}\rho q_V v_{1y}\\ \sum F_z = \alpha_{02}\rho q_V v_{2z} - \alpha_{01}\rho q_V v_{1z}\end{cases} \tag{11-28}$$

式中，$\sum F_x$、$\sum F_y$、$\sum F_z$ 为流体所受的外力在相应坐标轴上投影的代数和（N）；ρ 为流体的密度（$\mathrm{kg/m^3}$）；v_{1x}、v_{1y}、v_{1z}为 1 断面的平均流速在相应坐标轴上的投影（m/s）；v_{2x}、

v_{2y}、v_{2z}为2断面的平均流速在相应坐标轴上的投影（m/s）；α_{01}、α_{02}分别为1、2两断面的动量修正系数，一般为1.0~1.05，工程计算时常取$\alpha_{01}=\alpha_{02}=1.0$。

二、应用动量方程求解问题的步骤：

1）选取适宜的控制体。控制体一般为两个渐变流断面之间的流动空间。

2）确定控制体两断面上的运动参数（p、$\bar{v}$、q_V等）。该过程一般需联立连续性方程和能量方程进行。

3）分析流段的受力情况。流段受的力一般有断面压力P_1、P_2，重力G和侧面压力R（固体边壁附近的摩擦力通常略去不计）。

侧面压力（R）是管道壁面对流段全部作用力的向量和，它与流体作用于管道壁面的作用力是一对作用力与反作用力（大小相等，方向相反）。在计算中一般为待求力。

4）建立坐标系，按公式（11-28）列出动量方程式。注意速度分量和力的分量与坐标轴同向为正，反向为负。

5）求解出侧压力的投影值R_x、R_y、R_z，进而求出R。

【例11-8】 水在一个水平放置的弯管内流动，如图11-23所示。已知弯管的转角为60°，直径$d=20\text{cm}$，在流量$q_V=0.1\text{m}^3/\text{s}$时，弯管前端的压强$p_1=20\text{kPa}$，不计弯管产生的水头损失，求水流对弯管的作用力。

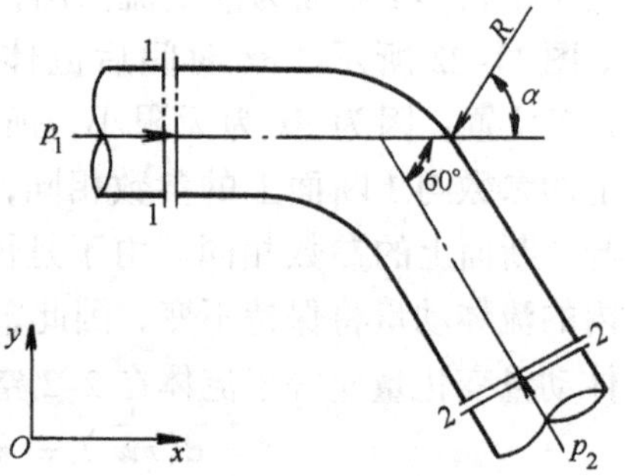

图11-23 例11-8图水平弯管

【解】 以1-1、2-2两断面间的流动空间为控制体，先求1-1、2-2两断面上的流速和压强。根据连续性方程，由于断面积不变，所以

$$\bar{v}_1=\bar{v}_2=\frac{4q_V}{\pi d^2}=\frac{4\times0.1}{3.14\times0.2^2}\text{m/s}=3.18\text{m/s}$$

根据能量方程，由于$Z_1=Z_2$，$v_1=v_2$，所以：$p_1=p_2=20\text{kPa}$。

由于弯管水平放置，不考虑重力，只分析水平面上的平衡。作用于1-1、2-2断面上的压力为

$$P_1=P_2=p_1A=p_1\frac{1}{4}\pi d^2=20\times\frac{\pi}{4}\times0.2^2\text{kN}=0.628\text{kN}$$

设作用于水流侧面的压力为R（图11-23），其与水平方向的夹角为α，则水流在x、y方向上所受的合外力为

$$\sum F_x=P_1-P_2\cos60^\circ-R\cos\alpha$$

$$\sum F_y=P_2\sin60^\circ-R\sin\alpha$$

根据动量方程

$$\sum F_x=P_1-P_2\cos60^\circ-R\cos\alpha=\rho q_V\ (\bar{v}_2\cos60^\circ-\bar{v}_1)$$

$$\sum F_y=P_2\sin60^\circ-R\sin\alpha=\rho q_V\ (-\bar{v}_2\sin60^\circ-0)$$

联立求解，得

$$R=0.946\text{kN},\alpha=60^\circ$$

水流作用于弯管的力 R' 与 R 大小相等，方向相反。

思考题与练习题

1. 什么是恒定流与非恒定流？工程上的哪些流动可以被看成为恒定流？举例说明。

2. 研究流体的运动有哪两种方法？工程上普遍采用的是哪种？

3. 什么是流线？什么是迹线？流线有何特性？

4. 什么是元流、总流？元流与总流有何关系？

5. 断面平均流速是如何定义的？引入断面平均流速有何意义？

6. 什么是湿周？湿周与周长是否相同？举例说明。

7. 恒定流连续性方程表示什么意义？

8. 渐变流过流断面上的压强分布有何规律？

9. 恒定流能量方程式反映了什么规律？方程式及方程式中各项的物理意义、水力意义及几何意义是什么？

10. 能量方程的适用条件如何？

11. 在什么情况下需要用动量方程？

12. 有一套管换热器，其内管为 $\phi33.5\text{mm}\times3.25\text{mm}$，外管为 $\phi60\text{mm}\times3.5\text{mm}$。内管流过温度为 40 °C，流量为 5000kg/h 的水。管隙间流着压力为 1.2 个大气压（绝压）、温度为 5 °C、流量为 160kg/h 的空气。试求水与空气的流速分别为多少？

13. 密度为 1800kg/m^3 的某种液体经一内径为 60mm 的管道输送到某处，若其流速为 0.8m/s，求该液体的体积流量、质量流量和重量流量。

14. 如图 11-24 所示，一喷管直径 $D=0.5\text{m}$，收缩段长 $l=0.4\text{m}$，$\alpha=30°$，若进口平均流速 $\bar{v}_1=0.3\text{m/s}$，求出口流速 $\bar{v}_2$。

15. 如图 11-25，输水管路中，主管尺寸为 $d=100\text{mm}$，每小时输水量为 30m^3，在进入支管后，要求流速比主管大 50%，两支管流量分别为 $Q_1=10\text{m}^3/\text{h}$，$Q_2=20\text{m}^3/\text{h}$，试求：(1) 主管中水的流速；(2) 两个支管的内径。

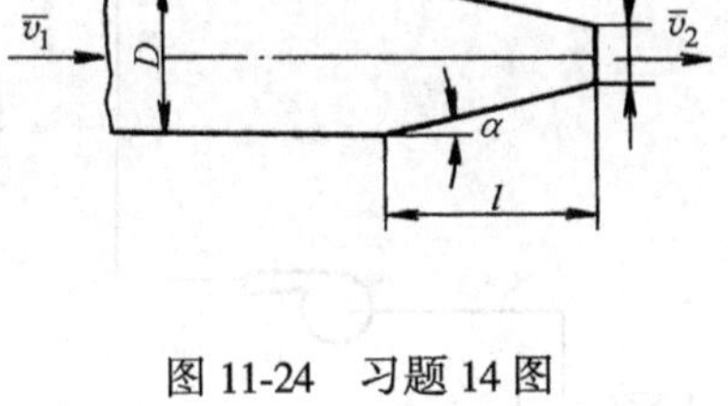

图 11-24 习题 14 图

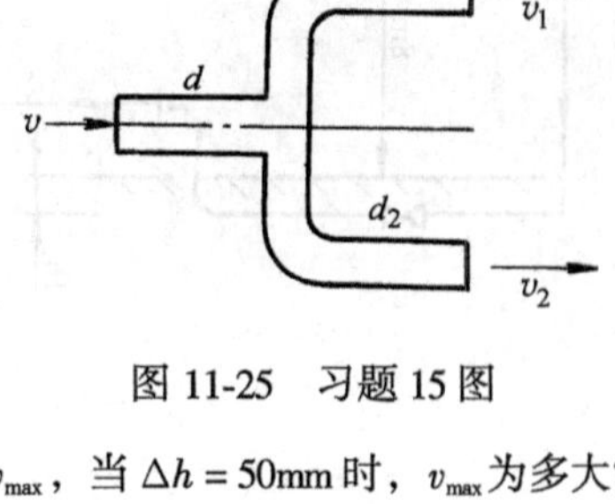

图 11-25 习题 15 图

16. 如图 11-26 所示，用水银比压计测水管中心处的流速 v_{max}，当 $\Delta h=50\text{mm}$ 时，v_{max} 为多大？

17. 如图 11-27，水沿垂直变径管向下流动。已知上管直径 $D=0.2\text{m}$，流速为 $\bar{v}=3\text{m/s}$，为使上下两个压力表的读数相同，下管直径应为多大？(水头损失不计)

18. 如图 11-28 所示，管径不同的两段管路，已知 A 点参数为：$p_A=4.9\text{N/cm}^2$，$d_A=0.25\text{m}$，B 点的参数为：$p_B=2.94\text{N/cm}^2$，$d_B=0.5\text{m}$，$\bar{v}_B=1.2\text{m/s}$，$\Delta h=1\text{m}$，试求 A、B 两点间的能量损失并判断水流方向。

19. 水箱供水装置如图 11-29 所示。水管直径为 50mm，阀门全闭时，压力表读数为 0.3 个大气压，阀门开启后，压力表读数降至 0.2 个大气压，设总压头损失为 0.5m，求水的流量为若干？

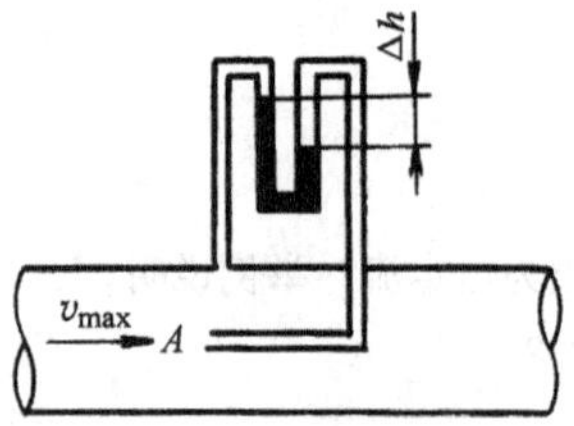

图 11-26 习题 16 图

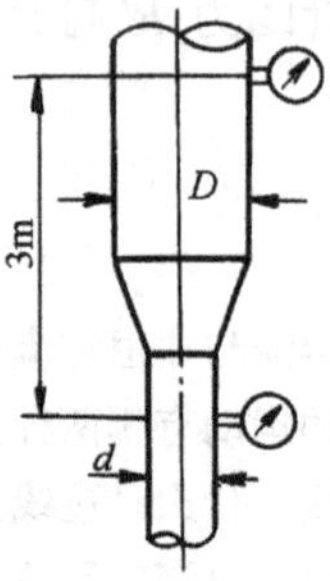

图 11-27 习题 17 图

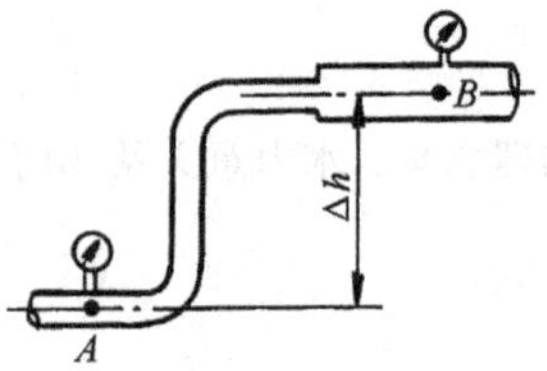

图 11-28 习题 18 图

图 11-29 习题 19 图

20. 某输水系统，如图 11-30 所示。管径为 $d = 50\text{mm}$，$\sum h_1 = 40\frac{\bar{v}_2}{2g}$，求水的流量为多少？欲使水量增加 20%，应将水箱水面升高多少米？

21. 某锅炉给水系统，如图 11-31 所示。如水池液面距锅炉液面高度 10m，锅炉水面上的蒸汽压力 $p_0 = 560\text{kPa}$（表压），管径 $d = 30\text{mm}$，流量 $q_V = 2.5\text{L/s}$，管流全部的水头损失 $h_1 = 10\frac{v^2}{2g}$，求水泵应提供的给水压力（扬程）。

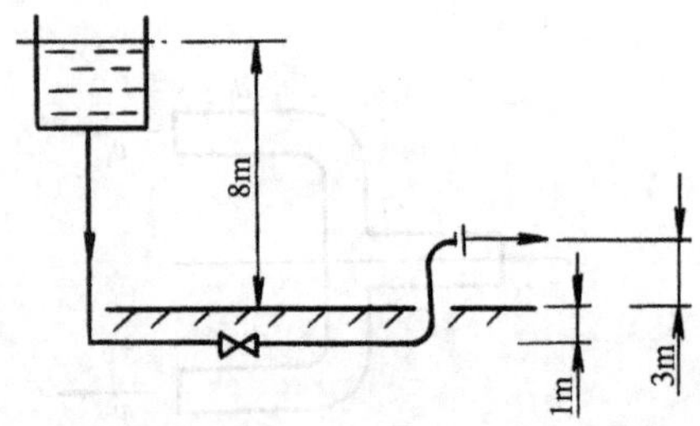

图 11-30 习题 20 图

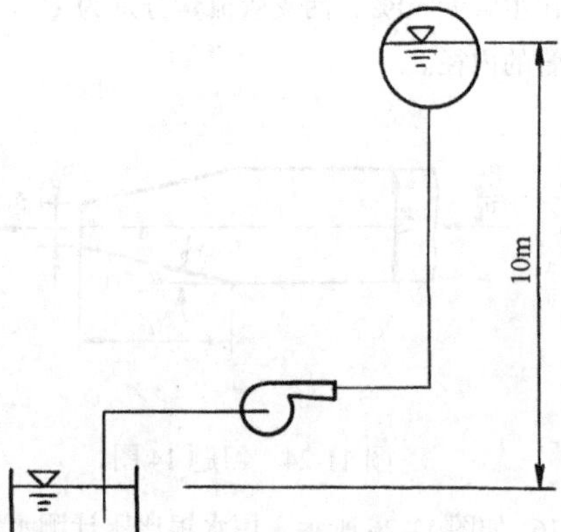

图 11-31 习题 21 图

22. 如图 11-32 所示，某制冷系统中用水泵将冷却水送到楼顶的冷凝器中经喷头喷出作冷却介质使用。已知泵的吸水管和排水管直径均为 $d = 100\text{mm}$，冷却水池液面距喷头的高差 $Z = 18\text{m}$，输送管路中的能量损失 $h_1 = 3\text{m}$（水柱），冷却水在喷头前的压强为 30kPa（表压）。求输水量为 $q_V = 12\text{L/s}$ 时，泵的扬程应为多少？

23. 一开式风洞试验段，如图 11-33 所示。已知进口 $D=2\text{m}$，喷口 $d=0.5\text{m}$，比压计读数 $\Delta h=60\text{mm}$，不计能量损失，求喷口风速。

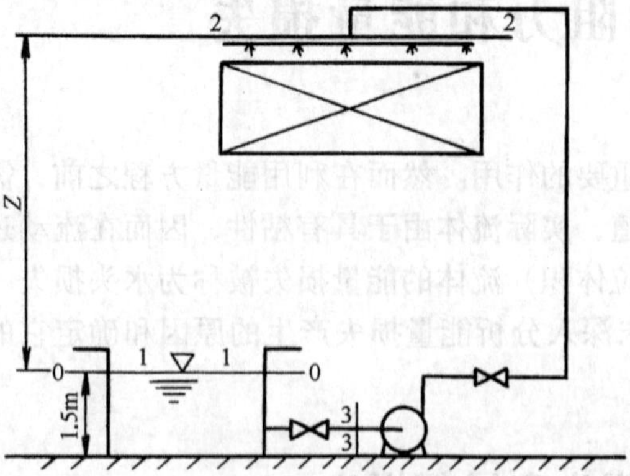

图 11-32　习题 22 图

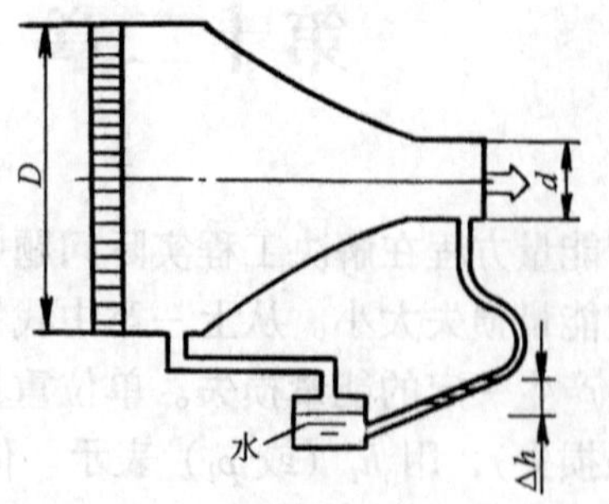

图 11-33　习题 23 图

24. 如图 11-34 所示，烟囱直径 $d=1\text{m}$，通过的烟气量 $q_V=176.2\text{kN/h}$，烟气密度 $\rho=0.7\text{kg/m}^3$，烟囱内的压强损失 $p_1=0.035\dfrac{H}{d}\dfrac{\rho\bar{v}^2}{2}$，烟囱底部断面 1 的负压不小于 12mm 水柱，求烟囱的高度 H 至少为多少？

25. 90°的渐缩弯管置于水平面上，如图 11-35 所示，已知 $d_1=15\text{cm}$，$d_2=7.5\text{cm}$，入口处的平均流速 $\bar{v}_1=2.5\text{m}$，静压 $p_1=6.86\text{N/cm}^2$，不计阻力损失，求水流过时对弯管产生的作用力。

26. 直角三通水平放置，如图 11-36 所示。已知出入接口直径均为 $d=500\text{mm}$，入口水流量 $q_V=0.6\text{m}^3/\text{s}$，压强 $p=70\text{kN/m}^2$，两出口流量相同，不计水头损失，求固定三通需要的力。

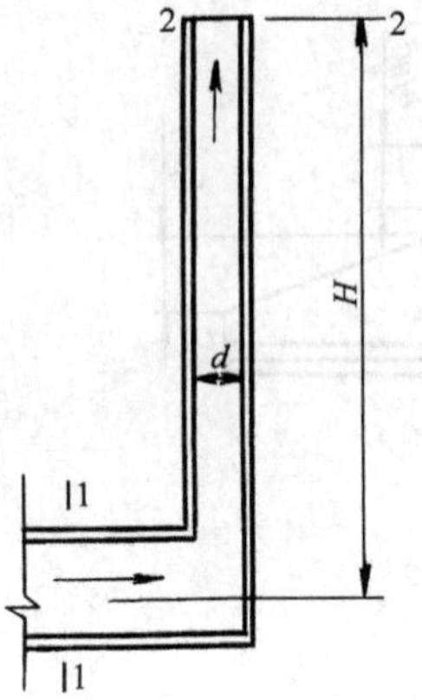

图 11-34　习题 24 图

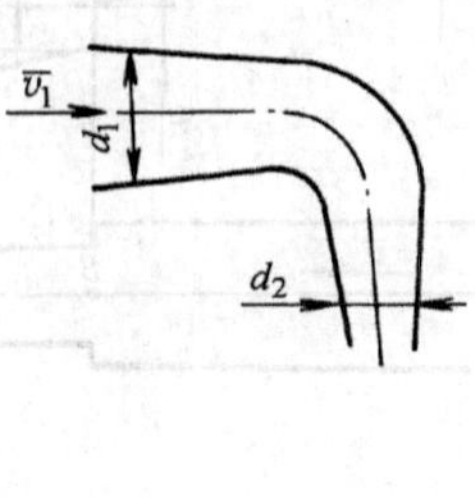

图 11-35　习题 25 图

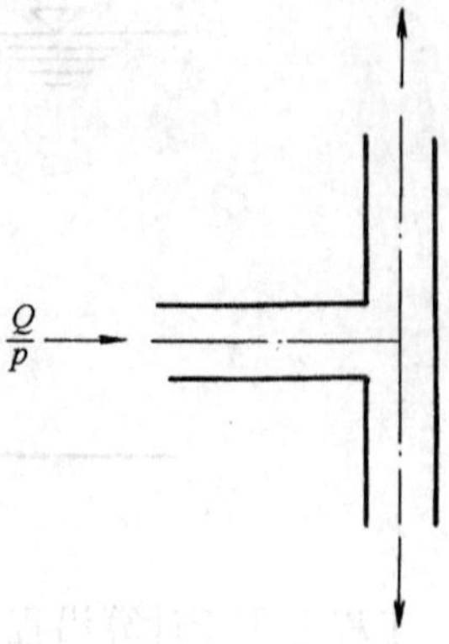

图 11-36　习题 26 图

第十二章　流动阻力和能量损失

能量方程在解决工程实际问题中有极其重要的作用。然而在利用能量方程之前，需先确定能量损失大小。从上一章中我们已经知道，实际流体由于具有粘性，因而在流动过程中会产生一定的能量损失。单位重量（或单位体积）流体的能量损失被称为水头损失（或压强损失），用 h_l（或 p_l）表示。但当时并未深入分析能量损失产生的原因和确定它的计算方法。本章将着重讨论这一问题。

第一节　沿程损失和局部损失

流体流经直管段和各种管件时受到的阻力不同，产生的能量损失也不同，为了便于分析和计算，通常将能量损失分为如下两种形式。

一、沿程阻力与沿程损失

流体在边壁沿程不变的管段（直管段）上流动时，其所受的阻力沿程也不发生变化，这一阻力称为沿程阻力。流体克服这一阻力产生的能量损失称为沿程损失，用 h_f 表示。

由于沿程损失是发生在流体流动的一段路程上，其数值大小与流动的路程成正比，因此在直管段中流动时，流体的总水头线是一条沿程逐渐向下倾斜的直线，如图 12-1 所示。

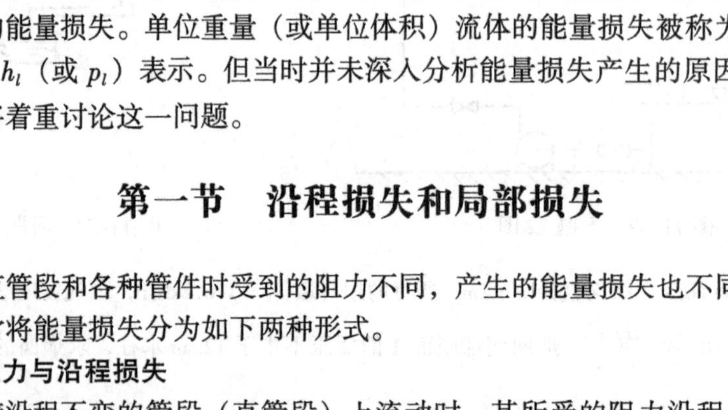

图 12-1　沿程损失与局部损失

工程上用于计算沿程损失的一般公式为

$$h_f = \lambda \frac{l}{d}\frac{\bar{v}^2}{2g} \qquad \left(或\ p_f = \lambda \frac{l}{d}\frac{\rho\bar{v}^2}{2}\right) \tag{12-1}$$

式中：l 是管长（m）；d 是管径（m）；v 是断面平均流速（m/s）；g 是重力加速度，$g = 9.81\text{m/s}^2$；λ 是沿程阻力系数。

二、局部阻力与局部损失

流体流经管件、阀门及进出口（以下统称为局部阻碍）等时，由于受到局部障碍所产生的阻力称为局部阻力。流体克服这一阻力而产生的能量损失称为局部损失，用 h_j 表示。

由于局部损失的影响范围一般较小，因而在画总水头线时，常将其集中在某一断面上，如图 12-1 所示。

工程上用于计算局部损失的一般公式为

$$h_j = \zeta \frac{v^2}{2g} \left(或\ p_j = \zeta \frac{\rho \bar{v}^2}{2} \right) \tag{12-2}$$

式中，ζ 是局部阻力系数；其他同上。

如果某段管路由若干根直管段和若干个局部阻碍组成（如图 12-1），则整个管路的损失应等于各段沿程损失和各个局部损失之和，即

$$h_l = \Sigma h_f + \Sigma h_j (或\ p_l = \Sigma p_f + \Sigma p_j) \tag{12-3}$$

由式（12-1）和式（12-2）可知，计算能量损失的关键是确定沿程阻力系数 λ 和局部阻力系数 ζ，这也是本章的核心。下面逐节对其进行讨论。

第二节　层流与紊流、雷诺数

实践证明，沿程阻力系数 λ 的变化规律与流体的流动状态密切相关。为此，在研究 λ 的变化规律之前，有必要先了解流体的流动状态及其判断准则。

一、两种流态

1883 年英国物理学家雷诺通过实验发现，流体的运动有两种不同性质的流动状态，即层流和紊流（湍流）。两种流态的内部结构有很大差别，因而沿程阻力系数的变化规律不同。

雷诺的实验装置如图 12-2 所示：水箱 A 侧壁引出玻璃管 B，阀门 C 用于调节 B 管的流量。容器 D 内装有有色水，有色水可经细管 E 流入玻璃管 B，阀门 F 可调节有色水的流量。试验过程中，水箱 A 内的水位保持恒定。

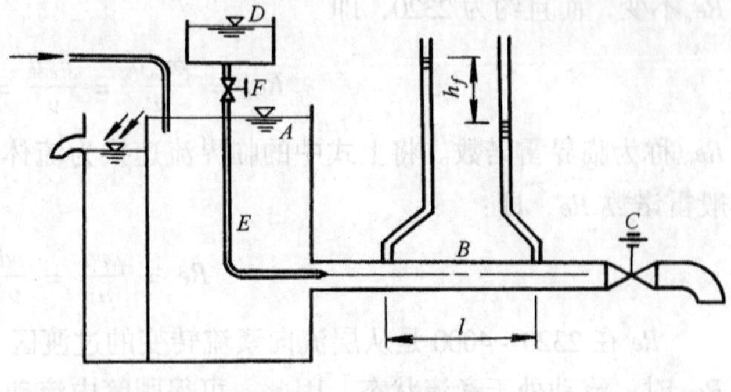

图 12-2　雷诺实验台

实验过程是：微开阀门 C，使水在 B 管内缓慢流动。再打开阀门 F，放出少量有色水。这时可看到，有色水在 B 管内沿轴线方向成一条轮廓清晰的细长直线，平稳地流过整个 B 管，与周围的清水丝毫不相掺混，如图 12-3a 所示。逐渐开大阀门 C，使 B 管中水的流速逐渐增大。当流速达到一定程度（v_c'）时，呈直线流动的有色细流开始出现波动而成波浪形细线，如图 12-3b 所示。继续开大阀门 C，细线的波动加剧，然后将断裂与周围清水混合，最后使整个玻璃管内的水呈现均匀的颜色，如图 12-3c 所示。显然，此时流体的流动状况已发生了显著的变化。

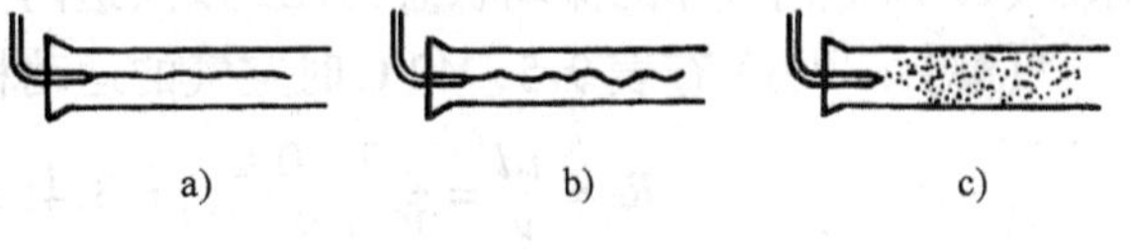

图 12-3　层流、过渡状态和紊流

若按反方向进行上述实验，即先开大阀门，然后再逐渐关小。实验现象将按相反程序出现，只是有色水形成细长直线时的流速 v_c 小于 v_c'。

上述实验现象表明：

1）流体的流动状态可分为两种类型，一种是质点始终沿流向作直线运动，质点或流层间彼此不相掺混，这种流动状态称为层流；另一种是流体质点不仅有沿流向的运动而且还有垂直于流向的运动，流层间相互掺混，这种流动状态称为紊流。

2）两种流态在一定的流速下可互相转化。流态发生变化时的流速称临界流速。从紊流转向层流的临界流速（下临界流速）v_c 与从层流转向紊流的临界流速（上临界流速）v_c' 大小不同。v_c'不固定，它随流体最初所受的扰动情况而变化。

在工程上，扰动是普遍存在的，因此上临界流速 v_c'没有实际意义。一般用下临界流速 v_c 作为判别流态的界限。

二、流态的判断准则——临界雷诺数

雷诺通过大量的实验发现：用同一种流体在不同直径的 B 管内进行试验，所得的临界流速值是各不相同的；用不同的流体在同一直径的 B 管中进行实验，所得的临界流速值也是各不相同的。这说明流体的流动状态不仅与流速有关，还和流体的种类、管的直径有关。而且，进一步的实验表明，无论流体的种类和管的直径如何变化，流体的密度 ρ 和粘度 μ、管的直径 d、流体的临界流速 v_c，这四个物理量按下列方式组合成的无量纲数 Re_c不变，而且约为 2320，即

$$Re_c = \frac{\rho v_c d}{\mu} = \frac{v_c d}{\nu} = 2320 \tag{12-4}$$

Re_c 称为临界雷诺数。将上式中的临界流速换为流体的实际流速，可得管中流体流动的一般雷诺数 Re，即：

$$Re = \frac{\rho v d}{\mu} = \frac{v d}{\nu} \tag{12-5}$$

Re 在 2320～4000 是从层流向紊流转变的过渡区。工程上，为简便起见，假设当 $Re > Re_c$ 时，流动处于紊流状态。因此，可得圆管内流动流态的判断准则：

层流 $$Re = \frac{\rho v d}{\mu} = \frac{v d}{\nu} \leqslant 2320$$

紊流 $$Re = \frac{\rho v d}{\mu} = \frac{v d}{\nu} > 2320$$

【例 12-1】 某低速送风管道，内径 $d = 200\text{mm}$，风速 $v = 3\text{m/s}$，空气温度为 40°C。求：(1) 风道内气体的流动状态；(2) 该风道内空气保持层流的最大速度。

【解】 (1) 查表 9-5，40°C 时空气的运动粘度 $\nu = 17.6 \times 10^{-6}\text{m}^2/\text{s}$，管中 Re 为：

$$Re = \frac{vd}{\nu} = \frac{3 \times 0.2}{17.6 \times 10^{-6}} = 3.41 \times 10^4 > 2320$$ 故为紊流。

(2) 空气保持层流的最大流速为

$$v_{\max} = \frac{Re\nu}{d} = \frac{2320 \times 17.6 \times 10^{-6}}{0.2} = 0.2\text{m/s}$$

第三节　圆管中的层流运动

实际工程上大多数流体处于紊流状态，但在粘性较大的润滑系统和输油管路等中，也会出现层流状态。因此，研究层流运动的沿程损失，仍然具有一定的实际意义，同时也有助于进一步分析紊流的沿程损失。

一、均匀流动方程式

由前述已知，均匀流即是流速大小、方向沿程均不变化的流动。由于这种流动只能发生在边壁（截面形状、截面大小、管内壁粗糙度等）不发生任何变化的直管段上。所以，在均匀流时，只有沿程损失，没有局部损失。为了寻找沿程损失的变化规律，我们先来建立沿程损失和沿程阻力之间的关系式——均匀流动方程式。

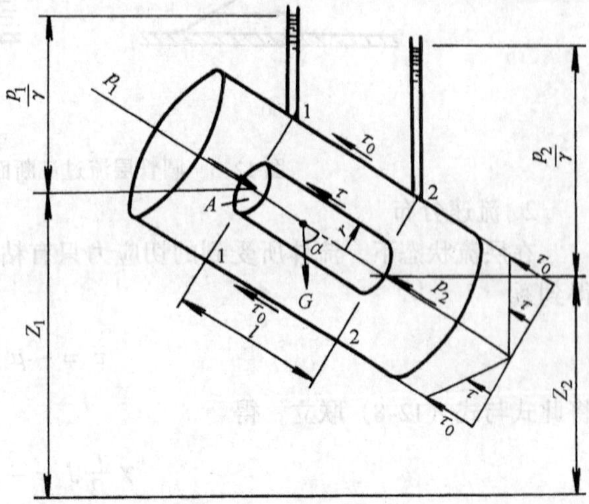

图 12-4　圆管均匀流动

在图 12-4 所示的均匀流中，取 1-1、2-2 断面间半径为 r 的圆柱形流段进行受力分析。

设流段的长度为 l，断面积为 A，流段侧面上的切应力为 τ，则流段沿流动方向所受的外力有：1-1、2-2 断面上的压力 p_1A、p_2A；重力分量 $\gamma lA\cos\alpha$；管壁阻力 $2\pi rl\tau$。

由于均匀流为等速运动，所以上述各外力的代数和为零。即

$$p_1A - p_2A + \gamma Al\cos\alpha - 2\pi rl\tau = 0$$

由几何关系知，$l\cos\alpha = Z_1 - Z_2$，代入上式，并将上式两边同除 γA，得

$$\left(Z_1 + \frac{p_1}{\gamma}\right) - \left(Z_2 + \frac{p_2}{\gamma}\right) = \frac{2\pi rl\tau}{\gamma A} = \frac{2\tau l}{\gamma r} \tag{12-6}$$

又在 1-1 和 2-2 断面列能量方程

$$Z_1 + \frac{p_1}{\gamma} + \frac{\alpha_1 v_1^2}{2g} = Z_2 + \frac{p_2}{\gamma} + \frac{\alpha_2 v_2^2}{2g} + h_l$$

由均匀流的定义有：$\alpha_1 = \alpha_2$、$v_1 = v_2$、$h_l = h_f$，代入上式，得

$$h_f = \left(Z_1 + \frac{p_1}{\gamma}\right) - \left(Z_2 + \frac{p_2}{\gamma}\right) \tag{12-7}$$

比较式（12-6）与式（12-7）得

$$h_f = \frac{2\tau l}{r\gamma} \text{或} \tau = \gamma\frac{rh_f}{2l} = \gamma\frac{r}{2}J \tag{12-8}$$

式中，$J = h_f/l$ 为单位长度上的沿程损失，表征沿程损失的强度，也称水力坡度。

公式（12-8）就是反映沿程损失和沿程阻力之间关系的均匀流动方程式。

二、圆管层流过流断面上的切应力与流速

1. 切应力分布

对于均匀流，J 不随 r 变化。由式（12-8）可知，在圆管层流中，过流断面上的切应力与半径成线性规律变化，如图 12-5a 所示。在管轴心（$r=0$）处，切应力 $\tau=0$；在管边壁（$r=r_0$）处，切应力为最大，其值为 $\tau=\tau_0=\gamma r_0 J/2$。

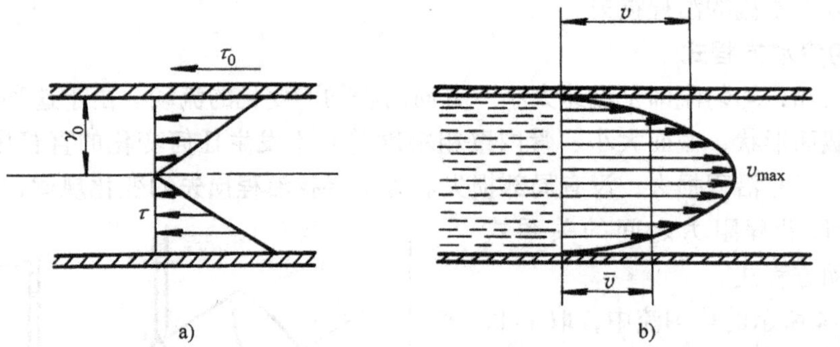

图 12-5 圆管层流过流断面上的切应力和速度

2. 流速分布

在层流状态下，流体所受到的切应力只有粘性切应力，其大小可通过牛顿内摩擦定律得到

$$\tau = -\mu \frac{dv}{dr}$$

将此式与式（12-8）联立，得

$$\gamma \frac{r}{2} J = -\mu \frac{dv}{dr}$$

即
$$dv = -\frac{\gamma J}{2\mu} r dr$$

在均匀流中 J 不随 r 变化，因此对上式积分有

$$v = -\frac{\gamma J}{4\mu} r^2 + C$$

上式 C 为积分常数。将边界条件：$r=r_0$ 时，$v=0$ 代入上式，有 $C=\frac{\gamma J}{4\mu}r_0^2$。因此，圆管层流的流速分布方程为

$$v = \frac{\gamma J}{4\mu}(r_0^2 - r^2) \tag{12-9}$$

上式表明，流体在圆管内作层流运动时，过流断面上的流速按抛物线规律变化，如图 12-5b 所示。在管壁（$r=r_0$）处，流速 $v=0$；在管轴心（$r=0$）处，流速最大，其值为

$$v_{max} = \frac{\gamma J}{4\mu} r_0^2 \tag{12-10}$$

按断面平均流速的定义：$\overline{v} = \frac{\int_A v dA}{A}$，将速度分布公式（12-9）代入，可得圆管层流运动的断面平均流速

$$\bar{v} = \frac{\gamma J}{8\mu} r_0^2 \tag{12-11}$$

将上式与式（12-10）比较可知，平均流速正好为最大流速的一半，即

$$\bar{v} = \frac{1}{2} v_{max} \tag{12-12}$$

三、圆管层流运动时的沿程阻力系数

改写式（12-11），有

$$J = \frac{h_f}{l} = \frac{8\mu\bar{v}}{\gamma r_0^2}$$

将 $d = 2r_0$ 代入上式，即得圆管层流运动时沿程损失的计算公式（又称达西公式）

$$h_f = \frac{32\mu\bar{v}l}{\gamma d^2} \tag{12-13}$$

将上式与式（12-1）联立

$$\lambda \frac{l}{d} \frac{\bar{v}^2}{2g} = \frac{32\mu\bar{v}l}{\gamma d^2}$$

可得圆管层流运动时的沿程阻力系数为

$$\lambda = \frac{64\mu}{\rho v d} = \frac{64}{Re} \tag{12-14}$$

上式表明，流体在圆管内层流运动时，沿程阻力系数 λ 与 Re 成反比，与管壁粗糙无关。

【例 12-2】 某制冷系统中，用内径为 $d = 10\text{mm}$、长为 $l = 3\text{m}$ 的输油管输送润滑油。已知该润滑油的运动粘滞系数 $\nu = 1.802 \times 10^{-4}\text{m}^2/\text{s}$，求流量为 $q_V = 75\text{cm}^3/\text{s}$ 时，润滑油在管道上的沿程损失。

【解】 $v = \frac{q_V}{A} = \frac{4q_v}{\pi d^2} = \frac{4 \times 75 \times 10^{-6}}{\pi \times 0.01^2}\text{m/s} = 0.96\text{m/s}$

$$Re = \frac{vd}{\nu} = \frac{0.96 \times 0.01}{1.802 \times 10^{-4}} = 53.3 < 2320 \text{ 故为层流。}$$

所以

$$\lambda = \frac{64}{Re} = \frac{64}{53.3} = 1.2$$

$$h_f = \lambda \frac{l}{d} \frac{v^2}{2g} = 1.2 \times \frac{3}{0.01} \times \frac{0.96^2}{2 \times 9.81}\text{m（油柱）} = 16.91\text{m（油柱）}$$

第四节 圆管中的紊流运动

实际工程中，除很少一部分流动为层流外，绝大多数都属于紊流运动，因此紊流的特征和运动规律在解决工程实际问题中有更重要的作用。本节主要讨论圆管中紊流运动的特征和沿程损失的计算问题。

一、紊流的脉动现象与时均法

由前述的雷诺实验知，紊流运动时，质点的运动轨迹极为复杂。不同流层间的质点相互碰撞、掺混，使质点的运动速度随时间不规则地变化，进而导致流场中各空间位置点的

速度、压强等运动参数也随时间无规则变化，这给紊流的研究带来了一定的难度。但实践证明，某一空间位置点的流速、压强等运动参数，虽然每时每刻都在发生变化，但在一个较长的时间内，这种变化并不是漫无边际的，而是围绕某一平均值上下波动，如图 12-6 所示。这一现象称为紊流的脉动现象，这一平均值称为时间平均值，简称时均值。

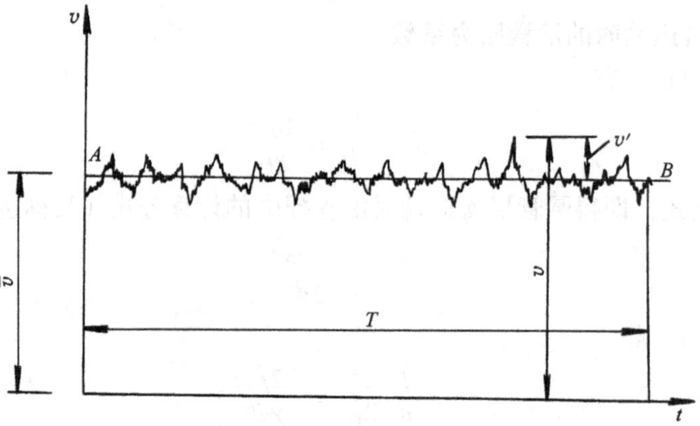

图 12-6 紊流速度的脉动

与断面平均流速的定义相似，速度的时间平均值（时均流速）即是流速对时段 T 的平均，其数学表示式为

$$\overline{u} = \frac{1}{T}\int_0^T v\mathrm{d}T$$

由图 12-6 可见，瞬时流速 v 是时均流速 $\overline{u}$ 和脉动流速 v' 的代数和，即

$$v = \overline{u} + v'$$

按照时均流速的定义，脉动速度 v' 的时均值为

$$\overline{v'} = \frac{1}{T}\int_0^T v'\mathrm{d}T = \frac{1}{T}\int_0^T (v - \overline{u})\mathrm{d}T = \overline{u} - \overline{u} = 0$$

即脉动速度的时均值恒为零。

用类似的方法，可得

$$\overline{p} = \frac{1}{T}\int_0^T p\mathrm{d}T$$

$$p = \overline{p} + p'$$

$$\overline{p'} = 0$$

有了时均值的概念，紊流可以简化为时均流动和脉动的迭加，这样可以对时均流动和脉动分别进行研究。由上述分析知，脉动是暂时的，它对流体的运动特性不起决定作用；而时均流动才是主要的，它反映了流动的基本特征。因此，工程上常把运动参数的时均值作为紊流的运动参数，此时的紊流又称时均紊流。当运动参数的时均值不随时间变化时，时均紊流可以认为是恒定流。对于这种紊流，上一章讲的恒定流三大方程都可以适用。本节后面的讨论均为时均紊流，且为恒定流。但为了简便，运动参数上不再冠以时均符号。

二、紊流结构、水力光滑管与水力粗糙管

1. 紊流结构

实验证明，流体在管内紊流运动时，并非整个过流断面上都为紊流（图 12-7）。在贴近管壁的地方，总有非常薄的一层流体由于管壁的阻碍作用，速度很小，而处于层流运动，该流层称为层流底层。管中心部分由于受边壁的影响较小，流体质点相互掺混，碰撞频繁，表现出明显的紊流特征，该部分称为紊流核心。紊流核心与层流底层之间是一层很薄的不完全紊流区，该区域又称过渡层。

层流底层厚度（δ）随雷诺数的增大而减小。也即紊流越强烈，雷诺数越大，层流底层越薄。层流底层厚度一般只有几十分之一到几分之一毫米，但它的存在对管壁粗糙的扰动和传热性能有重大影响，因此不可忽视。

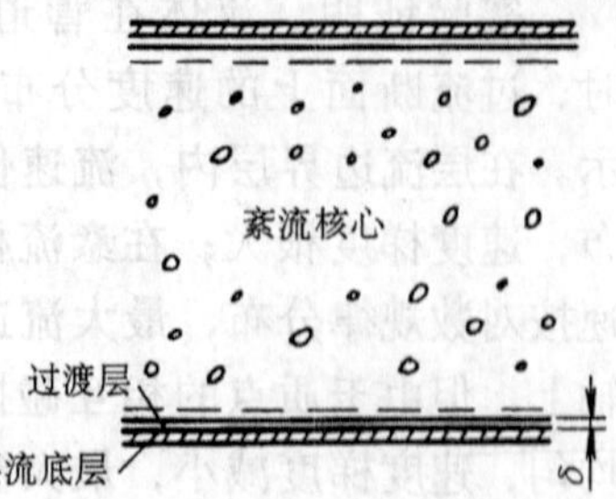

图 12-7　紊流结构

2. 水力光滑管与水力粗糙管

任何管道的内壁都不可能是绝对光滑的，总有凹凸不平现象，如图 12-8 所示。为了便于比较，将峰谷间的平均距离 k，称为管壁的绝对粗糙度。

层流底层的厚度 δ 与管壁绝对粗糙度 k 的相对大小，对紊流沿程损失有很大影响。

当 k 比 δ 小得多时，如图 12-8a 所示，管壁的粗糙完全被层流底层覆盖。对紊流核心区的流动几乎没有影响，也即对紊流来讲，就相当于在光滑管内流动，因此可认为沿程损失与 k 无关。这时的管道称为水力光滑管。

当 k 远大于 δ 时，如图 12-8b 所示，管壁的粗糙完全暴露于紊流核心区中，这时紊流中流速较大的流体质点就会冲击凸起部位，形成旋涡，从而使能量损失激增。也即 k 成为沿程损失的主要影响因素。这时的管道称为水力粗糙管。

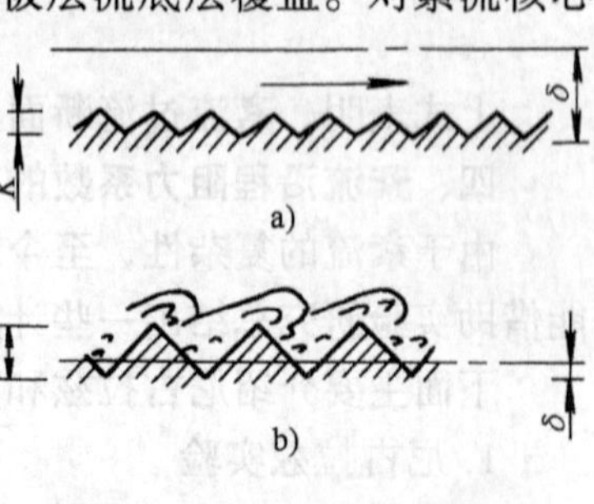

图 12-8　水力光滑和水力粗糙

a) 水力光滑管　b) 水力粗糙管

三、紊流阻力与流速分布

1. 紊流阻力

在紊流中，流体内部不仅存在着因流层间的时均流速不同，而产生的粘性切应力 τ_1，而且还存在着由于脉动使流体质点之间发生动量交换而产生的惯性切应力 τ_2。根据普朗特的混合长度理论，τ_2 可表示为

$$\tau_2 = \rho l^2 \left(\frac{\mathrm{d}u}{\mathrm{d}y}\right)^2 \tag{12-15}$$

式中，ρ 是流体的密度（kg/m^3）；$\frac{\mathrm{d}u}{\mathrm{d}y}$是速度梯度（$s^{-1}$）；$l$ 是流体质点因脉动而由一层移动到另一层的径向距离，也称混合长度（m）；其值与质点到管壁的距离成正比，即

$$l = \beta y$$

其中　β 为比例常数。

紊流中的总切应力为粘性切应力和惯性切应力之和，即

$$\tau = \tau_1 + \tau_2 = \mu \frac{\mathrm{d}u}{\mathrm{d}y} + \rho l^2 \left(\frac{\mathrm{d}u}{\mathrm{d}y}\right)^2 \tag{12-16}$$

当雷诺数很大时，粘性阻力起的作用很小，可以忽略，因此

$$\tau = \rho l^2\left(\frac{\mathrm{d}u}{\mathrm{d}y}\right)^2 \tag{12-17}$$

2. 紊流的速度分布

实验证明，流体在管道中紊流运动时，过流断面上的速度分布如图12-9所示。在层流边界层内，流速仍按抛物线分布，速度梯度很大；在紊流核心区内，流速按对数规律分布，最大流速仍发生在管轴上。但由于质点的相互碰撞，流速趋于均匀，速度梯度减小，最大流速与平均流速的比值一般为 $\bar{v}=(0.75\sim0.9)\ v_{max}$。

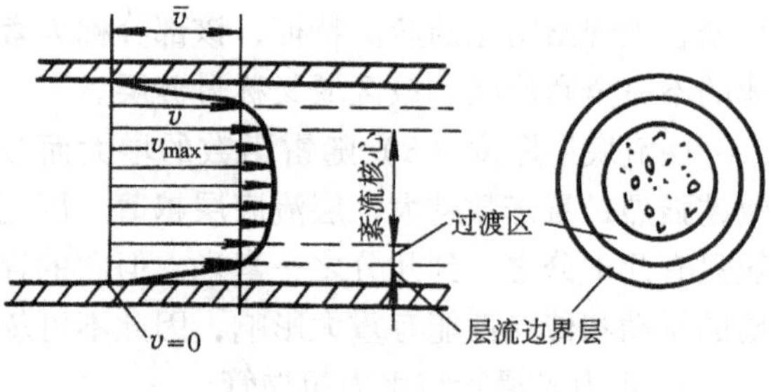

图12-9 紊流速度分布

紊流的流速分布规律也可借助一些假设，由紊流切应力公式（12-17）导出，其结果为

$$u = \frac{1}{\beta}\sqrt{\frac{\tau_0}{\rho}}\ln y + C \tag{12-18}$$

上式表明，紊流过流断面上的速度按对数规律分布。式中 C 和 β 由边界条件确定。

四、紊流沿程阻力系数的确定

由于紊流的复杂性，至今还不能完全通过理论推导方式确定紊流沿程阻力系数 λ，只能借助实验研究总结出一些计算 λ 的经验公式和半经验公式。

下面主要介绍尼古拉兹和莫迪所做的沿程阻力系数实验和一些经验公式。

1. 尼古拉兹实验

为了得到 λ 的变化规律，1933年尼古拉兹在类似于图12-2所示的实验台上，采用人工粗糙管（管内壁上均匀敷有粒度相同的砂粒）进行了大量实验。实验时，测定管 B 中的平均流速 $\bar{v}$ 和管段 l 上的水头损失 h_f，然后根据公式（12-1）和公式（12-5），由 $\bar{v}$ 和 h_f 算出 λ 和 Re，即

$$Re = \frac{\bar{v}d}{\nu}, \lambda = \frac{d}{l}\frac{2g}{\bar{v}^2}h_f$$

尼古拉兹先后用相对粗糙度在 $\frac{k}{d}=\frac{1}{1014}\sim\frac{1}{30}$ 之间的六种不同的管子进行了实验，实验结果如图12-10所示。

由图12-10可知，λ 的变化规律分为五个区域：

第Ⅰ区为层流区。当 $Re\leqslant 2320$ 时，所有的实验点都落在同一条直线Ⅰ上。这说明，λ 与 $\frac{k}{d}$ 无关，只与 Re 有关，即 $\lambda=f_1(Re)$。并且 λ 与 Re 的关系合乎公式 $\lambda=\frac{64}{Re}$，这也证实了理论分析得出的层流计算公式是正确的。

第Ⅱ区为层流与紊流的临界区。在 $2320<Re\leqslant 4000$ 范围内，实验点较分散。但 λ 随 Re 的增大而增大，与 $\frac{k}{d}$ 无关，即 $\lambda=f_2(Re)$。由于该区很不稳定，工程上实用意义不大，

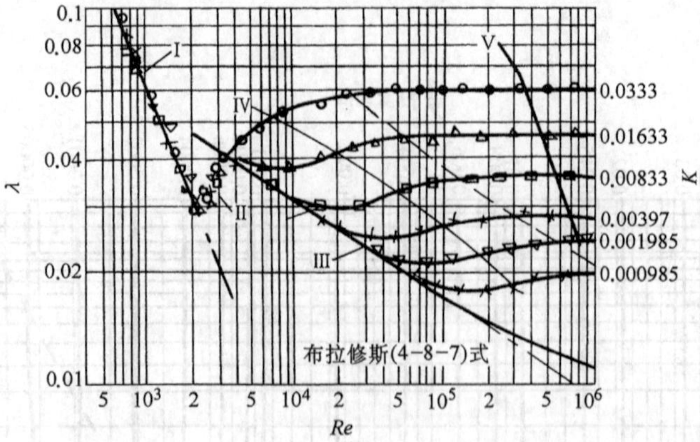

图 12-10 尼古拉兹实验曲线

因此对此区 λ 的计算研究很少。特殊情况下需要时，可按水力光滑管来处理。

第Ⅲ区为紊流光滑区。在 $Re>4000$ 后，所有的实验点起初都落在同一条曲线Ⅲ上，在该曲线范围内，λ 仍只与 Re 有关，而与 $\frac{k}{d}$ 无关，即 $\lambda=f_3\ (Re)$。这是因为在此区层流底层的厚度 δ 远大于绝对粗糙度 k，构成了水力光滑。

第Ⅳ区为紊流过渡区。在此区域内，具有不同相对粗糙度的实验点各自分开，形成一条条的曲线。这表明，λ 不仅与 Re 有关，而且还和 $\frac{k}{d}$ 有关，即 $\lambda=f_4\left(Re,\ \frac{k}{d}\right)$。这是因为，随着 Re 的增大，δ 变小，使粗糙开始影响到核心区内的流动。

第Ⅴ区为紊流粗糙区（也称阻力平方区）。在这个区域内，相对粗糙度 $\frac{k}{d}$ 不同的实验点各自分布在不同的水平线上。这表明，λ 与 Re 无关，而只与 $\frac{k}{d}$ 有关。这是因为随 Re 的进一步增大，层流底层厚度 δ 变小，使管壁粗糙完全暴露于紊流核心区中，成为影响流动阻力的主要因素，而 Re 的影响已微不足道了。

尼古拉兹实验的意义在于它概括地反映了各种情况下，λ 随 Re、$\frac{k}{d}$ 的变化关系，从而说明了 λ 的变化规律是与区域有关的。由实验知，对于实际管道，除 $\frac{k}{d}$ 外，凸起的多少、形状、排列方式等对 λ 都会产生影响。尼古拉兹是用人工粗糙管进行实验的，因此，其实验结果并不完全与实际管道的相同。

2. 莫迪实验

为了得到实际管道的 λ 值，莫迪在 1848 年用天然粗糙的工业管道做了与尼古拉兹相类似的实验，图 12-11 为根据实测资料绘制的曲线图，简称莫迪图。该图反映了实际管道 λ 的变化规律。知道 Re 和 $\frac{k}{d}$ 值，可在图中直接查出相应的 λ 值。

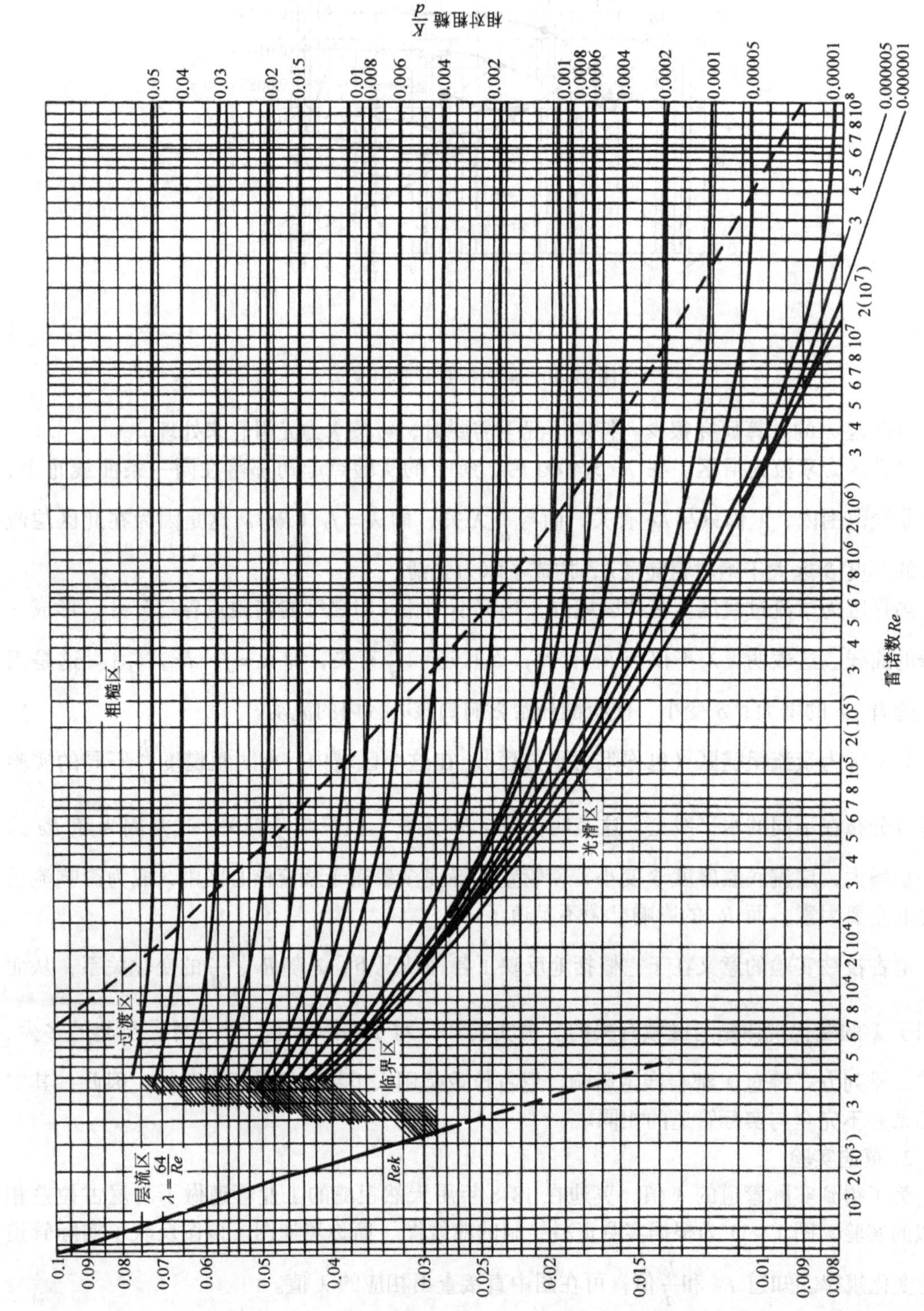
相对粗糙 $\frac{K}{d}$
粗糙区
过渡区
临界区
光滑区
层流区
$\lambda=\frac{64}{Re}$
Rek
雷诺数 Re
沿程阻力系数λ

图 12-11 莫迪图

由前述知，实际管道影响 λ 的管壁因素除管壁粗糙度外，还有粗糙的排列方式、粗糙的形状等。因此，无论是上图还是下述公式中的 k 值，对于工业管道都指当量粗糙度。所谓当量粗糙度，就是指与实际管道 λ 值相等的同直径人工粗糙管的粗糙高度。各种工业管道的 λ 值，可通过将其实验数据与人工粗糙管的实验数据相比较得到。常用工业管道的当量粗糙度见表 12-1。

表 12-1　常用工业管道的当量粗糙度（k）

管　材	k/mm	管　材	k/mm
新铜管	0.0015 ~ 0.01	新铸铁管	0.25 ~ 0.42
新无缝钢管	0.04 ~ 0.19	旧铸铁管	0.5 ~ 1.6
旧无缝钢管	0.2	涂沥青铸铁管	0.12
新焊接钢管	0.06 ~ 0.33	玻璃管	0.01
镀锌钢管	0.15	橡皮软管	0.01 ~ 0.05
生锈钢管	0.5 ~ 3.0	混凝土管	0.3 ~ 3.0

3. 紊流 λ 的计算公式

除了莫迪图外，很多学者还根据实验资料总结出了关于实际管道 λ 的计算公式和区域划分方法。这些当中应用较普遍的是：

（1）当 $2320 < Re \leqslant 0.32\left(\frac{d}{k}\right)^{1.28}$ 时，为紊流光滑区。在该区域内，计算 λ 值的常用公式有

布拉修斯公式
$$\lambda = \frac{0.3164}{Re^{0.25}} \quad (2320 < Re \leqslant 10^5) \tag{12-19}$$

尼古拉兹公式
$$\frac{1}{\sqrt{\lambda}} = 2\lg\frac{Re\sqrt{\lambda}}{2.51} \tag{12-20}$$

（2）当 $Re > 1000\frac{d}{k}$ 时，为紊流粗糙区。在该区，计算 λ 值的常用公式有

尼古拉兹公式
$$\frac{1}{\sqrt{\lambda}} = 2\lg\frac{3.7d}{k} \tag{12-21}$$

希弗林松公式
$$\lambda = 0.11\left(\frac{k}{d}\right)^{0.25} \tag{12-22}$$

（3）当 $0.32\left(\frac{d}{k}\right)^{1.28} < Re \leqslant 1000\frac{d}{k}$ 时，为紊流过渡区。此区的常用公式有

莫迪公式
$$\lambda = 0.0055\left[1 + \left(20000\frac{k}{d} + \frac{10^6}{Re}\right)^{\frac{1}{3}}\right] \tag{12-23}$$

阿里特苏里公式
$$\lambda = 0.11\left(\frac{k}{d} + \frac{68}{Re}\right)^{0.25} \tag{12-24}$$

科列勃洛克公式
$$\frac{1}{\sqrt{\lambda}} = -2\lg\left(\frac{k}{3.7d} + \frac{2.51}{Re\sqrt{\lambda}}\right) \tag{12-25}$$

【例 12-3】　水在直径 $d = 0.1\text{m}$ 的钢管内流动，钢管的当量粗糙度 $k = 0.2\text{mm}$，水的

运动粘滞系数 $\nu=1.31\times10^{-6}\mathrm{m^2/s}$，水的流速 $v=5\mathrm{m/s}$，试求 50m 管长的沿程损失。

【解】 $Re=\frac{vd}{\nu}=\frac{5\times0.1}{1.31\times10^{-6}}=3.8\times10^5$ 故为紊流。

根据阿里特苏里公式

$$\lambda=0.11\left(\frac{k}{d}+\frac{68}{Re}\right)^{0.25}=0.11\left(\frac{0.2}{100}+\frac{68}{3.8\times10^5}\right)^{0.25}=0.11\times0.216=0.0238$$

如果查莫迪图，当 $Re=3.8\times10^5$，$\frac{k}{d}=\frac{0.2}{100}=0.002$ 时，$\lambda=0.024$，与计算结果相近。管路的沿程损失

$$h_f=\lambda\frac{l}{d}\frac{v^2}{2g}=0.0238\times\frac{50}{0.1}\times\frac{5^2}{2\times9.81}\mathrm{m}(\text{水柱})=15.2\mathrm{m}(\text{水柱})$$

以上，我们讨论了圆管内的沿程损失计算问题。在工程上除圆形管道外，还会接触到非圆形管道（如空调工程中常用矩形风道）。一般情况下，非圆形管道的沿程损失也可采用以上公式计算，但由于非圆形管道不存在真实直径，因此公式中的 d 需采用其当量直径 d_e。非圆形管的当量直径 d_e 等于 4 倍的水力半径 R，即

$$d_e=4R \tag{12-26}$$

第五节 局部损失

关于局部损失的概念和一般计算公式在本章第一节中已经作了介绍。本节主要讲述局部损失产生的主要原因、主要影响因素，并介绍几种典型局部阻碍的局部阻力系数。

一、局部损失产生的主要原因

局部损失主要是通过下面两个原因引起的：

1）管壁的急剧变化，使流体在惯性力的作用下与壁面发生脱离，形成旋涡区。旋涡区内流体的回旋需要一定的能量，这些能量来自主流流体，从而使主流流体的能量减少，产生能量损失。

2）管壁变化，使流体的流动速度重新分布。在流速重新分布过程中，流体质点间必然要发生更多的摩擦和碰撞，从而消耗一定的能量，产生能量损失。

二、影响局部损失的主要因素

实验研究表明，局部损失同样与流体的流动状态有关。但由于流体经过局部阻碍后很难保持层流状态，除非在雷诺数很小的情况下才有可能，这在一般工程上很少遇到。因此，工程上只研究紊流状态下的局部损失。

大量的实验结果表明，紊流的 ζ 值决定于局部阻碍的形状、壁面的相对粗糙度和 Re。即

$$\zeta=f\ (\text{局部阻碍形状，相对粗糙，}Re)$$

不同情况下，各因素起的作用不同，但局部阻碍形状始终是一个主要因素。

三、局部阻力系数

局部阻碍的种类很多，形状各异，边壁变化非常复杂。除个别情况外，大多数局部阻碍的局部阻力系数不能通过理论推导得到，只能借助实验给出经验公式或数值。因此，这

里只对突然扩大的局部阻力系数进行详细讨论，对其他典型局部阻碍的阻力系数只给出经验公式或数值。

1. 突然扩大

流体从细管流入粗管时，由于惯性作用只能逐渐扩展。在扩展过程中，流体与壁面之间形成大量旋涡，如图12-12所示。

取流股将扩未扩的1-1断面和扩大后流速恢复正常状态的2-2断面列能量方程，有

$$\left(\frac{p_1}{\gamma}+Z_1+\frac{\alpha_1 v_1^2}{2g}\right)-\left(\frac{p_2}{\gamma}+Z_2+\frac{\alpha_2 v_2^2}{2g}\right)=h_j$$

取 $\alpha_1=\alpha_2=1.0$，又由于1-1和2-2断面间的距离很小，沿程损失可以忽略，所以上式可写成

$$\left(\frac{p_1}{\gamma}+Z_1\right)-\left(\frac{p_2}{\gamma}+Z_2\right)+\left(\frac{v_1^2}{2g}-\frac{v_2^2}{2g}\right)=h_j \quad (12\text{-}27)$$

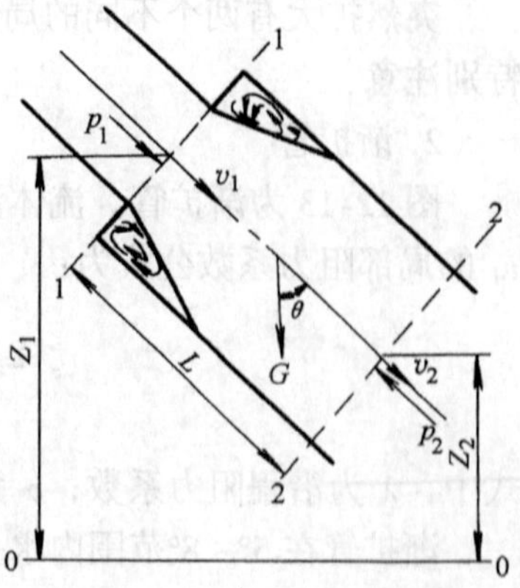

图 12-12 突然扩大

对1-1和2-2断面间的流体建立轴向上的动量方程

$$\sum F=\frac{\gamma q_V}{g}\ (\alpha_{02}v_2-\alpha_{01}v_1)$$

式中，$\sum F$ 为作用于流体上的全部轴向外力之和，其中包括

1）作用于1断面上的总压力 P_1。实验证明粗管凸肩部位的压强与1断面压强近似相等。因此 $P_1=p_1A_2$。

2）作用于2断面上的总压力 $P_2=p_2A_2$

3）重力的分力 $G\cos\theta=\gamma A_2\ (Z_1-Z_2)$

4）边壁上的摩擦阻力，忽略不计。

因此 $$p_1A_2-p_2A_2+\gamma A_2\ (Z_1-Z_2)=\frac{\gamma q_V}{g}-\ (\alpha_{02}v_2-\alpha_{01}v_1)$$

将 $q_V=v_2A_2$ 带入上式，并取 $a_{01}=a_{02}=1.0$，有

$$\left(\frac{p_1}{\gamma}+Z_1\right)-\left(\frac{p_2}{\gamma}+Z_2\right)=\frac{v_2}{g}(v_2-v_1) \quad (12\text{-}28)$$

联立式（2-27）和式（12-28）有

$$h_j=\frac{v_1^2}{2g}-\frac{v_2^2}{2g}+\frac{v_2}{g}(v_2-v_1)$$

$$h_j=\frac{(v_1-v_2)^2}{2g} \quad (12\text{-}29)$$

为了得到局部阻力系数，将连续方程 $v_1=\frac{A_2}{A_1}v_2$ 或 $v_2=\frac{A_1}{A_2}v_1$ 代入上式

$$h_j=\left(1-\frac{A_1}{A_2}\right)^2\frac{v_1^2}{2g}\ 或\ h_j=\left(\frac{A_2}{A_1}-1\right)^2\frac{v_2^2}{2g} \quad (12\text{-}30)$$

因此，突然扩大局部阻力系数为

$$\zeta_1 = \left(1 - \frac{A_1}{A_2}\right)^2 \text{ 或 } \zeta_2 = \left(\frac{A_2}{A_1} - 1\right)^2 \tag{12-31}$$

突然扩大有两个不同的局部阻力系数，每个阻力系数对应的速度水头不同，计算时应特别注意。

2. 渐扩管

图 12-13 为渐扩管。流体流经渐扩管时能量损失为沿程损失和扩散损失之和。对应于 v_1 的局部阻力系数公式为：

$$\zeta = \frac{\lambda}{8\sin\frac{\alpha}{2}}\left[1 - \left(\frac{A_1}{A_2}\right)^2\right] + k\left(1 - \frac{A_1}{A_2}\right)^2 \tag{12-32}$$

式中，λ 为沿程阻力系数；α 为扩散角；k 为与 α 有关的系数。当 $\alpha \leqslant 20°$时，$k = \sin\alpha$。

渐扩管在 5°～8°范围内水头损失最小，所以扩散角一般不要超过 8°～10°。

3. 突然缩小

突然缩小如图 12-14 所示。其水头损失主要发生在变径前后，对应于 v_2 的阻力系数公式为

$$\zeta = \frac{1}{2}\left(1 - \frac{A_2}{A_1}\right) \tag{12-33}$$

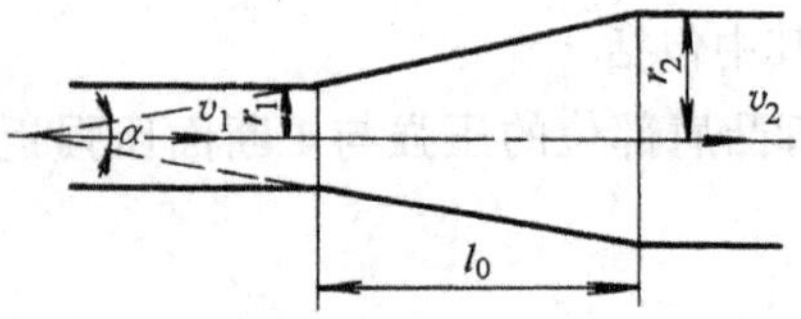

图 12-13 渐扩管

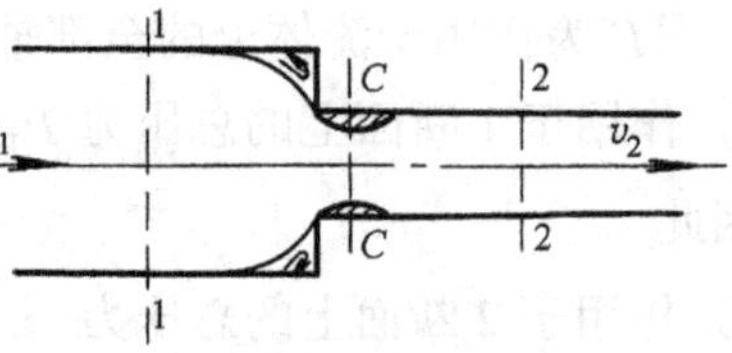

图 12-14 突然缩小

4. 渐缩管

如图 12-15 所示。在收缩角 $\alpha < 30°$的情况下，其沿程损失是主要的。对应于 v_2 的局部阻力系数公式为

$$\zeta = \frac{\lambda}{8\sin\frac{\alpha}{2}}\left[1 - \left(\frac{A_1}{A_2}\right)^2\right] \tag{12-34}$$

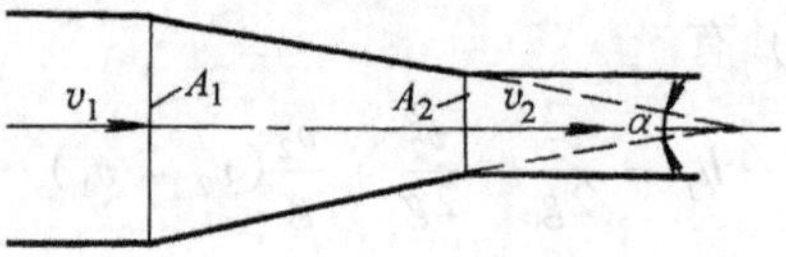

图 12-15 渐缩管

5. 管道出口（流入大容器）

由突然扩大局部阻力系数的计算公式知：当 $A_2 \gg A_1$ 时，$\zeta = 1.0$。

6. 管道入口

管道入口的阻力系数与进口边缘的情况有关。不同情况下的局部阻力系数如图 12-16 所示。

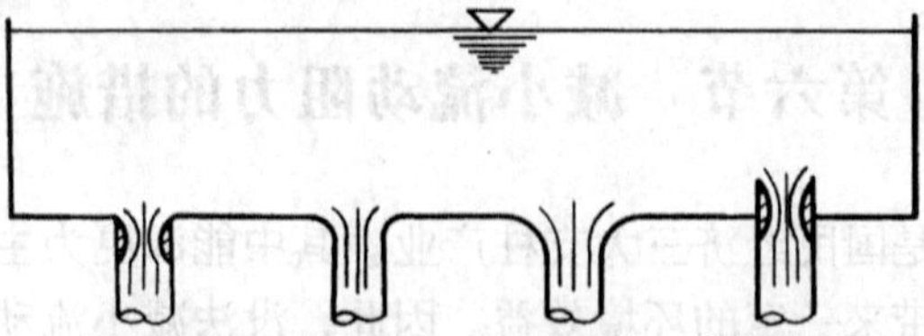

图 12-16 管道入口

7. 常用弯头、三通和阀门的局部阻力系数

常用弯头、三通和阀门的局部阻力系数见表 12-2。

表 12-2 常用弯头、三通和阀门的局部阻力系数 ζ 值

序号	管件名称	示意图	局部阻力系数						
1	90°弯头（零件）	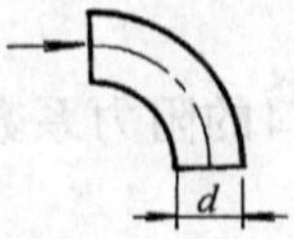	d/mm	15	20	25	32	40	≥50
			ζ	2.0	2.0	1.5	1.5	1.0	1.0
2	三通（零件）	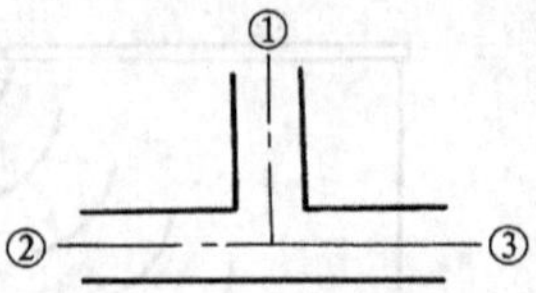		直流		旁流		分流	合流
			流向	②→③ 或②←③		① ↓ ②← 或 ① ↑ ←③		① ↓ ②←→③	① ↑ ②→←③
			ζ	0.1		1.5		1.5	3.0
3	闸阀		d/mm	15	20	25	32	40	≥50
			ζ	1.5	0.5	0.5	0.5	0.5	0.5
4	截止阀	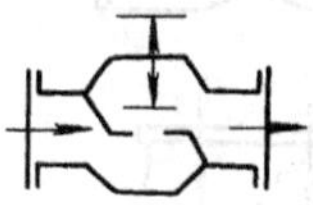	d/mm	15	20	25	32	40	≥50
			ζ	16.0	10.0	9.0	9.0	8.0	7.0

以上介绍了部分局部阻碍的局部阻力系数计算公式或数值。应该说明的是，在工程上还会遇到各种各样的其他局部阻碍，有关它们的局部阻力系数在专业手册或规范中均可查到。

第六节 减小流动阻力的措施

能源、材料和信息是国民经济三大支柱产业。其中能源更为主要。节约能源不仅能提高经济效率，而且还会带来一定的环境效益。因此，没法减小流动阻力，以减小能量损失是流体力学中的一个重要研究课题。

减小流动阻力可以通过两种不同途径来实现。一种是向流体内部投加添加剂，使流体运动的内部结构发生变化；另一种是通过改善边壁对流动的影响。

鉴于添加剂减阻还是一个新的研究课题，这里主要介绍改善边壁的减阻措施。

减小沿程阻力的有效措施是减小管壁的粗糙度。用柔性边壁代替刚性边壁也可以减小沿程阻力。此外，减小管段长度，适当增加管径也可在一定程度上减小阻力，但采取该措施时应综合考虑其经济性和安全性。

减小局部阻力的着眼点应在于避免旋涡区的产生或减小旋涡区的大小和强度。下面举几个例子来说明这个问题：

(1) 管道进口 如图 12-16 所示。圆形进口比锐缘进口的阻力系数小 50%，流线形的人口比锐缘进口阻力系数小 90%。

(2) 渐扩管与突扩管 在相同的截面比下，渐扩管的阻力系数要比突扩管小得多。此外，二次突扩（比如图 12-17）的阻力系数小于一次突扩的阻力系数。

(3) 弯管 对于截面较大的风道，加大曲率半径或在弯道内装导流叶片（图 12-18）

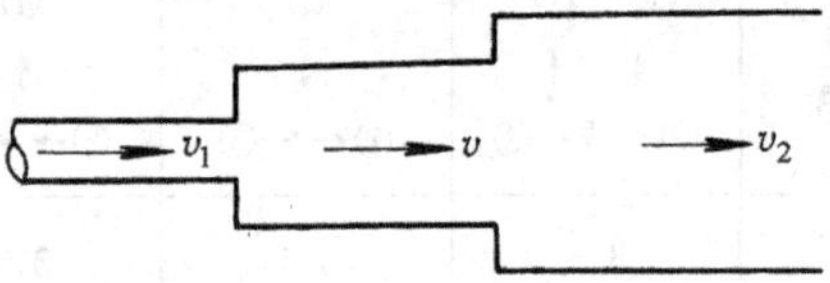

图 12-17 二次突扩

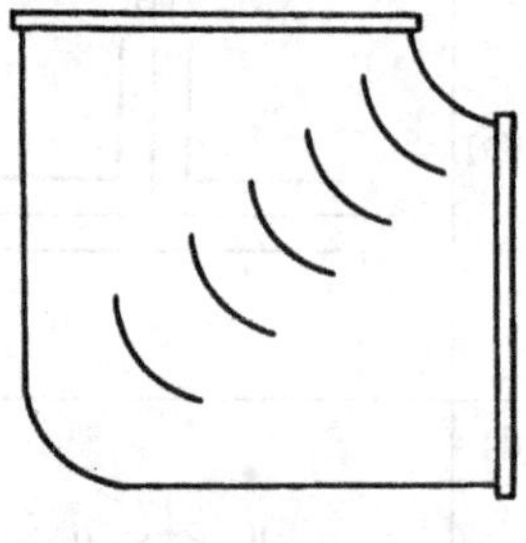

图 12-18 装有导叶的弯管

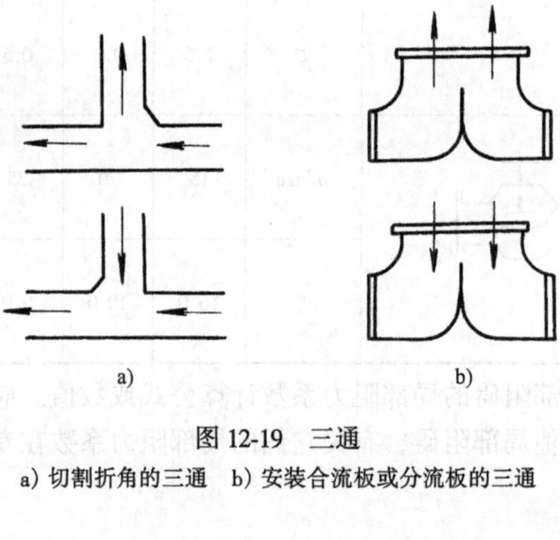

图 12-19 三通

a) 切割折角的三通 b) 安装合流板或分流板的三通

可以使局部阻力系数减小。实验证明：没装导流叶片的直角弯头 $\zeta=1.1$，装薄钢板弯成的导流叶片 $\zeta=0.4$，装流线月牙形导流叶片 $\zeta=0.25$。

（4）三通　在流体转向的地方将折角转缓，如图 12-19a 所示，可以使阻力系数减小。在总管上安装合流板或分流板，如图 12-19b 所示，也可减小三通的阻力系数。

思考题与练习题

1. 能量损失有哪几种形式？其产生的原因是什么？
2. 流体有哪两种流态？它们的主要区别是什么？如何判断流体的流动状态？
3. 什么是水力光滑管和水力粗糙管？
4. 管中层流运动有哪些规律？
5. 何谓紊流的脉动现象？工程上是如何处理紊流运动的？
6. 尼古拉兹实验的结果说明了什么问题？
7. 计算沿程损失时，如何选用 λ 的计算公式？
8. 减小流动阻力的主要措施有哪些？
9. 用直径 $d=75\text{mm}$ 的管道输送 15°C 的水，若管中水的流量为 $q_V=10\text{m}^3/\text{s}$，试确定管中水的流态。若用该管道输送同样流量的原油，试确定管中原油的流态（已知原油的密度 $\rho=850\text{kg/m}^3$，$\nu=1.14\text{cm}^2/\text{s}$）。
10. 热水供热系统，供水干管的直径 $d=100\text{mm}$，管内水温为 95°C，水的流速 $v=0.7\text{m/s}$，（1）试判断管中水的流态；（2）管内保持紊流状态的最小流速是多少？
11. 在一直径 $d=350\text{mm}$ 圆形风道内输送温度为 15°C 的空气，空气流速 $v=3\text{m/s}$，试判断管内空气的流态？并求出其临界流速。
12. 沿直径 $d=200\text{mm}$ 长 $l=1500\text{m}$ 的精制镀锌钢管输送石油，流量为 28L/s，石油的运动粘度 $\nu=1.01\text{cm}^2/\text{s}$，试求输油管道的沿程损失。
13. 某段给水管道采用的是直径 $d=20\text{cm}$，长 $l=500\text{m}$ 的旧无缝钢管，输水量为 60L/s，水温为 $t=10°\text{C}$，试求这段管道的沿程损失？
14. 如图 12-20 所示，油在内径 $d=6\text{mm}$，长 $l=2\text{m}$ 的管道上流动时，两端水银压差计的读数 $\Delta h=30\text{cm}$，流量 $q_V=77\text{cm}^3/\text{s}$，是层流，求油的运动粘性系数 ν 是多少（油的 $\rho=900\text{kg/m}^3$）？
15. 镀锌铁皮风道输送 $t=20°\text{C}$ 的空气。已知直径 $d=450\text{mm}$，风量 $q_V=1.0\text{m}^3/\text{s}$，$k=0.5\text{mm}$，试判断流体处于什么阻力区，并求 λ 值。

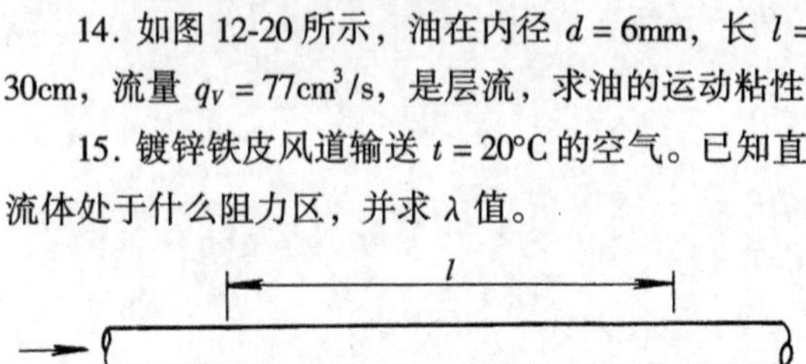

图 12-20　习题 14 图

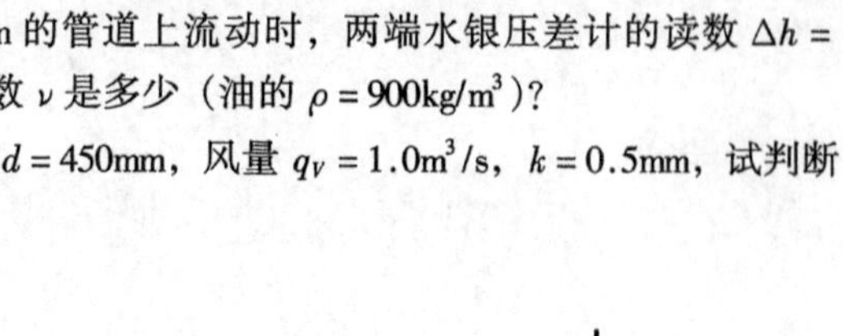

图 12-21　习题 18 图

16. 铸铁管直径 $d=50\text{mm}$，输水温度 $t=20°\text{C}$，$k=0.3\text{mm}$，问保持水流处于阻力平方区的最小流量为多少？
17. 矩形风道断面尺寸为 500mm × 400mm，风道内空气温度 $t=40°\text{C}$，流量为 $q_V=2000\text{m}^3/\text{h}$，风道壁面的当量粗糙度 $k=0.1\text{mm}$，风道长 $l=80\text{m}$，求风道上产生的沿程损失。

18. 已知断面积为 $A_1=50\text{cm}^2$ 的管道中，流速为 $v=2\text{m/s}$；$A_2=200\text{cm}^2$，求图示 12-21 的两种情况下的局部水头损失。若流体反向流动，局部水头损失又为多少？

19. 如图 12-22 所示，流量 $q_V=15\text{m}^3/\text{h}$ 的水（$\nu=1.5\times10^{-6}\text{m}^2/\text{s}$），在一 90°弯管内流动，其管径 $d=50\text{mm}$，管壁当量粗糙度 $k=0.2\text{mm}$。设水银压差计连接点之间的距离 $l=0.8\text{m}$，压差计中水银面高差 $h=20\text{mm}$，求弯管的阻力。

20. 如图 12-23 所示。将直径 $d_1=100\text{mm}$ 的管子突然扩大至 $d_3=300\text{mm}$，已知 $v_1=2\text{m/s}$，求其局部损失。若分两次扩大，先扩大到 $d_2=200\text{mm}$，再扩大到 $d_3=300\text{mm}$，忽略两次扩大之间的相互干扰，求其局部损失。比较两次结果可得什么结论？

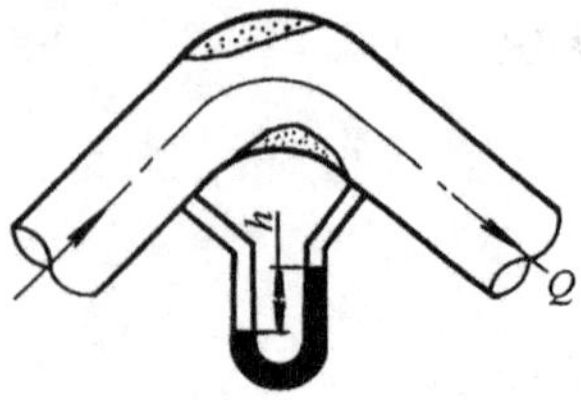

图 12-22 习题 19 图

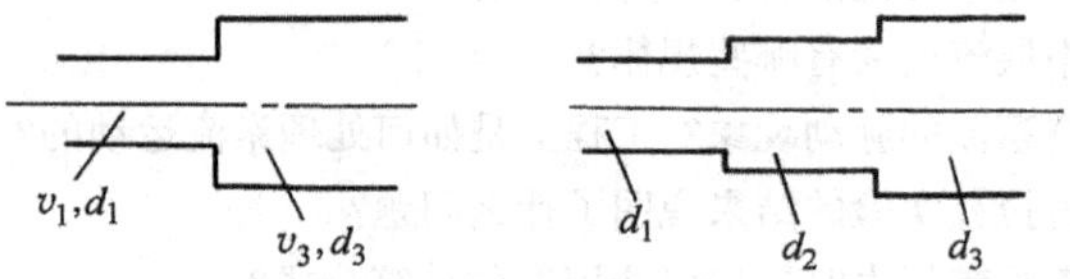

图 12-23 习题 20 图

第十三章 管路的水力计算

管路计算是连续性方程、能量方程和能量损失计算公式的具体应用。暖通空调工程离不开各种管路系统，如：供暖系统、通风系统、空调中的送风系统、冷却水系统等。因此，对管路进行水力计算是经常会遇到的问题。由于在实际工程中，大多数管流处于紊流状态。因此，本章的讨论仅限于紊流。

第一节 概 述

一、管路水力计算的任务

工程上将确定管路流量、水头损失和管道几何尺寸之间相互关系的计算过程称为管路的水力计算。管路计算可以分为设计计算和校核计算两类。

设计计算是根据流量设计管路系统的形式，确定管道的几何尺寸，计算能量损失，选择合适的动力设备。也即：已知各管段的流量（q_V）和系统作用压力（H），确定各管段的管径（d）。

校核计算是对现有的管路系统进行流量或能量损失的计算，以校核现有的流量或动力设备是否满足要求。也即：已知各管段的管径（d）和系统允许的作用压力（H），确定各管段的流量（q_V）；或已知各管段的管径（d）和各管段的流量（q_V），确定系统所必需的作用压力（H）。

二、长管与短管

由上一章内容知，流体在流动过程中产生的能量损失由沿程损失和局部损失两部分组成。但在不同的管路系统中，两种损失占的比例不同。在水力计算时，为了便于处理，常将管路按两种损失在总损失中占的比例大小的不同将管路分为“长管”和“短管”。

所谓长管就是流体在管道中的速度水头与局部损失之和小于沿程损失5%的管路。在水力计算时，局部损失可按沿程损失的某一百分数估算，甚至可以忽略不计。

所谓短管就是流体在管道中的速度水头与局部损失之和大于沿程损失5%的管路。在水力计算时，局部损失不能估算，更不能忽略。

按上述定义，判断长管与短管需事先估算各种损失，比较麻烦。为方便起见，工程上经常将$\frac{l}{d}\geqslant 1\,000$的管路按长管处理，将$\frac{l}{d}<1\,000$的管路按短管处理。

三、标准管径与限定流速

各种工业管道的管径均按统一标准制造，因此都有一定的规格。在进行设计计算时，管道的管径应按规格选取，即应标准化。各种工业管道的规格可在有关手册中查得。

当流量一定时，流速与管径成反比。管径大，流速低，损失小，消耗的能量少，运行费用低，但管道造价高；反之，管径小，流速增加，运行费用高，但管道造价低。所谓限定流速，是工程中根据技术经济要求所规定的合适流速，也即管道造价和运行费用之和相对较低的流速。在水力计算时，应使管道内流体的流速在限定流速范围内。

管路按其配置情况不同分为简单管路、串联和并联管路、管网。下面分别对其进行讨论。

第二节 简单管路

一、简单管路水力计算的基本公式

所谓简单管路就是管径、管壁粗糙度和流量沿程都不变化的一根或几根管子组成的管路。它是组成各种管路系统的基本单元，如图 13-1 所示。

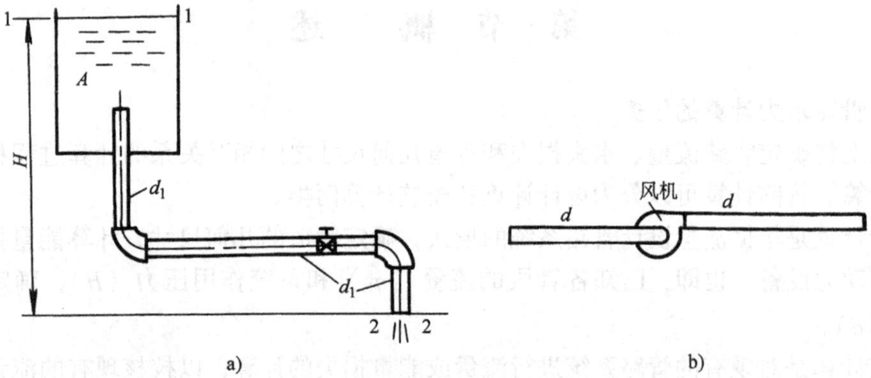

图 13-1 简单管路

假定上图 a 中，水箱液面恒定，流体出流到大气中。在 1-1 和 2-2 两断面上列能量方程

$$H = \lambda \frac{l}{d}\frac{v^2}{2g} + \sum \zeta \frac{v^2}{2g} + \frac{v^2}{2g}$$

将 1 作为出口局部阻力系数，包括到 $\sum \zeta$ 中，上式变为

$$H = \left(\lambda \frac{l}{d} + \sum \zeta\right)\frac{v^2}{2g}$$

用 $v^2 = \left(\frac{4q_V}{\pi d^2}\right)^2$ 代入上式，有

$$H = \frac{8\left(\lambda \frac{l}{d} + \sum \zeta\right)}{\pi^2 d^4 g} q_V{}^2 \tag{13-1}$$

令

$$S = \frac{8\left(\lambda \frac{l}{d} + \sum \zeta\right)}{\pi^2 d^4 g} \tag{13-2}$$

则有

$$H = S q_V{}^2 \tag{13-3}$$

式(13-3)为简单管路水力计算的基本公式。式中，H 为管路总损失或作用水头(m)；q_V 为流量(m^3/s)；S 为综合反映了管路沿程阻力与局部阻力情况的特性阻力系数，也称管路的阻抗(s^2/m^5)。

由式(13-2)知，当流动处于阻力平方区时，S 对于一个给定的管路是一个常数。因此，从式(13-3)可得：在简单管路中，总能量损失与体积流量的平方成正比。这一规律在管路计算中广为应用。

对于气体，式(13-2)和式(13-3)常写成如下形式

$$S = \frac{8\left(\lambda \frac{l}{d} + \sum \zeta\right)\rho}{\pi^2 d^4} \tag{13-4}$$

$$p = S q_V^2 \tag{13-5}$$

二、简单管路的水力计算举例

【例 13-1】 如图 13-2 所示，水从水深 $H = 5m$ 的水箱中经水平管路排入大气中。已知：管的总长度 $l = 50m$，直径 $d = 100mm$，沿程阻力系数 $\lambda = 0.038$，管路上装 90° 的标准弯头 3 个，闸阀 1 个，试求管路的流量。

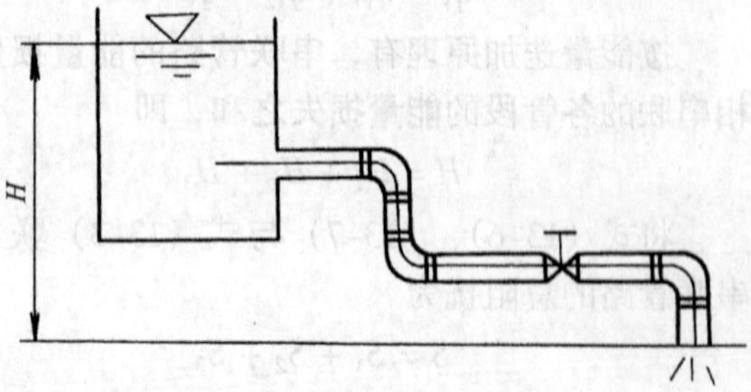

图 13-2 水箱排水管路

【解】 $\frac{l}{d} = \frac{50}{0.1} = 500 < 1\,000$，故按短管计算，根据式(13-2)

$$S = \frac{8\left(\lambda \frac{l}{d} + \sum \zeta\right)}{\pi^2 d^4 g}$$

查表 12-2，当 $d = 100mm$ 时，弯头的阻力系数 $\zeta = 1.0$，闸阀的阻力系数 $\zeta = 0.5$，代入上式

$$S = \frac{8\left(0.038 \times \frac{50}{0.1} + 3 \times 1 + 0.5 + 1\right)}{\pi^2 \times 0.1^4 \times 9.81} s^2/m^5 = 19\,437 s^2/m^5$$

所以 $$q_V = \sqrt{\frac{H}{S}} = \sqrt{\frac{5}{19\,437}} m^3/s = 0.016 m^3/s$$

【例 13-2】 如图 13-3 所示，水从水塔引水供给三层住宅。已知：管长 $l = 1\,250m$，管径 $d = 200mm$，流量 $q_V = 25L/s$，采用钢管，$\lambda = 0.035$，各用户需要的自由水头均为 $H_Z = 12m$。求水塔需要的高度 H_B 为多少？

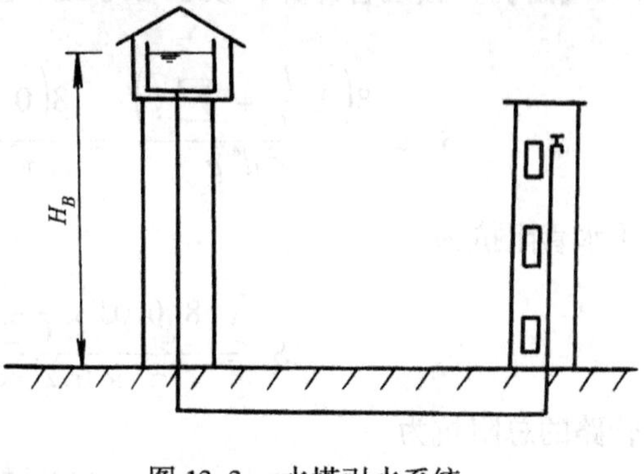

图 13-3 水塔引水系统

【解】 $\frac{l}{d} = \frac{1\,250}{0.2} = 6\,250 > 1\,000$，按长管计算，忽略局部损失和速度水头。

$$S = \frac{8\lambda \frac{l}{d}}{\pi^2 d^4 g} = \frac{8 \times 0.035 \times 1\,250}{3.14^2 \times 0.2^5 \times 9.81} s^2/m^5$$
$$= 11\,308 s^2/m^5$$

$$H = Sq_V^2 = 11\ 308 \times (25 \times 10^{-3})^2 \text{m} = 7\text{m}$$

根据能量方程 $H_B = H + H_Z$，所以水塔的高度 H_B 为

$$H_B = (7 + 12)\text{m} = 19\text{m}$$

第三节 串联与并联管路

工程上的各种管路系统，无论其多么复杂，都是由简单管路经过串联和并联后形成的。因此，在研究管路系统之前，有必要先了解串联与并联管路的流动规律。

一、串联管路

几根简单管路头尾相接构成的管路为串联管路，如图 13-4 所示。

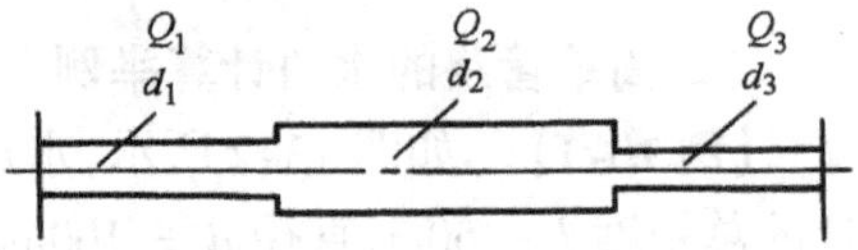

图 13-4 串联管路

由连续性方程知，串联管路的流量与相串联的各管段的流量相等，即

$$q_V = q_{V1} = q_{V2} = q_{V3} \tag{13-6}$$

按能量迭加原理有，串联管路的能量损失等于相串联的各管段的能量损失之和，即

$$H = H_1 + H_2 + H_3 \tag{13-7}$$

将式（13-6）、（13-7）与式（13-3）联立，得串联管路的总阻抗为

$$S = S_1 + S_2 + S_3 \tag{13-8}$$

综合以上三式，得串联管路的流动规律：各管段的流量相等，损失迭加，管路的总阻抗为各管段阻抗之和。

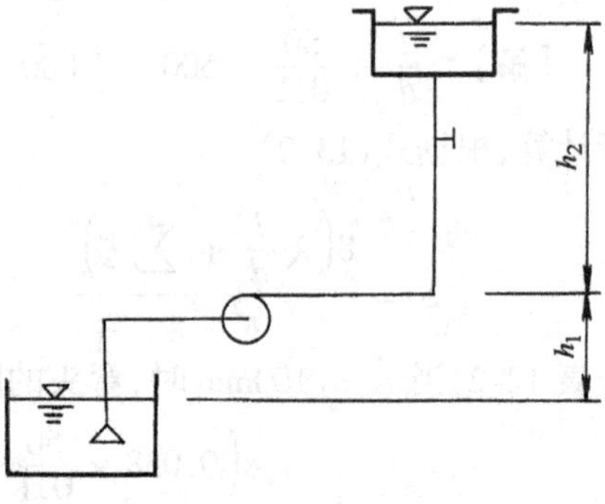

图 13-5 水泵抽水管路系统

【例 13-3】 水泵抽水管路系统如图 13-5 所示。吸水管路 $d_1 = 250\text{mm}$，$l_1 = 20\text{m}$，$h_1 = 3\text{m}$；压水管路 $d_2 = 200\text{mm}$，$l_2 = 150\text{m}$，$h_2 = 15\text{m}$；沿程阻力系数 λ 均为 0.03，局部阻力系数为：进口 $\zeta = 3.0$，弯头 $\zeta = 0.2$，阀门 $\zeta = 0.5$，出口 $\zeta = 0.8$，水泵扬程 $H_{泵} = 20\text{m}$，求流量。

【解】 按短管计算，吸水管与压水管为串联关系，吸水管阻抗为：

$$S_1 = \frac{8\left(\lambda \dfrac{l}{d} + \sum \zeta\right)}{\pi^2 d^4 g} = \frac{8\left(0.03 \times \dfrac{20}{0.25} + 3.2\right)}{\pi^2 \times 0.25^4 \times 9.81} \text{s}^2/\text{m}^5 = 118.57\text{s}^2/\text{m}^5$$

压水管阻抗为

$$S_2 = \frac{8\left(0.03 \times \dfrac{150}{0.2} + 1.5\right)}{\pi^2 \times 0.2^4 \times 9.81} \text{s}^2/\text{m}^5 = 1\ 241\text{s}^2/\text{m}^5$$

管路的总阻抗为

$$S = S_1 + S_2 = (118.57 + 1\ 241)\text{s}^2/\text{m}^5 = 1\ 359.57\text{s}^2/\text{m}^5$$

根据能量方程 $H_{泵} = h_1 + h_2 + H$

$$H = H_{泵} - h_1 - h_2 = (20 - 3 - 15)\text{m} = 2\text{m}$$

所以流量为 $q_V = \sqrt{\dfrac{H}{S}} = \sqrt{\dfrac{2}{1\,359.57}}\text{m}^3/\text{s} = 0.038\text{m}^3/\text{s}$

二、并联管路

几根简单管路头与头相连，尾与尾相连，形成的管路为并联管路，如图 13-6 所示。

同样根据连续性方程，有

$$q_V = q_{V1} + q_{V2} + q_{V3} \tag{13-9}$$

由于流体在某一固定点的单位能量值只能有一个，因此单位重量流体无论通过哪根管段从 A 流到 B，产生的能量损失应该是相同的。于是

$$H = H_1 = H_2 = H_3 \tag{13-10}$$

将上两式代入式 (13-3)，有

$$\frac{1}{\sqrt{S}} = \frac{1}{\sqrt{S_1}} + \frac{1}{\sqrt{S_2}} + \frac{1}{\sqrt{S_3}} \tag{13-11}$$

综上得并联管路的流动规律：并联后管路的总流量等于相并联的各管段的流量和；相并联的各管段损失相等；并联管路总阻抗的平方根倒数等于各并联管段阻抗的平方根倒数的和。

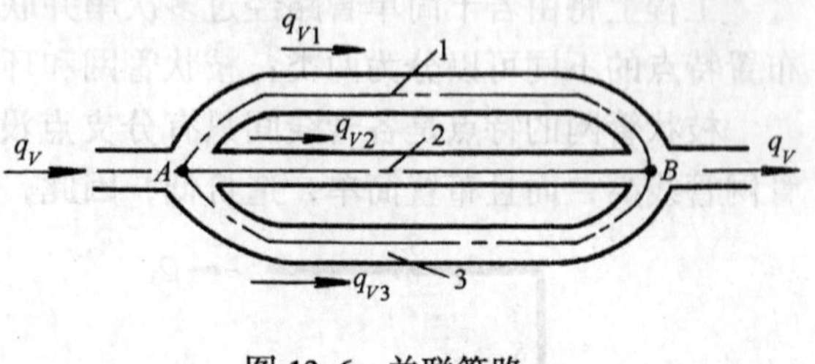

图 13-6 并联管路

由并联管路的流动规律，还可得到

$$q_{V1} : q_{V2} : q_{V3} = \frac{1}{\sqrt{S_1}} : \frac{1}{\sqrt{S_2}} : \frac{1}{\sqrt{S_3}} \tag{13-12}$$

该式反映了并联管路流量分配规律，即：阻抗越大的支路，流量越小；阻抗越小的支路，流量越大。在并联管路的设计计算中，就是利用该式通过选择合适的管道尺寸及局部构件满足用户流量要求的。这个过程也称为管路的“阻力平衡”。

【例 13-4】 如图 13-7 所示，有两根长度、直径、材质均相同的支管并联。已知干管中水的流量为 $q_V = 80 \times 10^{-3}\text{m}^3/\text{s}$，管长 $l = 6\text{m}$，管径 $d = 200\text{mm}$，沿程阻力系数 $\lambda = 0.026$，求两支管内的流量 q_{V1}、q_{V2}。若在支管 2 上装一个阻力系数为 $\zeta = 0.5$ 的阀门，问 q_{V1}、q_{V2} 如何变化？并求出变化后的值。

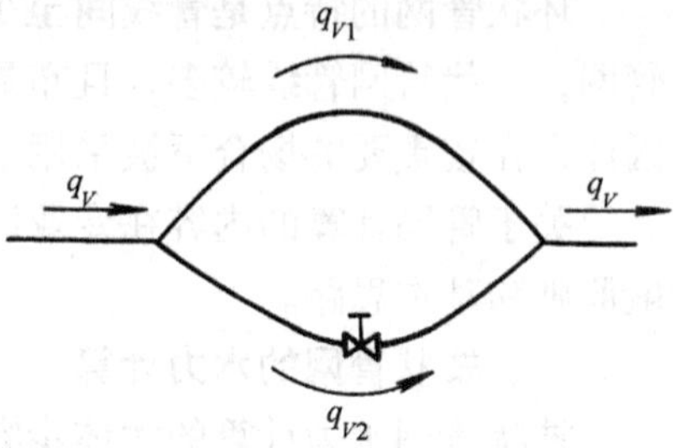

图 13-7 两支管并联管路

【解】 (1) 不装阀门时，因两支管的管路阻碍情况完全相同，$S_1 = S_2$，所以两支管的流量为

$$q_{V1} = q_{V2} = 0.5 \times 80 \times 10^{-3}\text{m}^3/\text{s} = 40 \times 10^{-3}\text{m}^3/\text{s}$$

(2) 装阀门后，因第 2 根支管的阻抗增加，$S_1 <$

S_2，所以第 2 根支管的流量将减小，第 1 根支管的流量将增加。

$$S_1 = \frac{8\left(\lambda \dfrac{l}{d} + \sum \zeta\right)}{\pi^2 d^4 g} = \frac{8 \times \left(0.026 \times \dfrac{6}{0.2}\right)}{\pi^2 \times 0.2^4 \times 9.81} \mathrm{s^2/m^5} = 40.32 \mathrm{s^2/m^5}$$

$$S_2 = \frac{8\left(\lambda \dfrac{l}{d} + \sum \zeta\right)}{\pi^2 d^4 g} = \frac{8 \times \left(0.026 \times \dfrac{6}{0.2} + 0.5\right)}{\pi^2 \times 0.2^4 \times 9.81} \mathrm{s^2/m^5} = 66.17 \mathrm{s^2/m^5}$$

根据并联管路流量分配规律，有

$$\frac{q_{V1}}{q_{V2}} = \frac{\sqrt{S_2}}{\sqrt{S_1}} = \frac{\sqrt{66.17}}{\sqrt{40.32}} = \frac{8.134}{6.35} = 1.28$$

又
$$q_V = q_{V1} + q_{V2} = 80 \times 10^{-3} \mathrm{m^3/s}$$

所以
$$q_{V2} = 35.1 \mathrm{m^3/s}, \quad q_{V1} = 44.9 \mathrm{m^3/s}$$

第四节　管网水力计算基础

工程上将由若干简单管路经过多次串并联后形成的复杂管路称为管网。管网按其管线布置特点的不同可以分为两类：枝状管网和环状管网。

枝状管网的特点是各管线间只有分支点没有汇合点，形状成树枝状（图 13-8）。这种管网管线少，而且布置简单，造价低，因此，在工程上采用得较多。

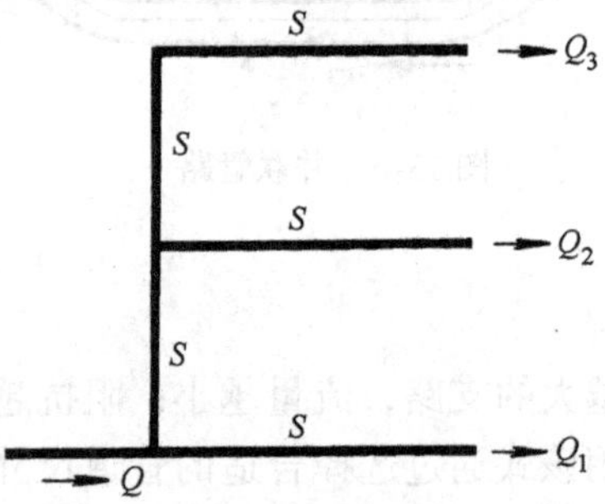

图 13-8　枝状管网

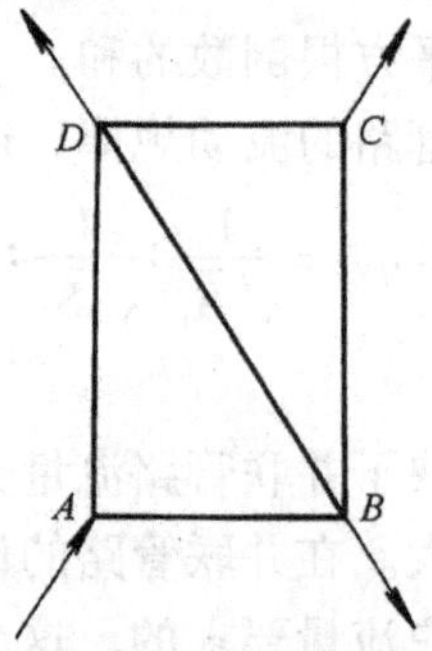

图 13-9　环状管网

环状管网的特点是管线间至少要形成一个闭合的环路，如图 13-9 所示。相对于枝状管网，环状管网管线较多，且布局复杂，工程造价较高。但这种管网的工作可靠性较高，因此，在较重要的场合下被采用。

关于管网计算的内容在专业课中还要有针对性的详细讨论，这里仅介绍管网计算的一般原则和基本思路。

一、枝状管网的水力计算

枝状管网水力计算的大体步骤是（以设计计算为例）：

1) 划分计算管段。一根简单管路为一个计算管段。

2) 确定主管线。一般管路较长、局部阻碍较多的管线为主管线。

3）确定主管线上各计算管段的管径及能量损失。

4）计算主管线的总能量损失，选择动力设备。

5）进行分支管段的计算。根据并联规律进行阻力平衡，不平衡误差应在允许范围之内。

【例 13-5】 某厂区热水供应系统平面布置如图 13-10 所示。已知各管段长度为：$l_{AB}=200\text{m}$，$l_{BC}=180\text{m}$，$l_{CD}=150\text{m}$，$l_{BE}=70\text{m}$，$l_{CF}=80\text{m}$，各管段的局部阻力系数为：$\sum\zeta_{AB}=6.5$，$\sum\zeta_{BC}=7.1$，$\sum\zeta_{CD}=8.1$，$\sum\zeta_{BE}=9$，$\sum\zeta_{CF}=12$，热用户 D、E、F 的热水量分别为 $q_{VD}=20\text{t/h}$，$q_{VE}=15\text{t/h}$，$q_{VF}=10\text{t/h}$，管段的沿程阻力系数均为 0.025，各热用户内部的压力（能量）损失为 $4\times10^4\text{Pa}$，试确定各管段的管径及外网在 A 点应提供的资用压力（即能量）（限定流速 $v=0.5\sim2\text{m/s}$，水的密度近似取 $\rho=1\,000\text{kg/m}^3$，要求不平衡率小于 10%）。

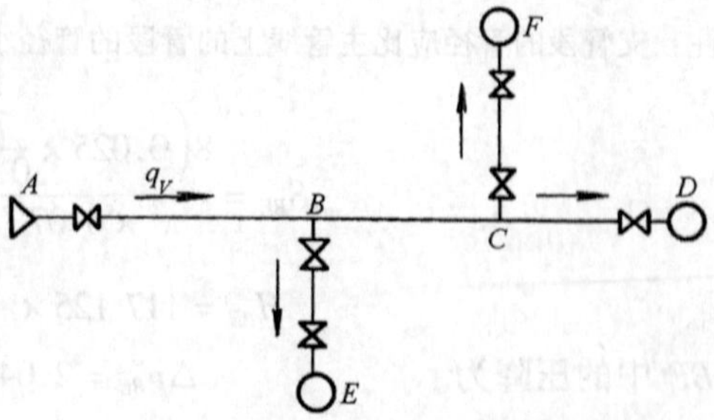

图 13-10 某厂区热水供应系统平面布置

【解】 (1) 由已知条件，确定 $A\to B\to C\to D$ 为主管线。

(2) 确定主管线上各管段的管径并计算其压降（压力损失）。

AB 管段：$q_{VAB}=q_{VE}+q_{VF}+q_{VD}=(15+10+20)\text{ t/h}=45\text{t/h}=0.012\,5\text{m}^3/\text{s}$，假定流速 $v'_{AB}=0.5\text{m/s}$，则有

$$d'_{AB}=\sqrt{\frac{4q_{VAB}}{\pi v'_{AB}}}=\sqrt{\frac{4\times0.012\,5}{3.14\times0.5}}\text{m}=0.178\text{m}$$

根据标准取 $d=150\text{mm}$，则管内实际流速为

$$v_{AB}=\frac{4q_{VAB}}{\pi d_{AB}}=\frac{4\times0.012\,5}{3.14\times0.15^2}\text{m/s}=0.7\text{m/s}\text{（在限定流速之内）}$$

$$S_{AB}=\frac{8\left(\lambda\dfrac{l}{d}+\sum\zeta\right)}{\pi^2d_{AB}^4g}=\frac{8\times\left(0.025\times\dfrac{200}{0.15}+6.5\right)}{3.14^2\times0.15^4\times9.81}\text{s}^2/\text{m}^5=6\,508\text{s}^2/\text{m}^5$$

$$H_{AB}=S_{AB}q_{VAB}^2=6\,508\times(0.0125)^2\text{m}=1.016\,8\text{m}$$

则 AB 段压降 $\Delta p_{AB}=1.016\,8\times9\,807\text{Pa}=9\,972\text{Pa}$

同理可以确定 BC 段、CD 段的管径和压降值，计算结果见表 13-2。

(3) 求主管线的总压降和外网在 A 点应提供的压力。

总压降 $\Delta p_{AD}=\Delta p_{AB}+\Delta p_{BC}+\Delta p_{CD}=(9\,972+9\,936+11\,435)\text{ Pa}=31\,343\text{Pa}$

外网在 A 点应提供的资用压力为

$$\Delta p_A=\Delta p_{AD}+p_D=(31\,343+40\,000)\text{ Pa}=71\,343\text{Pa}$$

(4) 确定支管线各管段的管径及压降。

BE 管段：$q_{VBE}=15\text{t/h}=4.17\times10^{-3}\text{m}^3/\text{s}$，取 $v'_{BE}=1.0\text{m/s}$，则

$$d'_{BE}=\sqrt{\frac{4\times4.17\times10^{-3}}{3.14\times1.0}}\text{m}=0.073\text{m}$$

根据标准，取 $d_{BE}=70\text{mm}$，则实际流速为

$$v_{BE}=\frac{4\times4.17\times10^{-3}}{3.14\times0.07^2}\text{m/s}=1.1\text{m/s}\text{（在限定流速之内）}$$

注：支管段的管径应比主管线上的管段的管径小些，这样便于阻力平衡。

$$S_{BE}=\frac{8\left(0.025\times\dfrac{70}{0.07}+9\right)}{\pi^2\times0.07^4\times9.81}\text{s}^2/\text{m}^5=117\ 125\text{s}^2/\text{m}^5$$

$$H_{BE}=117\ 125\times\ (4.17\times10^{-3})^2\text{Pa}=2.04\text{Pa}$$

BE 中的压降为 $\Delta p_{BE}=2.04\times9\ 807\text{Pa}=20\ 006\text{Pa}$

进行阻力平衡

$$\Delta p_{BD}=\Delta p_{BC}+\Delta p_{CD}=\ (9\ 936+11\ 435)\ \text{Pa}=21\ 371\text{Pa}$$

$$\frac{|\Delta p_{BD}-\Delta p_{BE}|}{\Delta p_{BD}}\times100\%=\frac{|21\ 371-20\ 006|}{21\ 371}\times100\%=6.4\%<10\%$$

满足不平衡率要求，故管径选择合适（若不平衡率大于 10%，需重新选择管径）。

同理可确定 *CF* 管段的管径，结果见表 13-1。

表 13-1 计算结果表

管段号	流量/（t/h）	长度/m	公称直径/mm	阻力数	流速/（m/s）	压降/Pa
AB	45	200	150	6 508	0.7	9 972
BC	30	180	125	14 602	0.68	9 936
CD	20	150	100	37 716	0.71	11 435
BE	15	70	70	117 125	1.10	20 006
CF	10	80	70	139 762	0.72	10 592

二、环状管网的水力计算

环状管网的水力计算应遵循这样两条原则：

1）任意一节点上的流量代数和为零（即 $\sum q_V=0$）。一般取流出节点的流量为负，流入节点的流量为正。

2）任意一个环路上的能量损失代数和为零（即 $\sum Sq_V^2=0$）。一般取顺时针的损失为正，逆时针的损失为负。

环状管网水力计算的大体步骤为：

1）按节点 $\sum q_V=0$ 的原则，拟定各管段流量大小和方向，并据此确定出管径。

2）计算各管段的损失 h_f（一般按长管考虑）。

3）校核各环路 $\sum Sq_V^2=0$ 是否为零（一般有一个小于 0.5m 的误差）。

4）若环路上 $\sum Sq_V^2\neq0$，重新拟定流量 q_V 值时，可以采取在原定流量值（q_V）的基础

上加一个校正流量 Δq_V 的方式来确定。根据环路上 $\sum Sq_V^2=0$，有

$$\Delta q_V=\frac{-\sum Sq_V^2}{2\sum|Sq_V|}=\frac{-\sum h_f}{2\sum\left|\frac{h_f}{q_V}\right|} \tag{13-13}$$

5）进行其他计算（如：选择驱动设备等）。

【例 13-6】　水平布置的供水环路，如图 13-11 所示。A 为水塔，C、D 为供水点，节点流量 $q_{VC}=78\text{L/s}$，$q_{VD}=12\text{L/s}$。各管段长度 $l_{AB}=4\text{km}$，$l_{BC}=1\text{km}$，$l_{BD}=1\text{km}$，$l_{CD}=0.5\text{km}$。管径 $d_{AB}=350\text{mm}$；$d_{BC}=d_{BD}=250\text{mm}$，$d_{CD}=200\text{mm}$；管材为铸铁管，$\lambda=0.025$。试求各管段的流量。已知管段 AB 的水头损失 $h_{f(AB)}=15.2\text{m}$，供水点自由水头均要求 12m。试确定水塔的高度 H_b 应为多少（要求进行一次流量校正）。

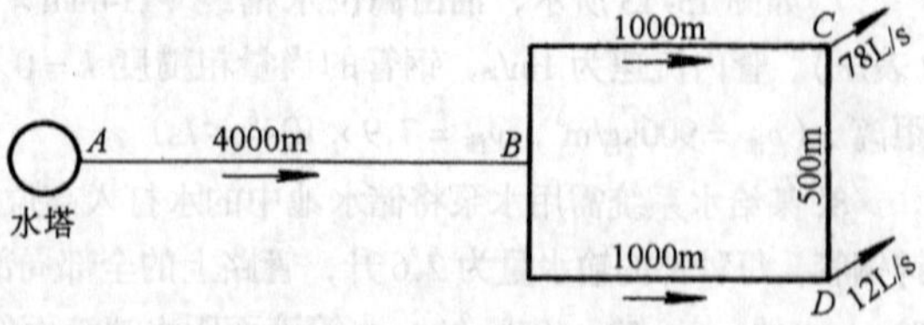

图 13-11　供水环路

【解】　（1）假设 BC 中流量 $q_{VBC}=50\text{L/s}$，则：根据 $\sum q_{VC}=0$，有 DC 中流量 $q_{VDC}=28\text{L/s}$，根据 $\sum q_{VD}=0$，有 $q_{VBD}=40\text{L/s}$。

（2）求各管段中的 h_f

$$S_{BC}=\frac{8\lambda l}{\pi^2 d^5 g}=\frac{8\times0.025\times1\,000}{3.14^2\times0.25^5\times9.807}\text{s}^2/\text{m}^5=2\,118\text{s}^2/\text{m}^5$$

同理
$$S_{BD}=2\,118\text{s}^2/\text{m}^5,\ S_{DC}=3\,231.9\text{s}^2/\text{m}^5$$

$$h_{fBC}=S_{BC}q_{VBC}^2=[2\,118+(50\times10^{-3})^2]\ \text{m}=5.3\text{m}$$

同理
$$h_{fBD}=3.4\text{m}\quad h_{fDC}=2.5\text{m}$$

（3）校核环路的 $\sum h_f$

$$\sum h_f=h_{fBC}-h_{fDC}-h_{fBD}=(5.3-3.4-2.5)\ \text{m}=-0.6\text{m}\neq0$$

（4）求校正流量 Δq_V

$$\Delta q_V=\frac{-\sum h_f}{2\sum\left|\frac{h_f}{q_V}\right|}=\frac{0.6}{2\left(\frac{5.3}{50}+\frac{3.4}{40}+\frac{2.5}{28}\right)}\text{L/s}=1.07\text{L/s}$$

（5）求各管段中第一次校核后的流量

$$q_{VBC}=(50+1.07)\ \text{L/s}=51.07\text{L/s}$$
$$q_{VBD}=(40-1.07)\ \text{L/s}=38.93\text{L/s}$$
$$q_{VCD}=(28-1.07)\ \text{L/s}=26.93\text{L/s}$$

（6）求水塔的高度

$$H_b=h_{fAB}+h_{fBC}=(15.2+12+5.3)\ \text{m}=32.5\text{m}$$

思考题与练习题

1. 何谓管路的阻抗？在什么情况下，阻抗只与管路形式和尺寸有关？

2. 何谓简单管路？简单管路的流动规律如何？

3. 何谓短管、长管？它们的水力计算有何不同？

4. 串联管路和并联管路的流动规律如何？

5. 管网有哪两种类型？其水力计算应遵循什么原则？

6. 如图 13-12 所示，有一泄水管，其内径 $d = 100\text{mm}$，管长 $l = 320\text{mm}$，$H = 15\text{m}$，管道上局部阻力系数之和 $\sum\zeta = 12.8$，忽略沿程损失，求自管道中流出的流量 q_V。

7. 如图 13-13 所示，油由高位水槽经 $\phi 114\text{mm} \times 4\text{mm}$ 的钢管流入一密闭槽中，其压力为 $1.6 \times 10^4\text{Pa}$（表压）。管内流速为 1m/s，钢管的当量粗糙度 $k = 0.2\text{mm}$，如果两槽液面保持不变，试求两槽液面的垂直距离。（$\rho_{油} = 900\text{kg/m}^3$，$\nu_{油} = 7.9 \times 10^{-6}\text{m}^2/\text{s}$）

8. 某给水系统需用水泵将储水池中的水打入高位水箱，如图 13-14 所示。已知输水管为 $d = 50\text{mm}$ 的镀锌钢管，每秒钟的输水量为 2.6 升，管路上的全部局部阻力系数 $\sum\zeta = 14.9$（含出口的阻力系数），管长 $l = 50\text{m}$，水的 $v = 1.52 \times 10^{-6}\text{m}^2/\text{s}$，水箱液面距水池液面的高度差为 $H = 30\text{m}$，求所需泵提供的供水压力。

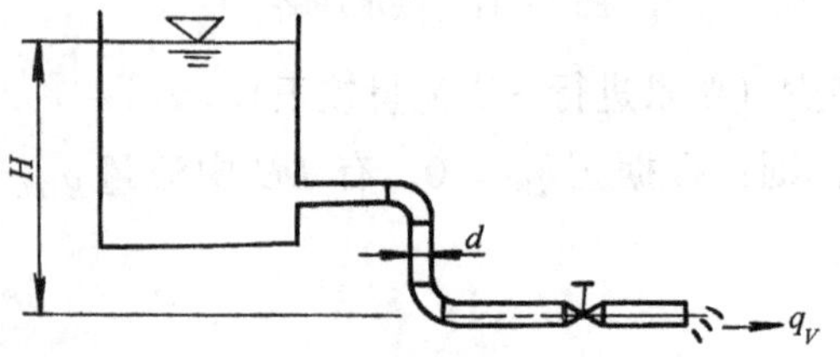

图 13-12 习题 6 图

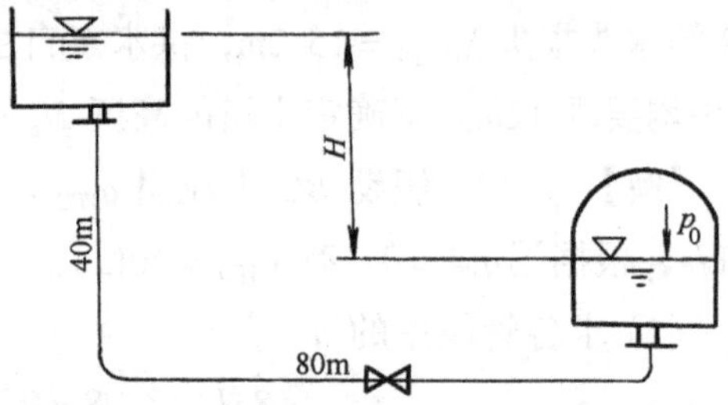

图 13-13 习题 7 图

9. 水平放置的通风机如图 13-15 所示。已知吸入管的直径 $d_1 = 200\text{mm}$，$l_1 = 10\text{m}$，压出管的直径 $d_2 = 100\text{mm}$，$l_2 = 100\text{m}$，各管段的 $\lambda = 0.02$，风量 $q_V = 0.15\text{m}^3/\text{s}$，若不计局部阻力，试计算风机应产生的风压。

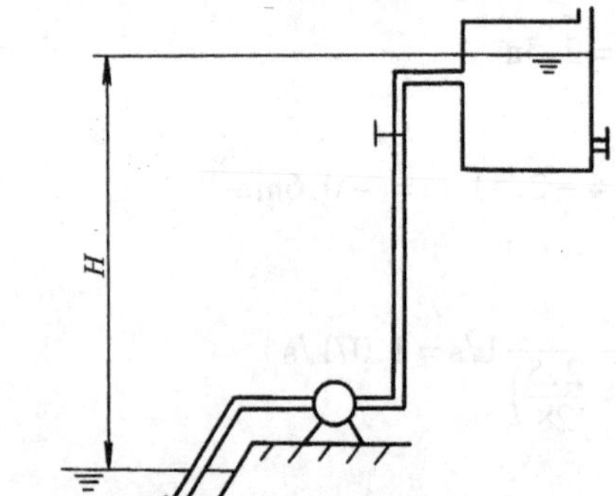

图 13-14 习题 8 图

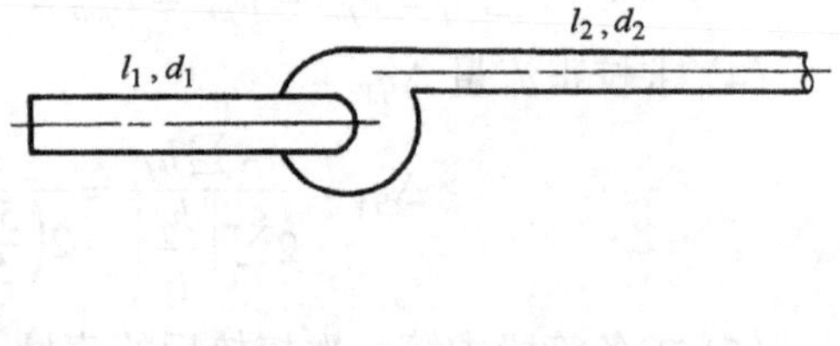

图 13-15 习题 9 图

10. 如图 13-16 所示。两容器中充有 20°C 的水，用两段新的低碳钢管连接起来，已知 $d_1 = 20\text{cm}$，$l_1 = 30\text{m}$，$d_2 = 30\text{cm}$，$l_2 = 60\text{m}$，管 1 为锐缘入口，管 2 上有一阀门，其阻力系数 $\zeta = 3.5$，$q_V = 0.2\text{m}^3/\text{s}$，求

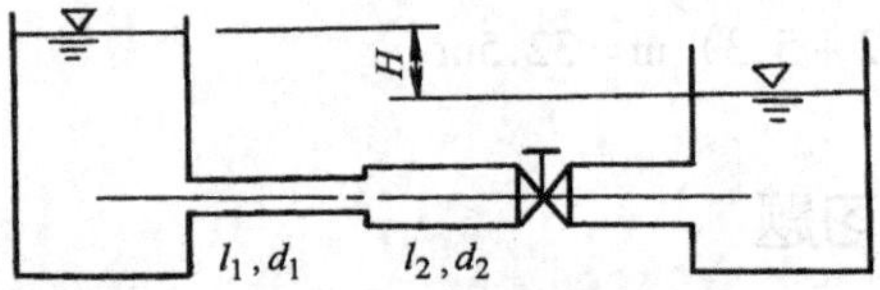

图 13-16 习题 10 图

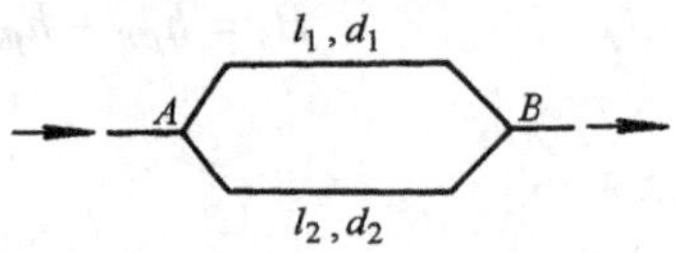

图 13-17 习题 11 图

必需的总水头（$k=0.05$mm）。

11. 如图 13-17，有一并联管路，已知总水管中水的流量为 4 000m^3/h，其并联两管的管长和管径分别为：$l_1=1\,400$m，$d_1=0.5$m，$l_2=800$m，$d_2=0.7$m，求各支管内水的流量及 A、B 两点间的能量损失（设管的 $\lambda=0.03$，不计局部损失）？

12. 如图 13-18 所示，水从水槽经 C、D 两管道同时放出。已知：$l_{AB}=5$m，$d_{AB}=50$mm，$l_{BC}=10$m，$d_{BC}=25$mm，$l_{BD}=12$m，$d_{BD}=25$mm，求 C、D 二处的流量比（管中弯头为 90°的标准弯头，阀门为截止阀，直流三通的 $\zeta=0.1$，旁流三通的 $\zeta=1.5$，$\lambda=0.03$）。

13. 如图 13-19 所示。某两层楼的采暖立管，管段 1 的直径为 20mm，总长度为 20m，$\sum\zeta=15$。管段 2 的直径为 20mm，总长度为 12m，$\sum\zeta=15$，管段的 $\lambda=0.025$，干管的流量 $q_V=800$L/s，求 q_{V1} 和 q_{V2}。

14. 某通风系统如图 13-20 所示，已知通风管为铁皮风管，$l_1=l_2=50$m，$l_3=30$m，$l_4=20$m，支管风量为 $q_{V3}=q_{V4}=4\,000m^3/h$，管内限定风速 $v>15$m/s，试确定各管段的管径并确定风机风压（空气温度为 20°C；局部阻力与出口动能项比沿程损失小得多，计算中可以忽略）。

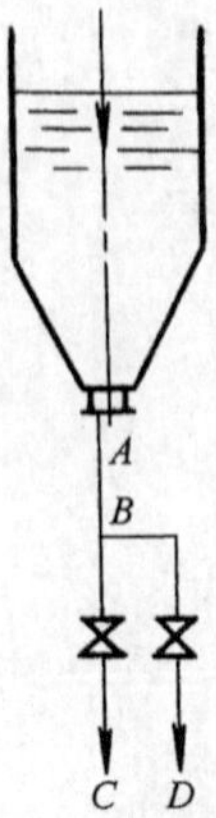

图 13-18　习题 12 图

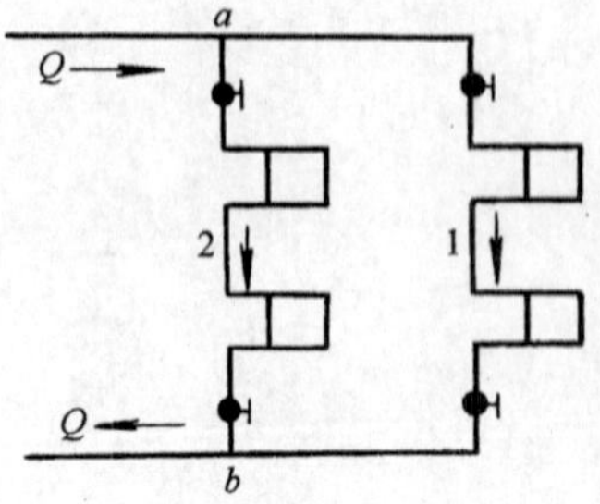

图 13-19　习题 13 图

15. 如图 13-21 所示，水平布置的管系，A 点的表压强 $p_A=280kN/m^2$，水流从 B、D 直接排入大气 AD 管的直径为 0.4m，其他各管直径为 0.3m，沿程阻力系数为 $\lambda=0.02$，试确定 q_{V1}、q_{V2}、q_{V3}。

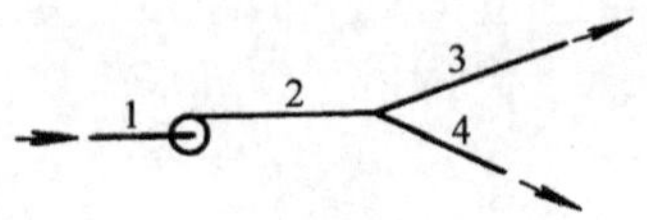

图 13-20　习题 14 图

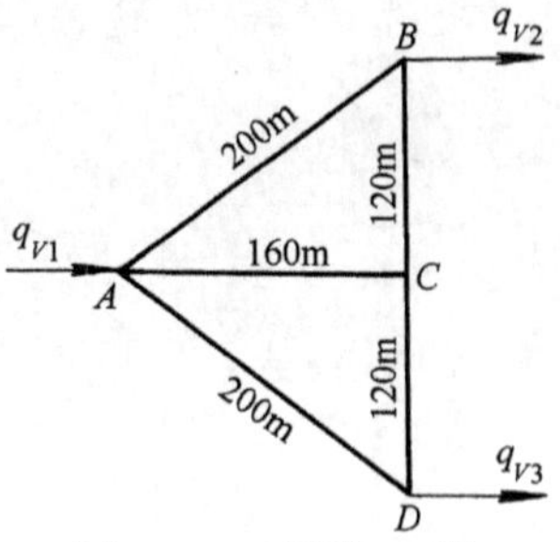

图 13-21　习题 15 图

3

第三篇

传　热　学

传热学是一门技术学科，着重研究热量传递的规律和方法。

在电冰箱、冷藏柜、冷藏库以及空调器、户式中央空调和大型中央空调等装置中，热量传递现象非常普遍。在制冷系统中，制冷剂液体在蒸发器内沸腾吸热，经过蒸发器管壁吸收了蒸发器外部被冷却物的热量；沸腾之后的制冷剂气体，在压缩机的驱动下进入冷凝器，在冷凝器内冷凝放热，经过冷凝器管壁，把热量又传递给了周围的冷却介质（空气或水）。

电冰箱的热量传递过程如下所示。

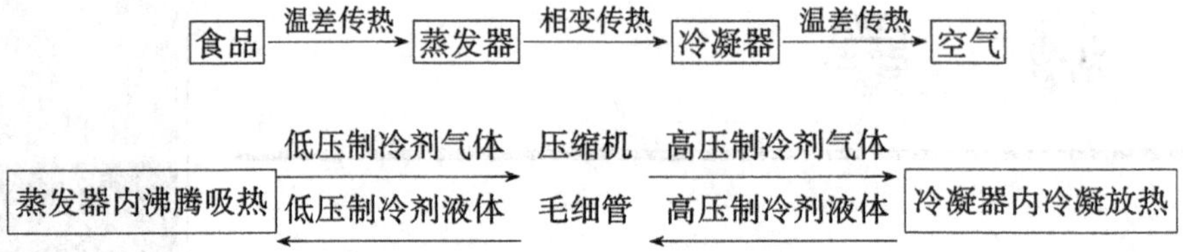

中央空调的热量传递过程如下所示。

热量传递过程一般是由导热、对流换热和辐射换热这三种基本传热形式复合而成。制冷空调装置中，对于蒸发器、冷凝器等换热设备，需要强化热量的传递；对于管道或围护结构，却需要削弱热量的传递。因此，认识、掌握热量传递的过程和规律，在制冷空调技术实践中有着极其现实的意义。

第十四章 稳 定 导 热

本章着重讨论稳定导热问题。首先引出导热的基本定律和一般数学表达式，然后介绍制冷空调装置常见壁面形状（如平壁和圆筒壁）中热流量和温度的分布规律和计算方法。本章只讨论温度不随时间变化的稳定单纯导热过程。

第一节 导热基本概念及傅里叶定律

一、导热的概念

导热即热传导，是指发生在物质本身各部分之间或直接接触的物质与物质之间的热量传递现象。它是依靠物质的分子、原子或自由电子等微观粒子的热运动来传递热量的。也就是说，导热是在分子集团不发生宏观相对运动时，单纯由微观粒子的直接作用（如迁移、碰撞或振动等）而引起的热量传递现象。

一般只有在固态物质中才会发生单纯的导热现象，这是因为：在加热或冷却过程中，对于固体来说，体积虽然有变化但不会因此诱发不同分子集团的相对运动。而流体（气体和液体）在吸热或放热时，其体积变化将引起密度的变化，进而会引起分子集团的宏观相对运动，所产生的对流换热现象不是严格意义上的“纯导热”。因此，导热现象可以发生在固体、液体和气体中，但是单纯的导热现象只能发生在密实固体中。在专业学习和实践中，一般把发生在换热器管壁、散热肋片、管道保温层、墙壁等固态材料中的热量传递过程，都看成是导热问题。

二、温度场

只要有温差存在，热量就会自发地从高温物体传给低温物体，就可能出现导热现象。所以温差是传递热量的动力，是发生导热的根本原因。因此，要分析导热现象，首先要从分析物体内部温度分布规律开始。

通常将某一时刻物体中各点温度分布的状况称为温度场。一般来说，温度场是空间和时间的函数，其数学表达式为

$$t = (x, y, z, \tau) \tag{14-1}$$

式中，x、y 和 z 是空间坐标；τ 是时间坐标；t 代表温度。

温度场分为两类，即稳定温度场和非稳定温度场。当温度场内各点的温度随时间而变化时，这种温度场称为非稳定温度场，例如制冷机在开机、停机过程中的温度场就属于非稳定温度场。如果温度场中各点的温度不随时间而变化，这种温度场则称为稳定温度场，例如制冷机在工况稳定、持续运行状态下的温度场就属于稳定温度场。在稳定温度场中的导热称为稳定导热，反之，非稳定温度场中的导热称为不稳定导热。

稳定温度场内温度的分布与时间无关，仅是空间坐标的函数。若温度在空间三个坐标方向都发生着变化，则称为三维稳定温度场，其数学表达式为

$$t = f(x, y, z) \tag{14-2}$$

在稳定温度场中，若温度仅在空间两个坐标方向上发生变化，则称为二维稳定温度场，即

$$t = f(x, y) \tag{14-3}$$

在稳定温度场中，若温度仅在空间一个坐标方向上发生变化，则称为一维稳定温度场，即

$$t = f(x) \tag{14-4}$$

三、等温面和等温线

在温度场中，把同一时刻温度相等的各点连接起来所构成的面，称为等温面，它可能是平面，也可能是曲面。等温面与任一平面的交线称等温线。等温面和等温线的性质如下：

1）因为物体内的任一点不可能同时具有两个不同的温度，所以不同温度的等温面或等温线绝不会彼此相交。

2）沿着等温面和等温线方向上，没有热量的传递。热量的传递只是沿着最短的途径进行，即沿着等温面或等温线的法线方向进行。

3）在物体内部，等温面或等温线可以是完全封闭的曲面，或者终止于物体的边缘，但不可以在物体内部中断。如图 14-1 所示，$t-\Delta t$、t、$t+\Delta t$ 为三条温度依次升高的等温线。

四、温度梯度

等温面（线）的性质表明，热量传递只能沿着穿过不同等温面（线）的方向进行，而且沿等温面（线）法线方向温差最大，热量传递最为显著。设两等温面之间的温度差为 Δt，法线方向的距离为 Δn，则 Δt 与 Δn 的比值的极限称为温度梯度，记作 grad$t$，单位为℃/m，即

$$\text{grad}\,t = \lim_{\Delta n \to 0} \frac{\Delta t}{\Delta n} = \frac{\partial t}{\partial n} \tag{14-5}$$

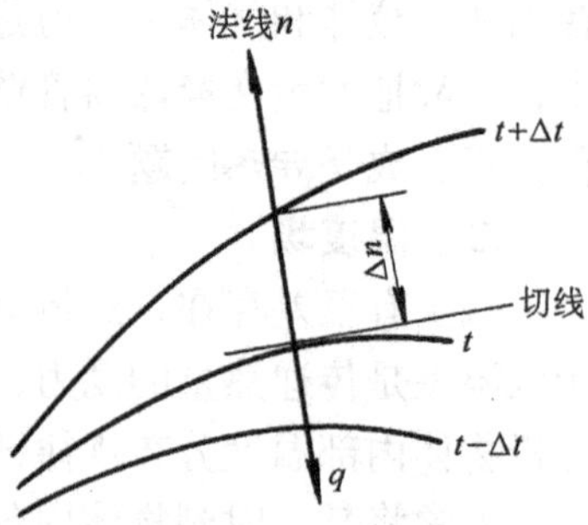

图 14-1 等温线与温度梯度

对于一维稳定温度场来说，温度梯度为

$$\text{grad}\,t = \frac{\mathrm{d}t}{\mathrm{d}x} \tag{14-6}$$

温度梯度是向量，其方向是指向温度增加的方向，而热量传递方向与温度梯度方向恰好相反。

五、傅里叶定律

当固体内部有温度梯度存在时，热量就会从高温部分传向低温部分。1822 年，法国数理学家傅里叶提出的傅里叶公式确定：导热现象中所传递的热流量与引起导热的温差 $\Delta t = t_{高} - t_{低}$ 成正比，与导热表面积 F 成正比，而与导热面（等温面或等温线）之间的距离 Δn 成反比，即有

$$\Phi = \lambda F \frac{\Delta t}{\Delta n}$$

式中，Φ 为单位时间内垂直通过导热面积 F 上的热流量（W）；F 为导热面积（m^2）；Δt 为两导热表面的温差（℃）；Δn 为两导热表面间的距离（m）；λ 为比例系数，也称为导热系数［W/（m·℃）］。对于单位面积而言

$$q = \frac{\Phi}{F} = \lambda \frac{\Delta t}{\Delta n}$$

式中，q 为单位时间内单位面积上的热流量，又称热流密度（W/m^2）。当上式中的 $\frac{\Delta t}{\Delta n}$ 取极限值时，则

$$\Phi = -\lambda\,\text{grad}\,t F \tag{14-7}$$

$$q = \frac{\Phi}{F} = -\lambda\,\text{grad}\,t \tag{14-8}$$

式（14-7）及（14-8）均为导热基本定律（傅里叶定律）的数学表达式。式中的负号表示热流方向与温度梯度方向相反。

对于一维稳定温度场，傅里叶定律的数学表达式为

$$\Phi = -\lambda \frac{\mathrm{d}t}{\mathrm{d}x} F \tag{14-9}$$

或

$$q = -\lambda \frac{\mathrm{d}t}{\mathrm{d}x} \tag{14-10}$$

六、导热系数及其在制冷空调技术中的应用

1. 概念

由式（14-8）可得

$$\lambda = -\frac{q}{\mathrm{grad}\,t} \tag{14-11}$$

由此可见，导热系数 λ 的数值就是物体的温度降低 1℃/m 时，单位时间内通过物体单位面积的导热量，λ 的单位为 W/（m·℃）。导热系数是物质的一个重要的热物性参数，其数值大小表征着物质导热性能的优劣。通常各种物质的导热系数可从相关资料中查取。

2. 关于换热器的导热系数

制冷空调装置中的换热器（如蒸发器和冷凝器等），应使用导热系数大的金属材料，以增强导热量。金属的导热通过两种方式进行，即自由电子的迁移和晶格的振动。其中自由电子的迁移是热量的主要传递者，晶格的振动起次要作用。由于金属的导热和导电都是依靠自由电子，所以良好的导电体通常也是良好的导热体。当金属中含有杂质或因加工而有残余应力时，就会破坏晶格的完整性而使自由电子的迁移受到干扰，使其导热系数下降，因此合金的导热系数一般比纯金属要低得多。但当温度升高时，由于晶格结构的振动加剧，自由电子的运动受到阻碍，大多数纯金属的导热系数就会下降，而合金材料的导热系数反而会上升。

3. 关于隔热保温材料的导热系数

制冷空调工程中的隔热保温材料，应使用导热系数低的非金属材料。非金属材料只能依靠晶格结构的振动来传递热量。与金属材料相比，其导热系数要小的多。这类材料一般均为多孔性材料或纤维性材料，如砖、石棉、矿渣棉、硅藻土、泡沫塑料、玻璃丝棉等。隔热保温材料的导热系数与其材料结构、温度、湿度以及密度等有密切的关系；

1) 隔热保温材料的密度越大，则孔隙越少，材料的导热系数就越大（因为隔热保温材料孔隙内空气的导热系数远远小于固体成分的导热系数）。

2) 隔热保温材料的湿度越大，则孔隙中的水分就越多，材料的导热系数也就越大(因为水的导热系数比空气大得多)。在自然环境影响下，建筑材料和隔热保温材料内部总含有一定的水份。随着湿度的增加，材料的导热系数就会显著增大，隔热保温性能将明显下降。因此，对于冷库的围护结构以及空调工程中的送风管道、冷媒水管等，其隔热保温层的外表面应包裹一层隔汽层，以防潮湿空气渗入。

3) 隔热保温材料的温度越高，分子热运动的动能就增加，孔隙内空气的对流换热和辐射换热的强度也增加，材料的导热系数也增大。

因此为保证隔热保温材料的良好性能，应选用密度小的材料，并应采取适当防潮措施以保持材料的干燥。建筑材料和隔热保温材料的导热系数一般在 0.025～3.0W/（m·℃）的范围内，一般把室温条件下导热系数小于 0.2W/（m·℃）的材料作为隔热保温材料。

第二节　通过平壁的稳定导热

一、单层平壁的稳定导热

如图 14-2 所示为一单层平壁。设平壁厚度为 δ，导热系数为 λ，两表面分别维持均匀稳定的温度 t_1 和 t_2，且 $t_1 > t_2$。当平壁的高度与宽度远大于其厚度（10 倍以上）时，沿高度和宽度两个方向的温度变化就会很小，导热仅沿厚度方向进行，可近似地作为一维导热处理。在离左侧壁 x 处，取一厚度为 dx 的薄层平壁，该薄层温度差为 dt。据傅里叶定律，通过该薄层的单位面积热流量为

$$q = -\lambda \frac{dt}{dx}$$

分离变量后得

$$dt = -\frac{q}{\lambda}dx$$

在稳定导热中 q 为常数，λ 为一定温度范围内的平均导热系数，也是常数。所以上式积分后可得

$$t = -\frac{q}{\lambda}x + c \tag{14-12}$$

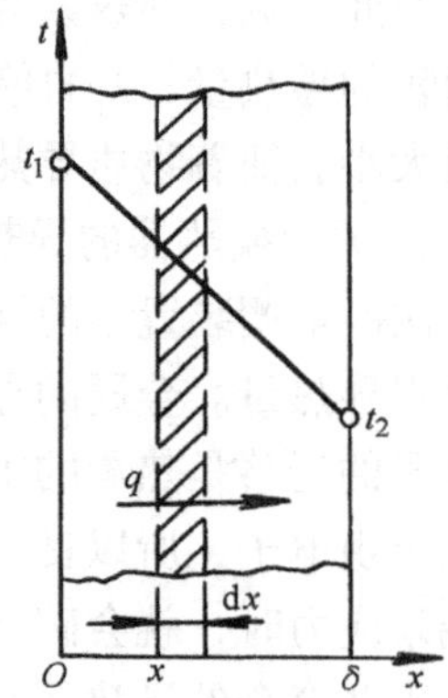

图 14-2 单层平壁的导热

式（14-12）表明，平壁的温度是按直线规律分布的。式中的积分常数可由边界条件决定，把 $x=0$ 时 $t=t_1$ 和 $x=\delta$ 时 $t=t_2$ 代入上式后，可得

$$t_2 = -\frac{q}{\lambda}\delta + t_1$$

单层平壁的单位面积上的热流量为

$$q = \lambda\frac{t_1 - t_2}{\delta} = \frac{\Delta t}{\dfrac{\delta}{\lambda}} \tag{14-13}$$

式中，$\dfrac{\delta}{\lambda}$可看成一种热阻，称为单位面积平壁的导热热阻（$m^2 \cdot ℃/W$）。

若平壁的导热面积为 F，则总热流量为

$$\Phi = qF = \frac{\Delta t}{\dfrac{\delta}{\lambda F}} \tag{14-14}$$

式中，$\dfrac{\delta}{\lambda F}$为单层平壁的总导热热阻（℃/W）。

二、多层平壁的稳定导热

多层平壁是指由几种不同材料所组成的复合平壁。例如，冷库的维护结构就是由建筑材料、隔热保温层和防潮层等组成的多层平壁；锅炉的炉墙就是由耐火材料层、隔热材料层和钢板等组成；房屋结构的外墙就是以砖为主体、内有白灰层、外抹水泥沙浆构成的多层平壁。

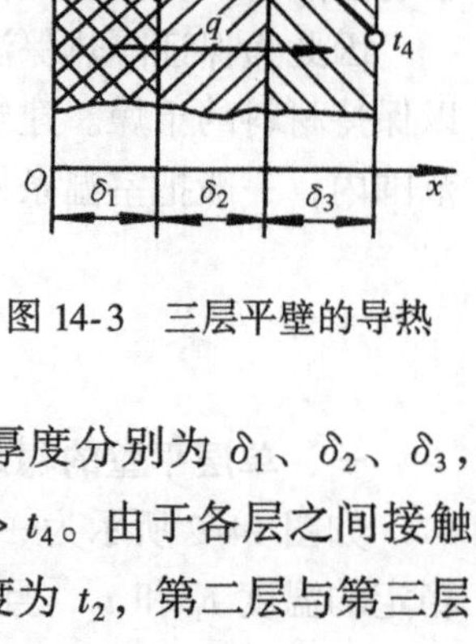

图 14-3 三层平壁的导热

1. 三层平壁的稳定导热

图 14-3 所示一组由不同材料构成的三层平壁。设各层平壁厚度分别为 δ_1、δ_2、δ_3，导热系数分别为 λ_1、λ_2、λ_3，两侧壁面的温度为 t_1 和 t_4，且 $t_1 > t_4$。由于各层之间接触严密，则彼此接触两表面的温度相等，设第一层与第二层间的温度为 t_2，第二层与第三层

间的温度为 t_3。在稳定导热下通过各层平壁的单位面积的热流量相等，即

$$q=\frac{t_1-t_2}{\frac{\delta_1}{\lambda_1}}=\frac{t_2-t_3}{\frac{\delta_2}{\lambda_2}}=\frac{t_3-t_4}{\frac{\delta_3}{\lambda_3}}$$

经整理得

$$t_1-t_2=q\frac{\delta_1}{\lambda_1}$$

$$t_2-t_3=q\frac{\delta_2}{\lambda_2}$$

$$t_3-t_4=q\frac{\delta_3}{\lambda_3}$$

将以上三式相加得

$$t_1-t_4=q\left(\frac{\delta_1}{\lambda_1}+\frac{\delta_2}{\lambda_2}+\frac{\delta_3}{\lambda_3}\right)$$

三层平壁上的热流量为

$$q=\frac{t_1-t_4}{\frac{\delta_1}{\lambda_1}+\frac{\delta_2}{\lambda_2}+\frac{\delta_3}{\lambda_3}} \tag{14-15a}$$

$$\Phi=qF=F\frac{t_1-t_4}{\frac{\delta_1}{\lambda_1}+\frac{\delta_2}{\lambda_2}+\frac{\delta_3}{\lambda_3}} \tag{14-15b}$$

2. 多层平壁的稳定导热

对于 n 层的平壁，设平壁两侧表面温度为 t_1 和 t_{n+1}，且 $t_1>t_{n+1}$；平壁内第 i 层的厚度为 δ_i；第 i 层的导热系数为 λ_i；第 i 层的热阻为 $R_i=\frac{\delta_i}{\lambda_i}$。由三层平壁热流量公式可推出

$$q=\frac{t_1-t_{n+1}}{\sum_{i=1}^{n}\frac{\delta_i}{\lambda_i}}=\frac{t_1-t_{n+1}}{R_t} \tag{14-16a}$$

$$\Phi=qF=F\frac{t_1-t_{n+1}}{\sum_{i=1}^{n}\frac{\delta_i}{\lambda_i}}=F\frac{t_1-t_{n+1}}{R_t} \tag{14-16b}$$

式中，$R_t=\sum_{i=1}^{n}R_i=\sum_{i=1}^{n}\frac{\delta_i}{\lambda_i}$ 可看作单位面积 n 层平壁的总导热热阻，它表明 n 层平壁的总热阻等于各串联平壁分热阻之和。

制冷空调工程中导热平壁的层数一般最多为四层，各层间的温度计算式分别是

$$t_2=t_1-q\frac{\delta_1}{\lambda_1} \tag{14-17}$$

$$t_3=t_1-q\left(\frac{\delta_1}{\lambda_1}+\frac{\delta_2}{\lambda_2}\right) \tag{14-18}$$

$$t_4 = t_1 - q\left(\frac{\delta_1}{\lambda_1} + \frac{\delta_2}{\lambda_2} + \frac{\delta_3}{\lambda_3}\right) = t_1 - qR_t \tag{14-19}$$

由式(14-19)看出，当各层的导热系数 λ_i 为常数时，R_t 也为常数，则温度变化曲线为四段直线所组成的折线。

【例 14-1】 有一锅炉炉墙由三层组成。内层是耐火砖层，其厚度为 $\delta_1 = 230\text{mm}$，导热系数 $\lambda_1 = 1.00\text{W/(m·°C)}$；外层是红砖层，其厚度为 $\delta_3 = 240\text{mm}$，导热系数 $\lambda_3 = 0.60\text{W/(m·°C)}$；两层中间填石棉隔热层，其厚度为 $\delta_2 = 50\text{mm}$，导热系数 $\lambda_2 = 0.10\text{W/(m·°C)}$；炉墙的内、外表面温度分别为 $t_1 = 700°\text{C}$ 和 $t_4 = 80°\text{C}$。试求通过炉墙的单位面积热流量及各层间温度。

【解】 (1) 求单位面积热流量

$$q = \frac{t_1 - t_4}{\dfrac{\delta_1}{\lambda_1} + \dfrac{\delta_2}{\lambda_2} + \dfrac{\delta_3}{\lambda_3}} = \frac{700 - 80}{\dfrac{0.23}{1.00} + \dfrac{0.05}{0.10} + \dfrac{0.24}{0.60}}\text{W/m}^2 = 548.67\text{W/m}^2$$

(2) 求层间温度

$$t_2 = t_1 - q\frac{\delta_1}{\lambda_1} = \left(700 - 548.67 \times \frac{0.23}{1.00}\right)°\text{C} = 574°\text{C}$$

$$t_3 = t_1 - q\left(\frac{\delta_1}{\lambda_1} + \frac{\delta_2}{\lambda_2}\right) = \left[700 - 548.67 \times \left(\frac{0.23}{1.00} + \frac{0.05}{0.10}\right)\right]°\text{C} = 299.5°\text{C}$$

第三节 通过圆筒壁的稳定导热

一、单层圆筒壁的稳定导热

制冷空调工程中的制冷剂管路、水管路等，其长度远远大于管壁的厚度。在热流量计算中，可以忽略沿轴向的温度变化，而仅仅考虑沿径向发生的温度变化。管壁内外的温度可看作是均匀的，即温度场是轴对称的，是一维稳定导热。

对于不设保温层的光管，其导热过程可看作为单层圆筒壁的一维稳定导热。图 14-4 所示为一单层圆筒壁，其内半径为 r_1（内径为 d_1）；外半径为 r_2（外径为 d_2）；长度为 L；导热系数为 λ 且是常数；圆筒内外壁分别维持均匀不变的温度 t_1 和 t_2，且 $t_1 > t_2$。设在圆筒内取一薄层，其半径为 r，厚度为 $\mathrm{d}r$，在稳定导热情况下，通过长度为 L 的圆筒壁的导热热流量是恒定的，据傅里叶定律，通过这一薄层的热流量可表示为

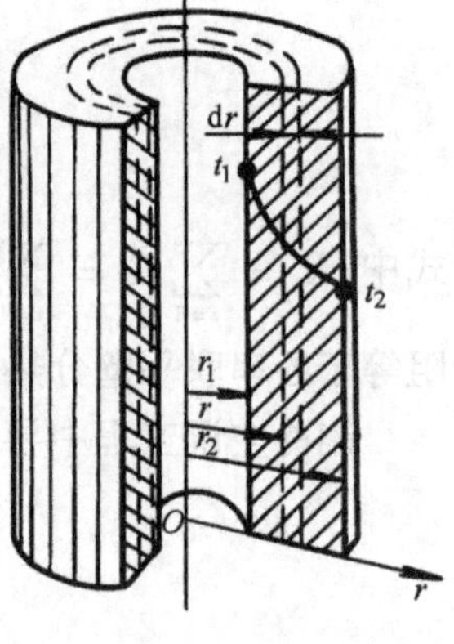

图 14-4 单层圆筒壁的导热

$$\Phi = -\lambda F\frac{\mathrm{d}t}{\mathrm{d}r} = -\lambda \cdot 2\pi rL\frac{\mathrm{d}t}{\mathrm{d}r}$$

分离变量后可得

$$\mathrm{d}t = -\frac{\Phi}{2\pi\lambda L}\frac{\mathrm{d}r}{r}$$

把上式积分得

$$t = -\frac{\Phi}{2\pi\lambda L}\ln r + c \tag{a}$$

式中的积分常数由边界条件决定，把 $r = r_1$、$t = t_1$ 和 $r = r_2$、$t = t_2$ 两个边界条件分别代入上式得

$$t_1 = -\frac{\Phi}{2\pi\lambda L}\ln r_1 + c \tag{b}$$

$$t_2 = -\frac{\Phi}{2\pi\lambda L}\ln r_2 + c \tag{c}$$

将（b）和（c）两式相减得

$$t_1 - t_2 = \frac{\Phi}{2\pi\lambda L}(\ln r_2 - \ln r_1) = \frac{\Phi}{2\pi\lambda L}\ln\frac{r_2}{r_1} = \frac{\Phi}{2\pi\lambda L}\ln\frac{d_2}{d_1}$$

由此可得单层圆筒壁的热流量计算公式

$$\Phi = \frac{2\pi\lambda L}{\ln\frac{d_2}{d_1}}(t_1 - t_2) = \frac{t_1 - t_2}{\frac{1}{2\pi\lambda L}\ln\frac{d_2}{d_1}} \tag{14-20a}$$

工程上为了计算方便，常按单位管长计算热流量，即

$$q_L = \frac{\Phi}{L} = \frac{t_1 - t_2}{\frac{1}{2\pi\lambda}\ln\frac{d_2}{d_1}} \tag{14-20b}$$

此外，将（b）式代入（a）式可得

$$t = t_1 - \left(\frac{\Phi}{2\pi\lambda L}\ln r - \frac{\Phi}{2\pi\lambda L}\ln r_1\right)$$

将式（14-20a）代入上式，可以得出圆筒壁的温度分布的最终表达式

$$t = t_1 + \frac{t_2 - t_1}{\ln\frac{r_2}{r_1}}\ln\frac{r}{r_1} \tag{14-21}$$

上式表明，在导热系数为常数的圆壁筒内，其温度分布呈对数曲线，而且同半径的圆柱面即是等温面。

二、多层圆筒壁的稳定导热

空调工程中的冷媒水系统，其输水管道大都是由钢管、隔热层、隔汽层和保护层等部分组成。图 14-5 所示为三种不同材料组合成的多层圆筒壁，其各层内半径分别为 r_1、r_2、r_3 和 r_4；导热系数分别为 λ_1、λ_2 和 λ_3；圆筒壁内外表面温度为 t_1 和 t_4，且 $t_1 > t_4$；层间温度为 t_2 和 t_3。在稳定导热的情况下，通过各层圆筒壁的热流量应为

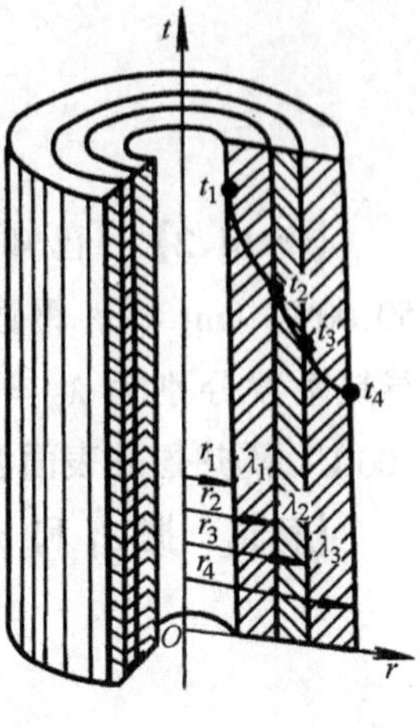

图 14-5 三层圆筒壁的导热

$$q_L = \frac{t_1 - t_2}{\frac{1}{2\pi\lambda_1}\ln\frac{d_2}{d_1}}$$

$$q_L = \frac{t_2 - t_3}{\frac{1}{2\pi\lambda_2}\ln\frac{d_3}{d_2}}$$

$$q_L = \frac{t_3 - t_4}{\frac{1}{2\pi\lambda_3}\ln\frac{d_4}{d_3}}$$

将上述三式改写，得出

$$t_1 - t_2 = \frac{q_L}{2\pi\lambda_1}\ln\frac{d_2}{d_1}$$

$$t_2 - t_3 = \frac{q_L}{2\pi\lambda_2}\ln\frac{d_3}{d_2}$$

$$t_3 - t_4 = \frac{q_L}{2\pi\lambda_3}\ln\frac{d_4}{d_3}$$

将上述三式相加得

$$t_1 - t_2 = q_L\left(\frac{1}{2\pi\lambda_1}\ln\frac{d_2}{d_1} + \frac{1}{2\pi\lambda_2}\ln\frac{d_3}{d_2} + \frac{1}{2\pi\lambda_3}\ln\frac{d_4}{d_3}\right)$$

于是得出三层圆筒壁单位管长热流量计算公式

$$q_L = \frac{t_1 - t_4}{\frac{1}{2\pi\lambda_1}\ln\frac{d_2}{d_1} + \frac{1}{2\pi\lambda_2}\ln\frac{d_3}{d_2} + \frac{1}{2\pi\lambda_3}\ln\frac{d_4}{d_3}} \tag{14-22}$$

对于 n 层圆筒壁

$$q_L = \frac{t_1 - t_{n+1}}{\sum_{i=1}^{n}\frac{1}{2\pi\lambda_i}\ln\frac{d_{i+1}}{d_i}} \tag{14-23}$$

制冷空调工程中，多层圆筒壁一般最多为四层，则各层间的温度为

$$t_2 = t_1 - \frac{q_L}{2\pi\lambda_1}\ln\frac{d_2}{d_1}$$

$$t_3 = t_1 - \frac{q_L}{2\pi}\left(\frac{1}{\lambda_1}\ln\frac{d_2}{d_1} + \frac{1}{\lambda_2}\ln\frac{d_3}{d_2}\right)$$

$$t_4 = t_1 - \frac{q_L}{2\pi}\left(\frac{1}{\lambda_1}\ln\frac{d_2}{d_1} + \frac{1}{\lambda_2}\ln\frac{d_3}{d_2} + \frac{1}{\lambda_3}\ln\frac{d_4}{d_3}\right) \tag{14-24}$$

【例 14-2】 已知供暖蒸汽钢管的内径为 150mm，外径为 160mm，导热系数为 $\lambda_1 = 50.00$W/（m·℃）；钢管的外表面包着两层隔热层，其厚度分别为 $\delta_2 = 30$mm、$\delta_3 = 50$mm，导热系数分别为 $\lambda_2 = 0.17$W/（m·°C）、$\lambda_3 = 0.09$W/（m·°C）；钢管内表面的温度 $t_1 = 300$℃，隔热层外表面温度为 $t_4 = 50$℃。试求：1）单位管长的热损失；2）各层间的温度。

【解】 据 d_1 和 d_2 计算出 d_3 和 d_4 得出

$$d_3 = d_2 + 2\delta_2 = 0.15 + 2 \times 0.03 = 0.21\text{m}$$

$$d_4 = d_3 + 2\delta_3 = 0.21 + 2 \times 0.05 = 0.31\text{m}$$

（1）根据公式（14-22）计算出蒸汽管道单位管长热损失

$$q_L = \frac{(t_1 - t_4)}{\frac{1}{2\pi\lambda_1}\ln\frac{d_2}{d_1} + \frac{1}{2\pi\lambda_2}\ln\frac{d_3}{d_2} + \frac{1}{2\pi\lambda_3}\ln\frac{d_4}{d_3}}$$

$$= \frac{2 \times 3.14 \times (300 - 50)}{\frac{1}{50}\ln\frac{0.16}{0.15} + \frac{1}{0.17}\ln\frac{0.21}{0.16} + \frac{1}{0.09}\ln\frac{0.31}{0.21}} \text{W/m} = 265\text{W/m}$$

(2) 各层间的温度为

$$t_2 = t_1 - \frac{q_L}{2\pi\lambda_1}\ln\frac{d_2}{d_1} = \left(300 - \frac{265}{2 \times 3.14 \times 50} \times \ln\frac{0.16}{0.15}\right)℃ = 299.94℃$$

$$t_3 = t_1 - \frac{q_L}{2\pi}\left(\frac{1}{\lambda_1}\ln\frac{d_2}{d_1} + \frac{1}{\lambda_2}\ln\frac{d_3}{d_2}\right)$$

$$= \left[299.94 - \frac{265}{2 \times 3.14} \times \left(\frac{1}{50} \times \ln\frac{0.16}{0.15} + \frac{1}{0.17} \times \ln\frac{0.21}{0.16}\right)\right]℃ = 232℃$$

思考题与练习题

1. 影响导热系数的因素有哪些?

2. 多层平壁中，在每一层平壁的导热系数为定值的条件下，为什么温度分布是折线?

3. 有一个在稳定导热条件下的三层平壁，已测得各层温度依次为 60℃、50℃、30℃ 和 10℃。分析哪层平壁的热阻最小，哪层平壁的热阻最大。

4. 一个长 6m、高 3m、厚 10cm 的隔热墙，两表面温度为 $t_1 = 20℃$ 和 $t_2 = -30℃$，平均导热系数 $\lambda = 0.048$W/（m·℃）。求通过该墙的热损失。

5. 某房屋的外墙由三层材料组成：内层为白灰粉刷，厚度 $\delta_1 = 25$mm，导热系数 $\lambda_1 = 0.75$W/（m·℃）；中间层为红砖，厚度 $\delta_2 = 480$mm，导热系数 $\lambda_2 = 0.80$W/（m·℃）；外层为水泥砂浆，厚度 $\delta_3 = 20$mm，导热系数 $\lambda_3 = 0.85$W/（m·℃）。墙外表面温度为 $t_1 = 35℃$，内表面温度为 $t_4 = 25℃$。计算每平方米外墙的导热量。

6. 某蒸汽锅炉的炉衬由两层构成：内层用耐火粘土砖砌成，$\delta_1 = 350$mm，$\lambda_1 = 1.35$W/（m·℃）；外层是红砖层，$\delta_2 = 240$mm，$\lambda_2 = 0.60$W/（m·℃）。炉衬的内表面温度为 $t_1 = 1000℃$，外表面温度为 $t_3 = 80℃$。求炉衬的热损失和红砖的最高温度。

7. 钢管的内径 $d_1 = 200$mm，外径 $d_2 = 300$mm，导热系数 $\lambda = 55$W/（m·℃），管壁内表面温度 $t_1 = 70℃$，外表面温度为 = 65℃。计算通过钢管的热流量。

8. 有一蒸汽钢管道，内、外径各为 150mm 和 160mm，管壁的导热系数 $\lambda_1 = 52$W/（m·℃）。为了减少散热损失，在管外包有三层隔热材料：内层 $\lambda_2 = 0.11$W/（m·℃），$\delta_2 = 5$mm；中间层 $\lambda_3 = 0.1$W/（m·℃），$\delta_3 = 80$mm；外层 $\lambda_4 = 0.14$W/（m·℃），$\delta_4 = 5$mm。管的内表面和保温层外表面温度分别为 170℃ 和 30℃。求该蒸汽管道的散热量以及各层间的温度。

9. 外径为 $d = 100$mm 的蒸汽管道，外包两层隔热层，每层厚度都是 25mm。其中一层 $\lambda_1 = 0.06$W/（m·℃）；另一层 $\lambda_2 = 0.11$W/（m·℃）。管道外表面温度为 200℃，隔热层外表面温度为 40℃。求出两种不同方案的单位管长的散热量以及隔热层接触面的温度，分析把哪一种隔热材料包在内层更好。

10. 户式中央空调的吸气管路，主要有两层构成：制冷剂管道为紫铜管，其外径为 20mm，壁厚 1.2mm，导热系数 $\lambda_2 = 46.5$W/（m·℃）；紫铜管外为保温套，其厚度为 10mm，导热系数 $\lambda_1 = 0.046$W/（m·℃）。若管的内壁温度为 15℃，保温套的外表面温度为 25℃，试求每米管长的冷量损失。

11. 某冷藏库的维护结构由铁皮、泡沫板及石棉板三层叠合构成，各层的厚度依次为 0.8mm、15mm、10mm，导热系数分别为 45W/（m·°C）、0.07W/（m·°C）、0.1W/（m·°C）。冷藏室的有效换热面积为 $100m^2$。计算冷藏库的冷量损失。

12. 有一厚度为 20mm 的平面墙，导热系数为 1.3W/（m·°C）。为使每平方米墙的热损失不超过 1500W，在外表面上覆盖了一层导热系数为 0.12W/（m·°C）的隔热材料。已知墙的两表面温度分别为 38°C 和 20°C，试确定隔热层的厚度。

第十五章　对 流 换 热

本章首先分析对流换热的过程及其影响因素，然后介绍相似理论原理及其在计算表面传热系数方面的应用，最后讲解对流换热的试验计算式。

第一节　对流换热概念及牛顿冷却公式

一、对流换热的概念

1. 对流

热对流发生在流体之中，主要是由于流体的宏观运动，使流体各部分之间发生相对位移，致使冷、热流体相互掺混而引起的热量传递现象。就引起流动的原因而论，对流可分为自然对流与强制对流两大类。

(1) 自然对流　自然对流是由于流体中各部分的密度不同而引起的。当流体中各部分之间存在温差时，其密度也不尽相同，于是轻浮重沉，诱导出各部分之间的相对移动。电冰箱冷凝器和房间暖气片等换热设备，其表面冷、热空气的流动就是自然对流，其中暖气片表面空气的自然对流现象如图 15-1 所示。

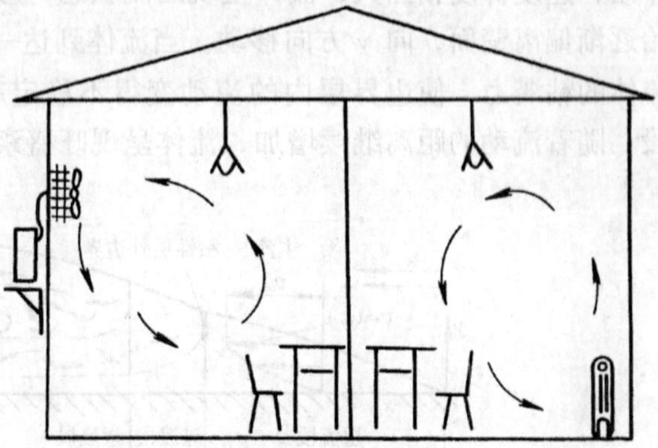

图 15-1　房间空气的自然对流和强制对流

(2) 强制对流　如果流体的流动是由于动力机械的作用而造成的，则称为强制对流。如空调装置中的冷媒水、冷却水、制冷剂以及空气的受迫流动，就是由水泵、压缩机、风机所驱动的。空调器强制空气对流的现象如图 15-1 所示。

2. 对流换热

制冷空调工程中，热对流并不仅仅发生在流体内部，而是主要发生在流体与固体壁之间。所谓的对流换热（又称放热或换热）是指流体与固体壁之间既直接接触又相对运动时的热量传递过程。在这一过程中不仅有离壁较远处流体的对流作用，同时还有紧贴壁面薄层流体的导热作用。因此，对流换热实际上是一种由热对流和导热共同作用的复合换热形式。对流换热是制冷空调专业的主要学习内容之一。

二、对流换热的机理

流体的速度边界层、温度边界层以及流态直接影响着对流换热过程。

1. 速度边界层

当具有粘性的流体流过壁面时，就会在壁面上产生粘滞力。粘滞力阻碍了流体的运动，使靠近壁面流体的速度降低，使直接贴附于壁面的流体近于停滞不动。如图 15-2 所示，沿壁面法线 y 方向不同点的速度 v，就是速度分布图。速度分布图表明：从 $y=0$ 处 $v=0$ 开始，速度 v 随着 y 方向的增加而迅速增大；当经过厚度为 δ 的薄层时，v 就接近主流速度 v_∞。把所有 $y=\delta$ 的点连接成线即为速度边界层，δ 为边界层厚度。边界层厚度在理论上应等于由壁面到流体达到主流速度点之间的距离，但这个距离很小。

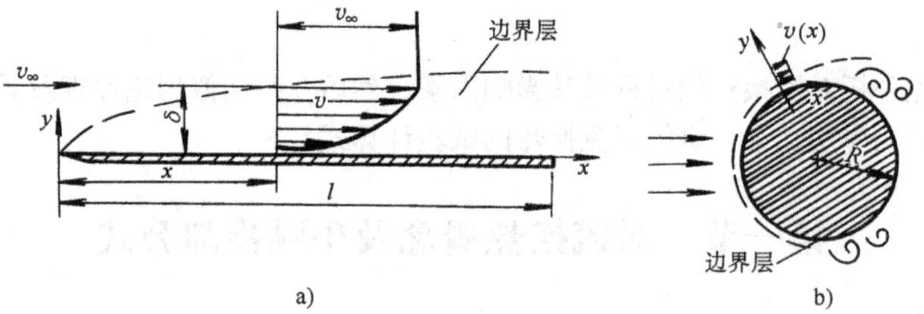

图 15-2 速度边界层

2. 流体的流态

(1) 流体在流动方向 x 上的流态变化 如图 15-3 所示，在流体入口处，粘滞力占主导作用，速度梯度相当大，流体呈现层流状态，形成层流段。流体继续流动，层流边界点开始逐渐偏离壁面，向 y 方向移动。当流体到达一定距离（x_c）时，流体的惯性力逐渐强于流体的粘滞力，使边界层内的流动变得不稳定起来，流态朝着紊流方向过渡，形成过渡段。随着流动的距离继续增加，流体呈现旺盛紊流状态，形成紊流段。

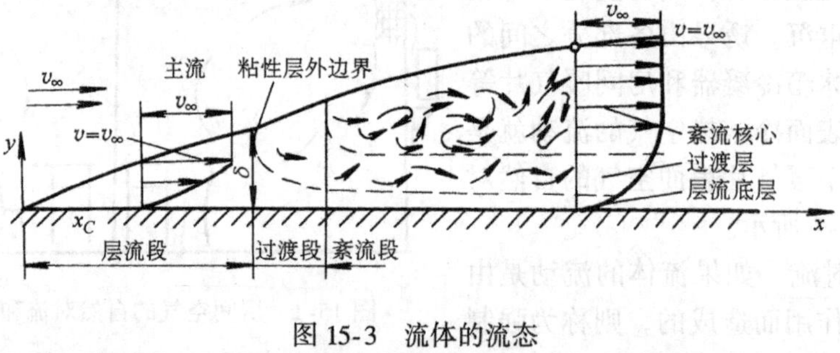

图 15-3 流体的流态

(2) 紊流段中流体在 y 方向上的流态划分 如图 15-3 所示，在紊流段，由于紧贴壁面处的粘滞力仍占主导作用，致使贴附于壁面的一极薄层的流体仍保持层流的状态，这一薄层流体称为层流底层。底层之上存在着一层过渡性质的缓冲层，是过渡层。在过渡层之上为紊流层，即紊流核心。

3. 温度边界层

图 15-4 表示了当主流温度为 t_f 的流体流过表面温度为 t_w 的壁面时，流体沿壁面法线方向上的温度变化情况。当 $y=0$ 时，流体温度接近壁温 t_w；当 $y=\delta_t$ 时，流体温度接近主流温度 t_f。流体由 t_w 变化到接近 t_f 的这一薄层即为温度边界层，δ_t 为温度边界层的厚度。对流换热主要发生在温度边界层内。

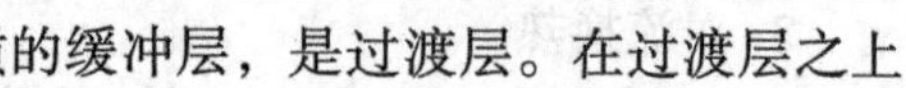

图 15-4 温度边界层

温度边界层和速度边界层相比较，二者既有联系又有区别。虽然流体速度的分布影响着流体温度的分布，但是二者的分布曲线并不相同，一般来说速度边界层和温度边界层的厚度并不相等。

4. 边界层与对流换热的关系

当流体在壁面上流动时，其紧贴壁面的极薄的层流底层相对于壁面几乎是不流动的。壁面与流体间的热量传递必须通过这个层流底层，热量传递的方式只能是导热这种方式，因此对流换热量实际上就等于层流底层的导热量。流体在流过壁面时，其层流底层越薄，对流换热就越强烈。

综上所述，不难理解边界层状况与对流换热的关系：

1）在层流段，沿壁面法线方向上的热量传递主要依靠导热作用。

2）在紊流段，层流底层内的热量传递方式仍然是导热，这是紊流段主要的热阻；但在层流底层以外，对流的作用仍然占主导作用。

因此，对流换热实际上是依靠层流底层的导热和层流底层以外的对流共同作用的结果。

三、影响对流换热的主要因素

既然对流换热是对流和导热共同作用的结果，那么所有支配这两种作用的因素，诸如流动的起因、流动状态、流体物性、物相变化、壁面的几何参数等等，都会影响对流换热过程。

1. 流体流动的起因

驱使流体在壁面上流动的原因有两种：一种是自然对流，另一种是强制对流。一般地说，强制对流的流速较自然对流高，因而表面传热系数也高。例如空气自然表面传热系数约为 5 ~ 25W/（m^2·℃），强制表面传热系数可达 10 ~ 100W/（m^2·℃）；再如受风力的影响，房屋墙壁外表面的表面传热系数比内表面高出一倍以上。

2. 流体的流态

如图 15-5 所示，流体的流动存在着两种不同形式的流态，即层流和紊流。层流时，流体沿壁面法线方向的热量传递主要依靠导热，故表面传热系数的大小取决于流体的导数系数。紊流时，紊流核心的热阻较小，表面传热系数的大小主要取决于层流底层的热阻。因此，要强化对流换热效果，应该在一定程度上提高流体的流速，这样可以使流体的流态由层流变为紊流，减小层流底层的厚度，提高表面传热系数。

3. 流体的物理性质

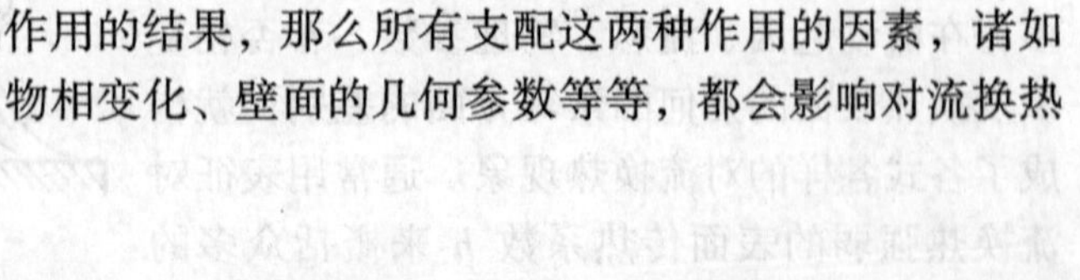

图 15-5 流体在管内流动时的层流和紊流

a）层流 b）紊流

流体的物理性质如密度 ρ、动力粘度 μ、导热系数 λ 以及比定压热容 c_p 等，对对流换热有很大的影响。流体的导热系数越大，流体与壁面之间的热阻就越小，换热就越强烈；流体的比定压热容和密度越大，单位质量携带的热量就越多，传递热量的能力就越强；流体的粘度越大，粘滞力就越大，这就阻碍了流体的流动，加大了层流边界层的厚度，不利于对流换热。

4. 流体的相变

流体是否发生了相变，对对流换热的影响很大。不发生相变时的对流换热，是由流体显热的变化来实现的。发生相变时的对流换热（如沸腾或凝结），是由流体潜热的变化来实现的。对于同一种流体来说，有相变时的对流换热要比无相变时的对流换热强烈得多。

5. 换热表面的几何因素

几何因素是指换热表面的形状、大小、状况（光滑或粗糙程度）以及相对位置等。几何因素影响了流体的流态、流速分布和温度分布，从而影响了对流换热的效果。如图 15-6a 所示，流体在管内强制流动与在管外强制流动，由于换热表面不同，其换热规律和表面传热系数也不相同。在自然对流中，流体的流向与换热表面之间的相对位置，对对流换热的影响也较大，如图 15-6b 所示的水平壁，热面朝上散热与热面朝下散热，它们的换热规律是不相同的。

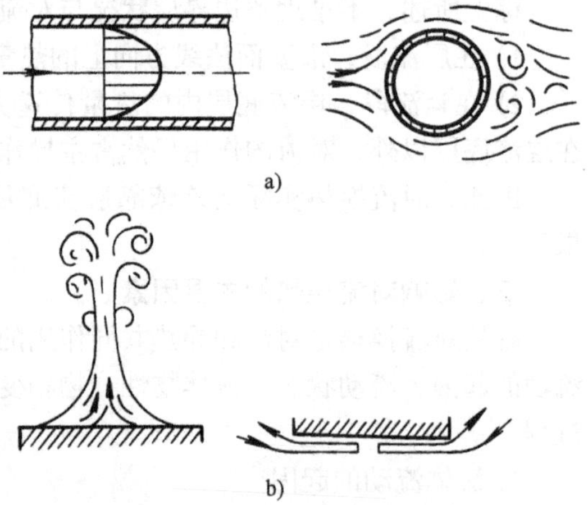

图 15-6 几何因素的影响

四、表面传热系数的函数式

上述讨论可见，影响对流换热的因素很多，在流动起因、流态、物理参数、有否相变以及换热表面的几何因素等方面的差别，就构成了各式各样的对流换热现象。通常用表征对流换热强弱的表面传热系数 h 来概括众多的影响因素。表面传热系数 h 是众多因素的函数，包括流体流速 u、壁面温度 t_w、流体温度 t_f、流体的导热系数 λ、比定压热容 c_p、密度 ρ、动力粘度 μ、体膨胀系数 α_V、壁面形状因素 ϕ、壁面几何尺寸 L 等，即

$$h = (u,\ t_w,\ t_f,\ \lambda,\ c_p,\ \rho,\ \mu,\ \alpha_V,\ \phi,\ L,\ \cdots) \tag{15-1}$$

式中，α_V 为体膨胀系数（1/K），其值的大小由实验测定，与流体的相态（气体、液体或汽液共存）有关。对于理想气体，$\alpha_V = \dfrac{1}{T}$。

五、牛顿冷却公式

对流换热比导热复杂，影响因素较多，为了便于分析和计算，以牛顿冷却公式为其基本计算式，即

$$\Phi = hF\Delta t \tag{15-2}$$

该基本计算公式又称牛顿冷却定律，可表述为：对流换热量 Φ 与壁面换热面积 F 以及流体与壁面之间的温度差 Δt 成正比；表面传热系数 h 的大小反映了对流换热的强弱。这个基本计算式能否准确地反映实际传热过程，主要取决于表面传热系数 h 的取值是否准确。表面传热系数 h 表明了当流体与壁面间的温差为 1℃ 时，在单位时间内通过单位面积的热流量。该计算式也可改写为

$$\Phi = \frac{\Delta t}{\dfrac{1}{hF}} = \frac{\Delta t}{R_h} \tag{15-3}$$

式中，Φ 为热流量（W）；F 为换热面积（m^2）；h 为表面传热系数［W/（$m^2 \cdot ℃$）］；Δt 为对流换热温差，即壁面温度为 t_w 和流体温度为 t_f 的差值，℃；$R_h = \frac{1}{hF}$ 为对流换热热阻（$m^2 \cdot ℃/W$）。对于单位面积，其对流换热热阻为$\frac{1}{h}$（℃/W）。当流体被加热时，$\Phi = hF(t_w - t_f)$；当流体被冷却时，$\Phi = hF(t_f - t_w)$。

牛顿冷却公式只是表面传热系数 h 的一个定义式，并没有使对流换热问题得到简化。它只是把放热过程的一切复杂因素都集中到了表面传热系数 h 上，并没有揭示出表面传热系数 h 与影响它的各个物理量之间的内在联系。学习对流换热的主要任务就是要揭示这种内在的联系，以准确地确定表面传热系数 h 的具体表达式。对流换热的分类如图 15-7 所示。

- 对流换热
  - 无相变
    - 强制对流
      - 内部流动
        - 圆管内强制对流换热
        - 非圆管内强制对流换热
      - 外部流动
        - 流体流过单根圆管的对流换热
        - 流体流过圆管束的对流换热
        - 流体流过平板的对流换热
    - 自然对流
      - 大空间的自然对流换热
      - 有限空间的自然对流换热
  - 有相变
    - 沸腾换热
      - 大容器的沸腾换热
      - 管内的沸腾换热
    - 凝结换热
      - 管内凝结换热
      - 管外凝结换热

图 15-7 对流换热的分类

第二节 相似理论及其应用

一、研究对流换热的方法

研究对流换热的目的是为了获得表面传热系数 h 的表达式。研究的方法大致有以下四种：分析法；实验法；比拟法；数值法。由于对流换热过程十分复杂，单纯依靠数学分析的方法来求得表面传热系数是非常困难的。在实物或模型上进行实验来求解表面传热系数的方法，是研究对流换热的主要可靠手段。本章推荐的各个计算方程式，都是由实验方法来确定或校核的。

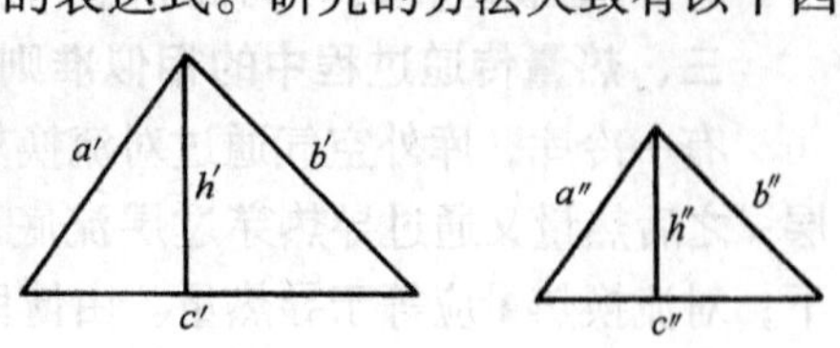

图 15-8 相似三角形

表面传热系数的影响因素较多，要找出众多变量之间的函数关系，所需要的实验工作量十分庞大。但是，在相对似理论的指导下，可使每一次实验的效率和实验数据的准确性大大提高。在相似理论指导下进行实验研究，是目前获得表面传热系数计算关系式的主要途径。

二、相似理论基础

1. 相似概念

相似的概念源于几何学。如图 15-8 所示的两个相似三角形，由几何关系可知，图形各对应边成比例，即

$$\frac{a'}{a''}=\frac{b'}{b''}=\frac{c'}{c''}=\frac{h'}{h''}=C$$

式中，C 为几何相似常数。

2. 对流换热现象相似原理

几何相似的关系可以推广到两个相似的对流换热现象中去。相似的对流换热现象，其热量传递的过程和性质是相似的，描述现象的形式和内容的也是相同的。如图 15-9 所示，不同的流体在粗细不同的管道内流动，就是相似的对流换热现象，两个管道内的速度场相似，温度场相似，即

$$\frac{v''_1}{v'_1}=\frac{v''_2}{v'_2}=C_v;\quad \frac{t''_1}{t'_1}=\frac{t''_2}{t'_2}=C_t$$

式中，C_v 为速度相似常数；C_t 为温度相似常数。

对流换热现象相似的实质：若两个对流换热现象相似，实质上它们的温度场、速度场、粘度场、表面传热系数等都分别相似。在对应的时间和位置上，各物理量分别成比例，即：在空间上，相对应的各点呈现几何相似；在时间上，相对应的瞬间呈现时间相似；在物理性质上，相对应的各参数呈现物理相似。

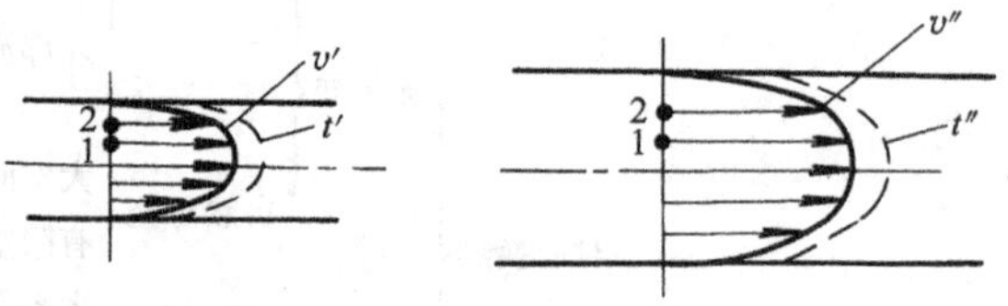

图 15-9 对流换热现象相似图

3. 注意事项

1）只有属于同一类的对流换热现象，才有相似的可能。如自然对流和强制对流，虽然都是对流换热现象，但其微分方程和内容有差异，不属于相似现象。

2）受描述现象的微分方程式的制约，物理量的各相似倍数值不是随意给定的，各值之间有特定的制约关系。

3）注意物理量的时间性和空间性。

三、热量传递过程中的相似准则

有一冷库，库外空气通过对流换热，把热量传递给冷库围护结构的外表面空气的层流底层；之后热量又通过导热穿过层流底层，传递给冷库围护结构的外表面壁面。在稳定状态下，对流换热量应等于导热量。由傅里叶定律和牛顿公式，描写这类传热现象的方程式为

$$h\Delta t=-\lambda\frac{\mathrm{d}t}{\mathrm{d}x} \tag{15-4}$$

设有两个对流换热条件相似的同类冷藏库，把式（15-4）应用到这两个相似冷库的相似传热过程中，则得

冷库 1
$$h_1\Delta t_1=-\lambda_1\frac{\mathrm{d}t_1}{\mathrm{d}x_1} \tag{a}$$

冷库 2
$$h_2\Delta t_2=-\lambda_2\frac{\mathrm{d}t_2}{\mathrm{d}x_2} \tag{b}$$

根据相似的定义，描述这两个冷藏库的一切物理量应互成比例，即

$$\frac{h_1}{h_2}=C_h;\ \frac{\lambda_1}{\lambda_2}=C_\lambda;\ \frac{\Delta t_1}{\Delta t_2}=\frac{t_1}{t_2}=C_t;\ \frac{x_1}{x_2}=C_x \tag{c}$$

把（c）式代入（a）式得

$$C_h h_2 \Delta t_2 = -\frac{C_\lambda}{C_x}\lambda_2\frac{\mathrm{d}t_2}{\mathrm{d}x_2} \tag{d}$$

比较式（b）和（d）可知，相似倍数之间必须满足下面关系

$$\frac{C_h C_x}{C_\lambda}=1 \tag{15-5}$$

这就是相似倍数的限制条件，由将（c）式代入式（15-5）可得

$$\frac{h_1 x_1}{\lambda_1}=\frac{h_2 x_2}{\lambda_2}=\frac{hx}{\lambda}=\text{常数}$$

表征对流换热表面的几何量一般用特征长度 L 表示，将 L 取代上式中的 x 可得

$$\frac{hL}{\lambda}=\text{常数} \tag{15-6}$$

式（15-6）说明，对流换热现象相似的必要条件是具有相同的$\frac{hL}{\lambda}$数，常数$\frac{hL}{\lambda}$就是所谓的相似准则，它是一个无因次数。对于任何对流换热现象，只要知道描写现象的微分方程式，就可以采用同样的方法求出相似准则。在传热学中常用的相似准则有四个：

1）努谢尔特（Nusselt）准则：$Nu=\frac{hL}{\lambda}$；

2）雷诺（Reynolds）准则：$Re=\frac{uL}{\nu}$；

3）普朗特（Prandtl）准则：$Pr=\frac{\nu}{\alpha}=\frac{\mu c_p}{\lambda}$；

4）格拉晓夫（Grashof）准则：$Gr=\frac{\alpha_v g\Delta t L^3}{\nu^3}$。

以上各准则中，h 为表面传热系数［W/（m^2·°C）］；L 是对对流换热起主要影响的壁面几何尺寸（m）；λ 为流体的导热系数［W/（m^2·°C）］；u 为流体流速（m/s）；ν 为流体运动粘度（m^2/s）；α 为流体导温系数（m^2/s）；μ 为流体动力粘度［kg/（m·s）］；g 为重力加速度（m/s^2）；c_p 为流体的比定压热容［kJ/（kg·°C）］；α_V 为液体的体膨胀系数（1/K）；Δt 为流体与壁面温度差（°C）。

Nu、Re、Pr、Gr 四个准则是研究稳态无相变表面传热系数 h 的常用准则。这些准则反映了物理量间的内在联系，都具有一定的物理意义：

1）Nu 包含了表面传热系数 h 和流体导热系数 λ。Nu 数值的大小反映出同一种流体在不同情况下的对流换热强度。因此，Nu 是说明对流换热强度的相似准则。

2）Re 数值的大小反映了流体流动时的惯性力与粘滞力的相对大小。Re 数值大说明惯性力的作用大，流态往往呈现紊流；Re 数值小说明粘滞力的作用大，流态往往呈现层流。因此，Re 是说明流体流态的相似准则。

3）Pr 包含了流体的物理参数。Pr 是说明流体的物理性质对对流换热影响的相似准则，又称物性准则。

4）Gr 数值的大小反映了流体所受的浮升力与粘滞力的相对大小。当 Gr 数增大时，表明浮升力也增大，这时流体的自然对流换热较为强烈；当 Gr 数减小时，流体的自然对流换热减弱。所以 Gr 是说明自然对流换热强度的相似准则。

四、相似准则之间的函数关系

既然表面传热系数 h 与各因素之间存在函数关系，那么，包括表面传热系数 h 的准则 Nu 与其它几个准则之间也必然存在函数关系。这样可以把式（15-1）改写成各相似准则的函数关系。对于无相变强制稳态流动换热，其准则方程式为

$$Nu = f\ (Re,\ Gr,\ Pr) \tag{15-7}$$

1）若只考虑受迫对流换热，也可从式（15-7）中去掉 Gr 数，则受迫紊流换热准则方程式可简化为

$$Nu = f\ (Re,\ Pr) \tag{15-8}$$

2）对于空气，它的 Pr 可作为常数处理，故空气强制紊流放热时，式（15-8）可简化为

$$Nu = f\ (Re) \tag{15-9}$$

3）对于自然对流换热，产生运动的原因是由于温度差引起的，$Re = f\ (Gr)$，则可从式（15-7）得出自然流动换热准则方程式

$$Nu = f\ (Gr,\ Pr) \tag{15-10}$$

五、相似准则方程式的具体函数形式

准则方程式通常习惯于整理成幂函数形式，如

$$Nu = CR_e^n$$

$$Nu = CR_e^nP_r^m$$

$$Nu = C\ (GrPr)^n$$

式中，C、n、m 的大小都是通过实验来确定的。

六、定性温度

应用相似准则时，所选定的温度值是很重要的。因为在对流换热过程中，温度场中各点的温度不尽相同，选取不同的定性温度就会得出不同的准则方程式。定性温度的确定方法主要有以下三种：

1）取流体的平均温度 t_f。

2）取换热壁表面的温度 t_w。

3）取流体与壁面的算术平均温度 $t_m = \dfrac{t_f + t_w}{2}$。

Nu_f、Re_f、Pr_f 中的下标“f”，均表示以流体的平均温度“t_f”作为定性温度；Pr_w、μ_w 中的下标“w”，均表示以固体壁面的平均温度“t_w”作为定性温度；Re_m、Nu_m 中的下标“m”，均表示以流体与壁面的算术的平均温度“t_m”作为定性温度。

七、定性尺寸

应用相似准则时，所选用的几何特征尺寸对计算结果有决定的影响，这个特征尺寸称定型尺寸，用 L 表示。定型尺寸的取法直接影响到相似准则的数值，不同定型尺寸的相似准则含有不同的物理意义。通常把对流动状况起着主导作用的固体表面尺寸作为定型尺

寸：

1）流体在圆管内流动时，取管内径作为定型尺寸。

2）流体在非圆管道内流动时，如椭圆管道、矩形管道等，取当量直径 d_e 作为定型尺寸，即

$$d_e = \frac{4A}{x} \tag{15-11}$$

式中，A 为管道中流体的断面面积（m^2）；x 为湿周（m）。

3）流体横掠单管时，取管外径作为定型尺寸。

4）流体外掠壁面时，取流动方向的壁面长度作为定型尺寸。

八、相似准则的应用方法

在上述各准则方程式中，只是 Nu 是一个待求的数，它包含了待定的表面传热系数 h，而其它准则中的 Re、Gr 和 Pr 所包含的量都是已知量。应用相似准则的最终目的是求解对流换热量 Φ，其主要步骤如下：

1）先根据已知条件整理出与 Nu 有关的量。

2）由准则方程式求出 Nu。

3）再根据 $Nu = \dfrac{hL}{\lambda}$ 来求出表面传热系数 h。

3）然后由 h 求出对流换热量 $\Phi = hF\Delta t$。

第三节　管内流体强制对流换热计算

在制冷空调设备中，水、空气、制冷剂等流体，在泵、风机、压缩机等动力机械的驱动下受迫流动。流体受迫流动时的换热情况可以分为两类：一类是流体在管内的受迫流动换热，如制冷剂、冷媒水、冷却水等；另一类是流体在管外横掠表面的受迫流动换热，如冷风型蒸发器和风冷型冷凝器等。

一、管内流体强制流动的状态分析

1. 流速分布与流动状态

管内流体流动时的边界如图 15-10 虚线所示。流体进入管口经历了一段距离后，管壁

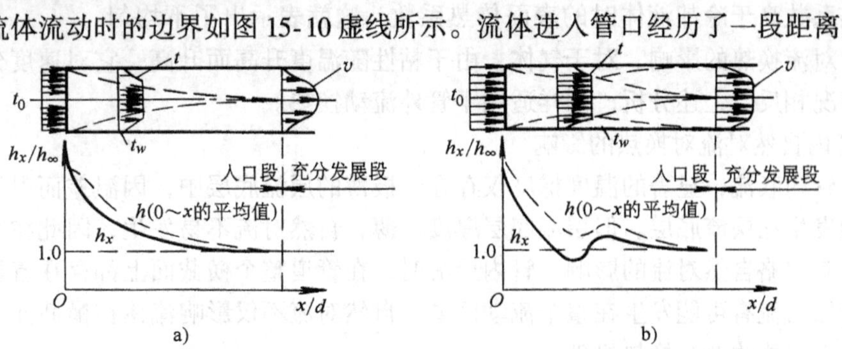

图 15-10　管内流动局部表面传热系数 h_x 及平均表面传热系数 h 的变化

a）层流　b）紊流

两侧的边界层才能在管中心汇合，这时管断面流速分布和流动状态才达到定型，这段距离通常称为入口段。之后的流速分布不再改变，流态定型，流动达到充分发展，称为流动充分发展段。

流动充分发展段的流态由雷诺准则 $Re=\frac{ud}{\nu}$的数值判断：$Re<2320$ 时为层流；$2320<Re<10^4$ 时为过渡状态；$Re>10^4$ 时为旺盛紊流。层流时，速度分布曲线为抛物线形状，断面平均速度是管中心最大速度的0.5倍；紊流时，速度分布曲线呈对数曲线形状，断面平均流速与管中心最大流速之比随 Re 的增大而趋近于1，但在层流底层速度梯度仍然很大。

2. 管子入口段的长度对换热的影响

入口段管内流动的表面传热系数是不稳定的，其局部表面传热系数 h_x 与平均表面传热系数 h 沿管长的变化趋势如图15-10所示。在入口处，边界层较薄，温度梯度较大，h_x 较大;随着入口距离的增加，边界层加厚，温度梯度减小，h_x 逐渐降低，最后趋于某一定值。层流时，h_x 趋于定值的距离 x 较大；紊流时，当边界层变为紊流后，h_x 回升并迅速趋于不变。鉴于入口段局部表面传热系数 h_x 的变化情况，计算管内平均表面传热系数 h 时应注意管的长度，在紊流状态下管长与管内径之比$\frac{L}{d}>50$时，可忽略入口段效应对平均换数系数的影响。

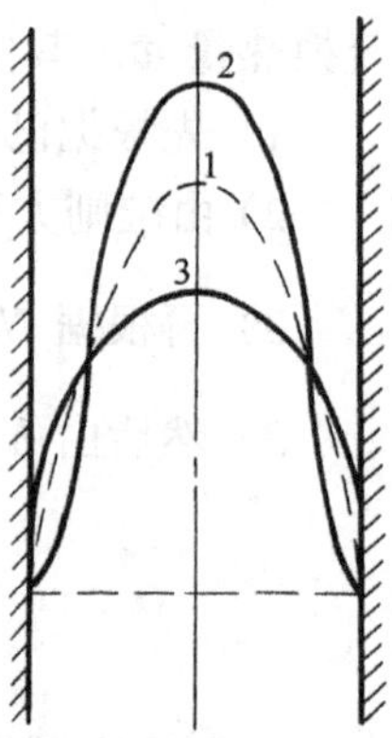

图15-11 粘度变化对管内速度分布的影响
1—定温流 2—冷却液体或加热气体 3—加热液体或冷却气体

3. 流体粘度变化对速度分布的影响

在换热条件下，管截面上的温度不均匀将引起流体物性特别是粘性发生变化，而粘性的变化会影响截面上的速度分布。如图15-11所示，图中曲线1为定温流的速度分布。以液体为例，液体的粘度随温度的降低而升高。液体被冷却时，靠近壁面处的粘度较管中心处高，粘滞力增大，速度将低于定温流的情况，因而速度分布变成曲线2。若液体被加热，靠近壁面处的速度将高于等温流的情况，速度分布变成曲线3。在流体平均温度相同的条件下，这种现象使加热液体时的表面传热系数高于冷却液体时的表面传热系数，这就表示出了不均匀物性场对对流换热的影响。对于气体，由于粘性随温度升高而升高，它对速度分布的影响与液体情况相反。上述分析，同样适用于管外流动换热。

4. 管内自然对流对换热的影响

对于管内紊流，显著的温度梯度仅存在于极薄的层流底层中，因温差而引发的自然对流只可能发生在层流底层。但层流底层厚度极薄，自然对流不易发生，因此在管内紊流换热时，常常忽略自然对流的影响。管内层流时，在管道整个横截面上都存在着显著的温度梯度，自然对流有可能发生在整个流动区域。自然对流不仅影响流体在横截面上的速度分布，而且有可能改变其换热机理。

5. 弯曲管道对换热的影响

如图15-12所示，当流体在弯管内流动时，因离心力而产生二次环流，增加了流动中的扰动，使换热增强。管道的弯曲半径愈小，其影响越大。流体在管内层流时，弯管的影响可以忽略不计。但在紊流时不可忽略，特别是对于螺旋管，要考虑一个弯管修正系数 ε_R。

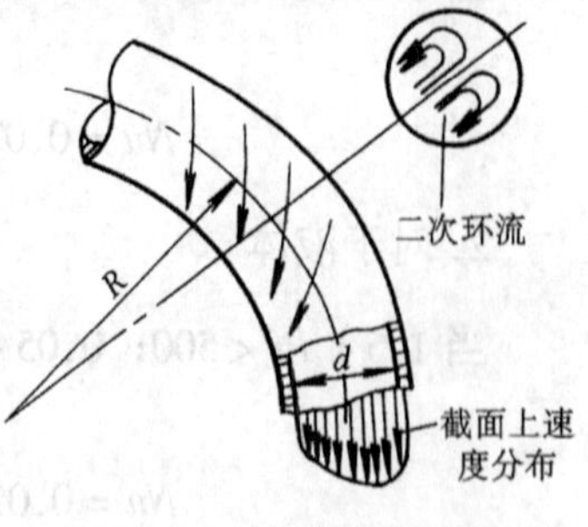

图 15-12 弯管内的流动

二、直管内层流换热量计算

在管内层流中，自然对流的影响一般可以忽略不计，但在流速低、管径粗或温差大的情况下，自然对流的影响不能忽略。

1. 不考虑自然对流的管内层流换热计算

实用计算式为

$$Nu = 1.86\ (RePr)^{\frac{1}{3}}\left(\frac{d}{L}\right)^{\frac{1}{3}}\left(\frac{\mu}{\mu_w}\right)^{0.14} \tag{15-12}$$

式中，d 为管内径（m）；L 为管长（m）；μ 为定性温度下流体的动力粘度［kg/（m·s）］；μ_w 为管壁温度下流体的动力粘度［kg/（m·s）］。式中 Nu、Re、Pr 的定型尺寸取管内径 d，定性温度取管进、出口流体温度的平均值。式中引用了几何参数准则$\frac{d}{L}$，以考虑入口段的影响。上式的适用范围是 $0.48 < Pr < 16700$；$0.0044 < \frac{\mu}{\mu_w} < 9.75$。如果管子较长，以致 $\left(RePr\frac{d}{L}\right)^{\frac{1}{3}}\left(\frac{\mu}{\mu_w}\right)^{0.14} \leqslant 2$ 时，则应将 Nu 作为常数处理，即：常热流通量时取 $Nu = 4.36$；常壁温时取 $Nu = 3.66$。

2. 考虑自然对流影响的管内层流的换热计算

实用计算式为

$$Nu = 0.15Re^{0.33}Pr^{0.43}Gr^{0.1}\left(\frac{Pr}{Pr_w}\right)^{0.25} \tag{15-13}$$

式中，Pr_w 是定性温度为管壁温度 t_w 下的流体的普朗特数。式中的 Nu、Re、Gr 的定型尺寸为管内径 d，定性温度为管内流体进、出口温度的平均值。利用上式可求出$\frac{L}{d} > 50$ 时管道全程长度的平均表面传热系数。当$\frac{L}{d} < 50$ 时，需将按式（15-13）求出的表面传热系数 h 乘上入口段修正系数ε_L。ε_L 的值可由表 15-1 查出。

表 15-1 层流放热时的入口段修正系数 ε_L

$\frac{L}{d}$	1	2	5	10	15	20	30	40	50
ε_L	1.90	1.70	1.44	1.28	1.18	1.13	1.05	1.02	1

三、直管内过渡流的换热计算

过渡状态流体的表面传热系数随 Re 增大而增加，而且随着紊流传递作用的增长其换热规律是多变的。

1. 对于气体

当 $0.6 < Pr < 1.5$；$0.5 < \frac{T_f}{T_w} < 1.5$；$2320 < Re < 10^4$ 时，实用计算式为

$$Nu = 0.0214 (Re^{0.8} - 100) Pr^{0.4} \left[1 + \left(\frac{d}{L}\right)^{\frac{2}{3}}\right] \left(\frac{T_f}{T_w}\right)^{0.45} \tag{15-14}$$

2. 对于液体

当 $1.5 < Pr < 500$；$0.05 < \frac{Pr}{Pr_w} < 20$；$2320 < Re < 10^4$ 时，实用计算式为

$$Nu = 0.012 (Re^{0.87} - 280) Pr^{0.4} \left[1 + \left(\frac{d}{L}\right)^{\frac{2}{3}}\right] \left(\frac{Pr}{Pr_w}\right)^{0.11} \tag{15-15}$$

式中，T_f 为流体平均温度（K）；T_w 为管壁温度（K）；Pr_w 是定性温度为管壁温 t_w 下的流体的普朗特数；d 为管内径（m）；L 为管长（m）。上式中 Nu、Re、Pr 的定型尺寸取管内径 d，定性温度取流体平均温度 t_f。

四、直管内紊流的换热计算

1. 流体 t_f 和壁面 t_w 的温差较小时的紊流换热计算

流体 t_f 和壁面 t_w 的温差幅度处于中等以下的场合，例如气体与壁面的温差不超过50℃，水与壁面的温差不超过 20℃，粘度大的油类与壁面的温差不超过 10℃，其实用计算式为

1）当 $t_w > t_f$ 时 $$Nu = 0.023 Re^{0.8} Pr^{0.4} \tag{15-16a}$$

2）当 $t_w < t_f$ 时 $$Nu = 0.023 Re^{0.8} Pr^{0.3} \tag{15-16b}$$

式中，Nu、Re、Pr 的定性温度为流体平均温度 t_f，定型尺寸为管内径 d。公式适用范围为 $Re = 10^4 \sim 1.2 \times 10^5$；$Pr = 0.7 \sim 120$；$\frac{L}{d} > 50$。

2. 流体 t_f 和壁面 t_w 的温差较大时的紊流换热计算

若流体 t_f 和壁面 t_w 的温差幅度超过上述范围时，则可任选下列一个实用计算式

1）适用范围为 $Re = 10^4 \sim 1.2 \times 10^5$、$Pr = 0.7 \sim 120$ 且 $\frac{L}{d} > 50$ 时

$$Nu = 0.027 Re^{0.8} Pr^{\frac{1}{3}} \left(\frac{\mu}{\mu_w}\right)^{0.14} \tag{15-17}$$

2）适用范围为 $Re = 10^4 \sim 1.75 \times 10^6$、$Pr = 0.6 \sim 700$、$\frac{L}{d} > 50$ 且 Pr 数随温度上升而降低时

$$Nu = 0.021 Re^{0.8} Pr^{0.43} \left(\frac{Pr}{Pr_w}\right)^{0.25} \tag{15-18}$$

式（15-17）和式（15-18）1）中的 μ_w、Pr_w 的定性温度为壁温 t_w，定型尺寸为管内径 d。

3. 入口段效应的修正

上述直管紊流的计算式，没有考虑入口段效应。当管长与管径之比 $\frac{L}{d}$ 较小时，入口段效应就不能忽略。此时先按上述不考虑入口端效应的计算式求出平均表面传热系数 h，再

乘以入口效应修正系数 ε_L。ε_L 的值可由表 15-2 根据$\dfrac{L}{d}$和 Re 查出。

表 15-2 紊流放热时的入口段效应修正系数 ε_L 值

Re \ L/d	1	2	5	10	15	20	30	40	50
1×10^4	1.65	1.50	1.34	1.28	1.17	1.13	1.07	1.03	1
2×10^4	1.51	1.40	1.27	1.23	1.13	1.10	1.05	1.02	1
5×10^4	1.34	1.27	1.18	1.13	1.10	1.08	1.04	1.02	1
1×10^5	1.28	1.22	1.15	1.10	1.08	1.06	1.03	1.02	1
1×10^6	1.14	1.11	1.08	1.05	1.04	1.03	1.02	1.01	1

五、弯管的实用计算式

当流体流过弯曲管道或螺旋管时，会引起二次环流而强化换热。弯管中的换热计算，可先按上述直管求得平均表面传热系数 h，然后再乘以一个大于 1 的弯管修正系数 ε_R。ε_R 的值可由下两式求得：

1）对于气体

$$\varepsilon_R = 1 + 1.77\frac{d}{R} \tag{15-19}$$

2）对于液体

$$\varepsilon_R = 1 + 10.3\left(\frac{d}{R}\right)^3 \tag{15-20}$$

式中，d 为管内径（m）；R 为弯道的曲率半径（m）。

注：对于非圆形管如椭圆管道、矩形管道等，其换热计算同上一、二、三、四、五所述，只是定型尺寸应为管当量直径 d_e。

表 15-3 为管内强制流动的换热量计算公式。

表 15-3 管内强制流动的换热量计算公式

<table>
<tr><th colspan="2">流态</th><th colspan="3">计 算 式</th><th>适用条件</th></tr>
<tr><td rowspan="5">层流</td><td rowspan="3">忽略自然对流的影响</td><td>管路较短</td><td colspan="2">$Nu = 1.86\ (RePr)^{\frac{1}{3}}\left(\frac{d}{L}\right)^{\frac{1}{3}}\left(\frac{\mu}{\mu_w}\right)^{0.14}$</td><td>$0.48 < Pr < 16700$
$0.0044 < \frac{\mu}{\mu_w} < 9.75$</td></tr>
<tr><td rowspan="2">管路较长</td><td>常热流通量</td><td>$Nu = 4.36$</td><td rowspan="2">$\left(RePr\frac{d}{L}\right)^{\frac{1}{3}}\left(\frac{\mu}{\mu_w}\right)^{0.14} \leqslant 2$</td></tr>
<tr><td>常壁温</td><td>$Nu = 3.66$</td></tr>
<tr><td rowspan="2">考虑自然对流的影响</td><td>管路相对较长</td><td colspan="2">$Nu = 0.15Re^{0.33}Pr^{0.43}Gr^{0.1}\left(\frac{Pr}{Pr_w}\right)^{0.25}$</td><td>$\frac{L}{d} > 50$</td></tr>
<tr><td>管路相对较短</td><td colspan="2">按上式求出表面传热系数 h，再乘以入口段落修正系数 ε_L。ε_L 的值可由表 15-1 查出</td><td>$\frac{L}{d} < 50$</td></tr>
<tr><td>过渡流</td><td>气体</td><td colspan="3">$Nu = 0.0214\ (Re^{0.8} - 100)\ Pr^{0.4}\left[1 + \left(\frac{d}{L}\right)^{\frac{2}{3}}\right]\left(\frac{T_f}{T_w}\right)^{0.45}$</td><td>$0.6 < Pr < 1.5$
$0.5 < \frac{T_r}{T_w} < 1.5$
$2320 < Re < 10^4$</td></tr>
</table>

（续）

流态		计 算 式			适用条件
过渡流	液体	$Nu = 0.012\ (Re^{0.87} - 280)\ Pr^{0.4}\left[1 + \left(\frac{d}{L}\right)^{\frac{2}{3}}\right]\left(\frac{Pr}{Pr_w}\right)^{0.11}$			$1.5 < Pr < 500$ $0.05 < \frac{Pr_r}{Pr_w} < 20$ $2320 < Re < 10^4$
紊流	t_f 和 t_w 温差较小	$t_w > t_f$	$\frac{L}{d} > 50$	$Nu = 0.023Re^{0.8}Pr^{0.4}$	$Re = 10^4 \sim 1.2 \times 10^5$ $Pr = 0.7 \sim 120$
			$\frac{L}{d} < 50$	按上式求出表面传热系数 h，再乘以入口段修正系数 ε_L，ε_L 的值可由表 15-2 查出	
		$t_w < t_f$	$\frac{L}{d} > 50$	$Nu = 0.023Re^{0.8}Pr^{0.3}$	
			$\frac{L}{d} < 50$	按上式求出表面传热系数 h，再乘以入口段修正系数 ε_L，ε_L 的值可由表 15-2 查出	
	t_f 和 t_w 温差较大		$\frac{L}{d} > 50$	$Nu = 0.027Re^{0.8}Pr^{\frac{1}{3}}\left(\frac{\mu}{\mu_w}\right)^{0.14}$	$Re = 10^4 \sim 1.2 \times 10^5$ $Pr = 0.7 \sim 120$
				$Nu = 0.021Re^{0.8}Pr^{0.43}\left(\frac{Pr}{Pr_w}\right)^{0.25}$	$Re = 10^4 \sim 1.75 \times 10^6$ $Pr = 0.6 \sim 700$
			$\frac{L}{d} < 50$	按上式求出表面传热系数 h，再乘以入口段修正系数 ε_L，ε_L 的值可由表 15-2 查出	
附：弯管的计算式		气体	$\varepsilon_R = 1 + 1.77\frac{d}{R}$	关于弯管中对流换热量的计算：可先按上述直管计算式求出平均表面传热系数 h，之后再按左式乘以一个大于 1 的弯管修正系数 ε_R	
		液体	$\varepsilon_R = 1 + 1.03\left(\frac{d}{R}\right)^3$		

六、表面传热系数的求解步骤

1）先由已知条件计算 Re，再根据 Re 值判断管内流态；

2）根据管内流态（层流、紊流或过渡流）和适宜范围，选用相应的实用计算式，并注意定型尺寸和定性温度的确定；

4）由已知条件计算或选取有关修正系数；

5）由实用计算式计算 Nu；

6）由 Nu 值求得表面传热系数 h。

【例 15-1】 水流入长度为 $L = 5$m 的直管，从 $t'_f = 25$°C 被加热到 $t''_f = 35$°C。管内径 $d = 20$mm，水在管内的流速为 2m/s。求平均表面传热系数 h。

【解】（1）由已知条件得出

$$\frac{L}{d} = \frac{5}{20 \times 10^{-3}} = 250 > 50$$

（2）水的平均温度为

$$t_f = \frac{t''_f + t''_f}{2} = \frac{25 + 35}{2}°C = 30°C$$

（3）以 $t_f = 30$°C 为定性温度，由附录 A-11 查饱和水的热物理性质表得出

$$\lambda = 61.8 \times 10^{-2}\text{W/(m·°C)};\ \nu = 0.805 \times 10^{-6}\text{W}^2\text{/s};\ Pr = 5.42$$

(4) 根据流速、管内径和运动粘度得出雷诺数

$Re = \dfrac{ud}{\nu} = \dfrac{2 \times 20 \times 10^{-3}}{\nu} = \dfrac{2 \times 20 \times 10^{-3}}{0.805 \times 10^{-6}} = 4.97 \times 10^4 > 10^4$，则水的流态属于旺盛紊流

(5) 已知水的雷诺数、流态、$t_w > t_f$、$\dfrac{L}{d} > 50$，但不知道 $\Delta t = t_w - t_f$ 是大于 20°C 还是小于 20°C。先假设 $\Delta t = t_w - t_f > 20°\text{C}$，则相应的 Nu 计算式为

$$Nu = 0.023Re^{0.8}Pr^{0.4} = 0.023 \times (4.97 \times 10^4)^{0.8} \times 5.42^{0.4} = 258.5$$

(6) 初步计算表面传热系数

$$h = \frac{\lambda}{d}Nu = \frac{61.8 \times 10^{-2}}{20 \times 10^{-3}} \times 258.5\text{W/(m}^2\text{·°C)} = 7987\text{W/(m}^2\text{·°C)}$$

(7) 验证所选择的 Nu 计算式是否合适。其方法是由算出的 h 推算出 Δt，若 $\Delta t <$ 20°C,则所选用的 Nu 计算式适用；若 $\Delta t > 20°\text{C}$，应改用式其他相应计算式重新计算。

1) 由附录 A-11 饱和水的热物理性质表查得 30°C 时饱和水的物理性质参数

$$\rho = 995.7\text{kg/m}^3;\ c_p = 4.174\text{kJ/(kg·°C)}$$

2) 水所吸收的热量为

$$\begin{aligned}\Phi &= q_m c_p (t'_f - t''_f) = \rho u \frac{\pi d^2}{4} c_p (t'_f - t''_f) \\ &= 995.7 \times 2 \times \frac{3.14 \times (20 \times 10^{-3})^2}{4} \times 4.174 \times (35 - 25)\ \text{kJ/s} \\ &= 24.01\text{kJ/s} = 2.401 \times 10^4\text{W}\end{aligned}$$

3) 水平均温度与管壁温度的差值 Δt

$$\Delta t = t_w - t_f = \frac{\Phi}{hF} = \frac{2.401 \times 10^4}{7987 \times 3.14 \times 20 \times 10^{-3} \times 5}\text{°C} = 9.57\text{°C} < 20\text{°C}$$

4) 据 Δt 的计算结果可看出所选择的 Nu 计算式在适用范围之内。

第四节 管外流体强制对流换热计算

一、流体强制横向流过单管

1. 流体强制横向流过单管的状态分析

图 15-13 所示为流体横向流过单根圆管时的流动状态，显著特点是当雷诺数较大时圆管的后侧呈现旋涡流动。由该图 15-13a 和图 15-13b 可以看出，雷诺数较大时，在圆管的前半周，流体以层流底层的方式与圆管接触，靠本身的动能克服压强的增长向前流动，使得流体在壁面上的速度逐渐变小。在壁面的某一位置开始流体停止向前流动，并随即向相反的方向流动。边界层中出现逆向流动后，流体开始离开圆管表面，逐渐形成涡旋、涡束，从而使正常边界层流动被破坏，发生流体与管壁的瞬间分离。分离流动的结果，使分离点附近的局部表面传热系数最低、换热最差，从而使得沿圆管壁面局部表面传热系数的大小有很大差异。因此，边界层分离和旋涡的形成，是流体横掠圆管的主要流动特征，这使得圆管的表面传热系数变化复杂。对于制冷空调工程计算，一般只求平均值。

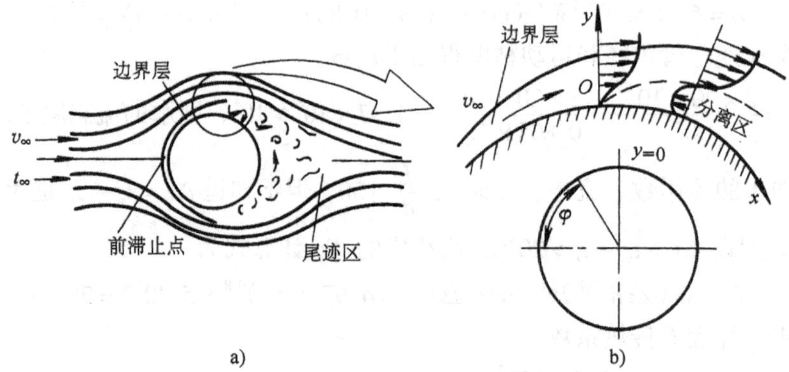

图 15-13 流体横向流过单管时的状态

2. 流体强制横向流过单管的换热量计算

实用计算式为

$$Nu = C\,Re^n Pr^{0.37}\left(\frac{Pr}{Pr_w}\right)^{0.25} \tag{15-21}$$

式中，Nu、Re、Pr 的定性温度为流体主流温度，定型尺寸取管外径；Re 中流体速度取管外流速最大值；Pr_w 的定性温度为管壁温度；C、n 的数值可由表 15-4 查出。

上式的适用范围是：$Pr = 0.7 \sim 500$；$Re = 1 \sim 10^6$。当 $Pr > 10$ 时，式（15-21）中 Pr 的幂次由 0.37 改为 0.36。

表 15-4 单管束计算式中的 C、n 值

Re	C	n	Re	C	n
$1 \sim 40$	0.75	0.4	$1\times10^3 \sim 2\times10^5$	0.26	0.6
$40 \sim 1\times10^3$	0.51	0.5	$2\times10^5 \sim 10^6$	0.076	0.7

【例 15-2】 已知管外径 $d = 10\text{mm}$，水温 $t_f = 20°\text{C}$，管壁温 $t_w = 30°\text{C}$，水流速 $u = 0.5\text{m/s}$。试求冷却水横向流过单管时的表面传热系数。

【解】 （1）由附录 A-11 饱和水的热物理性质表，查得 20°C 饱和水的物理性质参数

$$\lambda = 59.9\times10^{-2}\text{W/（m·°C）};\ \nu = 1.006\times10^{-6}\text{m}^2\text{/s};\ Pr = 7.02$$

（2）由附表 11 饱和水的热物理性质表，查得当水的温度为管壁温 $t_w = 30°\text{C}$ 时，$Pr_w = 5.42$

（3）计算雷诺数

$$Re = \frac{ud}{\nu} = \frac{0.5\times20\times10^{-3}}{1.000\times10^{-6}} = 9940$$

（4）由雷诺数查表 15-4 得出

$$C = 0.26;\ n = 0.6$$

（5）列出相应的计算式

$$Nu = 0.26\,Re^{0.6}\,Pr^{0.37}\left(\frac{Pr}{Pr_w}\right)^{0.25}$$

$$=0.26\times 9940^{0.6}\times 7.02^{0.37}\times\left(\frac{7.02}{5.42}\right)^{0.25}=142.8$$

(6) 计算表面传热系数

$$h=\frac{\lambda}{d}Nu=\frac{59.9\times 10^{-2}}{10\times 10^{-3}}\times 142.8\text{W/ (m}^2\cdot\text{°C)}=8554\text{W/ (m}^2\cdot\text{°C)}$$

二、流体强制横向流过管束

1. 流体强制横向流过管束的状态分析

在制冷空调工程中，流体往往不是掠过单管，而是流过由许多管子组成的管束，例如冷凝器和蒸发器等管式换热设备中，管外流体一般从垂直于管轴心的方向冲刷管束。管束排列方式很多，但以图 15-14 所示的顺排与叉排两种最为普遍。从图 15-14 中可以看出，顺排时流体的流道相对平直，而且当流速较低或管间距较小时，易在管的尾部形成滞流区。叉排时流体的流道是交替收缩和扩张的，流体扰动性较好，只要管的间距设计合理，其换热就比顺排强烈，但流体的阻力损失大于顺排。流体横向流过管束的重要特点是：除第一排管子保持了外掠单管的特征外，从第二排起流体的流动受前几排管子引起的涡旋所干扰，流动状况比较复杂。在 $Re<10^3$ 情况下，前排管子尾部出现的涡旋不强，受粘滞力的作用这种涡旋很快会消失，对下一排管子的边界层影响很小，边界层层流占优势，可视为层流工况。随着 Re 的增加，管子间的紊流旋涡加强，管子的前半周是处于紊流涡旋影响下的层流边界层，后半周则是涡旋流，流动状态可视为混合工况。只有当 $Re>2\times10^5$ 后，管子表面紊流边界层才占优势。影响表面传热系数的因素除了排列方式之外，还有管子排数、管径以及管间距等。

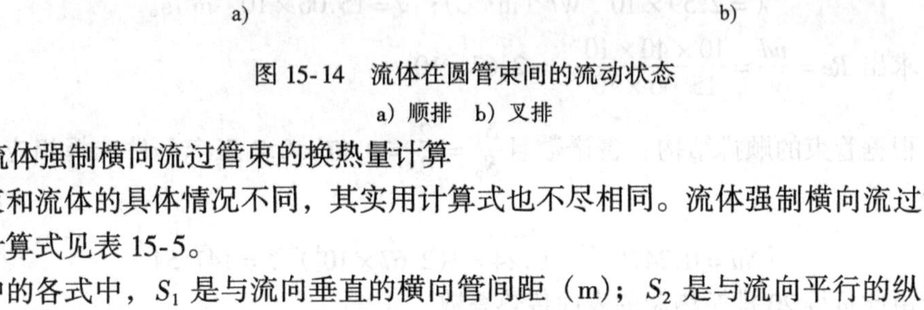

图 15-14 流体在圆管束间的流动状态

a) 顺排 b) 叉排

2. 流体强制横向流过管束的换热量计算

管束和流体的具体情况不同，其实用计算式也不尽相同。流体强制横向流过管束的各种实用计算式见表 15-5。

表中的各式中，S_1 是与流向垂直的横向管间距 (m)；S_2 是与流向平行的纵向管间距 (m)；n、m、p 是常数；Pr_w 的定性温度为管壁温度；Nu、Re、Pr 的定性温度取流体在管束中的平均温度，定型尺寸为管外径；Re 的速度取值为流通截面最窄处的流速（管束中的最大流速)。上式的适用范围是：管排数≥20；$Re>10^3$；$0.7<Pr<500$。若管排系数小于 20，则应在求得的平均表面传热系数 h 的基础上再乘以一个管排数修正系数 ε_n，其值可由表 15-6 查取。

表 15-5 流体强制横向流过管束的换热量计算式

排列方式	适用范围		液体计算式	气体计算式（$Pr=0.7$）
顺排	$Re=10^3\sim2\times10^5$，$\frac{S_1}{S_2}<0.7$		$Nu=0.27Re^{0.63}Pr^{0.36}\left(\frac{Pr}{Pr_w}\right)^{0.25}$	$Nu=0.24Re^{0.25}$
	$Re=2\times10^5\sim2\times10^6$		$Nu=0.021Re^{0.84}Pr^{0.36}\left(\frac{Pr}{Pr_w}\right)^{0.25}$	$Nu=0.018Re^{0.84}$
叉排	$Re=10^3\sim2\times10^5$	$\frac{S_1}{S_2}\leqslant2$	$Nu=0.35Re^{0.6}Pr^{0.36}\left(\frac{Pr}{Pr_w}\right)^{0.25}\left(\frac{S_1}{S_2}\right)^{0.2}$	$Nu=0.31Re^{0.6}\left(\frac{S_1}{S_2}\right)^{0.2}$
		$\frac{S_1}{S_2}>2$	$Nu=0.40Re^{0.6}Pr^{0.36}\left(\frac{Pr}{Pr_w}\right)^{0.25}$	$Nu=0.35Re^{0.6}$
	$Re=2\times10^5\sim2\times10^6$		$Nu=0.022Re^{0.84}Pr^{0.36}\left(\frac{Pr}{Pr_w}\right)^{0.25}$	$Nu=0.019Re^{0.84}$

表 15-6 管排数修正系数 ε_n 的值

排数	1	2	3	4	5	6	8	12	16	20
顺排	0.69	0.80	0.86	0.90	0.93	0.95	0.96	0.98	0.99	1
叉排	0.62	0.76	0.84	0.88	0.92	0.95	0.96	0.98	0.99	1

对于壳管式换热器内冷媒水与管束的换热，由于折流挡板的作用，流体有时与管束呈平行流动，有时又近似垂直于管束流动。当流向与管轴夹角 φ 小于 90°时，对表面传热系数 h 应乘以冲击角修正系数 ε_φ。冲击角修正系数 ε_φ 的值可查表 15-7。

表 15-7 圆管管束冲击角修正系数 ε_φ 的值

φ	90°	80°	70°	60°	50°	40°	30°	20°	10°
ε_φ	1	1	0.98	0.94	0.88	0.78	0.67	0.52	0.42

【例 15-3】 某空调风冷冷凝器为 12 排顺排管束。已知管外径 $d=40\text{mm}$；$\frac{S_1}{d}=2$，$\frac{S_2}{d}=3$；空气的平均温度 $t_f=20°\text{C}$；空气通过最窄截面的平均流速 $u=10\text{m/s}$；冲击角 $\varphi=50°$。求表面传热系数。

【解】（1）由附录 A-10 查得 $t_f=20°\text{C}$ 时空气的物理性质参数为

$$\lambda=2.59\times10^{-2}\text{W/（m·°C）}；\nu=15.06\times10^{-6}\text{m}^2/\text{s}。$$

（2）求出 $Re=\frac{ud}{\nu}=\frac{10\times40\times10^{-3}}{15.06\times10^{-6}}=2.67\times10^4$

（3）根据管束的顺排结构、雷诺数且 $\frac{S_1}{S_2}=\frac{2}{3}=0.67<0.7$ 三个条件选择相应的计算式为

$$Nu=0.24Re^{0.63}=0.24\times（2.67\times10^4）^{0.63}=147.54$$

（4）由此可得 20 排换热器的表面传热系数

$$h=\frac{\lambda}{d}Nu=\frac{2.59\times10^{-2}}{40\times10^{-3}}\times147.54\text{W/（m}^2\text{·°C）}=95.53\text{W/（m}^2\text{·°C）}$$

（5）根据表 15-6 得知顺排 12 排管的修正系数为 $\varepsilon_n=0.98$

（6）根据表 15-7 得知 $\varphi=50°$的冲击角修正系数为 $\varepsilon_\varphi=0.88$

（7）管束为 12 排、冲击角为 50°的实际表面传热系数 h'，等于 20 排的表面传热系数

h 与 ε_n 和 ε_φ 的乘积

$$h' = \varepsilon_n \varepsilon_\varphi h = 0.98 \times 0.88 \times 95.53\text{W/ (m}^2\cdot{}^\circ\text{C)} = 82.4\text{W/ (m}^2\cdot{}^\circ\text{C)}$$

第五节 空间流体自然对流换热计算

空间自然对流换热主要分为两种类型：一类是流体在较大空间中自然对流，因空间大自然对流不受干扰，称为大空间的自然对流换热，如室内暖气片对空气的换热；另一类是流体在封闭狭小空间内自然对流，冷热流体相互干扰，称为有限空间的自然对流换热，如双层玻璃窗之间空气的对流换热等。

一、大空间自然对流换热的状态分析

大空间自然对流也有层流和紊流之分。以冷流体沿热竖壁自然对流为例，如图 15-15 所示，当流体受浮升力作用沿壁面上升时，边界层开始为层流。如果壁面有足够高度，达到某一位置后，流态将转变为紊流。由层流到紊流的转变点取决于壁面温度与流体温度之差和流体的性质，由 Gr 和 Pr 之积来确定。

在层流边界层，随着厚度的增加，局部表面传热系数 h_x 将逐渐降低。当边界层由层流向紊流转变时，局部表面传热系数 h_x 趋于增大。研究表明，在常壁温或常热流边界条件下，当达到旺盛紊流时，h_x 将保持不变，与壁面的高度无关，如图 15-15 中的 h_x 曲线所示。

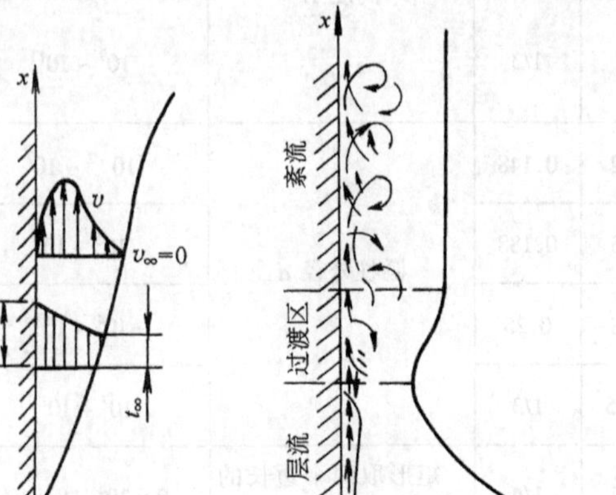

图 15-15 流体沿竖壁自然对流的状态

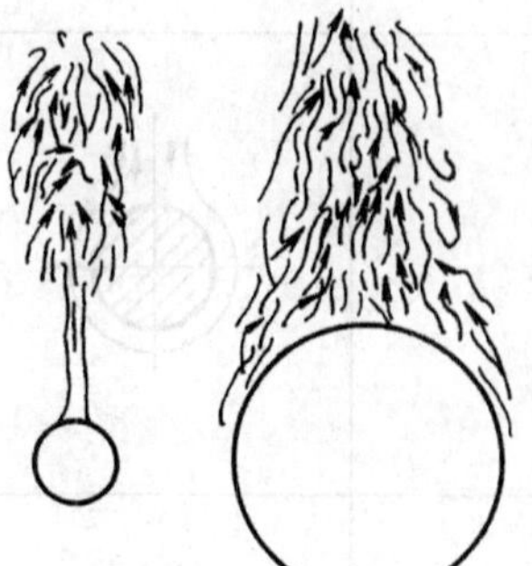

图 15-16 气体在横管周围的自然对流

a) 层流 b) 紊流

流体沿横管、球体及其他一些椭圆形物体作自由流动时，如图 15-16 所示。对于小管径管子，由于流体流过管外壁的路程较短，上升的空气流达到热表面以上一定的高度后仍保持层流状态如图 15-16a，当气流再升高时才变为紊流；对于大管径的管子，热空气流在管子的上边线处就开始变为紊流如图 15-16b。

对于水平放置的平板，流体的自由流动状态随板宽度、热表面朝向的不同而不同。图 15-17a 所示为热表面朝上、尺寸较小的水平平板上受热流体上升的状况，只有一股气流上

升，且集中到板中间。图 15-17b 所示的平板表面很大，且热面朝上，在板面上受热流体既有局部上升又有局部下降。对于热表面朝下的平板，流体的运动情况如图 15-17c 所示，在平板表面下仅仅有一薄层流体在流动，再下面的流体就保持静止。

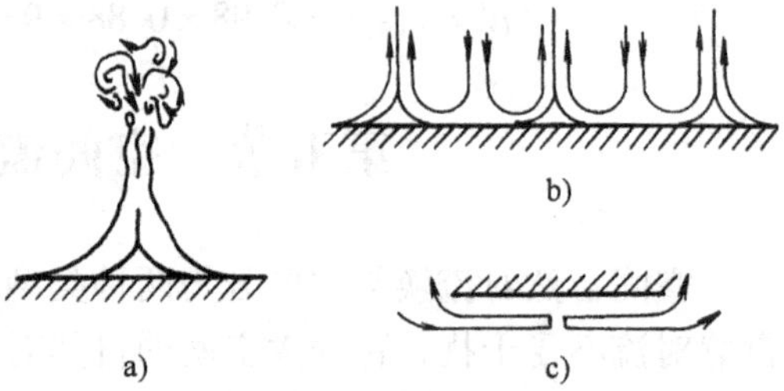

图 15-17 靠近热横流板的自然对流

二、大空间的自然对流的换热计算

经实验研究得出大空间自然对流换热的准则方程为

$$Nu = C\ (GrPr)^n \tag{15-22}$$

式中，C 和 n 是由实验确定的常数，其值的选择可按换热表面的形状及（$GrPr$）的数值范围由表 15-8 查得。进行计算时，把壁温 t_w 看作定值，定性温度为边界层平均温度 $t_m = \frac{t_w + t_f}{2}$；定型尺见表 15-8。

表 15-8 大空间自然对流换热准则方程式中的 c、n 值

表面形状及位置	流动情况示意图	c、n 值			定型尺寸 L	适用范围 $GrPr$（$GrPr$）
		流态	c	n		
垂直平壁或垂直圆柱	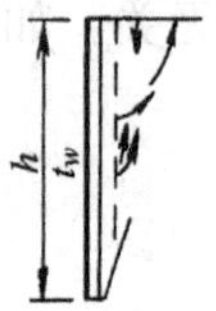	层流	0.59	1/4	高度 H	$10^4 \sim 10^9$
		紊流	0.1	1/3		$10^9 \sim 10^{13}$
水平圆柱	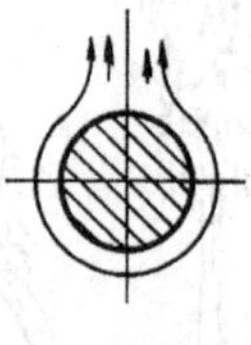	层流	1.02	0.148	圆柱外径 d	$10^{-2} \sim 10^2$
			0.85	0.188		$10^2 \sim 10^4$
			0.48	0.25		$10^4 \sim 10^7$
		紊流	0.125	1/3		$10^7 \sim 10^{12}$
热面朝上或冷面朝下的水平壁	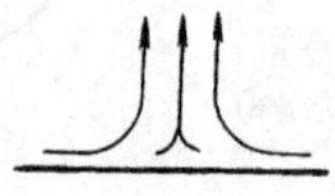	层流	0.54	1/4	矩形取两个边长的平均值；非规则形取面积与周长之比；圆盘取 $0.9d$	$2\times10^4 \sim 8\times10^6$
		紊流	0.15	1/3		$8\times10^6 \sim 10^{11}$
热面朝下或冷面朝上的水平壁	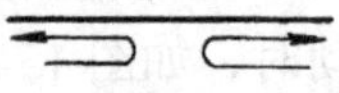	层流	0.58	1/5	矩形取两个边长的平均值；非规则形取面积与周长之比；圆盘取 $0.9d$	$10^5 \sim 10^{11}$

在供热通风工程中常遇到倾斜壁的自由流动换热，例如倾斜安装的采暖辐射板。对于这种倾斜板的换热，可求出倾斜板在水平面和垂直面上的投影长度，以此作为定型尺寸分别算出垂直部分和水平部分的表面传热系数，将两个表面传热系数的平方之和开方，即得倾斜壁自然表面传热系数。

【例 15-4】 有一供应生活热水的锅炉房，房内有一个直径为 10cm 的烟筒，其竖直部分高 2m，水平部分长 20m。若锅炉房的室内温度为 30℃，烟筒的平均壁温为 90℃，求烟筒的散热量。

【解】（1）求出定性温度

$$t_m = \frac{t_w + t_f}{2} = \frac{90 + 30}{2}℃ = 60℃$$

（2）由此得出

$$\alpha_V = \frac{1}{T} = \frac{1}{273 + 60} 1/K = \frac{1}{333} 1/K$$

（3）由附录 A-10 干空气的热物理性质表查得 60℃ 时空气的物理性质参数

$$\lambda = 2.9 \times 10^{-2} W/(m \cdot ℃);\ \nu = 18.97 \times 10^{-6} m^2/s;\ Pr = 0.696$$

（4）烟筒竖直部分的散热量 Φ_1

1）定型尺寸取筒高 $H = 2m$

$$Gr = \frac{\alpha_V g \Delta t H^3}{\nu^2} = \frac{9.8 \times (90 - 30) \times 2^3}{333 \times (18.97 \times 10^{-6})^2} = 3.93 \times 10^{10}$$

2）$GrPr = 3.93 \times 10^{10} \times 0.696 = 2.74 \times 10^{10}$

3）据 $GrPr$ 查表 15-8 可知 $C = 0.1$，$n = \frac{1}{3}$

4）将 C 和 n 其代入准则方程式得

$$Nu = C(GrPr)^n = 0.1 \times (2.74 \times 10^{10})^{\frac{1}{3}} = 301$$

5）由 $Nu = \frac{hH}{\lambda}$ 可得

$$h = Nu\frac{\lambda}{H} = 301 \times \frac{2.9 \times 10^{-2}}{2} W/(m^2 \cdot ℃) = 4.36 W/(m^2 \cdot ℃)$$

6）求得烟筒竖直部分的散热量

$$\Phi_1 = hF\Delta t = h\pi dL(t_w - t_f) = 4.36 \times 3.14 \times 0.1 \times 2 \times (90 - 30) W = 164W$$

（5）烟筒水平部分的散热量 Φ_2

1）定型尺寸取筒径 $d = 0.1m$

$$Gr = \frac{\alpha_V g \Delta t d^3}{\nu^2} = \frac{9.8 \times (90 - 30) \times 0.1^3}{333 \times (18.97 \times 10^{-6})^2} = 4.91 \times 10^6$$

2）$GrPr = 4.91 \times 10^6 \times 0.696 = 3.42 \times 10^6$

3）据 $GrPr$ 查表 15-8 得知 $C = 0.48$，$n = 0.25$

4）将 C 和 n 其代入准则方程式得

$$Nu = C(GrPr)^n = 0.48 \times (3.42 \times 10^6)^{0.25} = 20.64$$

5）由 $Nu = \frac{hd}{\lambda}$ 可得

$$h = Nu\frac{\lambda}{d} = 20.64 \times \frac{2.9 \times 10^{-2}}{0.1} W/(m^2 \cdot ℃) = 6.0 W/(m^2 \cdot ℃)$$

6）求得烟筒水平部分的散热量

$$\Phi_2 = hF\Delta t = h\pi dL\ (t_w - t_f) = 6.0\times3.14\times0.1\times20\times\ (90-30)\ \mathrm{W} = 2261\mathrm{W}$$

(6) 烟筒总的对流散热量

$$\Phi = \Phi_1 + \Phi_2 = \ (164+2261)\ \mathrm{W} = 2425\mathrm{W}$$

三、有限空间的自然对流换热的状态分析

有限空间的自然对流换热是指在封闭的夹层内由高温壁到低温壁的换热过程，且其换热过程是热壁和冷壁两个自然对流过程的组合。例如直冷电冰箱冷藏室，靠近蒸发器的冷气向下流动，靠近冰箱门的热空气因浮升力而向上运动。在有限空间中，流体自然对流的情况除与流体性质、两壁温差有关外，还将受空间形状、尺寸比例等因素的影响。封闭夹层的几何位置可分垂直、水平及倾斜三种情况，如图 15-18 所示。

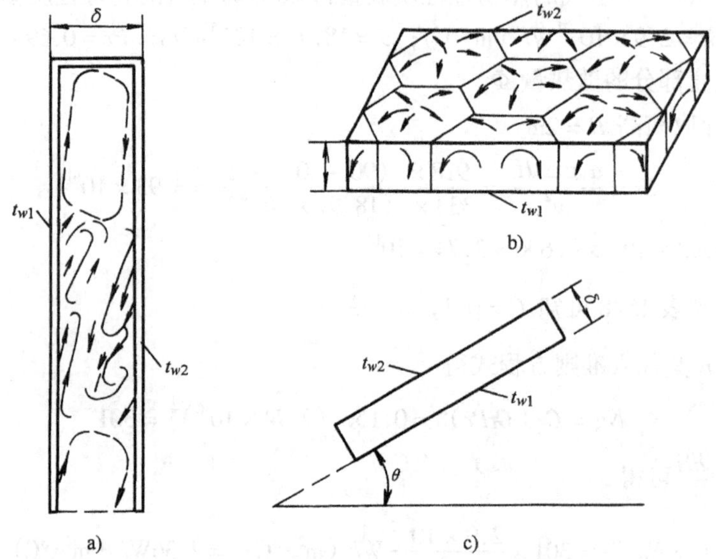

图 15-18 有限空间的自然对流换热

a) 垂直 b) 水平 c) 倾斜

四、有限空间的自然对流换热的计算

1. 有限空间的自然对流换热准则方程式

封闭夹层有限空间自然对流换热准则方程式用下面形式表示

$$Nu = C\ (GrPr)^m\left(\frac{\delta}{H}\right)^n \tag{15-23}$$

式中，δ 为夹层厚度 (m)；H 为垂直夹层高度 (m)。C、m、n 为常数，由有限空间自然对流换热计算方程式表查取。需要说明的是，式中 Nu 和 Gr 的定型尺寸均为夹层厚度 δ，定性温度为冷、热壁面的平均温度 $t_m = \dfrac{t_w + t_f}{2}$。

2. 有限空间的自然对流换热在各种条件下的计算式（表 15-9）

3. 有限空间自然对流换热的当量表面传热系数 h_e

有限空间的换热是冷、热两壁自然对流换热的综合结果，通常用一个当量表面传热系数 h_e 来表示换热的强弱，则流过夹层的热量为

表 15-9　有限空间自然对流换热计算方程式

夹层位置	Nu 准则方程式	适用范围
垂直夹层	$Nu = 0.197\ (GrPr)^{\frac{1}{4}} \left(\frac{\delta}{H}\right)^{\frac{1}{9}}$	$6000 < GrPr < 2 \times 10^5$
	$Nu = 0.073\ (GrPr)^{\frac{1}{3}} \left(\frac{\delta}{H}\right)^{\frac{1}{9}}$	$2 \times 10^5 < GrPr < 1.1 \times 10^7$
水平夹层（热面在下）	$Nu = 0.059\ (GrPr)^{0.4}$	$1700 < GrPr < 7000$
	$Nu = 0.212\ (GrPr)^{\frac{1}{4}}$	$7000 < GrPr < 3.2 \times 10^5$
	$Nu = 0.061\ (GrPr)^{\frac{1}{3}}$	$GrPr > 3.2 \times 10^5$
斜面夹层（热面在下与水平夹角为 θ）	$Nu = 1 + 1.446\left(1 - \frac{1708}{GrPr\cos\theta}\right)$	$1708 < GrPr\cos\theta < 5900$
	$Nu = 0.229\ (GrPr\cos\theta)^{0.252}$	$5900 < GrPr\cos\theta < 9.23 \times 10^4$
	$Nu = 0.157\ (GrPr\cos\theta)^{0.285}$	$9.23 \times 10^4 < GrPr\cos\theta < 10^6$

注：在 $1700 < GrPr\cos\theta < 5900$ 的计算式中，若括号内计算值为负时，作 0 处理。

$$q = h_e\ (t_{w1} - t_{w2}) \tag{15-24}$$

式中，t_{w1} 为热壁面的温度（℃）；t_{w2} 为冷壁面的温度（℃）；h_e 为当量表面传热系数［W/(m²·℃)］。

可将式（15-24）改写成

$$q = \frac{h_e\delta}{\lambda}\frac{\lambda}{\delta}\ (t_{w1} - t_{w2})$$

据努谢尔特准则 $Nu = \frac{h_e\delta}{\lambda}$，可将上式改写成

$$q = Nu\frac{\lambda}{\delta}\ (t_{w1} - t_{w2}) \tag{15-25}$$

4. 有限空间自然对流换热的当量导热系数 λ_e

若把封闭夹层的换热强弱用当量导热系数 λ_e 表达，则夹层的换热可按平壁导热公式计算，即

$$q = \frac{\lambda_e}{\delta}\ (t_{w1} - t_{w2}) = \frac{\lambda_e}{\lambda}\frac{\lambda}{\delta}\ (t_{w1} - t_{w2}) \tag{15-26}$$

比较式（15-25）和（15-26），则得

$$Nu = \frac{\lambda_e}{\lambda} \tag{15-27}$$

式中，λ 表示定性温度时的流体在封闭夹层中的导热系数［W/(m²·℃)］。$\frac{\lambda_e}{\lambda}$ 定义为对流系数，用来说明对流现象的特性。当垂直封闭夹层的 $Gr < 2000$ 或水平夹层热面在上时，按导热过程处理，此时 $\lambda_e = \lambda$，即对流系数为 1。

【例 15-5】　一竖直封闭夹层，两壁面为边长 1m 的正方形，壁间距 100mm，壁面温度分别为 30℃ 和 10℃。求通过该空气夹层的自然对流换热量。

【解】(1) 定性温度为

$$t_m = \frac{t_{w1} + t_{w2}}{2} = \frac{30+10}{2}°C = 20°C$$

(2) 由此得出

$$\alpha_V = \frac{1}{T} = \frac{1}{273+20}1/K = \frac{1}{293}1/K$$

(3) 查附录 A-10 空气的热物理性质表，得出定性温度 $t_m = 20°C$ 时空气的物理性质参数

$$\lambda = 2.59 \times 10^{-2}\ [W/(m^2 \cdot °C)];\ \nu = 15.06 \times 10^{-6}\ (m^2/s);\ Pr = 0.703$$

(4) 由上述的物理性质参数可计算出

$$Gr = \frac{\alpha_V g \Delta t \delta^3}{\nu^2} = \frac{9.8 \times (30-10) \times 0.1^3}{293 \times (15.06 \times 10^{-6})^2} = 2.95 \times 10^6$$

(5) $GrPr = 2.95 \times 10^6 \times 0.703 = 2.07 \times 10^6$

(6) 据 $GrPr$ 的计算结果，由表 15-9 选取适用的计算方程式

$$Nu = 0.073 \times (GrPr)^{\frac{1}{3}}\left(\frac{\delta}{H}\right)^{\frac{1}{9}} = 0.073 \times (2.07 \times 10^6)^{\frac{1}{3}} \times \left(\frac{0.1}{1}\right)^{\frac{1}{9}} = 7.14$$

(7) 据 $Nu = \frac{h_e \delta}{\lambda}$ 得出当量表面传热系数

$$h_e = Nu\frac{\lambda}{\delta} = 7.14 \times \frac{2.59 \times 10^{-2}}{0.1}W/(m^2 \cdot °C) = 1.85W/(m^2 \cdot °C)$$

(8) 据式 (15-24) 计算自然对流换热量

$$\Phi = h_e F \Delta t = 1.85 \times (1 \times 1) \times (30-10)\ W = 37W$$

第六节 沸腾换热

一、沸腾换热概述

工质在饱和温度下吸收热量由液态转变为气态的过程称为沸腾。沸腾换热是伴随相变的对流换热，是制冷系统中蒸发器的主要换热方式。

当壁温 t_w 高于液体的饱和温度 t_s 时，就会发生液体的沸腾吸热现象。沸腾的特征是液体内部不断地产生汽泡，这些汽泡在换热表面上的某些地点（称汽化核心）不断地产生、长大，脱离壁面，并穿过液体层进入上部的气相空间，使换热表面和液体内部都受到强烈扰动。对同一种流体而言，沸腾表面传热系数一般要比无相变的表面传热系数高得多，例如在常压下水的沸腾表面传热系数可达 5×10^4，而强制对流时的表面传热系数最高值才为 10^4。沸腾分为大容器沸腾（或称池内沸腾）和管内沸腾（或称有限空间沸腾、受迫流动沸腾）两种。

二、大容器沸腾换热过程

液体在大容器内沸腾换热时，壁面温度 t_w 与液体饱和温度 t_s 之差 Δt 称为沸腾温差。沸腾温差对换热的影响很大，不同的沸腾温差会出现不同的沸腾类型。

如图 15-19 所示为一个标准大气压下水在大容器中的沸腾表面传热系数 h 及热流密度

q 随沸腾温差 Δt 的变化关系。由图可见，随 Δt 的不同出现了三种沸腾类型。图中 B 点之前的过程，$\Delta t = 1 \sim 5°C$，热流量较低，即使壁面上产生了汽泡也不能脱离上浮，蒸发只能在液体表面进行。这时的沸腾称为对流沸腾，其换热过程符合无相变的对流换热规律。图中 $B \sim C$ 段，$\Delta t = 5 \sim 25°C$，温差增大，有大量汽泡在壁面上不断生成、长大、跃离。由于汽泡的迅速生长和激烈运动，强烈扰动周围液体，使表面传热系数 h 和热流量 q 都显著增大，且 h 达到峰值。在 $B \sim C$ 段的沸腾换热主要取决于汽泡的生成和运动，故称泡态沸腾或核态沸腾。图中 C 点以后，沸腾温差 $\Delta t > 25°C$，生成的汽泡太多，汽泡汇合在一起形成一层不稳定的汽膜，把水和壁面隔开，阻碍了水对壁面的润湿，故 h 随 Δt 增大而显著下降。到达 D 点状态，相当于壁面全部被一层稳定的汽膜所覆盖，这时汽化只能在膜的汽液交界上进行，C 点以后的这种状态称为膜态沸腾，其中 $C \sim D$ 段是不稳定膜态沸腾，D 点之后才是稳定膜态沸腾。D 点之后，随着 Δt 的增加 q 有所回升。由以上分析可见，温差的量变会引起沸腾换热机理的质变，由泡态沸腾转变为膜态沸腾的转折点 C 称为临界点，相应的温差称为临界温差 Δt_c，相应的热流密度称为临界热流密度 q_c。若使热流密度超过 q_c，则温差必须增至 Δt_c 以上（超过 10^3）。

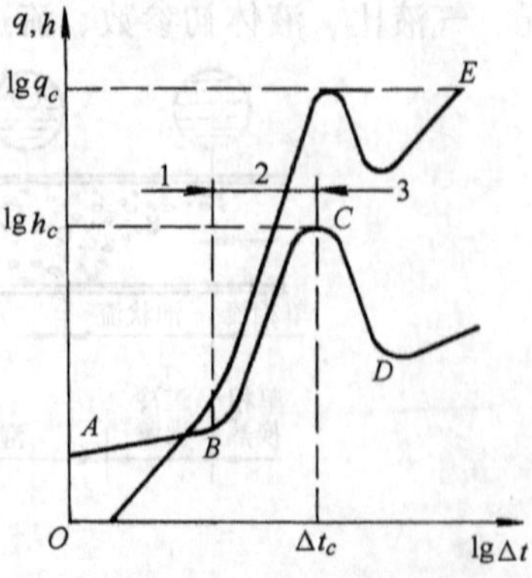

图 15-19 水中大容器中沸腾时 h、q 与 Δt 的关系曲线

1—对流沸腾 2—泡态沸腾 3—膜态沸腾

三、管内沸腾换热过程

制冷系统中蒸发器的沸腾，大多属于管内沸腾。受沸腾空间的限制，使沸腾产生的气体和液体混合在一起，构成汽液两相混合物。因此，管内沸腾换热涉及到了管内的两相流动问题。

图 15-20 是竖直管内的沸腾情况。若进入管内液体的温度低于饱和温度，这时流体与管壁之间的换热是液体的对流换热。之后液体在壁面附近被加热到 t_s，但此时管内中心温度尚低于 t_s，仅管壁有汽泡产生，属于过冷沸腾。随后液体在整个截面上达到饱和温度，进入饱和核态沸腾。这时流动状态先是泡状流，逐渐变成块状流，属于泡态沸腾。继续被加热后，气体越来越多，大汽泡将进一步合并，在管中心形成汽芯，把液体排挤到壁上，出现环状流。此时的汽化过程主要发生在液气交界面上，热量主要以对流方式来通过液膜，属于液膜的对流沸腾。之后液膜逐渐变薄，直到汽化完毕而进入单相对流换热过程。

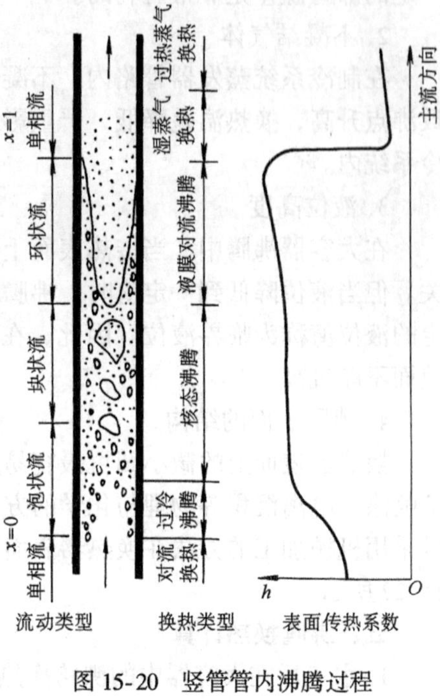

图 15-20 竖管管内沸腾过程

水平管内的沸腾，在流速比较高的情况下，情形与垂直管基本类似。但在流速较低时，受重力的影响，气体和液体分别集中在管的上、下两半部分，如

图 15-21 所示。进入环状流后，液体就不一定是连续地环绕在管的圆周上，导致局部换热较差。

由此可见，管内沸腾换热受管子的放置（垂直、水平或倾斜）、管长与管径、壁面状况、气液比、液体初参数、流速、流量等多方面因素影响，比大容器沸腾换热复杂得多。

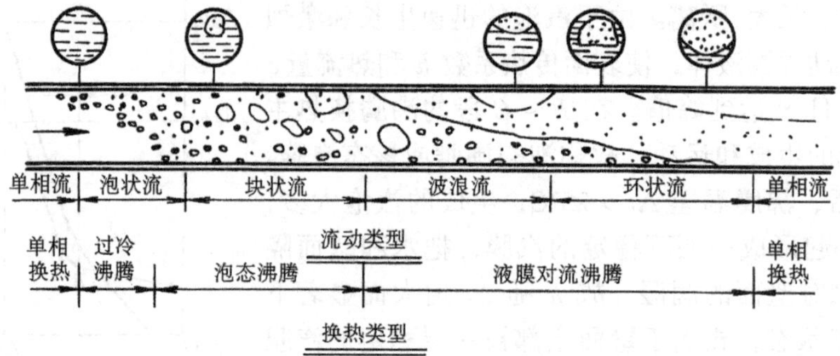

图 15-21 水平管管内沸腾过程

四、影响沸腾换热的因素

沸腾表面传热系数除了与液体的物理性质参数有关外，还受到沸腾液体的润湿能力、导热性能以及壁面材料、表面形状等因素的影响。在制冷空调设备的设计与维护管理中，影响沸腾换热的因素很多。

1. 液体表面压力

液体表面压力的大小决定了液体的沸点（饱和温度）的高低。在饱和状态下，压力越低，沸点就越低，换热温差就越大，越有利于沸腾换热。因此在制冷系统中，保持蒸发器一定的沸腾温差是非常有利的。

2. 不凝结气体

在制冷系统蒸发器管路内，不凝性气体如空气的存在会使蒸发器内的总压力升高，导致沸点升高，换热温差降低，严重影响蒸发器的吸热制冷。因此应严禁不凝性气体混入制冷系统内。

3. 液位高度

在大容器沸腾中，当传热表面上的液位足够高时，沸腾表面传热系数与液位高度无关。但当液位降低到一定值时，沸腾表面传热系数会明显地随液位的降低而升高，这一特定的液位值称为临界液位。因此，在制冷系统中蒸发器内（如满液式蒸发器），制冷剂的液面不能过高。

4. 沸腾表面的结构

换热器表面上的微小凹坑最容易产生汽化核心。为加强换热，可采用烧结、钎焊、火焰喷涂、电离沉积等物理与化学的方法，在换热器表面上形成一层多孔或多沟槽结构，也可采用机械加工的方法在换热器表面形成沟槽结构，或在沸腾管路上设置散热肋片，如图 15-22 所示。

五、沸腾换热计算

1. 水工质在大容器中的沸腾换热计算

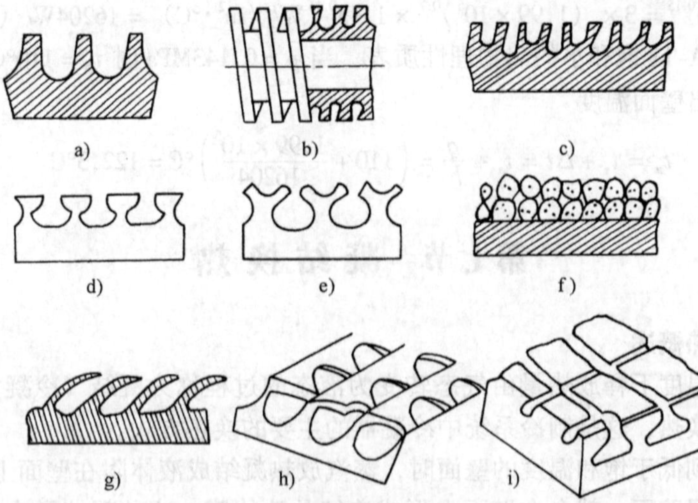

图 15-22　沸腾换热强化管表面结构示意

a）整体肋　b）GEWA-T 管　c）内扩槽结构管　d）W-Tx 管（1）　e）W-Tx 管（2）　f）多孔管　g）弯肋　h）日立 E 管　i）Tu-B 管

水在 $1\sim40\times10^5$ Pa 压力下的大容器沸腾表面传热系数计算公式

$$h=3q^{0.7}p^{0.15} \tag{15-28}$$

由于 $q=h\Delta t$，上式亦可写成

$$h=38.7\Delta t^{2.33}p^{0.5} \tag{15-29}$$

式中，p 为沸腾液体的绝对压力，bar（1bar = 0.1MPa）；Δt 为沸腾温差，即壁面温度 t_w-与饱和温度 t_s 的差值；q 为热流密度，即单位面积热流量（$\mathrm{W/m^2}$）。

2. 各类工质在大容器的沸腾换热计算

对于任意工质，在不同壁面材料上的沸腾换热计算式为

$$\frac{c_p\,(t_w-t_s)}{rPr^{1.7}}=C_w\left[\frac{q}{\mu r}\sqrt{\frac{\sigma}{g\,(\rho_L-\rho_v)}}\right]^{0.33} \tag{15-30}$$

式中，c_p 为饱和液体的比定压热容［J/（kg·°C)］；Pr 为饱和液体的普朗特数；σ 为气液交界面表面张力（N/m）；μ 为液体的动力粘度［kg/（m·s)］；C_w 为实验确定的常数，与液体和壁面材料的组合情况有关；ρ_L 饱和液体的密度（$\mathrm{kg/m^3}$）；ρ_v 为饱和气体的密度（$\mathrm{kg/m^3}$）；r 为汽化潜热（$h''-h'$）(J/kg)；g 为重力加速度；t_w 为壁面温度（°C）；t_s 为液体的饱和温度（°C）。

【例 15-6】　某电加热器输入功率为 5kW，水平放置，加热管外径为 16mm，总长 500mm。水在电热器管外表面沸腾，绝对压力 $p=0.143$MPa。求沸腾表面传热系数 h，并计算管壁温度。

【解】（1）据已知条件求得

$$q=\frac{\Phi}{F}=\frac{\Phi}{\pi dL}=\frac{5\times10^3}{3.14\times16\times10^{-3}\times500\times10^{-3}}\mathrm{W/m^2}=1.99\times10^5\,\mathrm{W/m^2}$$

（2）$p=0.143\mathrm{MPa}=1.43\mathrm{bar}$，由式（15-28）得

$$h = 3q^{0.7}p^{0.15} = 3\times(1.99\times10^5)^{0.7}\times1.43^{0.15}\text{W/(m}^2\cdot{}^\circ\text{C)} = 16204\text{W/(m}^2\cdot{}^\circ\text{C)}$$

（3）查附录 A-11 饱和水的热物理性质表，当 $p = 0.143\text{MPa}$ 时 $t_5 = 110^\circ\text{C}$

（4）由此得出壁面温度

$$t_w = t_s + \Delta t = t_s + \frac{q}{h} = \left(110 + \frac{1.99\times10^5}{16204}\right)^\circ\text{C} = 122.3^\circ\text{C}$$

第七节 凝结换热

一、凝结换热概述

工质在饱和温度下释放热量由气态转变为液态的过程称为凝结（冷凝）。凝结换热是伴随相变的对流换热，这是制冷系统中冷凝器的主要的换热方式。

当蒸汽接触到低于饱和温度的壁面时，蒸汽放热凝结成液体附在壁面上。如果凝结液体能够很好地润湿壁面，就会在壁面上形成连续的液体膜，这种凝结形式称为膜状凝结。如果凝结液体不能很好的润湿壁面，凝结液体就会在壁面上形成一个个小液珠并且向下滚落，这种凝结形式称为珠状凝结。

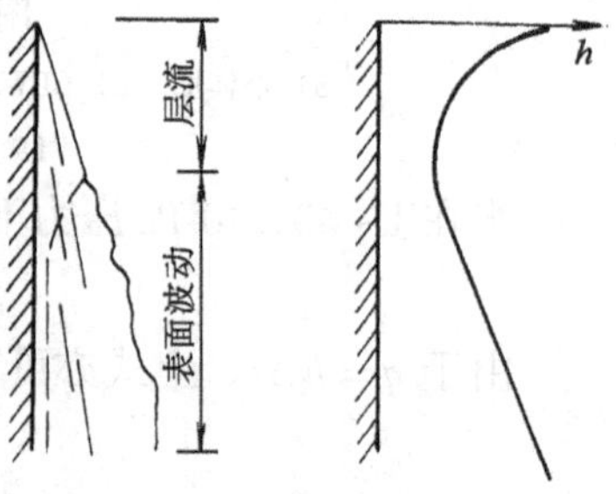

图 15-23 表面传热系数随膜层运动的变化

膜状凝结时，壁面总是被一层液膜覆盖着，凝结只能在膜的表面进行，凝结放出的潜热必须穿过液膜才能达到冷却壁面上，故膜层的厚度对凝结表面传热系数的影响很大。膜层越厚，其热阻越大，表面传热系数也越小。凝结表面传热系数在很大程度上还取决于液膜的运动。当凝结液膜层逐渐加厚时，表面传热系数逐渐减小，直到膜层由层流开始向紊流转变、使层流边界层减薄以及膜层出现波动时，表面传热系数才重新增加，如图 15-23 所示。珠状凝结时，由于一部分冷凝面是直接与蒸汽接触的，故珠状凝结表面传热系数远比膜状凝结大。但是稳定的珠状凝结难于维持，一般制冷空调设备均属于膜状凝结。

二、影响凝结换热的因素

1. 蒸汽所受的压力

蒸汽所受压力的大小决定了气体冷凝温度的（饱和温度）的高低。在饱和状态下，压力越大，冷凝温度就越高，与壁面换热温差就越大，越有利于凝结换热。因此，在制冷系统中保持冷凝器内一定的高压压力是非常必要的。

2. 蒸汽的流速和流向

如果蒸汽流动方向与液膜流动方向一致可加速液膜流动，使之变薄，表面传热系数增大。当流动方向相反时，会增加液膜厚度，表面传热系数减小。但如果蒸汽流速较高时，将会把液膜吹离表面，不论流向如何，都会使表面传热系数增大。

3. 蒸汽中含有不凝性气体

当蒸汽中含有不凝性气体（如空气、氮气）时，即使含量极微，也会对凝结换热产生十分有害的影响。例如水蒸气中含有 1% 的空气能使凝结表面传热系数降低 60%。因为不凝结气体层的存在，使蒸气在抵达液膜表面进行凝结之前，必须以扩散方式穿过不凝结气体层，使蒸汽与壁面之间的热阻加大，削弱了热量的传递。因此，排除不凝结气体是保证制冷系统冷凝器正常运行的关键。

4. 表面有污垢

若冷凝器表面粗糙、有锈层或有油膜时，将增加液膜流动阻力，从而使液膜加厚，增大热阻，降低表面传热系数。因此，要注意保持冷凝器壁面的光滑和清洁，注重冷凝器的排油操作。

5. 冷却面的排列方式

对于单管，管子横放比竖放的凝结表面传热系数大。对于管束，冷凝液体从上面流到下面，越处于下面的管排，管子周围的液膜就越厚，凝结表面传热系数就越小。

6. 凝结表面的几何形状

在制冷系统冷凝器中，主要热阻在凝结一侧。强化换热的基本原则是尽量减小粘滞在壁面上液膜的厚度。减小液膜厚度有两种方法：①在凝结表面加工出尖锋，使凝结液膜拉薄。可采用低肋管或锯齿管高效冷凝表面，其凝结表面传热系数可比光管高一个数量级，如图 15-24a、b 所示。②在凝结表面加工沟槽，使液膜分段排泄，以提高液膜的排泄速度，图 15-24c 示出了一种这样的沟槽管。在实际工程中广泛采用微肋管，如图 15-24d 所示，其表面传热系数是光管的 3 倍左右。

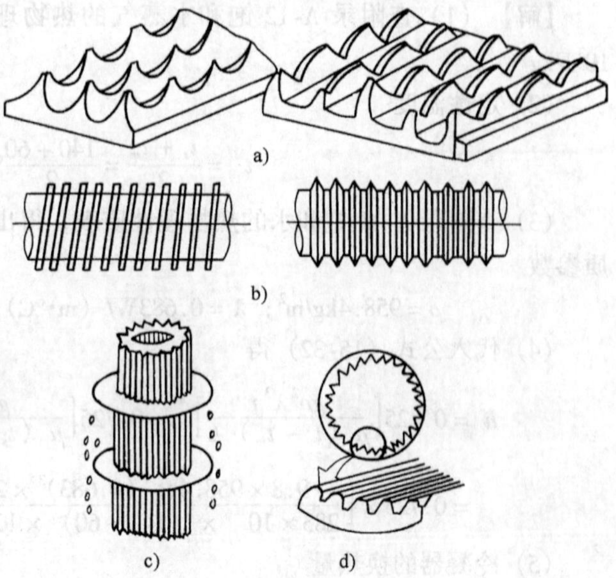

图 15-24 强化凝结换热表面形状

a) 锯齿管 b) 低肋管 c) 沟槽管 d) 微肋管

三、层流膜状凝结换热的计算

1. 竖管或竖壁的计算公式

$$h = 1.13\left[\frac{g\rho^2\lambda^3 r}{\mu\ (t_s - t_w)\ L}\right]^{\frac{1}{4}} \tag{15-31}$$

2. 水平管的计算公式

$$h = 0.725\left[\frac{g\rho^2\lambda^3 r}{\mu\ (t_s - t_w)\ L}\right]^{\frac{1}{4}} \tag{15-32}$$

式中，h 为凝结表面传热系数［W/（m^2·°C)］；L 为定型尺寸（m），垂直壁取高度，水平单管取外径，水平管束取外径与垂直列上管排数的乘积；λ 为凝结液体的导热系数［W/(m·°C)］；μ 为凝结液体动力粘度［kg/（m·s)］；ρ 为凝结液体的密度（kg/m^3）；g 为重力加速度；α_v 为凝结液体的体膨胀系数（1/K）；t_s 为流体的饱和温度（°C）；t_w 为壁表面温度（°C）；r 为饱和温度为 t_s 时，饱和气体的凝结潜热（$h'' - h'$）（J/kg）。如果是过热蒸汽凝结时，如从制冷压缩机进入冷凝器的制冷剂是过热气体，应将凝结潜热 r 改为过热蒸汽与饱和液体的焓差。除 r 外，公式中的物理性质参数，都以膜层（凝结液体）平均温度 $t_m = \frac{t_s + t_w}{2}$ 为定性温度。

【例 15-7】 一台卧式冷凝器，自上而下顺排着 12 排管子。紫铜管外径 $D = 16\text{mm}$，管长为 $L_0 = 1\text{m}$，表面温度 $t_w = 60°\text{C}$。饱和温度为 $t_s = 140°\text{C}$ 的水蒸气流入冷凝器，求冷凝器的凝结水量。

【解】（1）查附录 A-12 饱和水蒸气的热物理性质表，当 $t_s = 140°\text{C}$ 时，$r = 2145 \times 10^3 \text{J/kg}$

（2）定性温度

$$t_m = \frac{t_s + t_w}{2} = \frac{140 + 60}{2}°\text{C} = 100°\text{C}$$

（3）查附录 A-11 饱和水的热物理性质表，得出定性温度 $t_m = 100°\text{C}$ 时凝结水的物理性质参数

$$\rho = 958.4\text{kg/m}^2;\ \lambda = 0.683\text{W/（m·°C）};\ \mu = 283 \times 10^{-6}\text{kg/（m·s）}$$

（4）代入公式（15-32）得

$$h = 0.725\left[\frac{g\rho^2\lambda^3 r}{\mu\ (t_s - t_w)\ L}\right]^{\frac{1}{4}} = 0.725\left[\frac{g\rho^2\lambda^3 r}{\mu\ (t_s - t_w)\ nD}\right]^{\frac{1}{4}}$$

$$= 0.725 \times \left[\frac{9.8 \times 958.4 \times (0.683)^3 \times 2145 \times 10^3}{283 \times 10^{-6} \times (140 - 60) \times 12 \times 16 \times 10^{-3}}\right]^{\frac{1}{4}} = 4447.19\text{W/（m}^2\text{·°C）}$$

（5）冷凝器的换热量

$$\Phi = hF\Delta t = hn\pi dL_0\ (t_s - t_w)$$

$$= 4447.19 \times 12 \times 3.14 \times 16 \times 10^{-3} \times 1 \times (140 - 60)\ \text{W} = 214490\text{W}$$

（6）因为冷凝器的换热量 $\Phi = hF\Delta t = rG$，故凝结水量为

$$G = \frac{\Phi}{r} = \frac{214490}{2145 \times 10^3}\text{kg/s} = 0.1\text{kg/s} = 360\text{kg/h}$$

思考题与练习题

1. 传热学中常用的相似准则各代表什么意义？

2. 对流换热分析为什么要选择定性温度和定型尺寸？

3. 不凝性气体对制冷系统有何影响？

4. 暖气片表面为何凹凸不平？

5. 为什么暖气片一般都放在窗户的下面？

6. 长 2m、温度 160°C 的平板，竖直放在温度为 20°C 的空气中。试求板的平均表面传热系数。

7. 有一根水平放置的高压蒸管道，外壁温度为 30°C，隔热层外径 $d = 500\text{mm}$，周围空气温度 20°C。计算每米蒸汽管道上的自然对流散热量。

8. 顶棚面积 4m×3m，表面温度 20°C，室内温度 25°C。求自然对流换热量。

9. 水在横管外自由流动。水的平均温度 40°C。管径 $D = 38\text{mm}$，管壁温度 60°C。求水的表面传热系数。

10. 垂直空气夹层厚 $\delta = 20\text{mm}$，高 $H = 600\text{mm}$，$t_{w1} = 18°\text{C}$，$t_{w2} = -10°\text{C}$。求夹层的当量表面传热系数。

11. 为减少屋顶的散热量，在屋顶上设置一水平夹层。夹层厚 120mm，长 4m，宽 4m。室内温度18°C，室外温度 -12°C。求夹层的散热量。

12. 空气在管内以 1.5m/s 的速度流动，平均温度 $t_f = 40°\text{C}$。管壁温度 $t_w = 60°\text{C}$，管内径 32mm，管长 2m。求空气的表面传热系数。

13. 水在横管内流动。管内径 $d = 32\text{mm}$，管壁平均温度 $t_w = 15°\text{C}$。水流量 $G = 500\text{kg/h}$，水在进管处温度为 40°C。若想使水在出口处温度降至 20°C，管长应为多少？

14. 温度为 $t_f = 100°\text{C}$、流速为 $v = 4\text{m/s}$ 的空气在直径 60mm、长 3mm 的圆管内流过。求平均表面传热系数。

15. 空气以 25m/s 速度横向流过直径 40mm、长 1m 的单圆管的外表面。对流换热量为 900W，管子前后空气平均温度为 25°C。确定管壁温度。

16. 空气横向流过 6 排顺排管束，管束中最窄截面处流速 $v = 15\text{m/s}$，空气平均温度 20°C，壁温 $t_w = 70°\text{C}$，管间距 $\frac{S_1}{d} = 1.2$，$\frac{S_2}{d} = 2.2$，$d = 19\text{mm}$。求空气的表面传热系数。

17. 水横向流过 5 排叉管排管束，管束中量窄截面处流速 $v = 2\text{m/s}$，水平均温度 20°C，壁温 $t_w = 25°\text{C}$，管间距 $\frac{S_1}{d} = \frac{S_2}{d} = 1.25$，$d = 19\text{mm}$。求水的表面传热系数。

18. 水流以 50°冲击角流过 10 排管束，管束为叉排列，$\frac{S_1}{S_2} = 2.5$，管外径 $d = 20\text{mm}$，管壁温度 $t_w = 60°\text{C}$。水流过最窄截面的平均流速 $v = 6\text{m/s}$，平均水温 $t_f = 40°\text{C}$。求管束的平均表面传热系数。

19. 已知 $\Delta t = t_w - t_s = 10°\text{C}$，求大容器内水在 1MPa 压力下核态沸腾时的表面传热系数。

20.110°C 的水在温度为 120°C 的大容器内壁表面沸腾，求沸腾表面传热系数。

21. 一个标准大气压下的干饱和水蒸气，进入外径 $d = 60\text{mm}$、高 2m、壁面温度 $t_w = 60°\text{C}$ 的竖管内进行凝结放热。求凝结水量。

第十六章　辐射换热

辐射换热是热量传递的三种基本方式之一。辐射换热是互不接触的物体之间通过相互辐射来进行热交换的，电磁波是进行热交换的媒介。本章主要介绍热辐射的概念及其基本定律，并介绍辐射换热的计算方法。

第一节　热辐射的概念

一、热辐射的本质和特点

1. 热辐射

当物质微观粒子的运动状态发生改变时，如电子从高能位轨道向低能位轨道迁移，就会向外发射能量，这是物质的一种固有属性。物质内部分子和原子总是处于不停的运动中，分子的热运动和原子的振动，引起了电子运动轨道的变化，于是引起周围电场的变化，电磁感应使电场的每一变化又引起磁场的变化，这种电磁场的交替变化就形成了电磁波并向外发射，物体向外发射电磁波的过程称为辐射，电磁波运载的能量称为辐射能，由于温度原因使物体向外发射辐射能的过程称为热辐射。

不同波长的电磁波投射到物体上，产生的效应大不相同。根据不同的效应，可将电磁波分成各种射线区，如图 16-1 所示。通常把波长在 0.1 ~ 100μm 之间的电磁波（包括可见光、部分紫外线和红外线）称为热射线。因为这段波长范围内的电磁波辐射到物体上能产生较为显著的热效应，即辐射能可以全部地或部分地转变成热量，并被物体吸收。

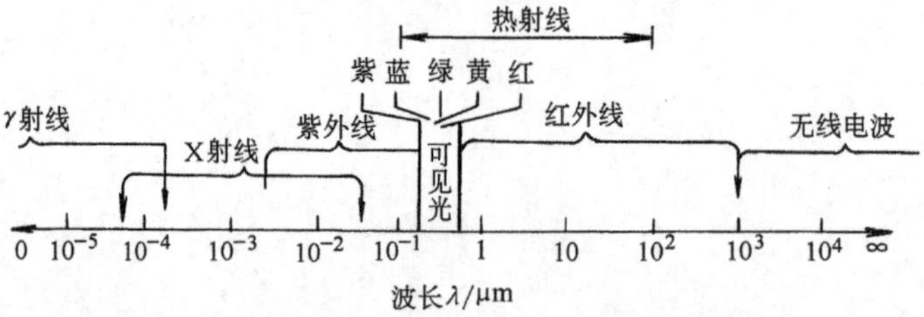

图 16-1　电磁波谱

2. 热辐射的特点

热辐射的本质是物体向外发射电磁波，是由于物体自身温度而引起的，所以热辐射具有如下特点：

1）热辐射与导热和对流换热不同，它不需要任何中间物体传递热量，可以在真空中传递。

2）热辐射过程中不仅有能量的转移，而且还伴随着能量的转换，即发射时由热能转变为辐射能，吸收时又由辐射能转换为热能。

3）导热和对流换热是热量传递的单向过程，而热辐射是发射和接收同时进行的双向过程。任何物体的温度只要在绝对零度以上，都可以不停地向外发射电磁波。若两物体温度不同，则高温物体辐射给低温物体的能量将大于低温物体辐射给高温物体的能量，综合来看是高温物体将能量传给了低温物体。若两个物体的温度相同，这种辐射换热仍在进行，只不过每一个物体辐射出去的能量等于它吸收的能量，从而达到能量平衡。

二、吸收、反射和透射

热辐射射线也遵循可见光射线的规律，即当热辐射射线落到物体表面上时，也发生吸收、反射和透射现象。如图16-2所示，设外界投射到物体表面的总能量为Φ，一部分能量Φ_A在进入表面后被物体吸收；另一部分能量Φ_R被物体反射，其余部分能量Φ_D透射过物体，于是，按照能量守恒定律可得

$$\Phi=\Phi_A+\Phi_R+\Phi_D \tag{16-1}$$

或

$$\frac{\Phi_A}{\Phi}+\frac{\Phi_R}{\Phi}+\frac{\Phi_D}{\Phi}=1 \tag{16-2}$$

式中，$\frac{\Phi_A}{\Phi}$、$\frac{\Phi_R}{\Phi}$、$\frac{\Phi_D}{\Phi}$分别称为该物体对投射辐射能的吸收率、反射率和穿透率，并依次用符号A、R、D表示。所以上式（16-2）可写成

$$A+R+D=1 \tag{16-3}$$

A、R、D都是无因次量，数值均在0~1的范围内变化，大小与物体的温度和表面状况有关。通常认为热辐射不能透过固体和液体，即$D=0$。因此对于固体和液体，式（16-3）简化为

$$A+R=1 \tag{16-4}$$

由式（16-4）可以看出，就固体和液体而言，其吸收能力越大，反射能力就越小。

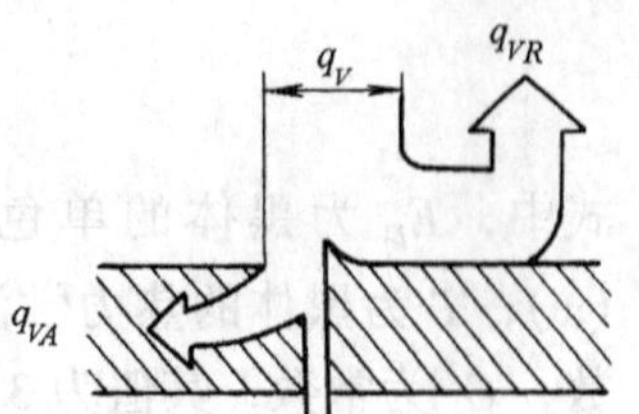

图16-2 物体对辐射能的反应

为了研究方便起见，我们把吸收率$A=1$的物体称为绝对黑体（简称黑体）；把反射率$R=1$的物体称为镜体或绝对白体（简称白体）；把穿透率$D=1$的物体称为绝对透明体（简称透明体）。显然，黑体、白体和透明体都是假定的理想物体。在工程中，为了简化辐射换热计算，通常引入灰体概念。所谓灰体是指吸收率$A<1$，且吸收率不随波长而改变（即A=常数）的物体。绝大数工程材料都可近似地作为灰体处理。

三、辐射力和单色辐射力

为了表示物体向外界发射辐射能的大小，引入辐射力的概念。辐射力是指在单位时间内物体单位表面积上向半球空间所有方向发射的全部波长（$\lambda=0\sim\infty$）范围内的总能量，用符号E表示，可用下式表示

$$E=\frac{\Phi}{F} \tag{16-5}$$

式中，E为物体的辐射力（W/m²）；Φ为物体射出去的总能量（W）；F为物体表面积（m²）。

物体所辐射的能量，按波长的分布是不均匀的。若在波长λ至$\lambda+d\lambda$的波段内，辐射

的能量为 dE，则

$$\frac{dE}{d\lambda} = E_\lambda \tag{16-6}$$

其中，E_λ 表示单位时间内物体在单位面积上向半球空间所有方向发射的某一特定波长的能量，称单色辐射力（W/m^2）。单色辐射力和辐射力存在如下关系

$$E = \int_0^\infty E_\lambda d\lambda \tag{16-7}$$

辐射力与物体的材料性质和温度有关。对于同一种材料，辐射力随温度的增加而增加。对于不同材料的物体，即使温度相同，其辐射力也是不相同的。值得注意的是，黑体也可以与环境建立起热平衡状态。黑体有最大的吸收能力，也应具有最大的辐射能力，这种推论在任何温度下都成立，它的吸收能力和辐射能力在任何温度下都相等。因此在相同温度下，黑体的辐射力最大。为明确起见，所有表示黑体的量都用角标“b”标注，如用 E_b 和 $E_{b\lambda}$ 分别表示黑体的辐射力和单色辐射力。

第二节 热辐射的基本定律

一、普朗克定律

普朗克定律描述的是黑体的光谱辐射力随波长变化的规律。根据量子理论普朗克推导出了黑体单色辐射力 $E_{b\lambda}$ 与波长和温度的关系，其表达式为

$$E_{b\lambda} = \frac{C_1 \lambda^{-5}}{e^{\frac{C_2}{\lambda T}} - 1} \tag{16-8}$$

式中，$E_{b\lambda}$ 为黑体的单色辐射力（W/m^2）；λ 为波长（m）；T 为黑体的热力学温度（K）；e 为自然对数的底数；C_1 为常数，其值为 3.743×10^{-16}（W/m^2）；C_2 为常数，其值为 1.4388×10^{-2}（m·K）。

图 16-3 就是按普朗克定律表达式（16-8）描绘出的不同温度下黑体的单色辐射力随波长的变化情况。由图可知，单色辐射力随着波长的增加先是增大，然后又减小。光谱辐射力最大处的波长 λ_m 也随着温度的不同而变化，即随着温度的升高，曲线的峰值移向较短的波长。对应于最大单色辐射力的波长 λ_m 与热力学温度 T 之间的关系为

$$\lambda_m T = 2.8976\times10^{-3} \approx 2.9\times10^{-3} \tag{16-9}$$

式（16-9）表明了波长与绝对温度成反比的规律，称为维恩定律。

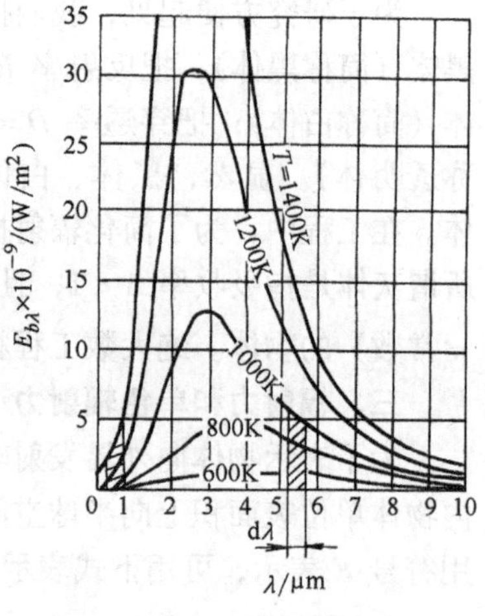

图 16-3 普朗克定律图示

二、斯蒂芬—玻尔兹曼定律

1. 斯蒂芬—玻尔兹曼定律的表达式

斯蒂芬—玻尔兹曼定律描述的是黑体辐射力与温度的关系。在图 16-3 中，由定温线、横轴和两条纵坐标 λ 与 $(\lambda+d\lambda)$ 所圈定的一段带阴影线的面积，就是波长间隔 $d\lambda$ 内的辐射能量 dE_b，即

$$dE_b = E_{b\lambda}d\lambda \tag{16-10}$$

黑体在一切波长下所发出的总辐射能量（即黑体辐射力）应为

$$E_b = \int_0^\infty E_{b\lambda}d\lambda \tag{16-11}$$

把普朗克定律所规定的 $E_{b\lambda}$ 的表达代入公式(16-11)得

$$E_b = \int_0^\infty E_{b\lambda}d\lambda = \int_0^\infty \frac{C_1\lambda_1^{-5}}{e^{\frac{C_2}{\lambda T}}-1}d\lambda \tag{16-12}$$

对上式积分，就得到斯蒂芬—玻尔兹曼定律

$$E_b = \sigma_b T^4 \tag{16-13}$$

式中，σ_b 为黑体辐射常数，即 $\sigma_b = 5.67\times10^{-8}W/(m^2\cdot K^4)$。

式(16-13)表明黑体辐射力与其热力学温度的四次方成正比。为了便于工程计算，常把上式改写成

$$E_b = C_b\left(\frac{T}{100}\right)^4 \tag{16-14}$$

式中，C_b 称为黑体辐射系数，即 $C_b = 5.67W/(m^2\cdot K^4)$。

2. 斯蒂芬—玻尔兹曼定律关于灰体的表达式

虽然斯蒂芬—玻尔兹曼定律是针对黑体表述的，但实验证明这一定律也可以适用于实际物体(灰体)。对于灰体，该定律的数学表达式为

$$E = C\left(\frac{T}{100}\right)^4 \tag{16-15}$$

式中，C 为灰体的辐射系数，取决于物体的种类、表面温度和表面状况，C 值总小于 C_b，在 0 ~ 5.67 之间。

实际物体(灰体)的辐射力与同温度下黑体辐射力的比值称为实际物体的黑度，用 ε 表示

$$\varepsilon = \frac{E}{E_b} = \frac{C\left(\frac{T}{100}\right)^4}{C_b\left(\frac{T}{100}\right)^4} = \frac{C}{C_b} \tag{16-16}$$

物体的黑度表示该物体辐射力接近绝对黑体辐射力的程度，是分析和计算热辐射的一个重要数值。金属表面具有较小的黑度，表面粗糙的物体或表面氧化的金属则具有较大的黑度。常用材料的黑度数值是通过实验测得的，列于表 16-1 中。查取各种材料的黑度值后，就可按下式计算实际物体的辐射力

$$E = \varepsilon E_b = \varepsilon C_b\left(\frac{T}{100}\right)^4 = 5.67\varepsilon\left(\frac{T}{100}\right)^4 \tag{16-17}$$

表 16-1 常用材料表面的黑度

材料类别和表面状况	温度/°C	黑度 ε	材料类别和表面状况	温度/°C	黑度 ε
表面磨光的铝	225~575	0.39~0.057	铬	100~1000	0.08~0.26
表面不光滑的铅	26	0.055	有光泽的镀锌铁皮	25	0.228
在 600°C 时氧化后的铝	200~600	0.11~0.19	氧化的灰色镀锌铁皮	25	0.276
表面磨光的铁	425~1020	0.144~0.377	石棉纸	40~370	0.93~0.945
氧化后表面光滑的铁	125~525	0.78~0.82	粗糙表面的红砖	20	0.93
具有光滑的氧化层表皮的钢板	25	0.82	耐火砖	500~1000	0.8~0.9
精密磨光的金	255~635	0.018~0.035	不同颜色的油质涂料	100	0.92~0.96
磨光的纯铜	25	0.06	平整的玻璃	25	0.937
无光泽的纯铜板	50~350	0.22	烟炱、发光的煤炱	95~270	0.952
600°C 时氧化后的黄铜	200~600	0.61~0.59	上过釉的瓷制品	25	0.924
磨光的铜	80~115	0.018~0.023	木材	20	0.8~0.92
600°C 时氧化后的铜	200~600	0.57~0.87	碳化硅涂料	1010~140	0.82~0.92
氧化后的灰色铅	25	0.281	油毛毡	20	0.93
磨光的纯银	225~625	0.02~0.032	抹灰的墙	20	0.94
雪	0	0.8	水（厚度大于 0.1mm）	0~100	0.96

注：大部分非金属材料的黑度值都很高，且与表面状况关系不大，可近似地取作 0.90。

三、基尔霍夫定律

1. 基尔霍夫定律

基尔霍夫定律描述的是实际物体的辐射力 E 与吸收率 A 之间的关系。如图 16-4 所示，设有两个表面，一个为黑体，另一个为灰体。两个表面互相平行，距离很近，于是从一块板上发射的辐射能全部落到另一块板上。若板 1 为黑体表面，其辐射力、吸收率和表面温度分别为 E_b、A_b 和 T_1；板 2 为灰体表面，其辐射力、吸收率和表面温度分别为 E、A 和 T_2。灰体 2 表面所放射出来的能量 E 投射到黑体 1 表面上时，全部被黑体表面所吸收。而黑体 1 表面放射出来的能量 E_b 投射到灰体 2 表面上时，被灰体表面吸收的能量仅仅为 AE_b，其余部分（1—A）E_b 则被反射回到黑体 1 表面上，并完全被黑体表面所吸收。灰体表面吸收的能量为 AE_b，而失去的能量为 E，两者的差值就是两板间的辐射换热量，即 $q = E - AE_b$。当 $T_1 = T_2$ 时，两表面处于热辐射的平衡状态，即 $q = 0$，于是上式变为

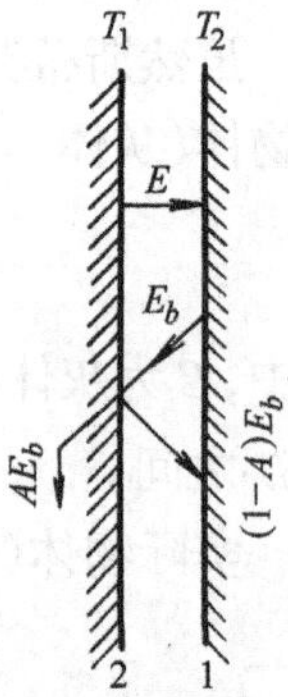

图 16-4 平行平面间的辐射换热

$$E = AE_b$$

或

$$\frac{E}{A} = E_b \tag{16-18}$$

将式（16-18）可推广到任何物体，于是可得

$$\frac{E_1}{A_1} = \frac{E_2}{A_2} = \cdots = \frac{E}{A} = E_b \tag{16-19}$$

这就是基尔霍夫定律的数学表达式，其表述为：在热平衡条件下，任何物体的辐射力与吸收率的比值，恒等于同温度下黑体的辐射力，这个比值与物性无关，仅取决于温度。从基尔霍夫定律可以得出如下的结论：

1) 在相同温度下，物体的辐射力越大，其吸收率也就越大。即善于辐射的物体也善于吸收。

2) 在相同温度下黑体的辐射力最大，其吸收辐射的能力最强。

3) 在温度相等的热平衡条件下，物体的黑度恒等于它的吸收率。这是因为：将式(16-19) 与黑度定义式 $\varepsilon=\dfrac{E}{E_b}$ 相对照，则有 $\varepsilon=A$，这是基尔霍夫定律的另一种表达形式。对于单色辐射，基尔霍夫定律也同样成立，即：对于某一波长 λ 下的黑度 ε_λ（称单色黑度）和吸收率 A_λ（称单色吸收率）也同样存在关系式 $\varepsilon_\lambda=A_\lambda$。

2. 基尔霍夫定律在灰体中的应用

通过基尔霍夫定律可推出一些适用于灰体的结论：

1) 对于灰体，因为 A 为常数，所以 $\varepsilon=\varepsilon_\lambda=$ 常数。

2) 对于灰体，不论辐射是否来自黑体，也不论是否处于热平衡条件，其吸收率恒等于同温度下的黑度。因为灰体的吸收率仅仅取决于本身情况，而与外界条件无关。

值得注意的是：在辐射换热计算中，虽然我们把工程材料作为灰体处理，但不能把这一处理方式推广到对太阳辐射的吸收。因为太阳辐射中可见光的比例约占46%，物体颜色对可见光的吸收呈现强烈的选择性，而在常温下物体的红外线辐射一般又与物体的颜色无关，所以物体的吸收率和黑度不可能相等。例如夏天穿白衣服，就对太阳辐射的吸收率低，而自身辐射黑度高。表16-2给出了一些材料对太阳辐射的吸收率。由表可见，白色油漆对太阳的吸收率仅为0.12，而黑色油漆则高达0.96。但在常温条件下，各种颜色涂料对工业上热辐射波长范围的吸收率都在0.9左右。

表16-2 不同材料对太阳辐射的吸收率 A_s 和在常温（25℃）下的黑度 ε

材　料	A_s	ε	材　料	A_s	ε
高度抛光的铝表面	0.15	0.04	红砖	0.75	0.93
高度抛光的铜表面	0.18	0.03	砾石	0.29	0.85
失去光泽的铜表面	0.65	0.75	白色大理石	0.46	0.95
铸铁	0.94	0.21	无光泽的黑漆	0.96	0.95
沥青	0.90	0.90	白色浊漆	0.12	0.92

第三节 物体间的辐射换热计算

一、有效辐射和角系数

在实际工程中，经常要计算两种物体间的辐射换热，即计算所辐射的能量和所吸收的能量的差值。为了便于计算，引入了有效辐射和角系数的概念。

1. 有效辐射

如图 16-5 所示。物体 I 在单位时间内、单位面积上辐射出去的能量可按 $E=\varepsilon E_b$ 进行计算，这部分能量称为本身辐射。在单位时间内，从其它物体投射到物体 I 单位面积上的能量，称投射辐射，用符号 G 表示。其中一部分 AG 被物体 I 吸收，称为吸收辐射；另一部分 $(1-A)G$ 被物体 I 反射回去，称为反射辐射；物体的本身辐射与反射辐射之和称为有效辐射，用符号 J 表示，即

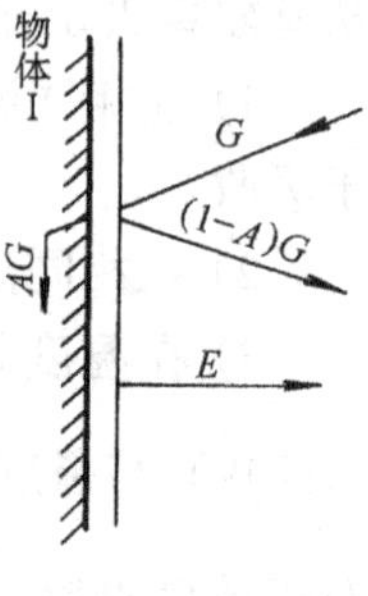

图 16-5 有效辐射示意图

$$J=E+(1-A)G \tag{16-20}$$

2. 角系数

任意放置的两物体之间的辐射换热如图 16-6 所示。假设两个物体的表面面积分别为 F_1 和 F_2，表面分别维持 T_1 和 T_2 的恒温。由于两物体间有一段距离，因而每个表面所辐射的能量都只有一部分可到达另一个表面，其余部分则落到表面以外的空间去了。我们把表面 1 发出的有效辐射落到表面 2 上去的百分数称为表面 1 对表面 2 的角系数，用符号 φ_{12} 表示。同理也可以定义表面 2 对表面 1 的角系数 φ_{21}。于是单位时间内从表面 1 发出并到达表面 2 的辐射能可以写成 $\Phi_{1\to2}=J_1F_1\varphi_{12}$；同理单位时间内从表面 2 发出并到达表面 1 的辐射能可以写成 $\Phi_{2\to1}=J_2F_2\varphi_{21}$。由于大多数工程材料的吸收率 A 都较大，因此由表面 1 辐射到表面 2 上的能量在被吸收后又反射出去的能量就很小，而且反射的能量也只有一部分能够返回表面 1，因此如果忽略反射辐射，误差不会太大。表面 1 向表面 2 的反射也是如此。忽略反射辐射后，两表面的辐射能就只有本身辐射了，故：$\Phi_{1\to2}=A_2E_1F_1\varphi_{12}$，$\Phi_{2\to1}=A_1E_2F_2\varphi_{21}$。因此两个表面之间的净辐射换热量 Φ_{12} 应为

$$\Phi_{12}=\Phi_{1\to2}-\Phi_{2\to1}=A_2E_1F_1\varphi_{12}-A_1E_2F_2\varphi_{21} \tag{16-21}$$

将黑度定义式 $E=\varepsilon E_b$ 代入上式得

$$\Phi_{12}=A_2\varepsilon_1C_b\left(\frac{T_1}{100}\right)^4F_1\varphi_{12}-A_1\varepsilon_2C_b\left(\frac{T_2}{100}\right)^4F_2\varphi_{21} \tag{16-22}$$

当两表面的温度处于平衡状态即 $T_1=T_2$ 时，净辐射换热量 $\Phi_{12}=0$，又因为 $A_1=\varepsilon_1$ 且 $A_2=\varepsilon_2$，则上式可以写成

$$F_1\varphi_{12}=F_2\varphi_{21} \tag{16-23}$$

式 (16-23) 称为角系数互变原理，它表明了两个物体表面积在辐射换热时的相对性。尽管这一原理是在热平衡条件下 $(T_1=T_2)$ 得出的，但因角系数纯系几何因子，它只取决于换热物体的形状、尺寸及物体间的相对位置，而与物体的性质和温度等无关，所以，当 $T_1\neq T_2$ 时，式 (16-23) 同样正确适用。

借助式 (16-23) 可以确定某一几何形状与相对位置时的角系数值。如图 16-7a 所示，两块接近的大平行板，其中每一表面辐射的能量都可以认为完全落到另一表面上，按角系数定义，$\varphi_{12}=\varphi_{21}=1$；对于图 16-7b 所示的情况，因为凸形（或平面）表面 1 被另一表面 2 所包围，所以表面 1 辐射出来的能量可以完全落到表面 2 上，其 $\varphi_{12}=1$，而表面 2 辐射出来的能量不能完全落到表面 1 上，根据角系数互变原理可得 $\varphi_{21}=\dfrac{F_1}{F_2}\varphi_{12}=\dfrac{F_1}{F_2}$。

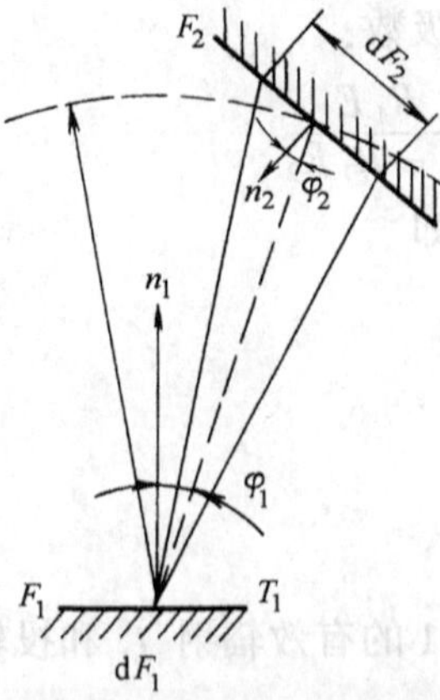

图 16-6 角系数的确定

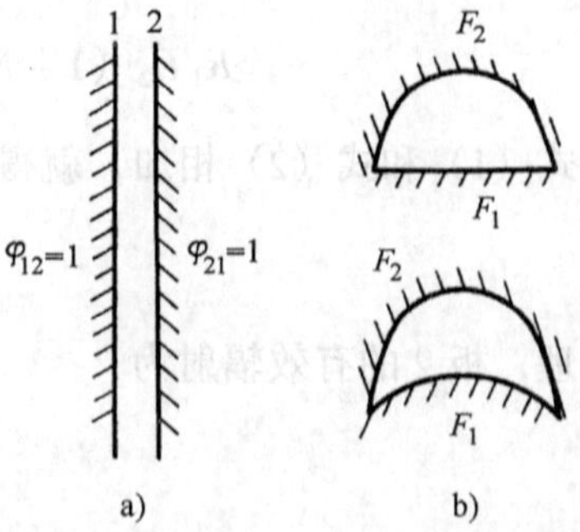

图 16-7 形状与位置对角系数的影响

二、两平行平板之间的辐射换热

如图 16-8a 所示，有两块平行的灰体平板，表面尺寸远远大于板之间的距离。从板 1 所发射的本身辐射 E_1 到达板 2 后被吸收了 A_2E_1，其余部分 R_2E_1 被反射回板 1，这部分辐射能 R_2E_1 又被板 1 反射和吸收。如此无穷往返，渐次削弱，直到 E_1 被完全吸收为止。与此同时，板 2 的本身辐射 E_2 也经历了上述反复地吸收和反射过程，最后被完全吸收，如图 16-8b 所示。由于辐射能是以光速传播，所以反复吸收和反射的过程是在瞬间完成的。

当两个平板的尺寸为无限大时，角系数 $\varphi_{12}=\varphi_{21}=1$。此时板 2 的有效辐射充当了对板 1 的投射辐射，即 $G_1=J_2$；同理 $G_2=J_1$。板 1 的有效辐射 J_1 应等于图 16-8 中全部离开表面 1 的箭头所表示的辐射能的总和。在图 16-8a 中的这部分能量，可用无穷级数表示

$$E_1\ (1+R_1R_2+R_1^2R_2^2+\cdots)\ =\frac{E_1}{1-R_1R_2} \tag{1}$$

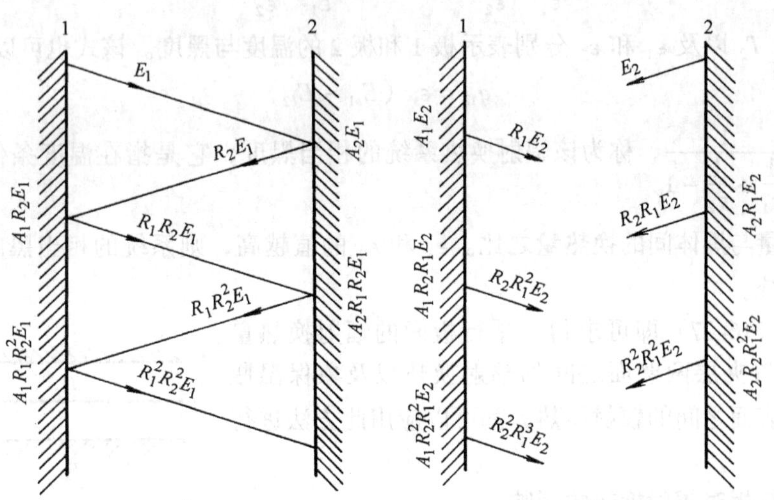

图 16-8 平行板之间的辐射过程

而图 16-8b 中的这部分能量，也可以表示成如下无穷级数：

$$R_1 E_2 \left(1 + R_1 R_2 + R_1^2 R^2 + \cdots\right) = \frac{R_1 E_2}{1 - R_1 R_2} \tag{2}$$

将式（1）和式（2）相加，就得到板 1 的有效辐射，即

$$J_1 = \frac{E_1 + R_1 E_2}{1 - R_1 R_2} \tag{3}$$

同理，板 2 的有效辐射为

$$J_2 = \frac{E_2 + R_2 E_1}{1 - R_1 R_2} \tag{4}$$

则单位时间内两个板单位面积的辐射换热量就等于板 1 的有效辐射 J_1 和投辐射 G_1 的差额，即

$$q_{12} = J_1 - G_1 = J_1 - J_2 \tag{16-24}$$

若两板都为黑体（$R_1 = R_2 = 0$），根据式（3）、（4），则 $J_1 = E_{b1}$；$J_2 = E_{b2}$。因此，式（16-24）变成

$$q_{12} = E_{b1} - E_{b2} \tag{16-25}$$

从式（16-24）和（16-25）的形式上可以看出二者有类同之处，其差别在于灰体辐射换热为两板的有效辐射之差，而黑体辐射换热则为两板的本身辐射之差。因此从辐射换热的角度来看，灰体的有效辐射相当于黑体的本身辐射，也就是说灰体在换热时的多次反射过程已经包含在有效辐射之中。

对于灰体 $A = \varepsilon$，对于固体 $A + R = 1$。将式（3）、（4）代入式（16-24）可得

$$q_{12} = \frac{E_{b1} - E_{b2}}{\dfrac{1}{\varepsilon_1} + \dfrac{1}{\varepsilon_2} - 1} = \frac{5.67\left[\left(\dfrac{T_1}{100}\right)^4 - \left(\dfrac{T_2}{100}\right)^4\right]}{\dfrac{1}{\varepsilon_1} + \dfrac{1}{\varepsilon_2} - 1} \tag{16-26}$$

式中，T_1 和 T_2 以及 ε_1 和 ε_2 分别表示板 1 和板 2 的温度与黑度。该式也可以写成

$$q_{12} = \varepsilon_s \left(E_{b1} - E_{b2}\right) \tag{16-27}$$

式中，$\varepsilon_s = \dfrac{1}{\dfrac{1}{\varepsilon_1} + \dfrac{1}{\varepsilon_2} - 1}$，称为该辐射换热系统的相当黑度，它是指在温度条件相同时，灰体间的换热量与黑体间的换热量之比。ε_1 和 ε_2 的值越高，则系统的相当黑度就越大，越接近黑体系统。

利用式（16-27）即可求得二平行板间的辐射换热量 q_{12}。对于空气夹层两壁面之间的辐射换热以及象保温瓶圆筒夹层两表面之间的辐射换热，都可以应用此方法进行计算。

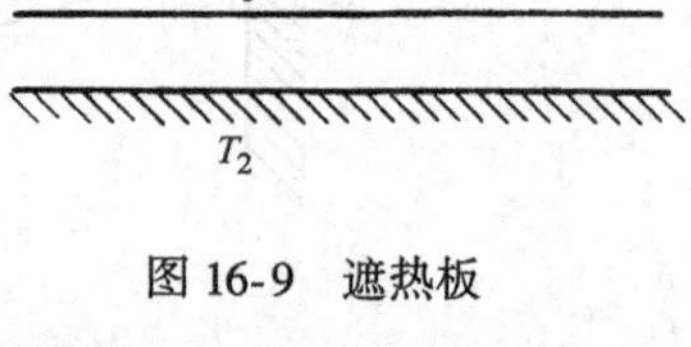

图 16-9 遮热板

三、遮热板对辐射换热的影响

如图 16-9 所示，平板 1 和平板 2 相互平行。在二者之间放置一块遮热板 3，以减少板 1 和板 2 之间的辐射换热。假定板 1 和板 2 的温度为 T_1

和 T_2，黑度为 ε_1 和 ε_2，放置遮热板后 T_1 和 T_2 不变，遮热板 3 两表面的黑度 ε_3 相等，若板 1 和板 2 的面积远大于二者之间的距离，则板 1 和板 2 之间的辐射换热量的推导过程如下所述：

1）没有放置遮热板时的辐射换热量 q_{12} 为

$$q_{12}=\frac{5.67}{\dfrac{1}{\varepsilon_1}+\dfrac{1}{\varepsilon_2}-1}\left[\left(\frac{T_1}{100}\right)^4-\left(\frac{T_2}{100}\right)^4\right] \tag{a}$$

2）放置遮热板时的辐射换热量 q_{12}' 小于 q_{12}。其原因是遮热板阻碍了辐射能的传递。假定遮热板很薄，热阻可以忽略不计，则遮热板两个表面的温度 T_3 可认为是相同的。

① 板 1 和板 3 之间的辐射换热量为

$$q_{13}=\frac{5.67}{\dfrac{1}{\varepsilon_1}+\dfrac{1}{\varepsilon_3}-1}\left[\left(\frac{T_1}{100}\right)^4-\left(\frac{T_3}{100}\right)^4\right] \tag{b}$$

② 板 3 和板 2 之间的辐射换热量为

$$q_{32}=\frac{5.67}{\dfrac{1}{\varepsilon_3}+\dfrac{1}{\varepsilon_2}-1}\left[\left(\frac{T_3}{100}\right)^4-\left(\frac{T_2}{100}\right)^4\right] \tag{c}$$

③ 在稳定情况下，$q_{13}=q_{32}=q_{12}'$。若令 $\varepsilon_1=\varepsilon_2=\varepsilon_3$，则由（b）、（c）式得

$$\left(\frac{T_3}{100}\right)^4=\frac{1}{2}\left[\left(\frac{T_1}{100}\right)^4+\left(\frac{T_2}{100}\right)^4\right] \tag{d}$$

④ 将上式代入（b）可得

$$q_{13}=q_{12}'=\frac{1}{2}\frac{5.67}{\dfrac{1}{\varepsilon_1}+\dfrac{1}{\varepsilon_2}-1}\left[\left(\frac{T_1}{100}\right)^4-\left(\frac{T_2}{100}\right)^4\right] \tag{e}$$

⑤ 比较（a）和（e）式得

$$q_{12}'=\frac{1}{2}q_{12} \tag{16-28}$$

由此得出结论：两平行平板间加入遮热板后，在 $\varepsilon_1=\varepsilon_2=\varepsilon_3$ 的情况下，辐射换热量减少一半，这种作用称为遮热作用。实际工程中常采用黑度低的金属薄板作为遮热板以削弱辐射换热。为了使公式简化，把 $\dfrac{5.67}{\dfrac{1}{\varepsilon_1}+\dfrac{1}{\varepsilon_2}-1}$ 定义平行平壁的相当辐射系数 C_{12}［W/（m^2·K)］，此时公式（16-26）可简化为

$$q_{12}=C_{12}\left[\left(\frac{T_1}{100}\right)^4-\left(\frac{T_2}{100}\right)^4\right] \tag{16-29}$$

四、空腔内的物体与空腔内壁之间的辐射换热

图 16-10 所示的物体 I（假定为灰体）的能量收支情况可从两个角度来研究：从图中

虚线1 所代表的假想平面来看，灰体的能量收支差额 q 应等于本身辐射 E 与灰体的吸收辐射 AG 之差，即

$$q = E - AG \tag{a}$$

从图中虚线 2 所代表的假想平面来看，该能量收支差额 q 应等于灰体有效辐射 J 和投射辐射 G 之差，即

$$q = J - G \tag{b}$$

将式（a)、(b）联立并消去投射辐射 G 可得

$$J = \frac{E}{A} - \left(\frac{1}{A} - 1\right) q = E_b - \left(\frac{1}{\varepsilon} - 1\right) q \tag{16-30}$$

式中，灰体的 ε 等于 A。该式表明了表面的有效辐射、吸收率和换热量之间的内在联系，可用来求出封闭空腔内的物体与空腔内壁之间的辐射换热量。

如图 16-10 所示，一个具有凸表面的物体 1 置于密闭空腔 2 中。物体 1 的外表面的温度、黑度以及面积分别是 T_1、ε_1 和 F_1，包壳 2 的内表面温度、黑度以及面积分别是 T_2、ε_2 和 F_2。

表面 1 为凸面且完全被表面 2 所包围，角系数 $\varphi_{21} = 1$，$\varphi_{21} = \frac{F_1}{F_2}\varphi_{12} = \frac{F_1}{F_2}$，于是表面 1 和 2 之间的辐射热量 Φ_{12} 为

$$\Phi_{12} = J_1 F_1 - \varphi_{21} J_2 F_2 \tag{c}$$

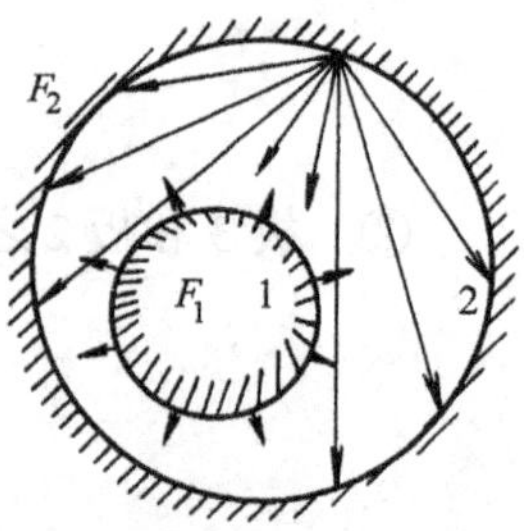

图 16-10 密闭空间内物体与周围壁面之间的辐射换热

将式（16-30）等号两边同乘以表面积 F，对于表面 1 和 2 分别写出如下两式

$$J_1 F_1 = F_1 E_{b1} - \left(\frac{1}{\varepsilon_1} - 1\right) \Phi_{12} \tag{d}$$

$$J_2 F_2 = F_2 E_{b2} - \left(\frac{1}{\varepsilon_2} - 1\right) \Phi_{21} \tag{e}$$

在热稳定条件下，$\Phi_{12} = -\Phi_{21}$，将式（d）和式（e）代入式（c)，经过整理后

$$\Phi_{12} = \frac{F_1 E_{b1} - \varphi_{21} F_2 E_{b2}}{\frac{1}{\varepsilon_1} + \varphi_{21}\left(\frac{1}{\varepsilon_2} - 1\right)} \tag{f}$$

把 $\varphi_{21} = \frac{F_1}{F_2}$代入（f）式得

$$\Phi_{12} = \frac{F \times 5.67 \times \left[\left(\frac{T_1}{100}\right)^4 - \left(\frac{T_2}{100}\right)^4\right]}{\frac{1}{\varepsilon_1} + \frac{F_1}{F_2}\left(\frac{1}{\varepsilon_2} - 1\right)} \tag{16-31}$$

该辐射换热面的相当黑度为 $\varepsilon_s = \frac{1}{\frac{1}{\varepsilon_1} + \frac{F_1}{F_2}\left(\frac{1}{\varepsilon_2} - 1\right)}$，定义该辐射换热面的相当辐射系数

C_{12} [W/ (m^2·K)]，即

$$C_{12}=\varepsilon_s C_b=\frac{5.67}{\dfrac{1}{\varepsilon_1}+\dfrac{F_1}{F_2}\left(\dfrac{1}{\varepsilon_2}-1\right)} \tag{16-32}$$

则式（16-31）简化为

$$\Phi_{12}=C_{12}\left[\left(\frac{T_1}{100}\right)^4-\left(\frac{T_2}{100}\right)^4\right]F_1 \tag{16-33}$$

式（16-33）可用来计算热源外壁表面与车间内壁之间的辐射换热，以及地下热力管道表面与沟壁之间的辐射换热等。但要求被包围物体无凹形，否则 F_1 表面辐射的能量有一部落在自己的表面上，此时 F_1 表面面积应加以修正才能应用这一公式。

在特殊情况下，公式（16-31）可进一步简化：

1. 当表面积 F_1 和 F_2 相差很小即 $F_1\approx F_2$ 时，式（16-31）变成式（16-26）的形式，也就是按无限大平行平板类型的问题计算。

2. 当表面积 F_2 比 F_1 大得多，即 $\dfrac{F_1}{F_2}\approx 0$ 时，式 16-31 简化成

$$\Phi_{12}=\varepsilon_1 F_1\times 5.67\left[\left(\frac{T_1}{100}\right)^4-\left(\frac{T_2}{100}\right)^4\right] \tag{16-34}$$

大房间内高温管道、室内采暖辐射板以及红外辐射器等，与室内周围墙壁之间的辐射换热，都可按式（16-34）进行计算，该式也可作为外墙壁面与室外周围环境之间的辐射换热计算公式。在应用式（16-34）进行计算时，周围环境的壁温往往不是完全一致的，为简化计算，一般就以空气的温度作为周围环境的壁温。

【例 16-1】 一根直径为 $d=50$mm、长度为 $L=10$m 的钢管被置于横断面为 1m×1m 的砖槽道内。钢管温度为 $t_1=227$°C，黑度为 $\varepsilon_1=0.8$。砖槽壁面温度为 $t_2=27$°C，黑度为 $\varepsilon_2=0.9$。计算该钢管的辐射热损失。

【解】 (1) 计算辐射面的表面积

钢管：$F_1=\pi dL=3.14\times 0.05\times 10\text{m}^2=1.57\text{m}^2$

砖槽：$F_2=1\times 4\times 10\text{m}^2=40\text{m}^2$

(2) 应用式（16-31）计算钢管的辐射热损失

$$\Phi=\frac{F_1\times 5.67\times\left[\left(\dfrac{T_1}{100}\right)^4-\left(\dfrac{T_2}{100}\right)^4\right]}{\dfrac{1}{\varepsilon_1}+\dfrac{F_1}{F_2}\left(\dfrac{1}{\varepsilon_2}-1\right)}$$

$$=\frac{1.57\times 5.67\times\left[\left(\dfrac{227+273}{100}\right)^4-\left(\dfrac{27+273}{100}\right)^4\right]}{\dfrac{1}{0.8}+\dfrac{1.57}{40}\left(\dfrac{1}{0.9}-1\right)}\text{W}$$

$$=3861\text{W}=3.9\text{kW}$$

思考题与练习题

1. 什么是辐射换热？与导热和对流换热有何不同？

2. 某建筑物墙壁内的空气夹层厚 0.1m，空气夹层将两侧的红砖块与灰泥墙隔开。砖和灰泥表面分别是温度为 5°C 和 25°C 的空气。墙高 3m，宽 4m。求该墙面的辐射热损失。若空气间隔改为导热系数为 1.2W/（m·°C）的砖墙，求其热损失。

3. 长 0.5m、内径 0.1m 的圆筒形保温瓶内装有热水，热水温度 60°C。保温瓶内外表面镀银，黑度 $\varepsilon_2 = 0.25$。环境温度 20°C。求热水的辐射热损失。

4. 房间的表面积为 $100m^2$，壁面温度为 25°C。在室内设置有一表面积为 $10m^2$、温度为 250°C 的加热器。加热器的黑度 $\varepsilon_1 = 0.95$，房间壁面的黑度 $\varepsilon_2 = 0.9$。求辐射换热量。

5. 锅炉内壁温度 $t_1 = 1200°C$，黑度 $\varepsilon_1 = 0.8$，炉门尺寸 $1m \times 0.5m$。如果将炉门打开 600s，求其辐射热损失。

第十七章　传热与换热器

前几章介绍了导热、对流换热和辐射换热的换热规律和计算方法。在制冷空调工程中，实际的换热过程往往是由导热、对流换热和辐射换热所组成的复合换热过程。本章分析典型的稳定的复合换热过程；总结增强传热与削弱传热的措施；介绍换热器的型式、工作原理以及热力计算方法。

第一节　传热过程分析和计算

本节重点讲述传热过程，即：热流体先通过对流换热将热量传递给壁面，再通过导热传递给另一壁面，之后又通过对流换热传递给冷流体。在传热计算中，辐射换热一般忽略不计，仅考虑占主导作用的流体与壁面之间的对流换热和壁面内部的导热。

依照牛顿公式引入一个相当于表面传热系数的传热系数 K，则传热基本计算公式为

$$\Phi = KF(t_{f1} - t_{f2}) \tag{17-1}$$

式中，Φ 为传热量（W）；t_{f1}为热流体温度（°C）。t_{f2}为冷流体温度（°C）；F 为传热面积（m^2）；K 为传热系数［W/（m^2·°C）］。传热系数 K 的物理意义是当冷热流体的温差为 1°C 时通过单位面积所传递的热量。传热系数 K 是反映传热过程强弱的指标。K 值的大小与流体的性质、流态以及壁面的材料、形状和尺寸等因素有关。

公式（17-1）称为传热基本方程式，也可改写成如下形式

$$\Phi = \frac{t_{f1} - t_{f2}}{\dfrac{1}{KF}} = \frac{\Delta t}{R_t} \tag{17-2}$$

式中，$R_t = \dfrac{1}{KF}$，称为传热热阻（°C/W）；对于单位面积，传热热阻为$\dfrac{1}{K}$（m^2·°C/W）。

一、通过平壁的稳定传热

1. 通过单层平壁的稳定传热

如图 17-1a 所示，厚度为 δ 的单层平壁，面积为 F，无内热源，平壁的导热系数 λ 为常数。平壁两侧流体的温度分别为 t_{f1}、t_{f2}，平壁两表面的温度为 t_{w1}、t_{w2}，表面传热系数为 h_1、h_2。

在稳定状态下，热流体传给壁面的热量和通过平壁的导热量以及壁面传给冷流体的热量均应相等，即

$$\Phi = h_1 F(t_{f1} - t_{w1})$$

$$\Phi = \frac{\lambda}{\delta} F(t_{w1} - t_{w2})$$

$$\Phi = h_2 F(t_{w2} - t_{f2})$$

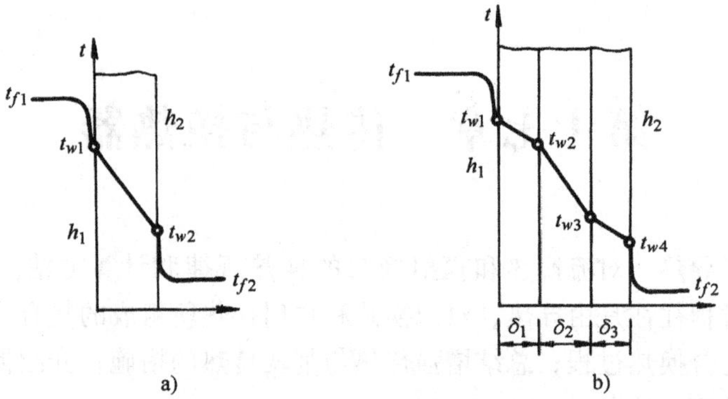

图 17-1 单层和多层平壁的传热

a) 单层 b) 多层

将上述三式整理可得单层平壁传热量计算公式

$$\Phi = \frac{1}{\frac{1}{h_1} + \frac{\delta}{\lambda} + \frac{1}{h_2}} F(t_{f1} - t_{f2}) \tag{17-3}$$

单位面积上的传热量为

$$q = \frac{\Phi}{F} = \frac{1}{\frac{1}{h_1} + \frac{\delta}{\lambda} + \frac{1}{h_2}}(t_{f1} - t_{f2}) \tag{17-4}$$

将上述两式与传热基本公式 $\Phi = KF(t_{f1} - t_{f2})$ 相对比，得出单层平壁的传热系数的计算式

$$K = \frac{1}{\frac{1}{h_1} + \frac{\delta}{\lambda} + \frac{1}{h_2}} \tag{17-5}$$

由此得出单位面积上的传热热阻为

$$R_t = \frac{1}{K} = \frac{1}{h_1} + \frac{\delta}{\lambda} + \frac{1}{h_2} \tag{17-6}$$

其中，$\frac{1}{h_1}$为热流体与壁面间的对流换热热阻（$m^2 \cdot °C/W$）；$\frac{\delta}{\lambda}$为平壁导热热阻（$m^2 \cdot °C/W$）；$\frac{1}{h_2}$为冷流体与壁面间的对流换热热阻（$m^2 \cdot °C/W$）。

单层平壁表面温度可以由下式求得

$$t_{w1} = t_{f1} - \frac{q}{h_1} \tag{17-7a}$$

$$t_{w2} = t_{f2} + \frac{q}{h_2} \tag{17-7b}$$

2. 通过多层平壁的稳定传热

图 17-1b 所示的是由几层不同材料组成的多层平壁。多层平壁的总热阻等于各层热阻之和。多层平壁单位面积的总传热热阻为

$$R_t = \frac{1}{h_1} + \frac{\delta_1}{\lambda_1} + \frac{\delta_2}{\lambda_2} + \frac{\delta_3}{\lambda_3} + \frac{1}{h_2} = \frac{1}{h_1} + \sum_{i=1}^{n} \frac{\delta_i}{\lambda_i} + \frac{1}{h_2} \tag{17-8}$$

多层平壁的传热系数为

$$K = \frac{1}{R_t} = \frac{1}{\frac{1}{h_1} + \sum_{i=1}^{n} \frac{\delta_i}{\lambda_i} + \frac{1}{h_2}} \tag{17-9}$$

多层平壁单位面积上的传热量为

$$q = \frac{t_{f1} - t_{f2}}{\frac{1}{h_1} + \sum_{i=1}^{n} \frac{\delta_i}{\lambda_i} + \frac{1}{h_2}} \tag{17-10}$$

若传热面积为 F，则总传热量为

$$\Phi = \frac{t_{f1} - t_{f2}}{\frac{1}{h_1 F} + \sum_{i=1}^{n} \frac{\delta_i}{\lambda_i F} + \frac{1}{h_2 F}} \tag{17-11}$$

【例 17-1】 有一砖砌墙面积为 3m×6m，砖厚 240mm，两面各有 20mm 厚的粉刷层。内粉刷层 $\lambda_1 = 0.5\text{W/(m}^2\cdot{}^\circ\text{C)}$，砖层 $\lambda_2 = 0.7\text{W/(m}^2\cdot{}^\circ\text{C)}$，外粉刷层 $\lambda_3 = 0.8\text{W/(m}^2\cdot{}^\circ\text{C)}$。墙内侧的表面传热系数 $h_1 = 7.0\text{W/(m}^2\cdot{}^\circ\text{C)}$，墙外侧的表面传热系数 $h_2 = 21\text{W/(m}^2\cdot{}^\circ\text{C)}$。室内外空气温度分别为 $t_{f1} = 18^\circ\text{C}$、$t_{f2} = -10^\circ\text{C}$。求墙的散热量。

【解】 (1) 该墙壁属于由三层材料组成的多层平壁，其总传热阻为

$$R_t = \frac{1}{h_1} + \sum_{i=1}^{n} \frac{\delta_i}{\lambda_i} + \frac{1}{h_2}$$

$$= \left(\frac{1}{7.0} + \frac{20\times10^{-3}}{0.5} + \frac{240\times10^{-3}}{0.7} + \frac{20\times10^{-3}}{0.8} + \frac{1}{21}\right)\text{m}^2\cdot{}^\circ\text{C/W}$$

$$= 0.6\text{m}^2\cdot{}^\circ\text{C/W}$$

(2) 墙壁传热系数

$$K = \frac{1}{R_t} = \frac{1}{0.6}\text{W/(m}^2\cdot{}^\circ\text{C)} = 1.67\text{W/(m}^2\cdot{}^\circ\text{C)}$$

(3) 通过单位面积墙的热流量

$$q = K\Delta t = 1.67\times(18+10)\text{W/m}^2 = 47\text{W/m}^2$$

(4) 散热量

$$\Phi = qF = 47\times3\times6\text{W} = 842\text{W}$$

二、通过圆筒壁的稳定传热

1. 通过单层圆筒壁的稳定传热

图 17-2a 所示为单层圆筒壁传热示意图。设筒壁长为 L，内外径分别为 d_1、d_2，圆筒壁的导热系数为 λ，筒壁内外侧热流体和冷流体的温度分别为 t_{f1}、t_{f2}，对流表面传热系数分别为 h_1、h_2，筒壁内外表面温度分别为 t_{w1}、t_{w2}。

假定流体温度和壁内温度只沿径向发生变化，则在稳定状态下，热流体传给筒壁的对流换热量、筒壁的导热量以及筒壁传给冷流体的对流换热量三者应相等，即

$$q_L = \frac{\Phi}{L} = h_1 \pi d_1 (t_{f1} - t_{w1})$$

$$q_L = \frac{\Phi}{L} = \frac{t_{w1} - t_{w2}}{\frac{1}{2\pi\lambda}\ln\frac{d_2}{d_1}}$$

$$q_L = \frac{\Phi}{L} = h_2 \pi d_2 (t_{w2} - t_{f2})$$

将上述三式整理可得单层圆筒壁单位管长传热量

$$q_L = \frac{t_{f1} - t_{f2}}{\frac{1}{h_1 \pi d_1} + \frac{1}{2\pi\lambda}\ln\frac{d_2}{d_1} + \frac{1}{h_2 \pi d_2}} \tag{17-12}$$

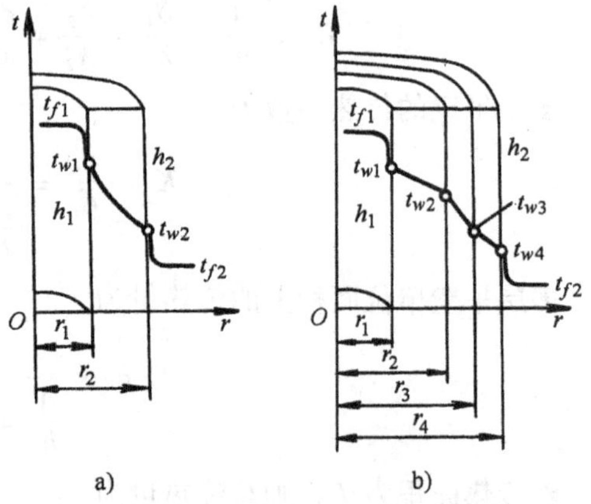

图 17-2 单层和多层圆筒壁的传热
a) 单层圆筒壁 b) 多层圆筒壁

单层圆筒壁的传热系数

$$K = \frac{1}{\frac{1}{h_1 \pi d_1} + \frac{1}{2\pi\lambda}\ln\frac{d_2}{d_1} + \frac{1}{h_2 \pi d_2}} \tag{17-13}$$

单位管长的传热热阻

$$R_{tL} = \frac{1}{K} = \frac{1}{\frac{1}{h_1 \pi d_1} + \frac{1}{2\pi\lambda}\ln\frac{d_2}{d_1} + \frac{1}{h_2 \pi d_2}} \tag{17-14}$$

式中，$\frac{1}{h_1 \pi d_1}$为热流体与筒壁间的对流换热热阻（m·°C/W）；$\frac{1}{2\pi\lambda}\ln\frac{d_2}{d_1}$为圆筒壁导热热阻（m·°C/W）；$\frac{1}{h_2 \pi d_2}$为冷流体与筒壁间的对流换热热阻（m·°C/W）。

整个圆管壁的传热量为

$$\Phi = q_L L = \frac{t_{f1} - t_{f2}}{\frac{1}{h_1 \pi d_1 L} + \frac{1}{2\pi\lambda L}\ln\frac{d_2}{d_1} + \frac{1}{h_2 \pi d_2 L}} \tag{17-15}$$

圆筒壁面的温度为

$$t_{w1} = t_{f1} - \frac{q_1}{h_1 \pi d_1} \tag{17-16a}$$

$$t_{w2} = t_{f2} + \frac{q_1}{h_2 \pi d_2} \tag{17-16b}$$

2. 通过多层圆筒壁的传热

图 17-2b 所示的是由几层不同材料组成的多层圆筒壁。多层圆筒壁的总热阻等于各层热阻之和。多层圆筒壁单位管长的总传热热阻为

$$R_{tL} = \frac{1}{h_1 \pi d_1} + \frac{1}{2\pi\lambda_1}\ln\frac{d_2}{d_1} + \frac{1}{2\pi\lambda_2}\ln\frac{d_3}{d_2} + \frac{1}{2\pi\lambda_3}\ln\frac{d_4}{d_3} + \frac{1}{h_2 \pi d_4}$$

$$= \frac{1}{h_1} + \sum_{i=1}^{n}\frac{1}{2\pi\lambda_i}\ln\frac{d_{i+1}}{d_i} + \frac{1}{h_2 \pi d_{n+1}} \tag{17-17}$$

多层圆筒壁的传热系数为

$$K_L = \frac{1}{\frac{1}{h_1\pi d_1} + \sum_{i=1}^{n}\frac{1}{2\pi\lambda_i}\ln\frac{d_{i+1}}{d_i} + \frac{1}{h_2\pi d_{n+1}}} \tag{17-18}$$

多层圆筒壁单位管长的传热量为

$$q_L = \frac{t_{f1} - t_{f2}}{\frac{1}{h_1\pi d_1} + \sum_{i=1}^{n}\frac{1}{2\pi\lambda_i}\ln\frac{d_{i+1}}{d_i} + \frac{1}{h_2\pi d_{n+1}}} \tag{17-19}$$

圆筒壁长为 L，则传热量为

$$\Phi = \frac{L(t_{f1} - t_{f2})}{\frac{1}{h_1\pi d_1} + \sum_{i=1}^{n}\frac{1}{2\pi\lambda_i}\ln\frac{d_{i+1}}{d_i} + \frac{1}{h_2\pi d_{n+1}}} \tag{17-20}$$

3. 圆筒壁隔热层有效厚度的计算

实际工程中如中央空调冷媒水的输送管道等，需要减少圆筒壁的传热。若减少传热量就必须设法增加传热热阻，以削弱传热。增加传热热阻的措施是在圆筒上包裹隔热层。隔热层的厚度既不能过薄也不能过厚，过薄达不到隔热的目的，过厚则会造成材料的浪费。下面介绍确定隔热层厚度的方法。

(1) 管道热阻计算　如图 17-3 所示，管子内径为 d_1，外径为 d_2，管道的导热系数为 λ_1，管子内侧的表面传热系数为 h_1；隔热层外径为 d_x，隔热材料的导热系数为 λ_2，隔热层外侧的表面传热系数为 h_2。根据式（17-17）可知热流体通过管道和隔热层把热量传递给冷流体的传热热阻为

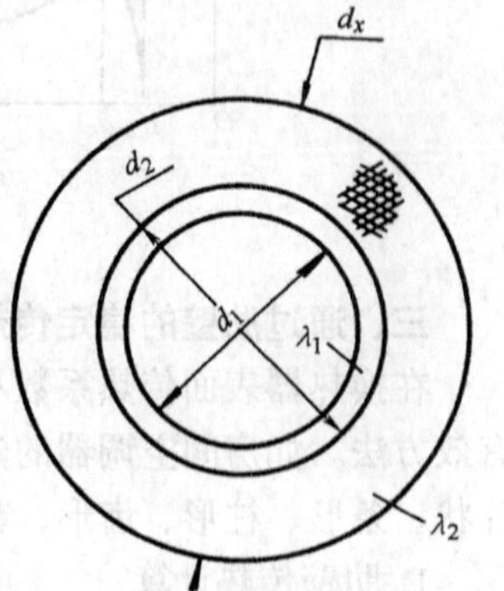

图 17-3　管道的隔热层

$$R_{tL} = \frac{1}{h_1\pi d_1} + \frac{1}{2\pi\lambda_1}\ln\frac{d_2}{d_1} + \frac{1}{2\pi\lambda_2}\ln\frac{d_x}{d_2} + \frac{1}{h_2\pi d_x}$$
$$= R_{t1} + R_{t2} + R_{t3} + R_{t4} \tag{17-21}$$

式中，R_{t1}是管内对流换热热阻（m·°C/W），$R_{t1} = \frac{1}{h_1\pi d_1}$；$R_{t2}$ 是管壁导热热阻（m·°C/W），$R_{t2} = \frac{1}{2\pi\lambda_1}\ln\frac{d_2}{d_1}$；$R_{t3}$ 是隔热层导热热阻（m·°C/W），$R_{t3} = \frac{1}{2\pi\lambda_2}\ln\frac{d_x}{d_2}$；$R_{t4}$ 是隔热层外表面对流换热热阻（m·°C/W），$R_{t4} = \frac{1}{h_2\pi d_x}$。

(2) 管道隔热层厚度的确定方法　当针对某一管道进行分析时，管道内流动状况、管道尺寸和材料都是给定的，所以 R_{tL} 表达式中 R_{t1} 和 R_{t2} 的数值已定。在选定了隔热层材料后，R_{tL} 表达式中 R_{t3} 和 R_{t4} 的数值随隔热层外径 d_x 的变化而变化。加厚隔热层时，d_x 增大，隔热层导热热阻 R_{t3} 增大，而隔热层对流换热热阻 R_{t4} 随之减小，图 17-4a 表示出了总热阻 R_{tL} 的各项热阻随隔热层外径 d_x 的变化情况。不难看出，总热阻 R_{tL} 随着 d_x 的增大，先是逐渐减小，然后是逐渐增大，具有一个极小值。对应于这一变化，通过管道和隔热层

的传热量 q_L 随着 d_x 的增大，先是逐渐增大，然后是逐渐减小，具有一个最大值，如图 17-4b 所示。对应于总 R_{tL} 为极小值即热流量的 q_L 为极大值时的隔热层外径，称为临界隔热直径，用 d_c 表示。对式（17-21）求导数，得到 $\frac{\mathrm{d}R_{tL}}{\mathrm{d}d_x} = \frac{1}{\pi d_x}\left(\frac{1}{2\lambda_2} - \frac{1}{h_2 d_x}\right) = 0$，从而得出临界隔热直径为

$$d_x = d_c = \frac{2\lambda_2}{h_2} \tag{17-22}$$

由式（17-22）可看出，临界隔热直径 d_c 与隔热层材料的导热系数 λ_2 有关，故可以选用不同的材料以改变 d_c 的数值。在管道外包裹隔热层时必须注意：如图 17-4b 所示，隔热层外径 d_x 在 d_2 和 d_c 之间时，管道热流量 q_L 反而比没有隔热层时大。只有当隔热层外径 d_x 大于临界隔热直径 d_c 时，隔热层才有效地起到减少热损失的作用。

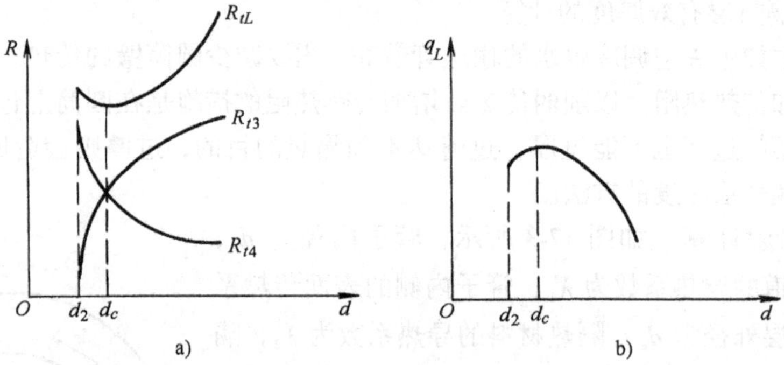

图 17-4 临界隔热层直径

三、通过肋壁的稳定传热

在换热器表面传热系数小的一侧采用肋壁来强化传热，是一种增强换热器传热性能的有效方法。如房间空调器的蒸发器和冷凝器，都用肋片来强化传热。肋的形状有多种，如片状、条形、柱形、齿形，其中以肋片为最多。

1. 肋壁传热计算

图 17-5 所示一段肋壁，设肋和壁为同一种材料，导热系数为 λ，壁厚 δ，肋壁表面积为 F_2，肋壁面的温度为 t_{w2}，肋壁侧流体的温度为 t_{f2}，流体对肋壁面的表面传热系数为 h_2。无肋侧光壁的表面积为 F_1，光壁面的温度为 t_{w1}，光壁侧流体的温度 t_{f1}，流体对光壁面的表面传热系数为 h_1。

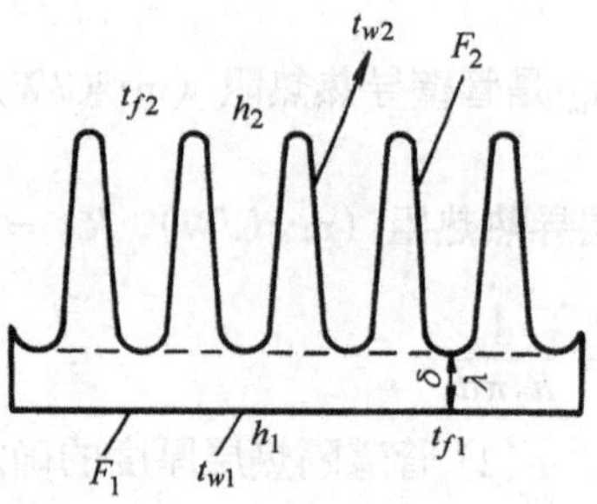

图 17-5 肋壁的传热

设 $t_{f1} > t_{f2}$，通过肋壁的稳定传热计算如下：

1）流体与光壁表面一侧的换热量为

$$\Phi = h_1 F_1 (t_{f1} - t_{w1})$$

2）壁的导热为

$$\Phi = \frac{\delta}{\lambda} F_1 (t_{w1} - t_{w2})$$

3）冷流体与肋壁表面一侧的换热量为

$$\Phi = h_2 F_2 (t_{w2} - t_{f2})$$

4）将上述三式移项后相加得出

$$\Phi\left(\frac{1}{h_1 F_1} + \frac{\delta}{\lambda F_1} + \frac{1}{h_2 F_2}\right) = t_{f1} - t_{f2}$$

5）所以通过肋壁的传热量为

$$\Phi = \frac{t_{f1} - t_{f2}}{\dfrac{1}{h_1 F_1} + \dfrac{\delta}{\lambda F_1} + \dfrac{1}{h_2 F_2}} = \frac{F_1 (t_{f1} - t_{f2})}{\dfrac{1}{h_1} + \dfrac{\delta}{\lambda} + \dfrac{F_1}{h_2 F_2}}$$

$$= K_1 F_1 (t_{f1} - t_{f2}) \tag{17-23}$$

6）以光壁面积 F_1 为基准的传热系数 K_1 为

$$K_1 = \frac{1}{\dfrac{1}{h_1} + \dfrac{\delta}{\lambda} + \dfrac{F_1}{h_2 F_2}} \tag{17-24}$$

7）在工程计算中有时还以肋壁面积 F_2 为基准计算传热量 $\Phi = h_2 F_2\ (t_{f1} - t_{f2})$，传热系数以 K_2 表示

$$K_2 = \frac{1}{\dfrac{F_2}{h_1 F_1} + \dfrac{\delta F_2}{\lambda F_1} + \dfrac{1}{h_2}} \tag{17-25}$$

式（17-24）、（17-25）都是肋壁传热公式，只是传热面积的计算基准不同。

2. 壁面肋化程度的确定

对于平壁来说 $F_1 = F_2$，此时式（17-23）就应为

$$\Phi = \frac{F_1 (t_{f1} - t_{f2})}{\dfrac{1}{h_1} + \dfrac{\delta}{\lambda} + \dfrac{F_1}{h_2 F_2}} \Rightarrow \Phi' = \frac{F_1 (t_{f1} - t_{f2})}{\dfrac{1}{h_1} + \dfrac{\delta}{\lambda} + \dfrac{1}{h_2}} \tag{17-26}$$

比较上述左右两式，由于肋壁表面积 F_2 大于光壁表面 F_1，即$\dfrac{F_1}{F_2} < 1$，则在两式分母中$\dfrac{F_1}{h_2 F_2} < \dfrac{1}{h_2}$，故 $\Phi > \Phi'$。这说明将平壁改为肋壁后会使传热增强。在制冷空调工程中，把表面传热系数小的一侧的面积加大，是一种增强传热的最广泛的方法。此外，肋壁面的面积 F_2 与光面的面积 F_1 的比值$\dfrac{F_2}{F_1}$称为肋化系数，用 α_v 表示。应该指出，当 $h_2\ \dfrac{F_2}{F_1}$的值接近于 h_1 时，即使再增加$\dfrac{F_2}{F_1}$的值，也不会明显增强传热效果。

四、关于传热的简化计算

1. 薄壁传热量的简化计算

制冷空调设备换热器的传热面大都是金属薄壁，薄壁的导热热阻$\dfrac{\delta}{\lambda}$很小，一般可以忽略。在不计入污垢热阻时，传热系数可写成下式

$$K=\frac{1}{\frac{1}{h_1}+\frac{1}{h_2}}=\frac{h_1h_2}{h_1+h_2} \tag{17-27}$$

由上式可以看出，因为$\frac{h_1}{h_1+h_2}$或$\frac{h_2}{h_1+h_2}$都是小于1的数，故 K 值永远小于h_1 和 h_2 中最小的一个。要想增大传热系数，必须增大传热系数中最小的那一项才有效。由此可以看出：在 $h_1<h_2$ 时，增加 h_1 的值使 K 值较快地跟着增加；但当 h_1 增加到等于 h_2 时，即使再增加 h_1，K 值的变化也不会明显。所以当 $h_1\approx h_2$ 时，要想增强传热，必须同时增加薄壁两侧的表面传热系数。

式（17-27）忽略了壁面热阻$\frac{\delta}{\lambda}$，这样会给计算结果造成一定的误差。下面分析这一误差的大小：

1）当把壁的热阻看成零时 $K_0=\frac{1}{\frac{1}{h_1}+\frac{1}{h_2}}$

2）当把壁的热阻$\frac{\delta}{\lambda}$计入时 $K=\frac{1}{\frac{1}{h_1}+\frac{\delta}{\lambda}+\frac{1}{h_2}}=\frac{1}{\frac{1}{K_0}+\frac{\delta}{\lambda}}$

3）将上式两边同除以 K_0 得

$$\frac{K}{K_0}=\frac{1}{1+\frac{\delta}{\lambda}K_0} \tag{17-28}$$

由式（17-28）可以看出，$\frac{K}{K_0}$小于1，而且 K_0 的值越大，$\frac{K}{K_0}$的值就越小。当 K_0 的值很大时，不能忽略壁的热阻。

2. 单层筒壁传热量的简化计算

在实际工程中，当圆筒壁不太厚即$\frac{d_2}{d_1}<2$或计算精度要求不高时，可将圆筒壁当作平壁计算。通过单层圆筒壁单位管长上的传热量为

$$q_L=\frac{\pi d(t_{f1}-t_{f2})}{\frac{1}{h_1}+\frac{\delta}{\lambda}+\frac{1}{h_2}}=\pi dK(t_{f1}-t_{f2}) \tag{17-29}$$

式中，δ 为管壁厚度（m），$\delta=\frac{d_2-d_1}{2}$；d 为计算直径（m），计算直径一般按 h 较小一侧的直径选取，即：①当 $h_1\gg h_2$ 时，取 $d=d_2$；②当 $h_1\approx h_2$ 时，取 $d=\frac{d_1+d_2}{2}$；③当 $h_1\ll h_2$ 时，取 $d=d_1$。

【例 17-2】 蒸汽管道的直径为200mm，管壁厚8mm，隔热层厚度为120mm。管材的导热系数 $\lambda_1=45\text{W/(m·°C)}$，管内蒸汽温度 $t_{f1}=120°\text{C}$，蒸汽与管壁的表面传热系数 $h_1=120\text{W/(m}^2\text{·°C)}$。隔热材料的导热系数 $\lambda_2=0.10\text{W/(m·°C)}$，周围空气温度 $t_{f2}=20°\text{C}$，保温层外表面与空气间的表面传热系数 $h_2=10\text{W/(m}^2\text{·°C)}$。求单位管长的传热系数和隔热层外表面的温度。

【解】 (1) 据已知条件得出

$$d_1 = 0.2\text{m}; d_2 = (0.2 + 2 \times 0.008)\text{m} = 0.216\text{m};$$
$$d_3 = (0.216 + 2 \times 0.12)\text{m} = 0.456\text{m}$$

(2) 根据多层圆筒壁传热系数公式得出

$$K_L = \frac{1}{\frac{1}{h_1 \pi d_1} + \frac{1}{2\pi\lambda_1}\ln\frac{d_2}{d_1} + \frac{1}{2\pi\lambda_2}\ln\frac{d_3}{d_2} + \frac{1}{h_2 \pi d_3}} \text{W/(m·°C)}$$

$$= \frac{1}{\frac{1}{120 \times 3.14 \times 0.2} + \frac{1}{2 \times 3.14 \times 45}\ln\frac{0.216}{0.2} + \frac{1}{2 \times 3.14 \times 0.1}\ln\frac{0.456}{0.216} + \frac{1}{10 \times 3.14 \times 0.456}} \text{W/(m·°C)}$$

$$= 0.7857\text{W/(m·°C)}$$

(3) 单位管长的热损失

$$q_L = K_L(t_{f1} - t_{f2}) = 0.7857 \times (120 - 20)\text{W/m} = 79\text{W/m}$$

(4) 隔热层外表面的温度

$$t_{w3} = t_{f2} + \frac{q_L}{h_2 \pi d_3} = \left(20 + \frac{79}{10 \times 3.14 \times 0.456}\right)\text{°C} = 25.5\text{°C}$$

【例 17-3】 纯铜管的外径为 19mm，壁厚为 1.5mm，导热系数为 $\lambda = 100$W/（m·°C)。冷流体为管外空气，表面传热系数为 90W/（m^2·°C)。热流体为管内热水，表面传热系数为 6000W/（m^2·°C)。求：(1) 单位管长传热系数；(2) 如果管外表面传热系数增加一倍，传热系数有何变化；(3) 如果管内表面传热系数增加一倍，传热系数有何变化。(4) 利用简化公式计算上述三项内容。

【解】 已知 $d_1 =（16 - 1.5 \times 2）\times 10^{-3} = 0.016$m；$d_2 = 0.019$m；$\lambda = 100$W/（m·°C)；$h_1 = 6000$W/（$\text{m}^2$·°C)；$h_2 = 90$W/（$\text{m}^2$·°C)

(1) 由单层筒壁传热系数计算公式得出

$$K_L = \frac{1}{\frac{1}{h_1 \pi d_1} + \frac{1}{2\pi\lambda}\ln\frac{d_2}{d_1} + \frac{1}{h_2 \pi d_2}}$$

$$= \frac{1}{\frac{1}{6000 \times 3.14 \times 0.016} + \frac{1}{2 \times 3.14 \times 100}\ln\frac{0.019}{0.016} + \frac{1}{90 \times 3.14 \times 0.019}} \text{W/(m·°C)}$$

$$= 5.3\text{W/(m·°C)}$$

(2) 当 h_2 增大一倍时

$$K'_L = \frac{1}{\frac{1}{h_1 \pi d_1} + \frac{1}{2\pi\lambda}\ln\frac{d_2}{d_1} + \frac{1}{h'_2 \pi d_2}}$$

$$= \frac{1}{\frac{1}{6000 \times 3.14 \times 0.016} + \frac{1}{2 \times 3.14 \times 100}\ln\frac{0.019}{0.016} + \frac{1}{2 \times 90 \times 3.14 \times 0.019}} \text{W/(m·°C)}$$

$$= 10.34\text{W/(m·°C)}$$

(3) 当 h_1 增大一倍时

$$K''_L=\frac{1}{\frac{1}{h'_1\pi d_1}+\frac{1}{2\pi\lambda}\ln\frac{d_2}{d_1}+\frac{1}{h_2\pi d_2}}$$

$$=\frac{1}{\frac{1}{2\times6000\times3.14\times0.016}+\frac{1}{2\times3.14\times100}\ln\frac{0.019}{0.016}+\frac{1}{90\times3.14\times0.019}}\mathrm{W/(m\cdot{}^\circ C)}$$

$$=5.31\mathrm{W/(m\cdot{}^\circ C)}$$

(4) 因为 $h_1\gg h_2$，所以 $d=d_2=0.019\mathrm{m}$。利用单层圆筒壁简化计算公式进行计算

$$K_L=\frac{\pi d}{\frac{1}{h_1}+\frac{\delta}{\lambda}+\frac{1}{h_2}}=\frac{3.14\times0.019}{\frac{1}{6000}+\frac{0.0015}{100}+\frac{1}{90}}\mathrm{W/(m\cdot{}^\circ C)}$$

$$=5.28\mathrm{W/(m\cdot{}^\circ C)}$$

$$K'_L=\frac{\pi d}{\frac{1}{h_1}+\frac{\delta}{\lambda}+\frac{1}{h'_2}}=\frac{3.14\times0.019}{\frac{1}{6000}+\frac{0.0015}{100}+\frac{1}{90\times2}}\mathrm{W/(m\cdot{}^\circ C)}$$

$$=10.4\mathrm{W/(m\cdot{}^\circ C)}$$

$$K''_L=\frac{\pi d}{\frac{1}{h'_1}+\frac{\delta}{\lambda}+\frac{1}{h_2}}=\frac{3.14\times0.019}{\frac{1}{6000\times2}+\frac{0.0015}{100}+\frac{1}{90}}\mathrm{W/(m\cdot{}^\circ C)}$$

$$=5.32\mathrm{W/(m\cdot{}^\circ C)}$$

由计算结果得知：提高气体侧表面传热系数比提高液体侧表面传热系数的效果好；圆筒壁简化计算式的误差并不大。

第二节 强化传热和隔热保温技术

所谓强化传热，是指采用某些技术措施来提高换热设备的传热量，使设备趋于紧凑，节省金属材料，降低动力消耗。采用隔热保温技术，其目的是消弱传热，尽量减少换热设备的热损失，以达到节能等目的。

一、强化传热技术

1. 换热器表面污垢的处理

强化传热的有效方法是提高传热系数，而传热系数的大小是由传热过程中的各项热阻决定的。换热器表面的污垢，虽然厚度不大，但导热系数很小，是传热过程的主要热阻。在水冷冷凝器中，1mm 厚的水垢层相当于 40mm 厚钢板的热阻。在制冷空调装置的运行中，应对冷却水进行严格的处理，以减少污垢的形成。

2. 提高传热系数

强化传热过程，首先要判断哪一个传热环节的热阻最大，然后针对这个热阻再采取相应的措施。例如，当换热面两侧的表面传热系数的差值较大时，应先针对表面传热系数小的那一侧进行强化换热；只有当该侧的热阻减小到了与另一侧大致相当时，然后再同时强化两个侧面的换热才能都收到明显的效果。例如采用双侧强化管技术的冷凝器，就是在管外侧采用强化凝结的表面结构，在管内侧采用强化冷却水换热的扰流结构。

3. 改善流体的流态

对于圆管内紊流换热，提高流速对强化换热十分显著，采用小管径也是强化换热的一种措施。对于无相变的对流换热，凡是能减薄边界层、促使流体中各部分混合（特别是换热壁面附近流体的扰动与混合）的措施都能强化换热。对于核态沸腾，强化换热的关键在于增加汽化核心。对于膜状凝结，强化换热的关键是减薄液膜及加速凝结液膜的排泄。值得注意的是，采取强化对流换热的措施，都不可避免地引起流动阻力的增加，对一种强化换热方式的综合评价，应当综合考虑传热效果、流动阻力、成本或运行费用等因素。

4. 改善换热器表面结构的新技术

改善换热器表面结构，主要包括以下一些技术手段：①涂层表面。如在沸腾换热表面上涂以细小的多孔层可以强化沸腾，在冷凝面上涂以非湿润物质可以形成珠状凝结等；②粗糙表面。对于单相流动换热，粗糙表面可以促进边界层中流体的混合，图 17-6 是管内侧两种粗糙表面的结构；对于沸腾换热，粗糙表面的作用在于增加汽化核心；③扩展表面。这是工程技术中广泛用来强化对流换热的措施，它既有增加换热面积的作用，也可提高传热系数，如车辆空调器中广泛采用的各类整体式翅片，如图 17-7 所示。

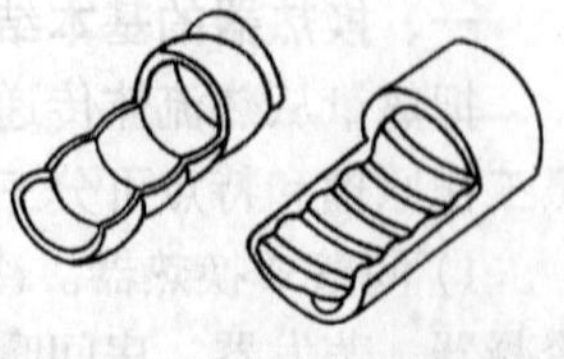

图 17-6　粗糙内表面换热管

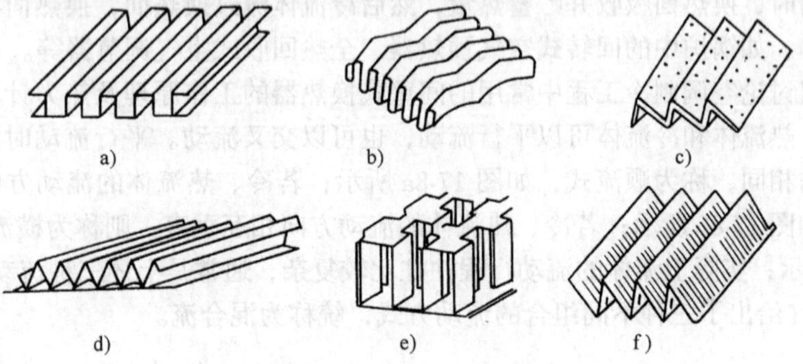

图 17-7　新型换热器翅片

a）矩形　b）波纹型　c）穿孔型　d）三角形　e）锯齿型　f）百叶窗型

二、隔热保温技术

与强化传热相反，制冷空调工程上也有力求削弱传热的场合，即使用导热系数小的各种隔热材料来削弱导热过程。隔热保温技术对于减少热力设备的热量损失、节约能源具有显著经济效益。例如，工程实践表明，对于冷藏库的维护结构，采用新型高效保温材料代替传统的材料一般可节能 15% ~ 30%。

1. 高温设备的隔热材料

高于环境温度的热力设备和管道，其隔热保温材料多采用无机隔热材料。常用的有：①多孔型隔热材料。如微孔硅酸钙，使用温度小于 650°C，导热系数 0.04 ~ 0.1W/(m·°C)；②纤维型隔热材料。如岩棉，使用温度小于 700°C，导热系数 0.035 ~ 0.047W/(m·°C)；③粒状隔热材料。如膨胀珍珠岩，使用温度小于 800 ~ 1000°C，导热系数 0.046 ~ 0.17 W/(m·°C)。

2. 低温设备的保温材料

对于低于环境温度的工质和容器，关键在于防止外界热量的传入。一般的保温材料有疏松纤维或多孔泡沫材料，常用的有：聚苯乙烯泡沫塑料，工作温度为 - 75 ~ - 80°C，导热系数 0.03 ~ 0.0481W/（m·°C）；硬质聚氨酯泡沫塑料，工作温度为 - 65 ~ - 80°C，导热系数为 0.0026 ~ 0.042W/（m·°C），等等。

第三节 换热器及其计算

一、换热器的基本结构与工作原理

把热量从热流体传递到冷流体，以满足规定工艺要求的装置统称为换热器。换热器按照工作原理和特点可分三类：

1）间壁式换热器。冷热流体被换热器壁面隔开分别流动，仅仅进行热量的交换，如冷凝器、蒸发器、房间暖气片等。

2）混合式换热器。冷热流体直接接触、彼此混合，既有热量的交换，又有物质的混合或交换。如冷却水塔、喷水室、蒸汽喷射泵等。

3）回热式换热器，也称蓄热式换热器。它的换热面交替地吸收和放出热量，当热流体流过换热面时，换热面吸收并贮蓄热量，然后冷流体流过换热面，换热面再释放出热量来加热冷流体。如锅炉中的回转式空气预热器、全热回收式空气调节器等。

本节仅仅讨论空调制冷工程中常用的间壁式换热器的工作原理及热力计算。在间壁式热交换器中，热流体和冷流体可以平行流动，也可以交叉流动。平行流动时，若冷、热流体的流动方向相同，称为顺流式，如图 17-8a 所示；若冷、热流体的流动方向相反，则称为逆流式，如图 17-8b 所示；若冷、热流体的流动方向相互垂直，则称为横流式或叉流式，如图 17-8c 所示；实际上流体的流动行程往往比较复杂，通常是上述三种流动方式的组合，图 17-8d、e、f 给出了三种不同组合的流动方式，统称为混合流。

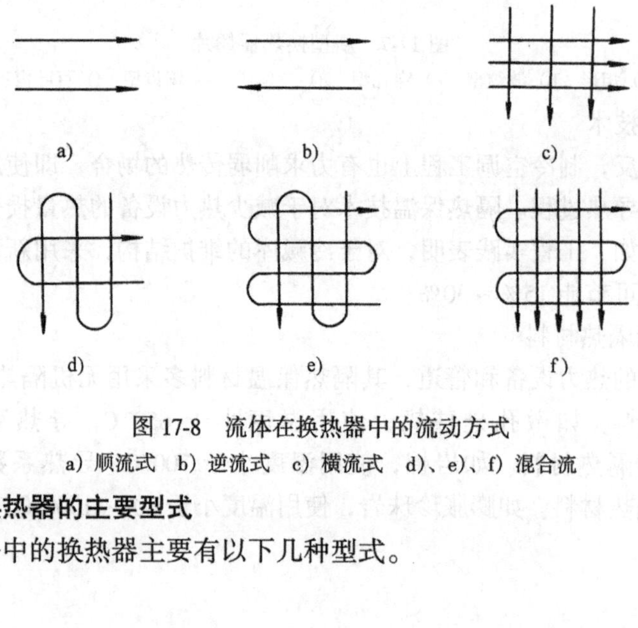

图 17-8 流体在换热器中的流动方式

a）顺流式 b）逆流式 c）横流式 d）、e）、f）混合流

二、间壁式换热器的主要型式

制冷空调设备中的换热器主要有以下几种型式。

1. 肋片盘管式换热器

这种换热器由几组蛇形管束组成。一般用于管内的流体和管外的空气进行热交换。例如分体空调器的室外机的冷凝器、中央空调的风机盘管以及冷库中的表冷器等都采用这种型式，如图17-9所示。

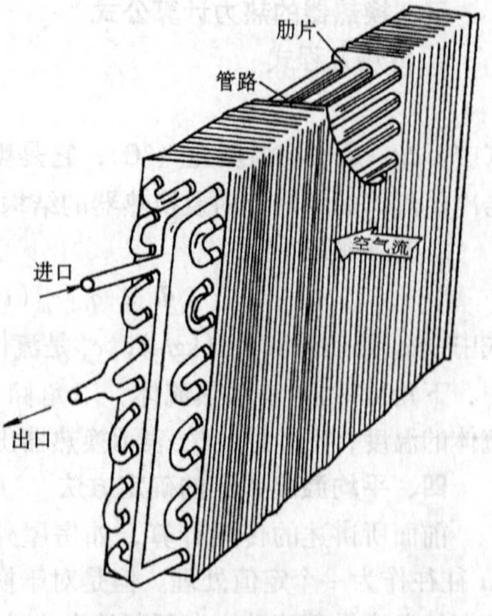

图 17-9　肋片盘管式换热器

2. 壳管式换热器

壳管式换热器广泛应用于制冷空调装置的冷凝器和蒸发器中，图17-10是一种最简单的壳管式换热器的示意图。它的传热面由管束构成，冷流体（如冷媒水）从封头进口流进管子，再经封头流出；热流体（如制冷剂）流体从外壳上的连接管进入换热器，在壳体与管子之间流动。换热的两种流体互不掺混，只是通过管壁进行热量的交换。

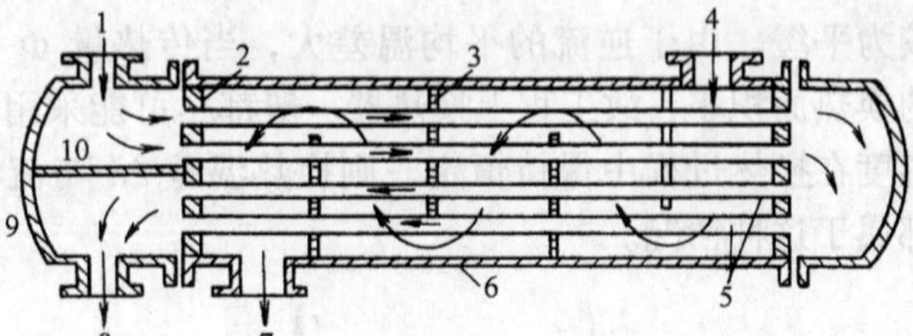

图 17-10　壳管式换热器

1—冷流体进口　2—管板　3—挡板　4—热流体进口　5—管子
6—外壳　7—热流体出口　8—冷流体出口　9—封头　10—隔板

3. 套管式换热器

套管式换热器结构简单、紧凑，冷热流体一般为逆流换热，如图17-11所示。

4. 板翅式换热器

板翅式换热器结构紧凑，换热效率高，近几年来在制冷空调技术领域中得到了广泛的开发和应用。

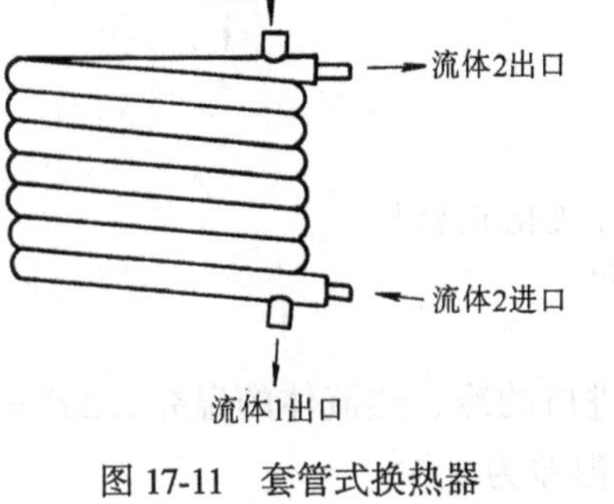

图 17-11　套管式换热器

图 17-12　板翅式换热器

三、换热器的热力计算公式

1. 传热方程式

$$\Phi = KF\Delta t_m \tag{17-30}$$

式中，Δt_m 是平均温度差（°C），它是整个换热面上冷热流体温差的平均值，其数值大小与冷热流体的相对流向及换热器的结构形式有关。

2. 热平衡方程式

$$\Phi = q_{m1}c_{p1}(t_1' - t_1'') = q_{m2}c_{p2}(t_2'' - t_2') \tag{17-31}$$

式中，q_m 是质量流量（kg/s）；c_p 是流体的比定压热容［J/（kg·°C）］。在本节公式的符号中，下角标“1”表示热流体，下角标“2”表示冷流体；上角标“′”表示换热器进口端流体的温度，上角标“″”表示换热器出口端流体的温度。

四、平均温度 Δt_m 的确定方法

前面所讲述的传热计算，如房屋外墙的热损失、蒸汽管道的热损失等，其换热温度 Δt 往往作为一个定值处理。但是对于换热器则不同，因为在冷热流体进行热交换过程中，各自的温度沿着流动方向不断地发生改变，其换热温差 Δt 也不断地发生着变化。在顺流和逆流时，冷热流体温度沿传热面变化的情况如图 17-13 所示。由图中可以看出，逆流时的温差的变化幅度较为平缓。由于逆流的平均温差大，当传热量 Φ 一定时，换热器采用逆流要比顺流所需的换热面积小，故工程上换热器一般都尽可能采用逆流布置。但是，如果其中一种流体的温度在换热过程中保持恒定，则换热温差 Δt 与流动方式无关，例如液体沸腾、蒸汽凝结都属于这种情况。

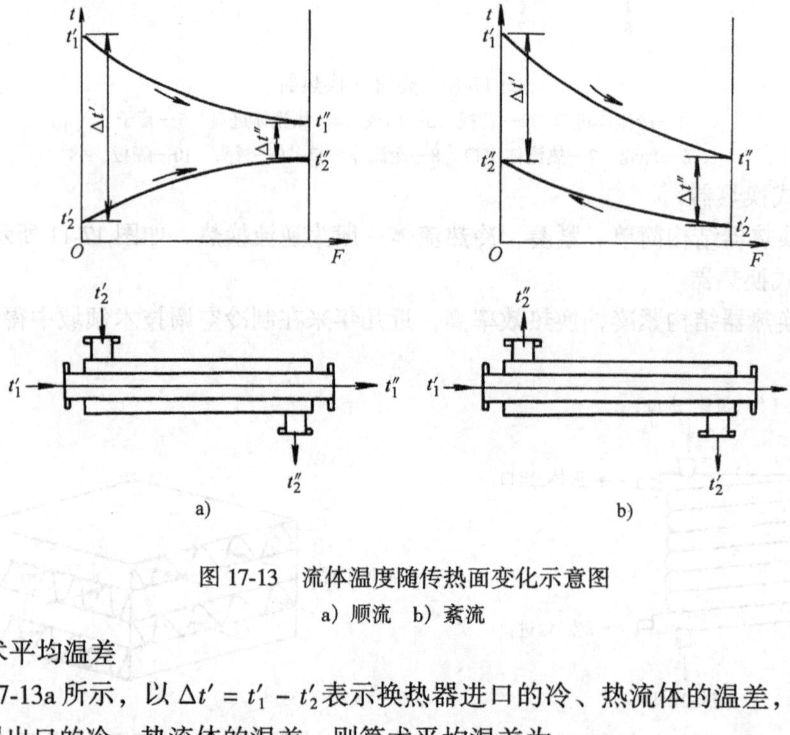

图 17-13 流体温度随传热面变化示意图

a）顺流 b）紊流

1. 算术平均温差

如图 17-13a 所示，以 $\Delta t' = t_1' - t_2'$ 表示换热器进口的冷、热流体的温差，$\Delta t'' = t_1'' - t_2''$ 表示换热器出口的冷、热流体的温差，则算术平均温差为

$$\Delta t_m = \frac{\Delta t' + \Delta t''}{2} \tag{17-32}$$

虽然算术平均温差的计算方法很简便，但它不能准确地反映出温度变化的实际情况。只有当$\frac{\Delta t'}{\Delta t''}$小于 2 时，误差才比较小（小于 4%）。因此只有在冷、热流体间的温差沿传热面的变化不大时，才可以采用算术平均温差，否则就采用对数平均温差。

2. 对数平均温差

现以顺流式换热器为例说明对数平均温差的确定方法。如图 17-14 所示，由于冷、热流体温差沿传热面发生着变化，若从传热面 F_X 处取一微元面积 dF，则它的传热量关系式为

$$\mathrm{d}\Phi = K(t_1 - t_2)_x \mathrm{d}F \tag{1}$$

由式（1）积分可得换热器传热量的计算式

$$\Phi = K\int_0^F (t_1 - t_2)_X \mathrm{d}F = K\Delta t_m F \tag{17-33}$$

式中 Δt_m 称为换热器的平均温度差，其意义是

$$\Delta t_m = \frac{\int_0^F (t_1 - t_2)_X \mathrm{d}F}{F} = \frac{1}{F}\int_0^F \Delta t_m \mathrm{d}F \tag{2}$$

如果已知 Δt_m 沿换热面的变化规律，则 Δt_m 可以由式（2）积分求出。

在图 17-14 中，顺流换热器进口端的温差为 $\Delta t'$，出口端为 $\Delta t''$，在 F_X 处的 dF 面积上，热流体温度变化了 dt_1，则换热量为

$$\mathrm{d}\Phi = -q_{m1}c_{p1}\mathrm{d}t_1 \tag{3}$$

式中，$q_{m1}c_p$ 为液体的比定压热容量，它表示质量为 q_{m1} 的流体在温度升高 1℃ 时所需的热量（W/℃）；负号表示当热流体经过 dF 面时 dt 是负值。

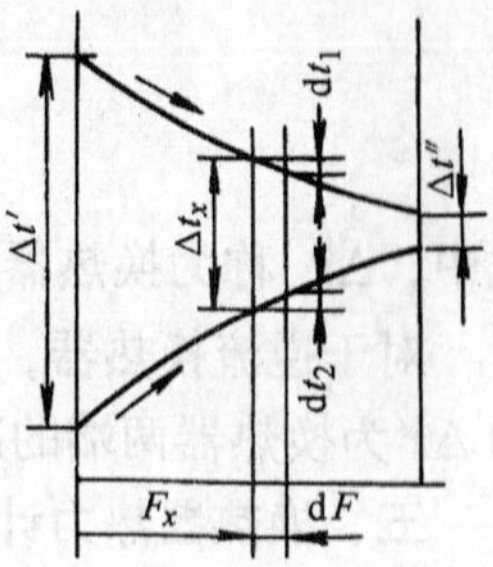

图 17-14 顺流式平均温差的推导

同理，冷流体的换热量为

$$\mathrm{d}\Phi = q_{m2}c_{p2}\mathrm{d}t_2 \tag{4}$$

式中，dt_2 为冷流体在 dF 面上的温度变化。从（3）和（4）式中可以看出，换热过程中的冷热流体，其中比定压热容量大的流体的温度变化将小于比定压热容量小的流体。依此推理，若流体处于凝结或沸腾状态，dt = 0，则该流体的比定压热容量 $q_m c_p$ 可以认为是无穷大。

据式（3）和式（4）得出

$$\mathrm{d}(t_1 - t_2)_X = \mathrm{d}t_1 - \mathrm{d}t_2 = -\mathrm{d}\left(\frac{\Phi}{q_{m1}c_{p1}} + \frac{\Phi}{q_{m2}c_{p2}}\right)$$

设$\frac{1}{q_{m1}c_{p1}} + \frac{1}{q_{m2}c_{p2}} = q_m$，则上式可改为

$$d\Phi = -\frac{d(t_1 - t_2)_X}{q_m} = -\frac{d(\Delta t)}{q_m} \tag{5}$$

结合传热方程式 $d\Phi = K\Delta t dF$，得出

$$-\frac{d(\Delta t)}{q_m} = K\Delta t dF$$

$$-\frac{d(\Delta t)}{\Delta t} = q_m K dF \tag{6}$$

若 q_m 和 K 均为常数，将式（6）积分得

$$\int_{\Delta t'}^{\Delta t''} \frac{d(\Delta t)}{\Delta t} = -q_m K \int_0^F dF$$

即

$$\ln\frac{\Delta t'}{\Delta t''} = q_m KF \tag{7}$$

再将式（5）积分得

$$\Phi = -\frac{1}{q_m}\int_{\Delta t'}^{\Delta t''} d(\Delta t) = \frac{1}{q_m}(\Delta t' - \Delta t'') \tag{8}$$

将式（7）代入（8），消去 q_m 得

$$\Phi = \frac{\Delta t' - \Delta t''}{\ln\frac{\Delta t'}{\Delta t''}} KF \tag{17-34}$$

将式（17-34）与式（17-33）相对比，得出

$$\Delta t_m = \frac{\Delta t' - \Delta t''}{\ln\frac{\Delta t'}{\Delta t''}} \tag{17-35}$$

式中，Δt_m 称为换热器的对数平均温差。

对于逆流换热器，也可用同样的方法推导出与式（17-34）形式相同的结果，此时式中的 $\Delta t'$ 为换热器两端的冷热流体温差中较大的温差，$\Delta t''$ 为较小的温差。

五、换热器热力计算的主要步骤

在制冷空调工程中，设计选择换热器的关键是计算换热器面积，计算步骤如下：

1）根据要求，确定换热器的类型，设定换热器的部分结构参数。

2）根据 $\Phi = q_{m1}c_{p1}(t_1' - t_1'')$ 或 $\Phi = q_{m2}c_{p2}(t_2'' - t_2')$，计算换热器的换热量。

3）根据已知的冷热流体进出口温度 t_2'、t_2''、t_1'、t_1'' 中的三个温度值，按照热平衡方程式式 $\Phi = q_{m1}c_{p1}(t_1' - t_1'') = q_{m2}c_{p2}(t_2'' - t_2')$，求出第四个温度值。再根据 t_2'、t_2''、t_1'、t_1'' 四个温度值，按照平均温差的计算公式，计算出冷、热流体的平均温差 Δt_m。

4）确定流体的定性尺寸和定型温度，结合流体的物理性质参数，分别计算出冷、热流体的表面传热系数；计算换热器管壁的导热热阻；根据换热器的结构形式选择相应的传热系数计算公式；依据表面传热系数、导热热阻及其他已知条件，求出传热系数 K。

5）根据传热方程式 $F = \frac{\Phi}{K\Delta t_m}$，计算换热器的换热面积 F。

6）根据计算面积 F，确定换热器的实际换热面积，进而确定换热器的主要结构尺寸和参数。换热器一般都是采用系列产品，其型号和结构参数可从相关手册中查得。

值得注意的是，设计计算需要进行反复地试算和校核，最终选择最优化的设计方案。

【例 17-4】 某换热器中热流体由 80°C 被冷却到 40°C，冷流体由 20°C 被加热到 30°C。求顺流时和逆流时的对数平均温差。

【解】（1）顺流时的对数平均温差

1）$\Delta t' = t_1' - t_2' = (80-20)°C = 60°C$

2）$\Delta t'' = t_1'' - t_2'' = (40-30)°C = 10°C$

3）$\Delta t_m = \dfrac{\Delta t' - \Delta t''}{\ln\dfrac{\Delta t'}{\Delta t''}} = \dfrac{60-10}{\ln\dfrac{60}{10}}°C = 27.91°C$

（2）逆流时的对数平均温差

1）$\Delta t' = t_1' - t_2'' = (80-30)°C = 50°C$

2）$\Delta t'' = t_1'' - t_2' = (40-20)°C = 20°C$

3）$\Delta t_m = \dfrac{\Delta t' - \Delta t''}{\ln\dfrac{\Delta t'}{\Delta t''}} = \dfrac{50-20}{\ln\dfrac{50}{20}}°C = 32.74°C$

【例 17-5】 一个蒸汽—空气换热器，传热系数 $K = 100W/(m^2\cdot°C)$。绝对压力为 0.012345MPa 的干饱和水蒸汽凝结放热而变成饱和水；空气流量为 $q_v = 4m^3/s$，由 12°C 被加热到 24°C。求加热器的换热量、传热面积以及凝结水量。

【解】（1）在定压下，饱和状态水蒸气凝结为饱和水的过程中，其温度是保持不变的。查干饱和水蒸气的热物理性质表得知，压力 0.012345MPa 下水的饱和温度为 50°C。

（2）据上述条件得出

$$\Delta t' = t_1 - t_2' = (50-12)°C = 38°C;$$

$$\Delta t'' = t_1 - t_2'' = (50-24)°C = 26°C$$

（3）对数平均温差

$$\Delta t_m = \frac{\Delta t' - \Delta t''}{\ln\dfrac{\Delta t'}{\Delta t''}} = \frac{38-26}{\ln\dfrac{38}{26}}°C = 31.62°C$$

（4）空气的平均温度为 $t_f = t_1 - \Delta t_m = (50-31.62)°C = 18.38°C$

（5）查附录 A-10 空气的热物理性质表得出，$t_f = 18.23°C$ 时的空气的物理性质参数为

$$C_p = 1005J/(kg\cdot°C);\ \rho = 1.212kg/m^3$$

（6）加热器的换热量为

$$\begin{aligned}\Phi &= q_m C_p(t_2'' - t_2') = q_v\rho C_p(t_2'' - t_2')\\ &= 4\times 1.212\times 1005\times(24-12)W = 58467W\end{aligned}$$

（7）换热器的传热面积为

$$F = \frac{\Phi}{K\Delta t_m} = \frac{58467}{100\times 31.62}m^2 = 18.49m^2$$

（8）查附录 A-12 饱和水蒸气的热物理性质表，得出 50°C 的水蒸气凝结为液体时的凝结潜热为 $r = (h'' - h') = 2381.9kJ/kg$。

（9）水的放热量等于空气的吸热量，则 $\Phi = q_m C_p(t_2'' - t_2') = rG$。凝结水量为

$$G = \frac{\Phi}{r} = \frac{58467}{2591.2 \times 10^3 + 209.3 \times 10^3}\text{kg/s}$$
$$= 0.02088\text{kg/s} = 75.2\text{kg/h}$$

思考题与练习题

1. 导热、对流换热、辐射换热和复合换热的主要区别有哪些?

2. 计算传热系数时，在什么条件下可以忽略管壁热阻?

3. 为什么在 h_1 和 h_2 相差悬殊的情况下，在 h 小的一侧采用肋壁才能使增强传热效果显著?

4. 强化传热的途径有哪些? 各受到什么限制?

5. 如何使隔热层的厚度最为合理?

6. 某板式换热器用钢板制成，钢板厚度 $\delta = 2$mm，$\lambda = 40$W/（m·°C）。钢板两侧气体的平均温度分别为 50°C 和 20°C，表面传热系数分别为 $h_1 = 75$W/（m^2·°C）和 $h_2 = 50$W/（m^2·°C）。求换热器的传热系数。

7. 已知室内空气温度 $t_{f2} = 18$°C，室外空气温度 $t_{f2} = -20$°C。墙砖的导热系数 $\lambda = 0.8$W/（m·°C），砖墙厚 $\delta = 380$mm，墙内外侧的表面传热系数分别为 $h_1 = 25$W/（m^2·°C）和 $h_2 = 8.5$W/（m^2·°C）。求砖墙内、外表面温度。

8. 制冷剂管道的内、外直径分别为 150mm 和 159mm，管壁导热系数为 58W/（m·°C），管外覆盖两层保温材料：第一层厚 30mm，导热系数 $\lambda_1 = 0.043$W/（m·°C）；第二层厚 40mm，导热系数 $\lambda_2 = 0.17$W/（m·°C）。制冷剂温度 -33°C；管内表面传热系数 $h_1 = 75$W/（m^2·°C）。环境温度为 25°C，空气自然表面传热系数 $h_2 = 30$W/（m^2·°C）。求管道每米管长吸收的热量和保温材料外层温度。

9. 一外径为 100mm、内径为 85mm、导热系数为 $\lambda = 40$W/（m·°C）的蒸汽管道，内表面温度为180°C。若采用 $\lambda_2 = 0.053$W/（m·°C）的隔热材料进行保温，并要求隔热层外表面温度不高于 30°C，蒸汽管允许的热损失 $q_L = 50$W/m，问隔热层厚度应为多少?

10. 供热管道外径为 50mm，表面温度为 200°C，采用 $\lambda = 0.1$W/（m·°C）的隔热层。已知空气温度 25°C,隔热层外表面与空气的对流换热系数为 14W/（m^2·°C）。隔热层厚度为多少时才能使其表面温度不超过 50°C?

11. 有一换热器，肋化系数 $\frac{F_2}{F_1} = 12$，壁厚 $\delta = 100$mm，导热系数为 $\lambda = 40$W/（m·°C）。光面的表面传热系数为 $h_1 = 200$W/（m^2·°C），壁面温度为 $t_{w1} = 75$°C。肋面的表面传热系数为 $h_2 = 15$W/（m^2·°C），壁面温度为 $t_{w2} = 15$°C。求换热器的单位面积传热量。

12. 氟里昂冷库的回热循环装置中，冷、热流体为逆流。过热气体由 -10°C 加热到 15°C，过冷液体由 50°C 冷却到 35°C。求对数平均温差。

13. 中央空调蒸发器的蒸发温度为 4°C，冷媒水进口温度 9°C，出口温度为 5°C。计算对数平均温差。

14. 供暖水在 70°C 下进入房间暖气片，出水温度为 50°C。暖气片的传热系数为 40W/（m^2·°C）。空气由 25°C 加热到 35°C，总换热量为 3×10^4W。求换热器传热面积。

15. 某冷凝器把干饱和水蒸气凝结为饱和水，传热系数为 200W/（m^2·°C）。热蒸汽的压力为 0.019933MPa，流量为 0.015kg/s。冷却水进口温度为 20°C，出口 40°C。求换热面积。

16. 某套管式冷凝器，传热系数为 350W/（m^2·°C）。制冷剂温度为 50°C，冷却水由 30°C 加热到 45°C，换热量为 2.5×10^4W。求换热面积。若壁面有水垢，热阻为 0.004m·°C/W，问此时换热器的传热量变为多少?

参 考 文 献

[1] 普丹苓,敖越,朱克雄．工程热力学[M].2 版．北京:高等教育出版社,1986.

[2] 沈维道,郑佩芝等．工程热力学[M].2 版．北京:高等教育出版社,1983.

[3] 庞麓鸣,汪孟乐．工程热力学[M].2 版．北京:高等教育出版社,1986.

[4] 沈维道,蒋智敏等．工程热力学[M].3 版．北京:高等教育出版社,2001.

[5] 邱信立,廉乐明等．工程热力学[M].3 版．北京:1992.

[6] 刘桂玉等．工程热力学[M]. 北京:高等教育出版社,1989.

[7] 郑令仪等．工程热力学[M]. 北京:国防工业出版社,1983.

[8] 叶学群．热工理论与流体力学基础[M]. 北京:中国商业出版社,1997.

[9] (美)黄福赐．工程热力学原理和应用[M]. 谢益棠译．北京:电力工业出版社,1982.

[10] 周漠仁．流体力学泵与风机[M]. 北京:中国建筑出版社,1981.

[11] 李诗久．工程流体力学[M]. 北京:机械工业出版社,1980.

[12] 钟声玉,王克光．流体力学和热工理论基础[M]. 北京:机械工业出版社,1980.

[13] 苏福临等．流体力学泵与风机[M]. 北京:中国建筑工业出版社,1985.

[14] 杨世铭．传热学[M]. 北京:高等教育出版社,1987.

[15] 章熙民等．传热学[M]. 北京:中国建筑工业出版社,1993.

[16] 杨世铭,陶文铨．传热学[M]. 北京:高等教育出版社,1998.

[17] 于成顺．工程传热学[M]. 四川:西南交通大学出版社,1989.

[18] 程淑芬．热工理论与流体力学基础[M]. 北京:机械工业出版社,2002.

附 录 A

附录 A-1 饱和水与饱和水蒸气表（按温度排列）

温度	饱和压力	比体积		比焓		汽化潜热	比熵	
		饱和水	饱和蒸汽	饱和水	饱和蒸汽		饱和水	饱和蒸汽
t/°C	p_s/MPa	v'/(m³/kg)	v''/(m³/kg)	h'/(kJ/kg)	h''/(kJ/kg)	r/(kJ/kg)	s'/[kJ/(kg·K)]	s''/[kJ/(kg·K)]
0	0.0006108	0.0010002	206.321	−0.04	2501.0	2501.0	−0.0002	9.1565
0.01	0.0006112	0.00100022	206.175	0.000614	2501.0	2501.0	0.0000	9.1562
1	0.0006566	0.0010001	192.611	4.17	2502.8	2498.6	0.0152	9.1298
2	0.0007054	0.0010001	179.935	8.39	2504.7	2496.3	0.0306	9.1035
4	0.0008129	0.0010000	157.267	16.80	2508.3	2491.5	0.0611	9.0514
6	0.0009346	0.0010000	137.768	25.21	2512.0	2486.8	0.0913	9.0003
8	0.0010721	0.0010001	120.952	33.60	2515.7	2482.1	0.1213	8.9501
10	0.0012271	0.0010003	106.419	41.99	2519.4	2477.4	0.1510	8.9009
12	0.0014015	0.0010004	93.828	50.38	2523.0	2472.6	0.1805	8.2525
14	0.0015974	0.0010007	82.893	58.75	2526.7	2467.9	0.2098	8.8050
16	0.0018170	0.0010010	73.376	67.13	2530.4	2463.3	0.2388	8.7583
18	0.0020626	0.0010013	65.080	75.50	2534.0	2458.5	0.2677	8.7125
20	0.0023368	0.0010017	57.833	83.86	2537.7	2453.8	0.2963	8.6674
22	0.0026424	0.0010022	51.488	92.22	2541.4	2449.2	0.3247	8.6232
24	0.0029824	0.0010026	45.923	100.59	2545.0	2444.4	0.3530	8.5797
26	0.0033600	0.0010032	41.031	108.95	2548.6	2439.6	0.3810	8.5370
28	0.0037785	0.0010037	36.726	117.31	2552.3	2435.0	0.4088	8.4950
30	0.0042417	0.0010043	32.929	125.66	2555.9	2430.2	0.4365	8.4537
35	0.0056217	0.0010060	25.246	146.56	2565.0	2418.4	0.5049	8.3536
40	0.0073749	0.0010078	19.548	167.45	2574.0	2406.5	0.5721	8.2576
45	0.0095817	0.0010099	15.278	188.35	2582.9	2394.5	0.6383	8.1655
50	0.012335	0.0010121	12.048	209.26	2591.8	2382.5	0.7035	8.0771
55	0.015740	0.0010145	9.5812	230.17	2600.7	2370.5	0.7677	7.9922
60	0.019919	0.0010171	7.6807	251.09	2609.5	2358.4	0.8310	7.9106
65	0.025008	0.0010199	6.2042	272.02	2618.2	2346.2	0.8933	7.8320
70	0.031161	0.0010228	5.0479	292.97	2626.8	2333.8	0.9548	7.7565
75	0.038548	0.0010259	4.1356	313.94	2635.3	2321.4	1.0154	7.6837
80	0.047359	0.0010292	3.4104	334.92	2643.8	2308.9	1.0752	7.6135
85	0.057803	0.0010326	2.8300	355.92	2652.1	2296.2	1.1343	7.5459
90	0.070108	0.0010361	2.3624	376.94	2660.3	2283.4	1.1925	7.4805
95	0.084525	0.0010398	1.9832	397.99	2668.4	2270.4	1.2500	7.4174
100	0.101325	0.0010437	1.6738	419.06	2676.3	2257.2	1.3069	7.3564
110	0.14326	0.0010519	1.2106	461.32	2691.8	2230.5	1.4185	7.2402
120	0.19854	0.0010606	0.89202	503.7	2706.6	2202.9	1.5276	7.1310
130	0.27012	0.0010700	0.66815	546.3	2720.7	2174.4	1.6344	7.0281
140	0.36136	0.0010801	0.50875	589.1	2734.0	2144.9	1.7390	6.9307
150	0.47597	0.0010908	0.39261	632.2	2746.3	2114.1	1.8416	6.8381
160	0.61804	0.0011022	0.30685	675.5	2757.7	2082.2	1.9425	6.7498
170	0.79202	0.0011145	0.24259	719.1	2768.0	2048.9	2.0416	6.6652
180	1.0027	0.0011275	0.19381	763.1	2777.1	2014.0	2.1393	6.5838

（续）

温度	饱和压力	比体积		比焓		汽化潜热	比熵	
		饱和水	饱和蒸汽	饱和水	饱和蒸汽		饱和水	饱和蒸汽
t/°C	p_s/MPa	v'/(m^3/kg)	v''/(m^3/kg)	h'/(kJ/kg)	h''/(kJ/kg)	r/(kJ/kg)	s'/[kJ/(kg·K)]	s''/[kJ/(kg·K)]
190	1.2552	0.0011415	0.15631	807.5	2784.9	1977.4	2.2356	6.5052
200	1.5551	0.0011565	0.12714	852.4	2791.4	1939.0	2.3307	6.4289
210	1.9079	0.0011726	0.10422	897.8	2796.4	1898.6	2.4247	6.3546
220	2.3201	0.0011900	0.08602	943.7	2799.9	1856.2	2.5178	6.2819
230	2.7979	0.0012087	0.07143	990.3	2801.7	1811.4	2.6102	6.2104
240	3.3480	0.0012291	0.05964	1037.6	2801.6	1764.0	2.7021	6.1397
250	3.9776	0.0012513	0.05002	1085.8	2799.5	1713.7	2.7936	6.0693
260	4.6940	0.0012756	0.04212	1135.0	2795.2	1660.2	2.8850	5.9989
270	5.5051	0.0013025	0.03557	1185.4	2788.3	1602.9	2.9676	5.9278
280	6.4191	0.0013324	0.03010	1237.0	2778.6	1541.6	3.0687	5.8555
290	7.4448	0.0013659	0.02551	1290.3	2765.4	1475.1	3.1616	5.7811
300	8.5917	0.0014041	0.02162	1345.4	2748.4	1403.0	3.2559	5.7038
310	9.8697	0.0014480	0.01829	1402.9	2726.8	1323.9	3.3522	5.6224
320	11.290	0.0014995	0.01544	1463.4	2699.6	1236.2	3.4513	5.5356
330	12.865	0.0015614	0.01296	1527.5	2665.5	1138.0	3.5546	5.4414
340	14.608	0.0016390	0.01078	1596.8	2622.3	1025.5	3.6638	5.3363
350	16.537	0.0017407	0.008822	1672.9	2566.1	893.2	3.7816	5.2149
360	18.674	0.0018930	0.006970	1763.1	2485.7	722.5	3.9189	5.0603
370	21.053	0.002231	0.004958	1896.2	2335.7	439.6	4.1198	4.8031
①374.12	22.115	0.003147	0.003147	2095.2	2095.2	0.0	4.4237	4.4237

① 这一行的数据为临界状态的参数值。

附录 A-2 饱和水与饱和水蒸气表(按压力排列)

压力	饱和温度	比体积		比焓		汽化潜热	比熵	
		饱和水	饱和蒸汽	饱和水	饱和蒸汽		饱和水	饱和蒸汽
p/MPa	t_s/°C	v'/(m^3/kg)	v''/(m^3/kg)	h'/(kJ/kg)	h''/(kJ/kg)	r/(kJ/kg)	s'/[kJ/(kg·K)]	s''/[kJ/(kg·K)]
0.0010	6.982	0.0010001	129.208	29.33	2513.8	2484.5	0.1060	8.9756
0.0020	17.511	0.0010012	67.006	73.45	2533.2	2459.8	0.2606	8.7236
0.0030	24.098	0.0010027	45.668	101.00	2545.2	2444.2	0.3543	8.5776
0.0040	28.981	0.0010040	34.803	121.41	2554.1	2432.7	0.4224	8.4747
0.0050	32.90	0.0010052	28.196	137.77	2561.2	2423.4	0.4763	8.3952
0.0060	36.18	0.0010064	23.742	151.50	2567.1	2415.6	0.5209	8.3305
0.0070	39.02	0.0010074	20.532	163.38	2572.2	2408.8	0.5591	8.2760
0.0080	41.53	0.0010084	18.106	173.87	2576.7	2402.8	0.5926	8.2289
0.0090	43.79	0.0010094	16.206	183.28	2580.8	2397.5	0.6224	8.1875
0.0100	45.83	0.0010102	14.676	191.84	2584.4	2392.6	0.6493	8.1505
0.015	54.00	0.0010140	10.025	225.98	2598.9	2372.9	0.7549	8.0089
0.020	60.09	0.0010172	7.6515	251.46	2609.6	2358.1	0.8321	7.9092
0.025	64.99	0.0010199	6.2060	271.99	2618.1	2346.1	0.8932	7.8321
0.030	69.12	0.0010223	5.2308	289.31	2625.3	2336.0	0.9441	7.7695
0.040	75.89	0.0010265	3.9949	317.65	2636.8	2319.2	1.0261	7.6711
0.050	81.35	0.0010301	3.2415	340.57	2646.0	2305.4	1.0912	7.5951
0.060	85.95	0.0010333	2.7329	359.93	2653.6	2293.7	1.1454	7.5332
0.070	89.96	0.0010361	2.3658	376.77	2660.2	2283.4	1.1921	7.4811

（续）

压力	饱和温度	比体积		比焓		汽化潜热	比熵	
		饱和水	饱和蒸汽	饱和水	饱和蒸汽		饱和水	饱和蒸汽
p/MPa	t_s/°C	v'/(m³/kg)	v''/(m³/kg)	h'/(kJ/kg)	h''/(kJ/kg)	r/(kJ/kg)	s'/ [kJ/(kg·K)]	s''/ [kJ/(kg·K)]
0.080	93.51	0.0010387	2.0879	391.72	2666.0	2274.3	1.2330	7.4360
0.090	96.71	0.0010412	1.8701	405.21	2671.1	2265.9	1.2696	7.3963
0.100	99.63	0.0010134	1.6946	417.51	2675.7	2258.2	1.3027	7.3608
0.12	104.81	0.0010176	1.4289	439.36	2683.8	2244.4	1.3609	7.2996
0.14	109.32	0.0010513	1.2370	458.12	2690.8	2232.4	1.4109	7.2480
0.16	113.32	0.0010547	1.0917	475.38	2696.8	2221.4	1.4550	7.2032
0.18	116.93	0.0010579	0.97775	490.70	2702.1	2211.4	1.4944	7.1638
0.20	120.23	0.0010608	0.88592	504.7	2706.9	2202.2	1.5301	7.1286
0.25	127.43	0.0010675	0.71881	535.4	2717.2	2181.8	1.6072	7.0540
0.30	133.54	0.0010735	0.60586	561.4	2725.5	2164.1	1.6717	6.9930
0.35	138.88	0.0010789	0.52425	584.3	2732.5	2148.2	1.7273	6.9414
0.40	143.62	0.0010839	0.46242	604.7	2738.5	2133.8	1.7764	6.8966
0.45	147.92	0.0010885	0.41392	623.2	2743.8	2120.6	1.8204	6.8570
0.50	151.85	0.0010928	0.37481	640.1	2748.5	2108.4	1.8604	6.8215
0.60	158.84	0.0011009	0.31556	670.4	2756.4	2086.0	1.9308	6.7598
0.70	164.96	0.0011082	0.27274	697.1	2762.9	2065.8	1.9918	6.7074
0.80	170.42	0.0011150	0.24030	720.9	2768.4	2047.5	2.0457	6.6618
0.90	175.36	0.0011213	0.21484	742.6	2773.0	2030.4	2.0941	6.6212
1.0	179.88	0.0011274	0.19430	762.6	2777.0	2014.4	2.1382	6.5847
1.1	184.06	0.0011331	0.17739	781.1	2780.4	1999.3	2.1786	6.5515
1.2	187.96	0.0011386	0.16320	798.4	2783.4	1985.0	2.2160	6.5210
1.3	191.60	0.0011438	0.15112	814.7	2786.0	1971.3	2.2509	6.4927
1.4	195.04	0.0011489	0.14072	830.1	2788.4	1958.3	2.2836	6.4665
1.5	198.28	0.0011538	0.13165	844.7	2790.4	1945.7	2.3144	6.4418
1.6	201.37	0.0011586	0.12368	858.6	2792.2	1933.6	2.3436	6.4187
1.7	204.30	0.0011633	0.11661	871.8	2793.8	1922.0	2.3712	6.3967
1.8	207.10	0.0011678	0.11031	884.6	2795.1	1910.5	2.3976	6.3759
1.9	209.79	0.0011722	0.10464	896.8	2796.4	1899.6	2.4227	6.3561
2.0	212.37	0.0011766	0.09953	908.6	2797.4	1888.8	2.4468	6.3373
2.2	217.24	0.0011850	0.09064	930.9	2799.1	1868.2	2.4922	6.3018
2.4	221.78	0.0011932	0.08319	951.9	2800.4	1848.5	2.5343	6.2691
2.6	226.03	0.0012011	0.07685	971.7	2801.2	1829.5	2.5736	6.2386
2.8	230.04	0.0012088	0.07138	990.5	2801.7	1811.2	2.6106	6.2101
3.0	233.84	0.0012163	0.06662	1008.4	2801.9	1793.5	2.6455	6.1832
3.5	242.54	0.0012345	0.05702	1049.8	2801.3	1751.5	2.7253	6.1218
4.0	250.33	0.0012521	0.04974	1087.5	2799.4	1711.9	2.7967	6.0670
4.5	257.41	0.0012691	0.04402	1122.2	2796.5	1674.3	2.8614	6.0171
5.0	263.92	0.0012858	0.03941	1154.6	2792.8	1638.2	2.9209	5.9712
6.0	275.56	0.0013187	0.03241	1213.9	2783.3	1569.4	3.0277	5.8878
7.0	285.80	0.0013514	0.02734	1267.7	2771.4	1503.7	3.1225	5.8126
8.0	294.98	0.0013843	0.02349	1317.5	2757.5	1440.0	3.2083	5.7430
9.0	303.31	0.0014179	0.02046	1364.2	2741.8	1377.6	3.2875	5.6773
10.0	310.96	0.0014526	0.01800	1408.6	2724.4	1315.8	3.3616	5.6143
12.0	324.64	0.0015267	0.01425	1492.6	2684.8	1192.2	3.4986	5.4930
14.0	336.63	0.0016104	0.01149	1572.8	2638.3	1065.5	3.6262	5.3737
16.0	347.32	0.0017101	0.009330	1651.5	2582.7	931.2	3.7486	5.2496
18.0	356.96	0.0018380	0.007534	1733.4	2514.4	781.0	3.8789	5.1135
20.0	365.71	0.002038	0.005873	1828.8	2413.8	585.0	4.0181	4.9338
22.0	373.68	0.002675	0.003757	2007.7	2192.5	184.8	4.2891	4.5748
22.115	374.12	0.003147	0.003147	2095.2	2095.2	0.0	4.4237	4.4237

附录 A-3　未饱和水与过热蒸汽表

p	0.001MPa			0.005MPa			0.01MPa			0.04MPa		
饱和参数	$t_s=6.982$ $v''=129.208$ $h''=2513.8$ $s''=8.9756$			$t_s=32.90$ $v''=28.196$ $h''=2561.2$ $s''=8.3952$			$t_s=45.83$ $v''=14.676$ $h''=2384.4$ $s''=8.1505$			$t_s=75.89$ $v''=3.9949$ $h''=2636.8$ $s''=7.6711$		
t/℃	v/(m³/kg)	h/(kJ/kg)	s/[kJ/(kg·K)]	v/(m³/kg)	h/(kJ/kg)	s/[kJ/(kg·K)]	v/(m³/kg)	h/(kJ/kg)	s/[kJ/(kg·K)]	v/(m³/kg)	h/(kJ/kg)	s/[kJ/(kg·K)]
0	0.0010002	-0.0412	-0.0001	0.0010002	0.0	-0.0001	0.0010002	+0.0	-0.0001	0.0010002	0.0	-0.0001
10	130.60	2519.5	8.9956	0.0010002	42.0	0.1510	0.0010002	42.0	0.1510	0.0010002	42.0	0.1510
20	135.23	2538.1	9.0604	0.0010017	83.9	0.2963	0.0010017	83.9	0.2963	0.0010017	83.9	0.2963
30	139.85	2556.8	9.1230	0.0010043	125.7	0.4365	0.0010043	125.7	0.4365	0.0010043	125.7	0.4365
40	144.47	2575.5	9.1837	28.86	2574.6	8.4385	0.0010078	167.4	0.5721	0.0010078	167.5	0.5721
50	149.09	2594.2	9.2426	29.78	2593.4	8.4977	14.87	2592.3	8.1752	0.0010121	209.3	0.7035
60	153.71	2613.0	9.2997	30.71	2612.3	8.5552	15.34	2611.3	8.2331	0.0010171	251.1	0.8310
70	158.33	2631.8	9.3552	31.64	2631.1	8.6110	15.80	2630.3	8.2892	0.0010228	293.0	0.9548
80	162.95	2650.6	9.4093	32.57	2650.0	8.6652	16.27	2649.3	8.3437	4.044	2644.9	7.6940
90	167.57	2669.4	9.4619	33.49	2668.9	8.7180	16.73	2668.3	8.3968	4.162	2664.4	7.7485
100	172.19	2688.3	9.5132	34.42	2687.9	8.7695	17.20	2687.2	8.4484	4.280	2683.8	7.8013
120	181.42	2726.2	9.6122	36.27	2725.9	8.8687	18.12	2725.4	8.5479	4.515	2722.6	7.9025
140	190.66	2764.3	9.7066	38.12	2764.0	8.9633	19.05	2763.6	8.6427	4.749	2761.3	7.9986
160	199.89	2802.6	9.7971	39.97	2802.3	9.0539	19.98	2802.0	8.7334	4.983	2800.1	8.0903
180	209.12	2841.0	9.8839	41.81	2840.8	9.1408	20.90	2840.6	8.8204	5.216	2838.9	8.1780
200	218.35	2879.6	9.9672	43.66	2879.5	9.2244	21.82	2879.3	8.9041	5.448	2877.9	8.2621
220	227.58	2918.6	10.0480	45.51	2918.5	9.3049	22.75	2918.3	8.9848	5.680	2917.1	8.3432
240	236.82	2957.7	10.1257	47.36	2957.6	9.3828	23.67	2957.4	9.0626	5.912	2956.4	8.4213
260	246.05	2997.1	10.2010	49.20	2997.0	9.4580	24.60	2996.8	9.1379	6.144	2995.9	8.4969
280	255.28	3036.7	10.2739	51.05	3036.6	9.5310	25.52	3036.5	9.2109	6.375	3035.6	8.5700
300	264.51	3076.5	10.3446	52.90	3076.4	9.6017	26.44	3076.3	9.2817	6.606	3075.6	8.6409
400	310.66	3279.5	10.6709	62.13	3279.4	9.9280	31.06	3279.4	9.6081	7.763	3278.9	8.9678
500	356.81	3489.0	10.960	71.36	3489.0	10.218	35.68	3488.9	9.8982	8.918	3488.6	9.2581
600	402.96	3705.3	11.224	80.59	3705.3	10.481	40.29	3705.2	10.161	10.07	3705.0	9.5212

（续）

p	0.08MPa			0.1MPa			0.5MPa			1MPa		
饱和参数	$t_s=93.51$ $v''=2.0879$ $h''=2666.0$ $s''=7.4360$			$t_s=99.63$ $v''=1.6946$ $h''=2675.7$ $s''=7.3603$			$t_s=151.85$ $v''=0.37481$ $h''=2748.5$ $s''=6.8215$			$t_s=179.88$ $v''=0.19430$ $h''=2777.0$ $s''=6.5847$		
t/°C	v/(m³/kg)	h/(kJ/kg)	s/[kJ/(kg·K)]	v/(m³/kg)	h/(kJ/kg)	s/[kJ/(kg·K)]	v/(m³/kg)	h/(kJ/kg)	s/[kJ/(kg·K)]	v/(m³/kg)	h/(kJ/kg)	s/[kJ/(kg·K)]
0	0.0010002	0.0	−0.0001	0.0010002	0.1	−0.0001	0.0010000	0.5	−0.0001	0.0009997	1.0	−0.0001
10	0.0010002	42.1	0.1510	0.0010002	42.1	0.1510	0.0010000	42.5	0.1509	0.0009998	43.0	0.1509
20	0.0010017	83.9	0.2963	0.0010017	84.0	0.2963	0.0010015	84.3	0.2962	0.0010013	84.8	0.2961
30	0.0010043	125.7	0.4365	0.0010043	125.8	0.4365	0.0010041	126.1	0.4364	0.0010039	126.6	0.4362
40	0.0010078	167.5	0.5721	0.0010078	167.5	0.5721	0.0010076	167.9	0.5719	0.0010074	168.3	0.5717
50	0.0010121	209.3	0.7035	0.0010121	209.3	0.7035	0.0010119	209.7	0.7033	0.0010117	210.1	0.7030
60	0.0010171	251.1	0.8310	0.0010171	251.2	0.8309	0.0010169	251.5	0.8307	0.0010167	251.9	0.8305
70	0.0010228	293.0	0.9548	0.0010228	293.0	0.9548	0.0010226	293.4	0.9545	0.0010224	293.8	0.9452
80	0.0010292	334.9	1.0752	0.0010292	335.0	1.0752	0.0010290	335.3	1.0750	0.0010287	335.7	1.0746
90	0.0010361	376.9	1.1925	0.0010361	377.0	1.1925	0.0010359	377.3	1.1922	0.0010357	377.7	1.1918
100	2.127	2679.0	7.4712	1.696	2676.5	7.3628	0.0010435	419.4	1.3066	0.0010432	419.7	1.3062
120	2.247	2718.8	7.5750	1.793	2716.8	7.4681	0.0010605	503.9	1.5273	0.0010602	504.3	1.5269
140	2.366	2758.2	7.6729	1.889	2756.6	7.5669	0.0010800	589.2	1.7388	0.0010796	589.5	1.7383
160	2.484	2797.5	7.7658	1.984	2796.2	7.6605	0.3836	2767.4	6.8653	0.0011019	675.7	1.9420
180	2.601	2836.8	7.8544	2.078	2835.7	7.7496	0.4046	2812.1	6.9664	0.1944	2777.3	6.5854
200	2.718	2876.1	7.9393	2.172	2875.2	7.8348	0.4249	2855.4	7.0603	0.2059	2827.5	6.6910
220	2.835	2915.5	8.0208	2.266	2914.7	7.9166	0.4449	2897.9	7.1481	0.2169	2874.9	6.7921
240	2.952	2955.0	8.0994	2.359	2954.3	7.9954	0.4646	2939.9	7.2314	0.2275	2920.5	6.8826
260	3.068	2994.7	8.1753	2.453	2994.1	8.0714	0.4841	2981.4	7.3109	0.2378	2964.8	6.9674
280	3.184	3034.6	8.2486	2.546	3034.0	8.1449	0.5034	3022.8	7.3871	0.2480	3008.3	7.0475
300	3.300	3074.6	8.3198	2.639	3074.1	8.2162	0.5226	3064.2	7.4605	0.2580	3051.3	7.1239
400	3.879	3278.3	8.6472	3.103	3278.0	8.5436	0.6172	3271.8	7.7944	0.3066	3264.0	7.4606
500	4.457	3488.2	8.9378	3.565	3487.9	8.8346	0.7109	3483.6	8.0877	0.3540	3478.3	7.7627
600	5.035	3704.7	9.2011	4.028	3704.5	9.0979	0.8040	3701.4	8.3525	0.4010	3697.4	8.0292

（续）

p	2MPa			3MPa			4MPa			5MPa		
饱和参数	$t_s=212.37$ $v''=0.09953$ $h''=2797.4$ $s''=6.3373$			$t_s=233.84$ $v''=0.06662$ $h''=2801.9$ $s''=6.1832$			$t_s=250.33$ $v''=0.04974$ $h''=2799.4$ $s''=6.0670$			$t_s=263.92$ $v''=0.03941$ $h''=2792.8$ $s''=5.9712$		
t/°C	v/(m³/kg)	h/(kJ/kg)	s/[kJ/(kg·K)]	v/(m³/kg)	h/(kJ/kg)	s/[kJ/(kg·K)]	v/(m³/kg)	h/(kJ/kg)	s/[kJ/(kg·K)]	v/(m³/kg)	h/(kJ/kg)	s/[kJ/(kg·K)]
0	0.0009992	2.0	0.0000	0.0009987	3.0	0.0001	0.0009982	4.0	0.0002	0.0009977	5.1	0.0002
10	0.0009993	43.9	0.1508	0.0009988	44.9	0.1507	0.0009984	45.9	0.1506	0.0009979	46.9	0.1505
20	0.0010008	85.7	0.2959	0.0010004	86.7	0.2957	0.0009999	87.6	0.2955	0.0009995	88.6	0.2952
30	0.0010034	127.5	0.4359	0.0010030	128.4	0.4356	0.0010025	129.3	0.4353	0.0010021	130.2	0.4350
40	0.0010069	169.2	0.5713	0.0010065	170.1	0.5709	0.0010060	171.0	0.5706	0.0010056	171.9	0.5702
50	0.0010112	211.0	0.7026	0.0010108	211.8	0.7021	0.0010103	212.7	0.7016	0.0010099	213.6	0.7012
60	0.0010162	252.7	0.8299	0.0010158	253.6	0.8294	0.0010153	254.4	0.8288	0.0010149	255.3	0.8283
70	0.0010219	294.6	0.9536	0.0010215	295.4	0.9530	0.0010210	296.2	0.9524	0.0010205	297.0	0.9518
80	0.0010282	336.5	1.0740	0.0010278	337.3	1.0733	0.0010273	338.1	1.0726	0.0010268	338.8	1.0720
90	0.0010352	378.4	1.1911	0.0010347	379.3	1.1904	0.0010342	380.0	1.1897	0.0010337	380.7	1.1890
100	0.0010427	420.5	1.3054	0.0010422	421.2	1.3046	0.0010417	422.0	1.3038	0.0010412	422.7	1.3030
120	0.0010596	505.0	1.5260	0.0010590	505.7	1.5250	0.0010584	506.4	1.5242	0.0010579	507.1	1.5232
140	0.0010790	590.2	1.7373	0.0010783	590.8	1.7362	0.0010777	591.5	1.7352	0.0010771	592.1	1.7342
160	0.0010012	676.3	1.9408	0.0011005	676.9	1.9396	0.0010997	677.5	1.9385	0.0010990	678.0	1.9373
180	0.0011266	763.6	2.1379	0.0011258	764.1	2.1366	0.0011249	764.8	2.1352	0.0011241	765.2	2.1339
200	0.0011560	852.6	2.3300	0.0011550	853.0	2.3284	0.0011540	853.4	2.3268	0.0011530	853.8	2.3253
220	0.1021	2820.4	6.3842	0.0011891	943.9	2.5166	0.0011878	944.2	2.5147	0.0011866	944.4	2.5129
240	0.1084	2876.3	6.4953	0.06818	2823.0	6.2245	0.0012280	1037.7	2.7007	0.0012264	1037.8	2.6985
260	0.1144	2927.9	6.5941	0.07286	2885.5	6.3440	0.05174	2835.6	6.1355	0.0012750	1135.0	2.8842
280	0.1200	2976.9	6.6842	0.07714	2941.8	6.4477	0.05547	2902.2	6.2581	0.04224	2857.0	6.0889
300	0.1255	3024.0	6.7679	0.08116	2994.2	6.5408	0.05885	2961.5	6.3634	0.04532	2925.4	6.2104
400	0.1512	3248.1	7.1285	0.09933	3231.6	6.9231	0.07339	3214.5	6.7713	0.05780	3196.9	6.6486
500	0.1756	3467.4	7.4323	0.1161	3456.4	7.2345	0.08638	3445.2	7.0909	0.06853	3433.8	6.9768
600	0.1995	3689.5	7.7024	0.1324	3681.5	7.5084	0.09879	3673.4	7.3686	0.07864	3665.4	7.2586

（续）

p	6MPa			7MPa			8MPa			9MPa		
饱和参数	$t_s=275.56$ $v''=0.03241$ $h''=2783.3$ $s''=5.8878$			$t_s=285.80$ $v''=0.02734$ $h''=2771.4$ $s''=5.8126$			$t_s=294.98$ $v''=0.02349$ $h''=2757.5$ $s''=5.7430$			$t_s=303.31$ $v''=0.02046$ $h''=2741.8$ $s''=5.6773$		
t/°C	v/(m³/kg)	h/(kJ/kg)	s/[kJ/(kg·K)]	v/(m³/kg)	h/(kJ/kg)	s/[kJ/(kg·K)]	v/(m³/kg)	h/(kJ/kg)	s/[kJ/(kg·K)]	v/(m³/kg)	h/(kJ/kg)	s/[kJ/(kg·K)]
0	0.0009972	6.1	0.0003	0.0009967	7.1	0.0004	0.0009962	8.1	0.0004	0.0009958	9.1	0.0005
10	0.0009974	47.8	0.1505	0.0009970	48.8	0.1504	0.0009965	49.8	0.1503	0.0009960	50.7	0.1502
20	0.0009990	89.5	0.2951	0.0009986	90.4	0.2948	0.0009981	91.4	0.2946	0.0009977	92.3	0.2944
30	0.0010016	131.1	0.4347	0.0010012	132.0	0.4344	0.0010008	132.9	0.4340	0.0010003	133.8	0.4337
40	0.0010051	172.7	0.5698	0.0010047	173.6	0.5694	0.0010043	174.5	0.5690	0.0010038	175.4	0.5686
50	0.0010094	214.4	0.7007	0.0010090	215.3	0.7003	0.0010086	216.1	0.6998	0.0010081	217.0	0.6993
60	0.0010144	256.1	0.8278	0.0010140	256.9	0.8273	0.0010135	257.8	0.8267	0.0010131	258.6	0.8262
70	0.0010201	297.8	0.9512	0.0010196	298.7	0.9506	0.0010192	299.5	0.9500	0.0010187	300.3	0.9494
80	0.0010263	339.6	1.0713	0.0010259	340.4	1.0707	0.0010254	341.2	1.0700	0.0010249	342.0	1.0694
90	0.0010332	381.5	1.1882	0.0010327	382.3	1.1875	0.0010322	383.1	1.1868	0.0010317	383.8	1.1861
100	0.0010406	423.5	1.3023	0.0010401	424.2	1.3015	0.0010396	425.0	1.3007	0.0010391	425.8	1.3000
120	0.0010573	507.8	1.5224	0.0010567	508.5	1.5215	0.0010562	509.2	1.5206	0.0010556	509.9	1.5197
140	0.0010764	592.8	1.7332	0.0010758	593.4	1.7321	0.0010752	594.1	1.7311	0.0010745	594.7	1.7301
160	0.0010983	678.6	1.9361	0.0010976	679.2	1.9350	0.0010968	679.8	1.9338	0.0010961	680.4	1.9326
180	0.0011232	765.7	2.1325	0.0011224	766.2	2.1312	0.0011216	766.7	2.1299	0.0011207	767.2	2.1286
200	0.0011519	854.2	2.3237	0.0011510	854.6	2.3222	0.0011500	855.1	2.3207	0.0011490	855.5	2.3191
220	0.0011853	944.7	2.5111	0.0011841	945.0	2.5093	0.0011829	945.3	2.5075	0.0011817	945.6	2.5057
240	0.0012249	1037.9	2.6963	0.0012233	1038.0	2.6941	0.0012218	1038.2	2.6920	0.0012202	1038.3	2.6899
260	0.0012729	1134.8	2.8815	0.0012708	1134.7	2.8789	0.0012687	1134.6	2.8762	0.0012667	1134.4	2.8737
280	0.03317	2804.0	5.9253	0.0013307	1236.7	3.0667	0.0013277	1236.2	3.0633	0.0013249	1235.6	3.0600
300	0.03616	2885.0	6.0693	0.02946	2839.2	5.9322	0.02425	2785.4	5.7918	0.0014022	1344.9	3.2539
400	0.04738	3178.6	6.5438	0.03992	3159.7	6.4511	0.03431	3140.1	6.3670	0.02993	3119.7	6.2891
500	0.05662	3422.2	6.8814	0.04810	3410.5	6.7988	0.04172	3398.5	6.7254	0.03675	3386.4	6.6592
600	0.06521	3657.2	7.1673	0.05561	3649.0	7.0890	0.04841	3640.7	7.0201	0.04281	3632.4	6.9585

（续）

p	10MPa			12MPa			14MPa			16MPa		
饱和参数	$t_s=310.96$ $v''=0.01800$ $h''=2724.7$ $s''=5.6143$			$t_s=324.64$ $v''=0.01425$ $h''=2684.8$ $s''=5.4930$			$t_s=336.63$ $v''=0.01149$ $h''=2638.3$ $s''=5.3737$			$t_s=347.32$ $v''=0.009330$ $h''=2582.7$ $s''=5.2496$		
t/°C	$v/(m^3/kg)$	h/(kJ/kg)	s/[kJ/(kg·K)]	$v/(m^3/kg)$	h/(kJ/kg)	s/[kJ/(kg·K)]	$v/(m^3/kg)$	h/(kJ/kg)	s/[kJ/(kg·K)]	$v/(m^3/kg)$	h/(kJ/kg)	s/[kJ/(kg·K)]
0	0.0009953	10.1	0.0005	0.0009943	12.1	0.0006	0.0009933	14.1	0.0007	0.0009924	16.1	0.0008
10	0.0009956	51.7	0.1500	0.0009947	53.6	0.1498	0.0009938	55.6	0.1496	0.0009928	57.5	0.1494
20	0.0009972	93.2	0.2942	0.0009964	95.1	0.2937	0.0009955	97.0	0.2933	0.0009946	98.8	0.2928
30	0.0009999	134.7	0.4334	0.0009991	136.6	0.4328	0.0009982	138.4	0.4322	0.0009973	140.2	0.4315
40	0.0010034	176.3	0.5682	0.0010026	178.1	0.5674	0.0010017	179.8	0.5666	0.0010008	181.6	0.5659
50	0.0010077	217.8	0.6989	0.0010068	219.6	0.6979	0.0010060	221.3	0.6970	0.0010051	223.0	0.6961
60	0.0010126	259.4	0.8257	0.0010118	261.1	0.8246	0.0010109	262.8	0.8236	0.0010100	264.5	0.8225
70	0.0010182	301.1	0.9489	0.0010174	302.7	0.9477	0.0010164	304.4	0.9465	0.0010156	306.0	0.9453
80	0.0010244	342.8	1.0687	0.0010235	344.4	1.0674	0.0010226	346.0	1.0661	0.0010217	347.6	1.0648
90	0.0010312	384.6	1.1854	0.0010303	386.2	1.1840	0.0010293	387.7	1.1826	0.0010284	389.3	1.1812
100	0.0010386	426.5	1.2992	0.0010376	428.0	1.2977	0.0010366	429.5	1.2961	0.0010356	431.0	1.2946
120	0.0010551	510.6	1.5188	0.0010540	512.0	1.5170	0.0010529	513.5	1.5153	0.0010518	514.9	1.5136
140	0.0010739	595.4	1.7291	0.0010727	596.7	1.7271	0.0010715	598.0	1.7251	0.0010703	599.4	1.7231
160	0.0010954	681.0	1.9315	0.0010940	682.2	1.9292	0.0010926	683.4	1.9269	0.0010912	684.6	1.9247
180	0.0011199	767.8	2.1272	0.0011183	768.8	2.1246	0.0011167	769.9	2.1220	0.0011151	771.0	2.1195
200	0.0011480	855.9	2.3176	0.0011461	856.8	2.3146	0.0011442	857.7	2.3117	0.0011423	858.6	2.3087
220	0.0011805	946.0	2.5040	0.0011782	946.6	2.5005	0.0011759	947.2	2.4970	0.0011736	947.9	2.4936
240	0.0012188	1038.4	2.6878	0.0012158	1038.8	2.6837	0.0012129	1039.1	2.6796	0.0012101	1039.5	2.6756
260	0.0012648	1134.3	2.8711	0.0012609	1134.2	2.8661	0.0012572	1134.1	2.8612	0.0012535	1134.0	2.8563
280	0.0013221	1235.2	3.0567	0.0013167	1234.3	3.0503	0.0013115	1233.5	3.0441	0.0013065	1232.8	3.0381
300	0.0013978	1343.7	3.2494	0.0013895	1341.5	3.2407	0.0013816	1339.5	3.2324	0.0013742	1337.7	3.2245
400	0.02641	3098.5	6.2158	0.02108	3053.3	6.0787	0.01726	3004.0	5.9488	0.01427	2949.7	5.8215
500	0.03277	3374.1	6.5984	0.02679	3349.0	6.4893	0.02251	3323.0	6.3922	0.01929	3296.3	6.3038
600	0.03833	3624.0	6.9025	0.03161	3607.0	6.8034	0.02681	3589.8	6.7172	0.02321	3572.4	6.6401

（续）

p	18MPa			20MPa			25MPa			30MPa		
饱和参数	$t_s=356.96$ $v''=0.007534$ $h''=2514.4$ $s''=5.1135$			$t_s=365.71$ $v''=0.005873$ $h''=2413.8$ $s''=4.9338$								
t/°C	v/(m³/kg)	h/(kJ/kg)	s/[kJ/(kg·K)]	v/(m³/kg)	h/(kJ/kg)	s/[kJ/(kg·K)]	v/(m³/kg)	h/(kJ/kg)	s/[kJ/(kg·K)]	v/(m³/kg)	h/(kJ/kg)	s/[kJ/(kg·K)]
0	0.0009914	18.1	0.0008	0.0009904	20.1	0.0008	0.0009881	25.1	0.0009	0.0009857	30.0	0.0008
10	0.0009919	59.4	0.1491	0.0009910	61.3	0.1489	0.0009888	66.1	0.1482	0.0009866	70.8	0.1475
20	0.0009937	100.7	0.2924	0.0009929	102.5	0.2919	0.0009907	107.1	0.2907	0.0009886	111.7	0.2895
30	0.0009965	142.0	0.4309	0.0009956	143.8	0.4303	0.0009935	148.2	0.4287	0.0009915	152.7	0.4271
40	0.0010000	183.3	0.5651	0.0009992	185.1	0.5643	0.0009971	189.4	0.5623	0.0009950	193.8	0.5604
50	0.0010043	224.7	0.6952	0.0010034	226.4	0.6943	0.0010013	230.7	0.6920	0.0009993	235.0	0.6897
60	0.0010092	266.1	0.8215	0.0010083	267.8	0.8204	0.0010062	272.0	0.8178	0.0010041	276.1	0.8153
70	0.0010147	307.6	0.9442	0.0010138	309.3	0.9430	0.0010116	313.3	0.9401	0.0010095	317.4	0.9373
80	0.0010208	349.2	1.0636	0.0010199	350.8	1.0623	0.0010177	354.8	1.0591	0.0010155	358.7	1.0560
90	0.0010274	390.8	1.1798	0.0010265	392.4	1.1784	0.0010242	396.2	1.1750	0.0010219	400.1	1.1716
100	0.0010346	432.5	1.2931	0.0010337	434.0	1.2916	0.0010313	437.8	1.2879	0.0010289	441.6	1.2843
120	0.0010507	516.3	1.5118	0.0010496	517.7	1.5101	0.0010470	521.3	1.5059	0.0010445	524.9	1.5017
140	0.0010691	600.7	1.7212	0.0010679	602.0	1.7192	0.0010650	605.4	1.7144	0.0010621	608.7	1.7096
160	0.0010899	685.9	1.9225	0.0010886	687.1	1.9203	0.0010853	690.2	1.9148	0.0010821	693.3	1.9095
180	0.0011136	772.0	2.1170	0.0011120	773.1	2.1145	0.0011082	775.9	2.1083	0.0011046	778.7	2.1022
200	0.0011405	859.5	2.3058	0.0011387	860.4	2.3030	0.0011343	862.8	2.2960	0.0011300	865.2	2.2891
220	0.0011714	948.6	2.4903	0.0011693	949.3	2.4870	0.0011640	951.2	2.4789	0.0011590	953.1	2.4711
240	0.0012074	1039.9	2.6717	0.0012047	1040.3	2.6678	0.0011983	1041.5	2.6584	0.0011922	1042.8	2.6493
260	0.0012500	1134.0	2.8516	0.0012466	1134.1	2.8470	0.0012384	1134.3	2.8359	0.0012307	1134.8	2.8252
280	0.0013017	1232.1	3.0323	0.0012971	1231.6	3.0266	0.0012863	1230.5	3.0130	0.0012762	1229.9	3.0002
300	0.0013672	1336.1	3.2168	0.0013606	1334.6	3.2095	0.0013453	1331.5	3.1922	0.0013315	1329.0	3.1763
400	0.01191	2889.0	5.6926	0.009952	2820.1	5.5578	0.006009	2583.2	5.1472	0.002806	2159.1	4.4854
500	0.01678	3268.7	6.2215	0.01477	3240.2	6.1440	0.01113	3165.0	5.9639	0.008679	3083.9	5.7954
600	0.02041	3554.8	6.5701	0.01816	3536.9	6.5055	0.01413	3491.2	6.3613	0.01144	3444.2	6.2351

注：粗水平线之上为未饱和水状态，粗水平线之下为过热蒸汽状态。

附录 A-4 R717 饱和液体及蒸汽的热力性质

温度 t/°C	绝对压力 p/kPa	比体积 v'/(L/kg)	v''/(m^3/kg)	比焓/(kJ/kg) h'	h''	汽化潜热 r/(kJ/kg)	比熵/[kJ/(kg·K)] s'	s''
-46	51.51	1.4340	2.11331	293.85	1698.07	1404.22	1.1762	7.3582
-44	57.64	1.4389	1.90243	302.63	1701.32	1398.63	1.2147	7.3185
-42	64.36	1.4440	1.71627	311.35	1704.54	1393.19	1.2525	7.2798
-40	71.71	1.4491	1.55124	320.24	1707.70	1387.46	1.2908	7.2415
-38	79.73	1.4542	1.40491	329.05	1710.83	1381.78	1.3284	7.2046
-36	88.47	1.4694	1.27462	338.04	1713.90	1375.87	1.3664	7.1681
-34	97.97	1.4647	1.15863	346.94	1716.94	1370.00	1.4037	7.1324
-32	108.28	1.4701	1.05514	355.77	1719.95	1364.18	1.4404	7.0974
-30	119.46	1.4755	0.96244	364.76	1722.89	1358.14	1.4775	7.0631
-28	131.54	1.4810	0.87941	373.66	1725.80	1352.14	1.5139	7.0294
-26	144.60	1.4865	0.80492	382.49	1728.67	1346.19	1.5496	6.9965
-24	158.57	1.4921	0.73781	391.47	1731.48	1340.01	1.5858	6.9641
-22	173.82	1.4978	0.67731	400.50	1734.24	1333.74	1.6217	6.9323
-20	190.11	1.5036	0.62275	409.43	1736.95	1327.52	1.6571	6.9011
-18	207.50	1.5094	0.57340	418.40	1739.62	1321.21	1.6923	6.8705
-16	226.34	1.5154	0.52869	427.41	1742.22	1314.82	1.7273	6.8404
-14	246.40	1.5214	0.48811	436.45	1744.78	1308.33	1.7622	6.8108
-12	267.85	1.5275	0.45124	445.52	1747.28	1301.76	1.7970	6.7817
-10	290.75	1.5337	0.41770	454.56	1749.72	1295.17	1.8313	6.7531
-8	315.17	1.5398	0.38712	463.63	1752.11	1288.49	1.8655	6.7250
-6	341.17	1.5463	0.35923	472.67	1754.45	1281.78	1.8993	6.6973
-4	368.83	1.5527	0.33372	481.80	1756.72	1274.92	1.9332	6.6701
-2	398.22	1.5593	0.31038	490.90	1758.94	1268.04	1.9667	6.6433
0	429.41	1.5659	0.28899	500.02	1761.10	1261.08	2.0001	6.6169
2	462.48	1.5727	0.26985	509.18	1763.19	1254.02	2.0333	6.5909
4	497.50	1.5795	0.25132	518.33	1765.23	1246.90	2.0662	6.5652
6	534.54	1.5865	0.23472	527.50	1767.20	1239.70	2.0990	6.5400
8	573.70	1.5936	0.21944	536.68	1769.11	1232.43	2.1315	6.5151
10	615.03	1.6008	0.20535	545.88	1770.96	1225.08	2.1639	6.4905
12	658.00	1.6081	0.19233	550.10	1772.74	1217.63	2.1961	6.4663
14	704.59	1.6155	0.18030	564.36	1774.45	1210.09	2.2282	6.4422
16	752.98	1.6231	0.16917	573.60	1776.09	1202.49	2.2600	6.4187
18	803.88	1.6308	0.15886	582.90	1777.66	1194.77	2.2918	6.3954
20	857.37	1.6386	0.14930	592.19	1779.17	1186.97	2.3235	6.3723
22	913.56	1.6466	0.14042	601.51	1780.60	1179.09	2.3547	6.3495

（续）

温度	绝对压力	比体积		比焓/(kJ/kg)		汽化潜热	比熵/[kJ/(kg·K)]	
t/°C	p/kPa	v'/(L/kg)	v''/(m³/kg)	h'	h''	r/(kJ/kg)	s'	s''
24	972.52	1.6547	0.13217	610.85	1781.96	1171.12	2.3858	6.3270
26	1034.34	1.6630	0.12450	620.20	1783.25	1163.05	2.4169	6.3047
28	1099.11	1.6714	0.11736	629.60	1784.46	1154.86	2.4478	6.2826
30	1166.93	1.6800	0.11070	639.01	1785.59	1146.57	2.4786	6.2608
32	1237.88	1.6888	0.10449	648.46	1786.64	1138.18	2.5093	6.2392
34	1312.05	1.6978	0.99869	657.93	1787.61	1129.69	2.5398	6.2177
36	1389.55	1.7069	0.09327	667.42	1788.50	1121.08	2.5702	6.1965
38	1470.47	1.7162	0.08820	676.95	1789.31	1112.36	2.6004	6.1754
40	1554.89	1.7257	0.08345	686.51	1790.03	1103.52	2.6306	6.1545
42	1642.93	1.7355	0.07900	696.12	1790.66	1094.53	2.6607	6.1338
44	1743.67	1.7454	0.07483	705.76	1791.20	1085.44	2.6907	6.1132
46	1830.22	1.7556	0.07092	715.44	1791.64	1076.21	2.7206	6.0927
48	1929.68	1.7660	0.06724	725.15	1791.99	1066.84	2.75074	6.0723

附录 A-5 R12 饱和液体及蒸汽的热力性质

温度/°C	压力/kPa	比焓/(kJ/kg)		比熵/[kJ/(kg·K)]		比体积/(L/kg)	
t	p	h'	h''	s'	s''	v'	v''
−60	22.62	146.463	324.236	0.77977	1.61373	0.63689	637.911
−55	29.98	150.808	326.567	0.79990	1.60552	0.64226	491.000
−50	39.15	155.169	328.897	0.81964	1.59810	0.64782	383.105
−45	50.44	159.549	331.223	0.83901	1.59142	0.65355	302.683
−40	64.17	163.948	333.541	0.85805	1.58539	0.65949	241.910
−35	80.71	168.369	335.849	0.86776	1.57996	0.66563	195.398
−30	100.41	172.810	338.143	0.89516	1.57507	0.67200	159.375
−28	109.27	174.593	339.057	0.90244	2.57326	0.67461	147.275
−26	118.72	176.380	339.968	0.90967	1.57152	0.67726	136.284
−24	128.80	178.171	340.876	0.91686	1.56985	0.67996	126.282
−22	139.53	179.965	341.780	0.94400	1.56825	0.68269	117.167
−20	150.93	181.764	342.682	0.93110	1.56672	0.68547	108.847
−18	163.04	183.567	343.580	0.93816	1.56526	0.68829	101.242
−16	175.89	185.374	344.474	0.94518	1.56385	0.69115	94.2788
−14	189.50	187.185	345.365	0.95216	1.56256	0.69407	87.8951
−12	203.90	189.001	346.252	0.95910	1.56121	0.69703	82.0344
−10	219.12	190.822	347.134	0.96601	1.55997	0.70004	76.6464
−9	227.04	191.734	347.574	0.96945	1.55938	0.70157	74.1155
−8	235.19	192.647	348.012	0.97287	1.55897	0.70310	71.6864
−7	243.55	193.562	348.450	0.97629	1.55822	0.70465	69.3543

（续）

温度/°C	压力/kPa	比焓/(kJ/kg)		比熵/[kJ/(kg·K)]		比体积/(L/kg)	
t	p	h'	h''	s'	s''	v'	v''
-6	252.14	194.477	348.886	0.97971	1.55765	0.70622	67.1146
-5	260.56	195.395	349.321	0.98311	1.55710	0.70780	64.9629
-4	270.01	196.313	349.755	0.98650	1.55657	0.70939	62.8952
-3	279.30	197.233	350.187	0.98989	1.55604	0.71099	60.9075
-2	288.82	198.154	350.619	0.99327	1.55552	0.71261	58.9963
-1	298.59	199.076	351.049	0.99664	1.55502	0.71425	57.1579
0	308.61	200.000	351.477	1.00000	1.55452	0.71590	55.3892
1	318.88	200.925	351.905	1.00335	1.55404	0.71756	53.6869
2	329.40	201.852	352.331	1.00670	1.55356	0.71924	52.0481
3	340.19	202.780	352.755	1.01004	1.55310	0.72094	50.4700
4	351.24	203.710	353.179	1.01337	1.55264	0.72265	48.9499
5	263.55	204.642	353.600	1.01670	1.55220	0.72438	47.4853
6	374.14	205.575	354.020	1.02001	1.55176	0.72612	46.0737
7	386.01	206.509	354.439	1.02333	1.55133	0.72788	44.7129
8	398.15	207.445	354.856	1.02663	1.55091	0.72966	43.4006
9	410.58	208.383	355.272	1.02993	1.55050	0.73146	42.1349
10	423.30	209.323	355.686	1.03322	1.55010	0.73326	40.9137
11	436.31	210.264	356.098	1.03650	1.54970	0.73510	39.7352
12	449.62	211.207	356.509	1.03978	1.54931	0.73695	38.5975
13	463.23	212.152	356.918	1.04305	1.54893	0.73882	37.4991
14	477.14	213.099	357.325	1.04632	1.54856	0.74071	36.4382
15	491.37	214.048	357.703	1.04958	1.54819	0.74262	35.4133
16	505.91	214.998	358.134	1.05284	1.54783	0.74455	34.4230
17	520.76	215.951	358.535	1.05609	1.54748	0.74649	33.4658
18	535.94	216.906	358.935	1.05933	1.54713	0.74846	32.5405
19	551.45	217.863	359.333	1.06258	1.54679	0.75045	31.6457
20	567.29	218.821	359.729	1.06581	1.54645	0.75246	30.7802
21	583.47	219.783	360.122	1.06904	1.54612	0.75449	29.9429
22	599.98	220.746	360.514	1.07227	1.54579	0.75655	29.1327
23	616.84	221.712	360.904	1.07549	1.54547	0.75863	28.3485
24	634.05	222.680	361.291	1.07871	1.54515	0.76073	27.5894
25	651.62	223.650	361.676	1.08193	1.54484	0.76286	26.8542
26	669.54	224.623	362.059	1.08514	1.54453	0.76501	26.1422
27	687.82	225.598	362.439	1.08835	1.54423	0.76718	25.4524
28	706.47	226.570	362.817	1.09155	1.54393	0.76938	24.7840
29	725.50	227.557	363.193	1.09475	1.54363	0.77161	24.1362

（续）

温度/°C	压力/kPa	比焓/(kJ/kg)		比熵/[kJ/(kg·K)]		比体积/(L/kg)	
t	p	h'	h''	s'	s''	v'	v''
30	744.90	228.540	363.566	1.09795	1.54334	0.77386	23.5082
31	764.68	229.526	363.937	1.10115	1.54305	0.77614	22.8993
32	784.85	230.515	364.305	1.10434	1.54276	0.77845	22.3088
33	805.41	231.506	364.670	1.10753	1.54247	0.78079	21.7359
34	826.36	232.501	365.033	1.11072	1.54219	0.78316	21.1802
35	847.72	233.498	365.392	1.11391	1.54191	0.78556	20.6408
36	869.48	234.499	365.749	1.11710	1.54163	0.78799	20.1173
37	891.04	235.503	366.103	1.12028	1.54135	0.79045	19.6091
38	914.23	236.510	366.454	1.12347	1.54107	0.79294	19.1156
39	937.23	237.521	366.802	1.12665	1.54079	0.79546	18.6362
40	960.65	238.535	367.146	1.12984	1.54051	0.79802	18.1706
41	984.51	239.552	367.487	1.13302	1.54024	0.80062	17.7182
42	1008.8	240.574	367.825	1.13620	1.53996	0.80325	17.2785
43	1033.5	241.598	368.160	1.13938	1.53968	0.80592	16.8511
44	1058.7	242.627	368.491	1.14257	1.53941	0.80863	16.4356
45	1084.3	243.659	368.818	1.14575	1.53913	0.81137	16.0316
46	1110.4	244.696	369.141	1.14894	1.53885	0.81416	15.6386
47	1136.9	245.736	369.461	1.15213	1.53856	0.81698	15.2563
48	1163.9	246.781	369.777	1.15532	1.53828	0.81985	14.8844
49	1191.4	247.830	370.088	1.15851	1.53799	0.82277	14.5224
50	1210.3	248.884	370.396	1.16170	1.53770	0.82573	14.1701
52	1276.6	251.004	370.997	1.16810	1.53712	0.83179	13.4931
54	1335.9	253.144	371.581	1.17451	1.53651	0.83804	12.8509
56	1397.2	255.304	372.145	1.18093	1.53589	0.84451	12.2412
58	1460.5	257.486	372.688	1.18738	1.53524	0.85121	11.6620
60	1525.9	259.690	373.210	1.19384	1.53457	0.85814	11.1113
62	1593.5	261.918	373.707	1.20034	1.53387	0.86534	10.5872
64	1663.2	264.172	374.180	1.20686	1.53313	0.87282	10.0881
66	1735.1	266.452	374.625	1.21342	1.53235	0.88059	9.61234
68	1809.3	268.762	375.042	1.22001	1.53153	0.88870	9.15844
70	1885.8	271.102	375.427	1.22665	1.53066	0.89716	8.72502
75	2087.5	277.100	376.234	1.24347	1.52821	0.92009	7.72258
80	2304.6	283.341	376.777	1.26069	1.52526	0.94612	6.82143
85	2538.0	289.879	376.985	1.27845	1.52164	0.97621	6.00494
90	2788.5	296.788	376.748	1.29691	1.51708	1.01190	5.25759
95	3056.9	304.181	375.887	1.31637	1.51113	1.05581	4.56341
100	3344.1	312.261	374.070	1.33732	1.50296	1.11311	3.90280

附录 A-6 R22 饱和液体及蒸汽的热力性质

温度/°C	压力/kPa	比焓/(kJ/kg)		比熵/[kJ/(kg·K)]		比体积/(L/kg)	
t	p	h'	h''	s'	s''	v'	v''
-60	37.48	134.763	379.114	0.73254	1.87886	0.68208	537.152
-55	49.47	139.830	381.529	0.75599	1.86389	0.68856	414.827
-50	64.39	144.959	383.921	0.77919	1.85000	0.69526	324.557
-45	82.71	150.153	386.282	0.80216	1.83708	0.70219	256.990
-40	104.95	155.414	388.609	0.82490	1.82504	0.70936	205.745
-35	131.68	160.742	390.896	0.84743	1.81380	0.71680	166.400
-30	163.48	166.140	393.138	0.86976	1.80329	0.72452	135.844
-28	177.76	168.318	394.021	0.87864	1.79927	0.72769	125.563
-26	192.99	170.507	394.896	0.88748	1.79535	0.73092	116.214
-24	209.22	172.708	395.762	0.89630	1.79152	0.73420	107.701
-22	226.48	174.919	396.619	0.90509	1.78779	0.73753	99.9362
-20	244.83	177.142	397.467	0.91386	1.78415	0.74091	92.8432
-18	264.29	179.376	398.305	0.92259	1.78059	0.74436	86.3546
-16	284.93	181.622	399.133	0.93129	1.77711	0.74786	80.4103
-14	306.78	183.878	399.951	0.93997	1.77371	0.75143	74.9572
-12	329.89	186.147	400.759	0.94862	1.77039	0.75506	69.9478
-10	354.30	188.426	401.555	0.95725	1.76713	0.75876	65.3399
-9	367.01	189.571	401.949	0.96155	1.76553	0.76063	63.1746
-8	380.06	190.718	402.341	0.06585	1.76394	0.76253	61.0958
-7	393.47	191.868	402.729	0.97014	1.76237	0.76444	59.0996
-6	407.23	193.021	403.114	0.97442	1.76082	0.76636	57.1820
-5	421.35	194.176	403.496	0.97870	1.75928	0.76831	55.3394
-4	435.84	195.335	403.876	0.98297	1.75775	0.77028	33.5682
-3	450.70	196.497	404.252	0.98724	1.75624	0.77226	51.8653
-2	465.94	197.662	404.626	0.99150	1.75475	0.77427	50.2274
-1	481.57	198.828	404.994	0.99575	1.75326	0.77629	48.6517
0	497.59	200.000	405.361	1.00000	1.75279	0.77834	47.1354
1	514.01	201.174	405.724	1.00424	1.75034	0.78041	45.6757
2	530.83	202.351	406.084	1.00848	1.74889	0.78249	44.2702
3	548.06	203.530	406.440	1.01271	1.74746	0.78460	42.9166
4	565.71	204.713	406.739	1.01694	1.74604	0.78673	41.6124
5	583.78	205.899	407.143	1.02116	1.74463	0.78889	40.3556
6	602.28	207.089	407.489	1.02537	1.74324	0.79107	39.1441
7	621.22	208.281	407.831	1.02958	1.74185	0.79327	37.9759
8	640.59	209.477	408.169	1.03379	1.74047	0.79549	36.8493
9	660.42	210.675	408.504	1.03799	1.73911	0.79775	35.7624
10	680.70	211.877	408.835	1.04218	1.73775	0.80002	34.7136
11	701.44	213.083	409.162	1.04637	1.73640	0.80232	33.7013
12	722.65	214.296	409.485	1.05056	1.73506	0.80465	32.7239
13	744.33	215.503	409.804	1.05474	1.73373	0.80701	31.7801
14	766.50	216.719	410.119	1.05892	1.73241	0.80939	30.8683
15	789.15	217.937	410.430	1.06309	1.73109	0.81180	29.9874
16	812.29	219.160	410.736	1.06726	1.72978	0.81424	29.1361
17	835.93	220.386	411.038	1.07142	1.72848	0.81671	28.3131
18	860.08	221.615	411.336	1.07559	1.72719	0.81922	27.5173
19	884.75	222.848	411.629	1.07974	1.72590	0.82175	26.7477
20	909.93	224.084	411.918	1.08390	1.72462	0.82431	26.0032

(续)

温度/℃	压力/kPa	比焓/(kJ/kg)		比熵/[kJ/(kg·K)]		比体积/(L/kg)	
t	p	h'	h''	s'	s''	v'	v''
21	935.64	225.324	412.202	1.08805	1.72334	0.82691	25.2829
22	961.89	226.568	412.481	1.09220	1.72206	0.82954	24.5857
23	988.67	227.816	412.755	1.09634	1.72080	0.83221	23.9107
24	1016.0	229.068	413.025	1.10048	1.71953	0.83491	23.2572
25	1043.9	230.324	413.289	1.10462	1.71827	0.83765	22.6242
26	1072.3	231.583	413.548	1.10876	1.71701	0.84043	22.0111
27	1101.4	232.847	413.802	1.11290	1.71576	0.84324	21.4169
28	1130.9	234.115	414.050	1.11703	1.71450	0.84610	20.8411
29	1161.1	235.387	414.293	1.12116	1.71325	0.84899	20.2829
30	1191.9	236.664	414.530	1.12530	1.71200	0.85193	19.7417
31	1223.2	237.944	414.762	1.12943	1.71075	0.85491	19.2168
32	1255.2	239.230	414.987	1.13355	1.70950	0.85793	18.7076
33	1287.8	240.520	415.207	1.13768	1.70826	0.86101	18.2135
34	1321.0	241.814	415.402	1.14181	1.70701	0.86412	17.7341
35	1354.8	243.114	415.627	1.14594	1.70576	0.86729	17.2686
36	1389.0	244.418	415.828	1.15007	1.70450	0.87051	16.8168
37	1424.3	245.727	416.021	1.15420	1.70325	0.87378	16.3779
38	1460.1	247.041	416.208	1.15833	1.70199	0.87710	15.9517
39	1496.5	248.361	416.388	1.16246	1.70073	0.88048	15.5375
40	1533.5	249.686	416.561	1.16655	1.69946	0.88392	15.1351
41	1571.2	251.016	416.726	1.17073	1.69819	0.88741	14.7439
42	1609.6	252.352	416.883	1.17486	1.69692	0.89097	14.3636
43	1648.7	253.694	417.033	1.17900	1.69564	0.89459	13.9938
44	1688.5	255.042	417.174	1.18310	1.69435	0.89828	13.6341
45	1729.0	256.396	417.308	1.18730	1.69305	0.90203	13.2841
46	1770.2	257.756	417.432	1.19145	1.69174	0.90586	12.9436
47	1812.1	259.123	417.548	1.19560	1.69043	0.90976	12.6122
48	1854.8	260.497	417.655	1.19977	1.68911	0.91374	12.2895
49	118982.0	261.877	417.752	1.20393	1.668777	0.91779	11.9753
50	1942.3	263.264	417.838	1.20811	1.68643	0.92193	11.6693
52	2032.8	266.062	417.983	1.21648	1.68370	0.93047	11.0806
54	2126.5	268.891	418.083	1.22489	1.68091	0.93939	10.5214
56	2223.2	271.754	418.137	1.23333	1.67805	0.94872	9.98952
58	2323.2	274.654	418.141	1.24183	1.67511	0.95850	9.48319
60	2426.6	277.593	418.089	1.25038	1.67208	0.96878	9.00062
62	2533.3	280.577	417.978	1.25899	1.66895	0.97960	8.54016
64	2643.5	283.607	417.802	1.26768	1.66576	0.99104	8.10023
66	2757.3	286.690	417.553	1.27647	1.66231	1.00317	7.67934
68	2874.7	289.832	417.226	1.28535	1.65870	1.01608	7.27605
70	2995.9	293.038	416.809	1.29436	1.65504	1.02987	6.88899
75	3316.1	301.399	415.299	1.31758	1.64472	1.06916	5.98334
80	3662.3	310.424	412.898	1.34223	1.63239	1.11810	5.14862
85	4036.8	320.505	409.101	1.36936	1.61673	1.78328	4.35815
90	4442.5	332.616	402.653	1.40155	1.59440	1.28230	3.56440
95	4883.5	351.767	386.708	1.45222	1.54712	1.52064	3.55133

附录 A-7 R134a 饱和液体及蒸汽的热力性质

温度 t /°C	压力 P /kPa	密度 ρ /(kg/m³)		比焓 h /(kJ/kg)		比熵 s /[kJ/(kg·K)]		比定容热容 c_V /[kJ/(kg·K)]		比定压热容 c_p /[kJ/(kg·K)]		表面张力 σ/(N/m)
		液体	气体	液体	气体	液体	气体	液体	气体	液体	气体	
-40	52	1414	2.8	0.0	223.3	0.000	0.958	0.667	0.646	1.129	0.742	0.0177
-35	66	1399	3.5	5.7	226.4	0.024	0.951	0.696	0.659	1.154	0.758	0.0169
-30	85	1385	4.4	11.5	229.6	0.048	0.945	0.722	0.672	1.178	0.774	0.0161
-25	107	1370	5.5	17.5	232.7	0.073	0.940	0.746	0.685	1.202	0.791	0.0154
-20	133	1355	6.8	23.6	235.8	0.097	0.935	0.767	0.698	1.227	0.809	0.0146
-15	164	1340	8.3	29.8	238.8	0.121	0.931	0.086	0.712	1.250	0.828	0.0139
-10	201	1324	10.0	36.1	241.8	0.145	0.927	0.803	0.726	1.274	0.847	0.0132
-5	243	1308	12.1	42.5	244.8	0.169	0.924	0.817	0.740	1.297	0.868	0.0124
0	293	1292	14.4	49.1	247.8	0.193	0.921	0.830	0.755	1.320	0.889	0.0117
5	350	1276	17.1	55.8	250.7	0.217	0.918	0.840	0.770	1.343	0.912	0.0110
10	415	1259	20.2	62.6	253.5	0.241	0.916	0.849	0.785	1.365	0.936	0.0103
15	489	1242	23.7	69.4	256.3	0.265	0.914	0.857	0.800	1.388	0.962	0.0096
20	572	1224	27.8	76.5	259.0	0.289	0.912	0.863	0.815	1.411	0.990	0.0089
25	666	1206	32.3	83.6	261.6	0.313	0.910	0.868	0.831	1.435	1.020	0.0083
30	771	1187	37.5	90.8	264.2	0.337	0.908	0.872	0.847	1.460	1.053	0.0076
35	887	1167	43.3	98.2	266.6	0.360	0.907	0.875	0.863	1.486	1.089	0.0069
40	1017	1147	50.0	105.7	268.8	0.384	0.905	0.878	0.879	1.514	1.130	0.0063
45	1160	1126	57.5	113.3	271.0	0.408	0.904	0.881	0.896	1.546	1.177	0.0056
50	1318	1103	66.1	121.0	272.9	0.432	0.902	0.883	0.914	1.581	1.231	0.0050
55	1491	1080	75.9	129.0	274.7	0.456	0.900	0.886	0.932	1.621	1.295	0.0044
60	1681	1055	87.2	137.1	276.1	0.479	0.897	0.890	0.950	1.667	1.374	0.0038
65	1888	1028	100.2	145.3	277.3	0.504	0.894	0.895	0.970	1.724	1.473	0.0032
70	2115	999	115.5	153.9	278.1	0.528	0.890	0.901	0.991	1.794	1.601	0.0027
75	2361	967	133.6	162.6	278.4	0.553	0.885	0.910	1.014	1.884	1.776	0.0022
80	2630	932	155.4	171.8	278.0	0.578	0.879	0.922	1.039	2.011	2.027	0.0016
85	2923	893	182.4	181.3	276.8	0.604	0.870	0.937	1.060	2.204	2.408	0.0012
90	3242	847	216.9	191.6	274.5	0.631	0.860	0.958	1.097	3.554	3.056	0.0007
95	2590	790	264.5	203.1	270.4	0.662	0.844	0.988	1.131	3.424	4.483	0.0003
100	2971	689	353.1	219.3	260.4	0.704	0.814	1.044	1.168	10.793	14.807	0.0000

附录 A-8 R134a 过热蒸汽性质

温度 t /°C	密度 ρ /(kg/m³)	比焓 h /(kJ/kg)	比熵 s /[kJ/(kg·K)]	比定容热容 c_V /[kJ/(kg·K)]	比定压热容 c_p /[kJ/(kg·K)]
-26.1①	1373.16	16.2	0.067	0.741	1.197
-26.1②	5.26	232.0	0.941	0.682	0.787
-25.0	5.23	232.9	0.944	0.684	0.788
-20.0	5.11	236.8	0.960	0.691	0.794
-15.0	5.00	240.8	0.976	0.699	0.799
-10.0	4.89	244.8	0.991	0.706	0.805
-5.0	4.79	248.9	1.006	0.714	0.811
0.0	4.69	252.9	1.021	0.722	0.818
5.0	4.59	257.0	1.036	0.730	0.825
10.0	4.50	261.2	1.051	0.738	0.831
15.0	4.42	265.3	1.066	0.746	0.838
20.0	4.34	269.6	1.080	0.754	0.846
25.0	4.26	273.8	1.095	0.762	0.853
30.0	4.18	278.1	1.109	0.770	0.860

(续)

温度 t /°C	密度 ρ /(kg/m³)	比焓 h /(kJ/kg)	比熵 s /[kJ/(kg·K)]	比定容热容 c_V /[kJ/(kg·K)]	比定压热容 c_p /[kJ/(kg·K)]
35.0	4.11	282.4	1.123	0.778	0.867
40.0	4.04	286.8	1.37	0.786	0.875
45.0	3.97	291.1	1.151	0.793	0.882
50.0	3.91	295.6	1.165	0.801	0.890
55.0	3.84	300.0	1.178	0.809	0.897
60.0	3.78	304.6	1.192	0.817	0.905
65.0	3.73	309.1	1.206	0.825	0.912
70.0	3.67	313.7	1.219	0.833	0.920
75.0	3.67	318.3	1.232	0.841	0.927
80.0	3.56	322.9	1.246	0.849	0.935

① 饱和液体。

② 饱和蒸汽。

附表 A-9 在 0.1MPa 时的饱和空气状态参数表

干球温度 t /°C	水蒸气压力 p_s /10^2Pa	含湿量 d_a /(g/kg)	饱和焓 h_s /(kJ/kg)	密度 ρ /(kg/m³)	汽化热 r /(kJ/kg)
−20	1.03	0.64	−18.5	1.38	2839
−19	1.13	0.71	−17.4	1.37	2839
−18	1.25	0.78	−16.4	1.36	2839
−17	1.37	0.85	−15.0	1.36	2838
−16	1.50	0.94	−13.8	1.35	2838
−15	1.65	1.03	−12.5	1.35	2838
−14	1.81	1.13	−11.3	1.34	2838
−13	1.98	1.23	−10.0	1.34	2838
−12	2.17	1.35	−8.7	1.33	2837
−11	2.37	1.48	−7.4	1.33	2837
−10	2.59	1.62	−6.0	1.32	2837
−9	2.83	1.77	−4.6	1.32	2836
−8	3.09	1.93	−3.2	1.31	2836
−7	3.38	2.11	−1.8	1.31	2836
−6	3.68	2.30	−0.3	1.30	2836
−5	4.01	2.50	+1.2	1.30	2835
−4	4.37	2.73	+2.8	1.29	2835
−3	4.75	2.97	+4.4	1.29	2835
−2	5.17	3.23	+6.0	1.28	2834
−1	5.62	3.52	+7.8	1.28	2834
0	6.11	3.82	9.5	1.27	2500
1	6.56	4.11	11.3	1.27	2498
2	7.05	4.42	13.1	1.26	2496
3	7.57	4.75	14.9	1.26	2493
4	8.13	5.10	16.8	1.25	2491
5	8.72	5.47	18.7	1.25	2489
6	9.35	5.87	20.7	1.24	2486
7	10.01	6.29	22.8	1.24	2484
8	10.72	6.74	25.0	1.23	2481
9	11.47	7.22	27.2	1.23	2479
10	12.27	7.73	29.5	1.22	2477
11	13.12	8.27	31.9	1.22	2475
12	14.01	8.84	34.4	1.21	2472
13	15.00	9.45	37.0	1.21	2470
14	15.97	10.10	39.5	1.21	2468
15	17.04	10.78	42.3	1.20	2465

（续）

干球温度 t /°C	水蒸气压力 p_s /10^2Pa	含湿量 d_a /(g/kg)	饱和焓 h_s /(kJ/kg)	密度 ρ /(kg/m^3)	汽化热 r /(kJ/kg)
16	18.17	11.51	45.2	1.20	2463
17	19.36	12.28	48.2	1.19	2460
18	20.62	13.10	51.3	1.19	2458
19	21.96	13.97	54.5	1.18	2456
20	23.37	14.88	57.9	1.18	2453
21	24.85	15.85	61.4	1.17	2451
22	26.42	16.88	65.0	1.17	2448
23	28.08	17.97	68.8	1.16	2446
24	29.82	19.12	72.8	1.16	2444
25	31.67	20.34	76.9	1.15	2441
26	33.60	21.63	81.3	1.15	2439
27	35.64	22.99	85.8	1.14	2437
28	37.78	24.42	90.5	1.14	2434
29	40.04	25.94	95.4	1.14	2432
30	42.41	27.52	100.5	1.13	2430
31	44.91	29.25	106.0	1.13	2427
32	47.53	31.07	111.7	1.12	2425
33	50.29	32.94	117.6	1.12	2422
34	53.18	34.94	123.7	1.11	2420
35	56.22	37.05	130.2	1.11	2418
36	59.40	39.28	137.0	1.10	2415
37	62.74	41.64	144.2	1.10	2413
38	66.24	44.12	151.6	1.09	2411
39	69.91	46.75	159.5	1.08	2408
40	73.75	49.52	167.7	1.08	2406
41	77.77	52.45	176.4	1.08	2403
42	81.98	55.54	185.5	1.07	2401
43	86.39	58.82	195.0	1.07	2398
44	91.00	62.26	205.0	1.06	2396
45	95.82	65.92	218.6	1.05	2394
46	100.85	69.76	226.7	1.05	2391
47	106.12	73.84	238.4	1.04	2389
48	111.62	78.15	250.7	1.04	2386
49	117.36	82.70	263.6	1.03	2384
50	123.35	87.52	277.3	1.03	2382
51	128.60	92.62	291.7	1.02	2379
52	136.13	98.01	306.8	1.02	2377
53	142.93	103.73	322.9	1.01	2375
54	150.02	109.80	339.8	1.00	2372
55	157.41	116.19	357.7	1.00	2370
56	165.09	123.00	376.7	0.99	2367
57	173.12	130.23	396.8	0.99	2365
58	181.46	137.89	418.0	0.98	2363
59	190.15	146.04	440.6	0.97	2360
60	199.17	154.72	464.5	0.97	2358
65	250.10	207.44	609.2	0.93	2345
70	311.60	281.54	811.1	0.90	2333
75	385.50	390.20	1105.7	0.85	2320
80	473.60	559.61	1563.0	0.81	2309
85	578.00	851.90	2351.0	0.76	2295
90	701.10	1459.00	3983.0	0.70	2282
95	845.20	3396.00	9190.0	0.64	2269
100	1013.00			0.60	2257

附录 A-10 干空气的热物理性质

t /°C	ρ /(kg/m³)	c_p /[kJ/(kg·K)]	$\lambda \times 10^2$ /[W/(m·K)]	$a \times 10^6$ /(m²/s)	$\mu \times 10^6$ /[kg/(m·s)]	$\nu \times 10^6$ /[m²/s]	Pr
-50	1.584	1.013	2.04	12.7	14.6	9.23	0.728
-40	1.515	1.013	2.12	13.8	15.2	10.04	0.728
-30	1.453	1.013	2.20	14.9	15.7	10.80	0.723
-20	1.395	1.009	2.28	16.2	16.2	11.61	0.716
-10	1.342	1.009	2.36	17.4	16.7	12.43	0.712
0	1.293	1.005	2.44	18.8	17.2	13.28	0.707
10	1.247	1.005	2.51	20.0	17.6	14.16	0.705
20	1.205	1.005	2.59	21.4	18.1	15.06	0.703
30	1.165	1.005	2.67	22.9	18.6	16.00	0.701
40	1.128	1.005	2.76	24.3	19.1	16.96	0.699
50	1.093	1.005	2.83	25.7	19.6	17.95	0.698
60	1.060	1.005	2.90	27.2	20.1	18.97	0.696
70	1.029	1.009	2.96	28.6	20.6	20.02	0.694
80	1.000	1.009	3.05	30.2	21.1	21.09	0.692
90	0.972	1.009	3.13	31.9	21.5	22.10	0.690
100	0.946	1.009	3.21	33.6	21.9	23.13	0.688
120	0.898	1.009	3.34	36.8	22.8	25.45	0.686
140	0.854	1.013	3.49	40.3	23.7	27.80	0.684
160	0.815	1.017	3.64	43.9	24.5	30.09	0.682
180	0.779	1.022	3.78	47.5	25.3	32.49	0.681
200	0.746	1.026	3.93	51.4	26.0	34.85	0.680
250	0.674	1.038	4.27	61.0	27.4	40.61	0.677
300	0.615	1.047	4.60	71.6	29.7	48.33	0.674
350	0.566	1.059	4.91	81.9	31.4	55.46	0.676
400	0.524	1.068	5.21	93.1	33.0	63.09	0.678
500	0.456	1.093	5.74	115.3	36.2	79.38	0.687
600	0.404	1.114	6.22	138.3	39.1	96.89	0.699
700	0.362	1.135	6.71	163.4	41.8	115.4	0.706
800	0.329	1.156	7.18	188.8	44.3	134.8	0.713
900	0.301	1.172	7.63	216.2	46.7	155.1	0.717
1000	0.277	1.185	8.07	245.9	49.0	177.1	0.719
1100	0.257	1.197	8.50	276.2	51.2	199.3	0.722
1200	0.239	1.210	9.15	316.5	53.5	233.7	0.724

附录 A-11 饱和水的热物理性质

t /°C	$p \times 10^{-5}$ /Pa	ρ /(kg/m³)	h' /(kJ/kg)	c_p /[kJ/(kg·K)]	$\lambda \times 10^2$ /[W/(m·K)]	$a \times 10^6$ /(m²/s)	$\mu \times 10^6$ /[kg/(m·s)]	$\nu \times 10^6$ /(m²/s)	$\alpha_V \times 10^4$ /K⁻¹	$\sigma \times 10^4$ /(N/m)	Pr
0	0.00611	999.8	-0.05	4.212	55.1	13.1	1788	1.789	-0.81	756.4	13.67
10	0.01228	999.7	42.00	4.191	57.4	13.7	1306	1.306	+0.87	741.6	9.52
20	0.02338	998.2	83.90	4.183	59.9	14.3	1004	1.006	2.09	726.9	7.02
30	0.04245	995.6	125.7	4.174	61.8	14.9	801.5	0.805	3.05	712.2	5.42
40	0.07381	992.2	167.5	4.174	63.5	15.3	653.3	0.659	3.86	696.5	4.31
50	0.12345	988.0	209.3	4.174	64.8	15.7	549.4	0.556	4.57	676.9	3.54
60	0.19933	983.2	251.1	4.179	65.9	16.0	469.9	0.478	5.22	662.2	2.99
70	0.3118	977.7	293.0	4.187	66.8	16.3	406.1	0.415	5.83	643.5	2.55
80	0.4738	971.8	354.9	4.195	67.4	16.6	355.1	0.365	6.40	625.9	2.21

（续）

t /°C	$p\times10^{-5}$ /Pa	ρ /(kg/m³)	h' /(kJ/kg)	c_p /[kJ/(kg·K)]	$\lambda\times10^2$ /[W/(m·K)]	$a\times10^6$ /(m²/s)	$\mu\times10^6$ /[kg/(m·s)]	$\nu\times10^6$ /(m²/s)	$\alpha_V\times10^4$ /K⁻¹	$\sigma\times10^4$ /(N/m)	Pr
90	0.7012	965.3	376.9	4.208	68.0	16.8	314.9	0.326	6.96	607.2	1.95
100	1.013	958.4	419.1	4.220	68.3	16.9	282.5	0.295	7.50	588.6	1.75
110	1.43	950.9	461.3	4.233	68.5	17.0	259.0	0.272	8.04	569.0	1.60
120	1.98	943.1	503.8	4.250	68.6	17.1	237.4	0.252	8.58	548.4	1.47
130	2.70	934.9	546.4	4.266	68.6	17.2	217.8	0.233	9.12	528.8	1.36
140	3.61	926.2	589.2	4.287	68.5	17.2	201.1	0.217	9.68	507.2	1.26
150	4.76	917.0	632.3	4.313	68.4	17.3	186.4	0.203	10.26	486.6	1.17
160	6.18	907.5	675.6	4.346	68.3	17.3	173.6	0.191	10.87	466.0	1.10
170	7.91	897.5	719.3	4.380	67.9	17.3	162.8	0.181	11.52	443.4	1.05
180	10.02	887.1	763.2	4.417	67.4	17.2	153.0	0.173	12.21	422.8	1.00
190	12.54	876.6	807.6	4.459	67.0	17.1	144.2	0.165	12.96	400.2	0.96
200	15.54	864.8	852.3	4.505	66.3	17.0	136.4	0.158	13.77	376.7	0.93
210	19.06	852.8	897.6	4.555	65.5	16.9	130.5	0.153	14.67	354.1	0.91
220	23.18	840.3	943.5	4.614	64.5	16.6	124.6	0.148	15.67	331.6	0.89
230	27.95	827.3	990.0	4.681	63.7	16.4	119.7	0.145	16.80	310.0	0.88
240	33.45	813.6	1037.2	4.756	62.8	16.2	114.8	0.141	18.08	285.5	0.87
250	39.74	799.0	1085.3	4.844	61.8	15.9	109.9	0.137	19.55	261.9	0.86
260	46.89	783.8	1134.3	4.949	60.5	15.6	105.9	0.135	21.27	237.4	0.87
270	55.00	767.7	1184.5	5.070	59.0	15.1	102.0	0.133	23.31	214.8	0.88
280	64.13	750.5	1236.0	5.230	57.4	14.6	98.1	0.131	25.79	191.3	0.90
290	74.37	732.2	1289.1	5.485	55.8	13.9	94.2	0.129	28.84	168.7	0.93
300	85.83	712.4	1344.0	5.736	54.0	13.2	91.2	0.128	32.73	144.2	0.97
310	98.60	691.0	1401.2	6.071	52.3	12.5	88.3	0.128	37.85	120.7	1.03
320	112.78	667.4	1461.2	6.574	50.6	11.5	85.3	0.128	44.91	98.10	1.11
330	128.51	641.0	1524.9	7.244	48.4	10.4	81.4	0.127	55.31	76.71	1.22
340	145.93	610.8	1593.1	8.165	45.7	9.17	77.5	0.127	72.10	56.70	1.39
350	165.21	574.7	1670.3	9.504	43.0	7.88	72.6	0.126	103.7	38.16	1.60
360	186.57	527.9	1761.1	13.984	39.5	5.36	66.7	0.126	182.9	20.21	2.35
370	210.33	451.5	1891.7	40.321	33.7	1.86	56.9	0.126	676.7	4.709	6.79

附录 A-12 干饱和水蒸气的热物理性质

t /°C	$p\times10^{-5}$ /Pa	ρ /(kg/m³)	h'' /(kJ/kg)	r /(kJ/kg)	c_p /[kJ/(kg·K)]	$\lambda\times10^2$ /[W/(m·K)]	$a\times10^3$ /(m²/h)	$\mu\times10^6$ /[kg/(m·s)]	$\nu\times10^6$ /(m²/s)	Pr
0	0.00611	0.004851	2500.5	2500.6	1.8543	1.83	7313.0	8.022	1655.01	0.815
10	0.01228	0.009404	2518.9	2476.9	1.8594	1.88	3881.3	8.424	896.54	0.831
20	0.02338	0.01731	2537.2	2453.3	1.8661	1.94	2167.2	8.84	509.90	0.847
30	0.04245	0.03040	2555.4	2429.7	1.8744	2.00	1265.1	9.218	303.53	0.863
40	0.07381	0.05121	2573.4	2405.9	1.8853	2.06	768.45	9.620	188.04	0.883
50	0.12345	0.08308	2591.2	2381.9	1.8987	2.12	483.59	10.022	120.72	0.896
60	0.19933	0.1303	2608.8	2357.6	1.9155	2.19	315.55	10.424	80.07	0.913
70	0.3118	0.1982	2626.1	2333.1	1.9364	2.25	210.57	10.817	54.57	0.930
80	0.4738	0.2934	2643.1	2308.1	1.9615	2.33	145.53	11.219	38.25	0.947
90	0.7012	0.4234	2659.6	2282.7	1.9921	2.40	102.22	11.621	27.44	0.966
100	1.0133	0.5975	2675.7	2256.6	2.0281	2.48	73.57	12.023	20.12	0.984
110	1.4324	0.8260	2691.3	2229.9	2.0704	2.56	53.83	12.425	15.03	1.00
120	1.9848	1.121	2703.2	2202.4	2.1198	2.65	40.15	12.798	11.41	1.02

（续）

t /°C	$p\times10^{-5}$ /Pa	ρ /(kg/m³)	h'' /(kJ/kg)	r /(kJ/kg)	c_p /[kJ/(kg·K)]	$\lambda\times10^2$ /[W/(m·K)]	$a\times10^3$ /(m²/h)	$\mu\times10^6$ /[kg/(m·s)]	$\nu\times10^6$ /(m²/s)	Pr
130	2.7002	1.495	2720.4	2174.0	2.1763	2.76	30.46	13.170	8.80	1.04
140	3.612	1.965	2733.8	2144.6	2.2408	2.85	23.28	13.543	6.89	1.06
150	4.757	2.545	2746.4	2114.1	2.3145	2.97	18.10	13.896	5.45	1.08
160	6.177	3.256	2757.9	2085.3	2.3974	3.08	14.20	14.249	4.37	1.11
170	7.915	4.118	2768.4	2049.2	2.4911	3.21	11.25	14.612	3.54	1.13
180	10.019	5.154	2777.7	2014.5	2.5958	3.36	9.03	14.965	2.90	1.15
190	12.502	6.390	2785.8	1978.2	2.7126	3.51	7.29	15.298	2.39	1.18
200	15.537	7.854	2792.5	1940.1	2.8428	3.68	5.92	15.651	1.99	1.21
210	19.062	9.580	2797.7	1900.0	2.9877	3.87	4.86	15.995	1.67	1.24
220	23.178	11.61	2801.2	1857.7	3.1497	4.07	4.00	16.338	1.41	1.26
230	27.951	13.98	2803.0	1813.0	3.3310	4.30	3.32	16.701	1.19	1.29
240	33.446	16.74	2802.9	1765.7	3.5366	4.54	2.76	17.073	1.02	1.33
250	39.735	19.96	2800.7	1715.4	3.7723	4.84	2.31	17.446	0.873	1.36
260	46.892	23.70	2796.1	1661.8	4.0470	5.18	1.94	17.848	0.752	1.40
270	54.496	28.06	2789.1	1604.5	4.3735	5.55	1.63	18.280	0.651	1.44
280	64.127	33.15	2779.1	1543.1	4.7675	6.00	1.37	18.750	0.565	1.49
290	74.375	39.12	2765.8	1476.7	5.2528	6.55	1.15	19.270	0.492	1.54
300	85.831	46.15	2748.7	1404.7	5.8632	7.22	0.96	19.839	0.430	1.61
310	98.557	54.52	2727.0	1325.9	6.6503	8.06	0.80	20.691	0.380	1.71
320	112.78	64.60	2699.7	1238.5	7.7217	8.65	0.62	21.691	0.336	1.94
330	128.81	77.00	2665.3	1140.4	9.3613	9.61	0.48	23.093	0.300	2.24
340	145.93	92.68	2621.3	1027.6	12.2108	10.70	0.34	24.692	0.266	2.82
350	165.21	113.5	2563.4	893.0	17.1504	11.90	0.22	26.594	0.234	3.83
360	186.57	143.7	2481.7	720.6	25.1162	13.70	0.14	29.193	0.203	5.34
370	210.33	200.7	2338.8	447.1	76.9157	16.60	0.04	33.989	0.169	15.7
373.99	220.64	321.9	2085.9	0.0	∞	23.79	0.0	44.992	0.143	∞

附　录　B

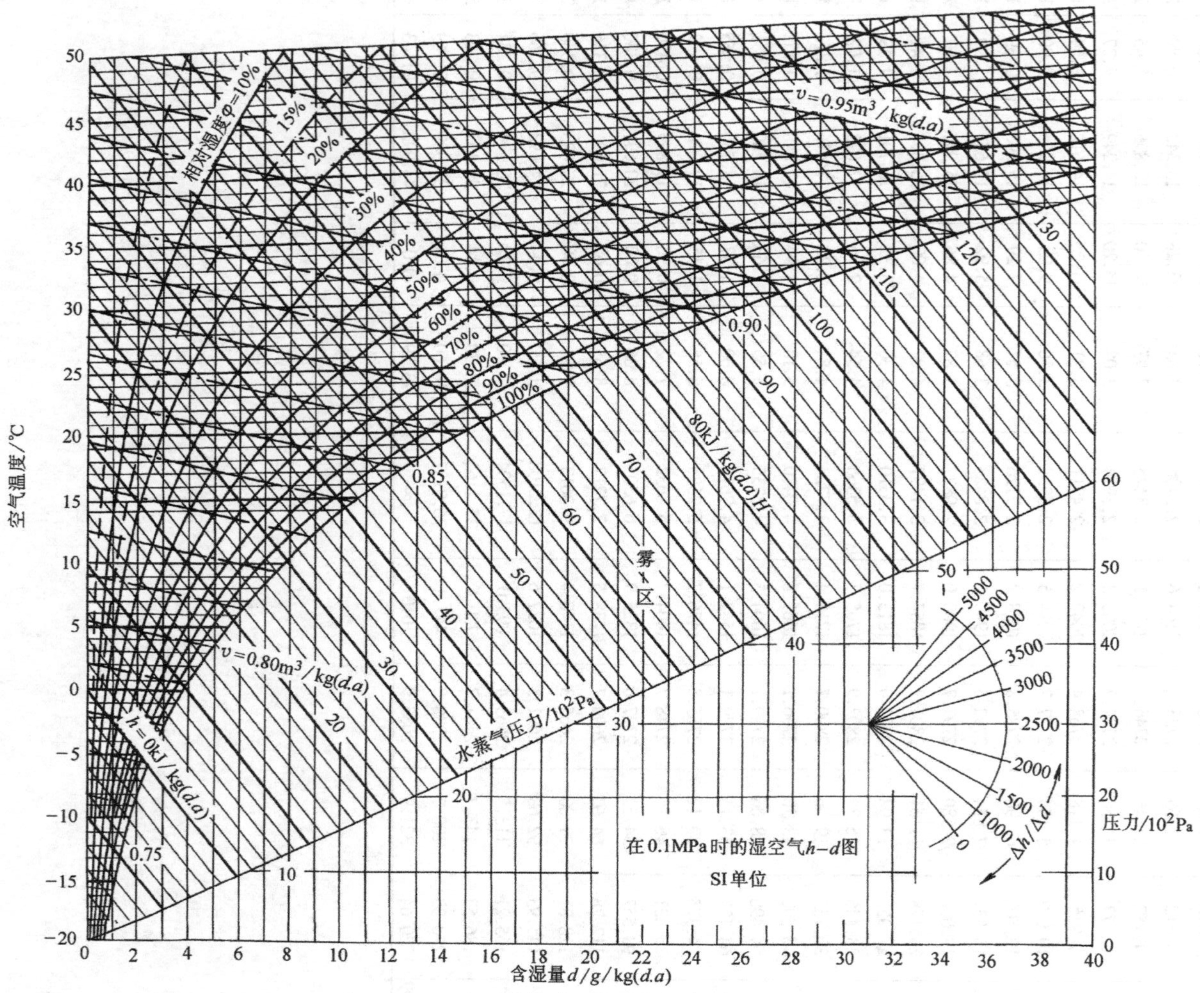

附录 B-3　湿空气 h-d 图(大气压力为 10^5Pa)

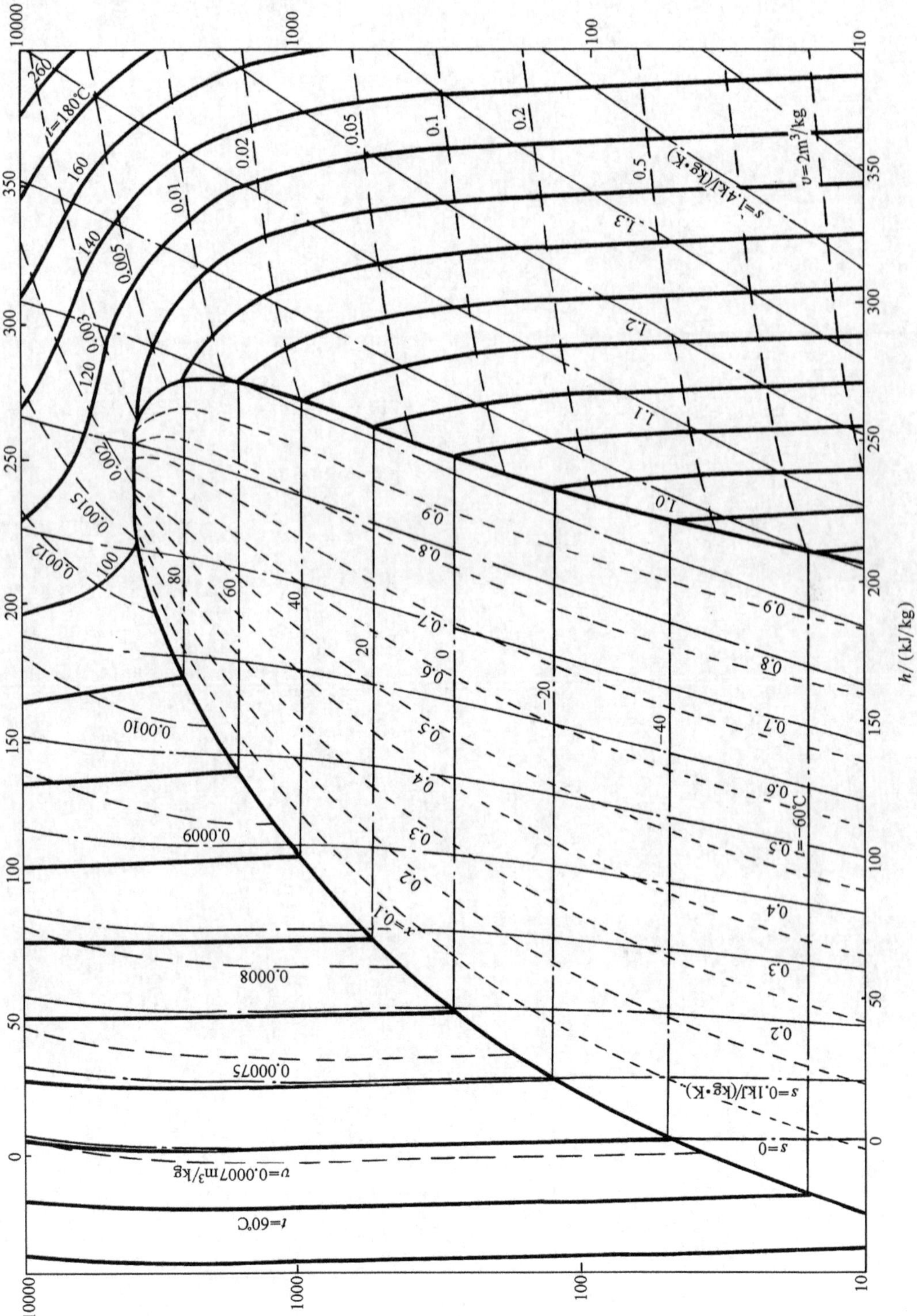

附录 B-7 R134a lg*p*-*h* 图